中国科学院院长 白春礼院士题

论微纳并筑器件
致广大而尽精微

白春禮
戊戌春月

低维材料与器件丛书

成会明　总主编

储能用碳基纳米材料

康飞宇　干　林　吕　伟等　编著

科学出版社
北　京

内 容 简 介

本书为“低维材料与器件丛书”之一。作者从能源器件中电荷的存储和输运等原理出发，介绍了储能用碳基材料的特点、种类及未来趋势；通过对碳材料的纳米结构化、复合化、有序化结构设计和功能导向组装，构建具有多层次孔道结构、多尺度网络结构和多组分界面结构的新型微纳超结构碳材料，可大幅度提升现有能量存储和转换器件的性能。本书还分别对燃料电池、锂离子电池、超级电容器、太阳能电池、锂-金属电池、锂-空气电池、锂-硫电池用纳米碳材料的特点进行了细致分析。同时，对气体存储用和蓄热用纳米碳材料的特点也进行了分析介绍。

本书适合从事储能材料与器件研发，特别是将纳米碳材料应用于能量存储与转化方面的科研人员、高等学校与科研院所的师生和相关企业的技术人员参考学习。

图书在版编目（CIP）数据

储能用碳基纳米材料 / 康飞宇等编著. —北京：科学出版社，2020.3
（低维材料与器件丛书 / 成会明总主编）
ISBN 978-7-03-064586-9

Ⅰ. ①储… Ⅱ. ①康… Ⅲ. ①碳—纳米材料—研究 Ⅳ. ①TB383

中国版本图书馆 CIP 数据核字（2020）第 034907 号

责任编辑：翁靖一 付林林 / 责任校对：杜子昂
责任印制：徐晓晨 / 封面设计：耕者设计工作室

科学出版社 出版
北京东黄城根北街 16 号
邮政编码：100717
http://www.sciencep.com
北京中科印刷有限公司 印刷
科学出版社发行 各地新华书店经销
*
2020 年 3 月第 一 版 开本：720×1000 1/16
2021 年 5 月第二次印刷 印张：16
字数：299 000

定价：138.00 元

（如有印装质量问题，我社负责调换）

低维材料与器件丛书

编 委 会

总　　序

人类社会的发展水平，多以材料作为主要标志。在我国近年来颁发的《国家创新驱动发展战略纲要》、《国家中长期科学和技术发展规划纲要（2006—2020年）》、《“十三五”国家科技创新规划》和《中国制造2025》中，材料都是重点发展的领域之一。

随着科学技术的不断进步和发展，人们对信息、显示和传感等各类器件的要求越来越高，包括高性能化、小型化、多功能、智能化、节能环保，甚至自驱动、柔性可穿戴、健康全时监/检测等。这些要求对材料和器件提出了巨大的挑战，各种新材料、新器件应运而生。特别是自20世纪80年代以来，科学家们发现和制备出一系列低维材料（如零维的量子点、一维的纳米管和纳米线、二维的石墨烯和石墨炔等新材料），它们具有独特的结构和优异的性质，有望满足未来社会对材料和器件多功能化的要求，因而相关基础研究和应用技术的发展受到了全世界各国政府、学术界、工业界的高度重视。其中富勒烯和石墨烯这两种低维碳材料的发现者还分别获得了1996年诺贝尔化学奖和2010年诺贝尔物理学奖。由此可见，在新材料中，低维材料占据了非常重要的地位，是当前材料科学的研究前沿，也是材料科学、软物质科学、物理、化学、工程等领域的重要交叉，其覆盖面广，包含了很多基础科学问题和关键技术问题，尤其在结构上的多样性、加工上的多尺度性、应用上的广泛性等使该领域具有很强的生命力，其研究和应用前景极为广阔。

我国是富勒烯、量子点、碳纳米管、石墨烯、纳米线、二维原子晶体等低维材料研究、生产和应用开发的大国，科研工作者众多，每年在这些领域发表的学术论文和授权专利的数量已经位居世界第一，相关器件应用的研究与开发也方兴未艾。在这种大背景和环境下，及时总结并编撰出版一套高水平、全面、系统地反映低维材料与器件这一国际学科前沿领域的基础科学原理、最新研究进展及未来发展和应用趋势的系列学术著作，对于形成新的完整知识体系，推动我国低维材料与器件的发展，实现优秀科技成果的传承与传播，推动其在新能源、信息、光电、生命健康、环保、航空航天等战略新兴领域的应用开发具有划时代的意义。

为此，我接受科学出版社的邀请，组织活跃在科研第一线的三十多位优秀科学家积极撰写“低维材料与器件丛书”，内容涵盖了量子点、纳米管、纳米线、石墨烯、石墨炔、二维原子晶体、拓扑绝缘体等低维材料的结构、物性及其制备方法，并全面探讨了低维材料在信息、光电、传感、生物医用、健康、新能源、环境保护等领域的应用，具有学术水平高、系统性强、涵盖面广、时效性高和引领性强等特点。本套丛书的特色鲜明，不仅全面、系统地总结和归纳了国内外在低维材料与器件领域的优秀科研成果，展示了该领域研究的主流和发展趋势，而且反映了编著者在各自研究领域多年形成的大量原始创新研究成果，将有利于提升我国在这一前沿领域的学术水平和国际地位、创造战略新兴产业，并为我国产业升级、提升国家核心竞争力提供学科基础。同时，这套丛书的成功出版将使更多的年轻研究人员和研究生获取更为系统、更前沿的知识，有利于低维材料与器件领域青年人才的培养。

历经一年半的时间，这套“低维材料与器件丛书”即将问世。在此，我衷心感谢李玉良院士、谢毅院士、俞书宏教授、谢素原教授、张跃教授、康飞宇教授、张锦教授等诸位专家学者积极热心的参与，正是在大家认真负责、无私奉献、齐心协力下才顺利完成了丛书各分册的撰写工作。最后，也要感谢科学出版社各级领导和编辑，特别是翁靖一编辑，为这套丛书的策划和出版所做出的一切努力。

材料科学创造了众多奇迹，并仍然在创造奇迹。相比于常见的基础材料，低维材料是高新技术产业和先进制造业的基础。我衷心地希望更多的科学家、工程师、企业家、研究生投身于低维材料与器件的研究、开发及应用行列，共同推动人类科技文明的进步！

成会明

中国科学院院士，发展中国家科学院院士

清华大学，清华-伯克利深圳学院，低维材料与器件实验室主任

中国科学院金属研究所，沈阳材料科学国家研究中心先进炭材料研究部主任

Energy Storage Materials 主编

SCIENCE CHINA Materials 副主编

前　言

大容量、高效率、长寿命是能量转换和存储器件发展的战略需求。纳米科学和技术的发展使材料的纳米结构化、复合化、有序化结构设计和功能导向组装成为可能，从而使构建高效率、高容量、高通量的电极材料和能源器件成为可能。

碳基纳米材料由于其优异的电输运特性和高活性表面，既可以作为重要的储能材料，又可以构建能量输运网络，同时在基于非碳电极材料的能源器件中发挥电子传递及调节界面反应的关键作用，从而被广泛地应用于各种能量转换和存储器件。但是，传统的碳材料由于结构单一、无序、缺陷或性能局限等，难以解决高性能能源器件发展的瓶颈，也难以满足新原理能源器件设计的要求。而且因为传统碳基材料的结构单一、片层缺陷和无序性，使之很难搭建有效的能量转换、储存和输运网络，难以有效调节界面反应，从而限制了器件的效率和寿命。面向高容量、高效率、长寿命的战略需求，要实现新能源器件的突破，在新型碳基材料的纳米结构构建和应用时需解决以下共性问题：①必须优化碳纳米结构，解决其单元结构的电荷产生/分离效率低、存储和传递/输运能力差的问题；②必须解决界面可控调制、导电网络与传质通道连续化问题；③必须解决器件集成化过程中多功能耦合和协同问题。

为了解决以上共性问题，笔者与合作者提出了“微纳超结构碳材料”的多尺度、多维度、多功能构建的总体思想，针对能源器件中电荷的产生/分离、存储和传递/输运，系统、深入和综合设计构筑了一类具有多层次孔道结构、多尺度网络结构和多组分界面结构的新型微纳多层次碳基材料，并构建了跨越纳-微-宏观尺度的碳基网络或器件基元。这一思想的提出和实施将从理论上建立全新的高性能碳基电极材料的理论架构，阐明能量转换/储运机制，发展系列微纳多层次结构搭建和多组分界面调制方法，提出高效率、高容量、高通量的碳基电极材料和功能组分的解决方案，促进高性能储能器件的发展和新概念储能器件的实用化。

本书基于笔者多年在碳基储能材料领域的科研工作，结合国内外的最新科研成果，力图系统深入地分析和介绍碳基纳米材料在储能领域的研究现状和发展趋势。全书共分九章，内容涵盖了储能用碳基材料的特点，储能用微纳超结构碳材料模型，燃料电池用纳米碳材料，锂离子电池用纳米碳材料，超级电容器用纳米层次孔碳材料，气体存储和热能存储用纳米碳材料，全碳太阳能电池用纳米碳材料，新型电池如锂-金属电池、锂-空气电池、锂-硫电池用纳米碳材料，等等。相信本书对从事储能材料与器件研发，特别是将纳米碳材料应用于能量存储与转换方面的科研人员和相关企业的技术人员具有较好的参考价值。

本书在撰写过程中得到了国内外许多同行的支持和帮助，特别是笔者所在实验室的老师、博士后、博士生的帮助与配合。其中，第 3 章由干林博士执笔，第 4 章由吕伟博士执笔，第 8 章由吕瑞涛博士执笔，第 9 章由翟登云博士执笔，其余章节由康飞宇执笔。博士生毛敏和赵露对第 6 章和第 7 章的写作提供了极大的帮助。陈玉琴女士为全书的画图和校对做出了重要贡献。在此，对大家的真诚合作与帮助表示衷心的感谢。本书编写过程中，引用了参考文献中的图、表、数据等，在此向有关作者表示感谢！

最后，对科技部国家重点研发计划“纳米科技”专项“微纳超结构碳材料的设计制备及高效能量转换与存储研究”（2014CB932400）的支持，国家自然科学基金委重点项目（50632040，51232005）的支持，广东省委省政府首批引进的能源与环境材料创新团队项目的支持深表感谢。

本书尽可能反映出了该领域最新的科研成果，但由于碳基纳米材料和储能器件的科学研究日新月异，而笔者的水平和精力有限，某些成果在书中难免有所遗漏或反映不足，敬请广大读者批评指正。

康飞宇

2019 年 11 月

于清华大学

目　　录

第1章 绪论

对能源的严重依赖影响着当今社会的运作模式和人类的生活方式。传统化石能源的日趋紧张给人类可持续发展带来了空前压力；化石能源的过度消费也给自然环境和整个地球生态系统造成了巨大灾难。中国已经成长为全球第二大经济体，同时也已经是世界第二大能源消费国。能源供应已经成为影响和制约中国经济发展的重要因素。中国能源发展战略面临着重大转型——“低碳经济”已纳入国家战略，寻求替代传统化石能源的绿色能源体系（如风能、太阳能）以及能源的绿色节能使用模式（如电动汽车），谋求人与自然的和谐发展显得尤为迫切。风能和太阳能等可再生能源的利用，电动汽车和智能电网的快速发展，使得能源的大规模“离网”储运和使用成为必然，这需要大容量且更为灵活轻便的储能手段。2006 年国务院发布的《国家中长期科学和技术发展规划纲要（2006—2020 年）》[1]中明确提出大力发展以锂离子二次电池、超级电容器、燃料电池等为代表的高效能量转换与存储器件，并将其列为新能源和新材料技术领域的重要前沿技术之一。《国务院关于加快培育和发展战略性新兴产业的决定》[2]明确现阶段重点培育和发展节能环保、新一代信息技术、生物技术、高端装备制造、新能源、新材料、新能源汽车等产业。目前新能源、新材料、新能源汽车产业的发展都面临一些技术瓶颈，例如，硅基太阳能电池的成本和能耗问题制约其快速发展，主要储能器件的使用寿命和能量密度尚不能满足新能源离网储运和电动汽车快速发展的需求。发展高性能、低成本的关键材料和大容量、高效率、长寿命的新型器件对新能源产业的快速发展至关重要；而纳米科学和技术可直接推动材料和器件的性能优化和更新换代[3, 4]。

大容量、高效率、长寿命是当今能量转换和存储器件发展的战略需求。碳基材料由于其优异电输运特性和高活性表面，既是重要的储能材料，又能构建能量输运网络，同时在基于非碳电极材料的能源器件中发挥电子传递及调节界面反应的关键作用，从而被广泛地应用于各种能量转换和存储器件。但是，传统的碳材料也由于结构单一、无序、缺陷或性能局限等，难于解决高性能能源器件发展的瓶颈问题，也难于满足新原理能源器件设计的要求。因此，从能源器件中电荷的产生/分离、存储和传递/输运等原理出发，通过材料的纳米结构化、复合化、有序化结构设计和功能导向组装，构建具有多层次孔道结构、多尺度网络结构和多组分界面结构的新型微纳超结构碳材料，提出高效率、高容量、高通量的碳基电极材料和功能组分的解决方案，可大幅提升现有储能和能量转换器件性能，促进新型储能器件的发展[5-9]。

图 1.1 比较了燃料电池与传统一次/二次电池、超级电容器的能量密度和功率密度。可以看出，传统的一次/二次电池具有中等能量密度和功率密度。它们目前已经在移动式电源中获得了最广泛的应用。尤其是锂离子电池作为便携式电子器件的电池获得了比较稳固的市场，但仍然满足不了大容量、高效率、长寿命能量转换和存储器件对高能量密度日益增长的需求。超级电容器可以看作是高功率密度型，而燃料电池则是高能量密度型。通过对不同类型器件的组合，可以形成既具有较高能量密度，又具有较高功率密度的混合电源。例如，采用一次/二次电池和超级电容器提供高功率密度，燃料电池提供高能量密度等。与传统电池相比，燃料电池在能量密度上的优势非常显著，尤其是直接甲醇燃料电池，能为解决便携式电子器件对高能量密度的需要提供一种重要途径，因此正在寻求替代传统电池在这一领域的应用。

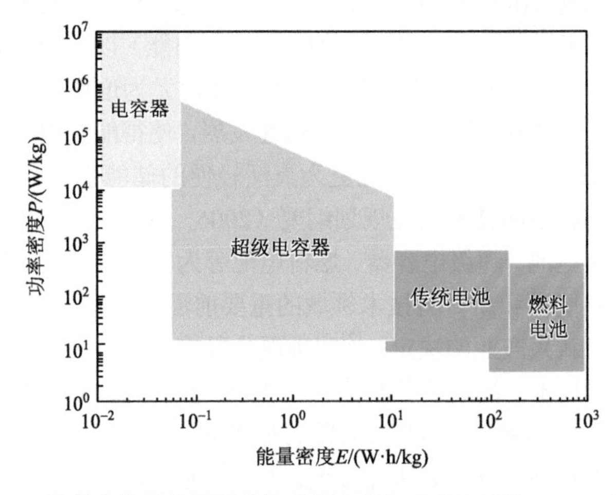

图 1.1 几种电化学能源器件的能量密度与功率密度的 Ragone 图[10]

1.1 储能用碳基材料介绍

在一系列储能器件中，锂离子电池是一种清洁、高效的高能量密度储能器件，同时被认为是动力电池的理想选择之一。锂离子动力电池规模化应用于新能源产业和电动汽车，必须向高能量密度、高功率、低成本、高安全性、长寿命方向发展。而锂离子动力电池正极材料导电性较差和石墨负极材料在快速充电过程中的体积膨胀影响着锂离子电池快速充电性能、使用寿命和安全性。纳米技术的发展使对正、负极等关键材料进行纳米结构设计、多组分纳米复合成为可能。研究表明[11-16]，通过微纳碳基材料的设计，在纳-微-宏观进行多尺度传质和电子传递网络构建，是提高其快速充放电性能、能量密度和使用寿命的有效手段。超级电容器作为另一种新型能源储存装置，其性能居于传统物理电容器和二次电池之间，具有功率密度高、充电时间短、可逆性好、使用寿命长、易于维护等特点，特别在需高功率或脉冲功率用电的设备中有独特优势。碳基材料是目前商用化最成功的超级电容器电极材料，但其能量密度需进一步提高，才能在与二次电池竞争中有一席之地[7]；因此，必须实现碳基电极材料纳米结构化、多层次纳米储电孔道的有效设计及与非碳活性组分的纳米级复合，才能进一步改善超级电容器的能量密度、循环性能和稳定性，才能赋予其新的生命力。硅基半导体材料在光伏产业中占主导地位。不过，硅基光伏技术能耗大、成本高，在保证一定转换效率的同时，简化制造工艺、降低成本一直是推动光伏电池全面商业化的重要目标。近年来发展很快的薄膜太阳能电池仅需超薄光电材料，更为环保、高效。研究已经显示，碳基纳米材料是薄膜太阳能电池电极材料的重要候选者，这些纳米材料的出现使大面积薄膜器件的开发成为可能。综上所述，不断涌现的纳米材料以及纳米科学和技术的发展为能量转换和存储器件的高效化提供了理论和技术支持；而纳米技术和界面调控技术也使新型、高效的新能源器件的发展成为可能，如锂-硫电池实用化的前提就是电极体系的纳米化。

sp^2 杂化的碳基材料具有石墨（或者尺度较小的微晶石墨）层状结构或者丰富孔隙和高活性表面，在能量转换和储运中起到不可取代的作用[17, 18]。它一方面是重要的电极材料，其碳片层构筑的纳米级网络是电荷储存的储能空间；另一方面又是构筑高效传质、电子导通网络，从而实现高效能量转换和传递的关键组分。结构中缺陷少的层状 sp^2 石墨材料是目前应用最为广泛的商用锂离子电池负极材料；多孔炭材料是目前超级电容器的主要电极材料；不断涌现的碳纳米材料（如石墨烯、碳纳米管等）是薄膜太阳能电池电极材料的重要候选；而由碳基材料所构筑的骨架和网络结构是各种能源体系的传质、电子输运通道，同时对高活性的非碳储能材料起到限域作用，防止其结构在充放电循环中粉化或者聚集，降低活性。

从基本结构角度看，所有碳材料均可以看作是石墨烯片层构筑而成的网络结构，包括：石墨层间和碳纳米孔隙构筑而成纳米级的储能网络；碳片层构筑而成纳米、微米级的传质网络；碳骨架相互作用及组装形成宏观的导电网络；碳和非碳物质的界面调控而形成的非碳活性物质限域和缩缚网络。总之，在所有碳材料参与的能量转换和存储体系中，通过纳-微-宏观多层次调制构建高容量、高效率和高通量的碳基网络是共性的关键问题。

1.2 多层次微纳超结构碳材料

对于锂离子电池而言，亟待解决的关键问题是如何在持续提高能量密度的同时，构建通畅的传质通道和电子传输网络。对于正极体系，一维碳纳米管和二维石墨烯可以同活性物质纳米级复合，构筑高效的导电网络；对于负极体系，通过碳骨架的纳米结构设计，构建软炭/硬炭复合结构，提高离子传输速率，实现双高型（高功率性能、高能量密度）锂离子电池负极材料的可控制备；通过高容量非碳负极材料（如硅和金属氧化物等）与碳纳米结构的有效复合，形成碳基限域结构，可以克服其导电性差和体积膨胀等缺点[17-30]。因此，提高锂离子电池性能的关键是实现碳基材料的纳米结构化，调制碳/非碳复合结构、优化其界面结构，进而通过多层次的纳米结构设计实现储能网络、传质网络和电子输运网络的多层次构建。

就薄膜光伏电池而言，碳纳米管和石墨烯薄膜及二者的复合薄膜可作为透明窗口层电极及光活性电极[31, 32]。本征的二维结构和表面平整度使碳纳米管和石墨烯薄膜可以同半导体材料结合，成为组装薄膜光伏器件的理想材料；特别是优异的轴向或面间传输性能，使开发大面积薄膜器件成为可能。同时借助其特殊的半导体性质和可调制的能带结构，通过设计、掺杂或通过纳米技术与其他材料复配，可以得到新型的具有高转化效率的碳（纳米结构）/半导体异质结[16, 33]。在同/异质结的研究中，不同碳纳米结构之间（碳/碳）的界面调控及碳和半导体结构之间（碳/非碳）的界面调控成为这种材料效率进一步提高、实用化的基础和前提。

综上所述，对于能量转换和储存器件来说，实现关键材料多层次纳米结构的构建和碳/非碳纳米结构界面的调控，构筑高效储能、传质、电子传输网络结构，强化离子和电子在表/界面及网络中的反应和输运是相关能源器件性能跃升的前提。

1.3 多尺度碳基网络搭建

碳基组分所构筑的丰富而稳定的网络结构（碳骨架结构和孔道结构）是电荷传递和输运的通道，也是保障储能和能量转换器件平稳、高效运行的关键。例如，在锂离子电池的正极体系中，碳基材料虽然不是活性组分，但是构筑了高效的电子传输系统，是高倍率电池高效工作的前提。目前的研究发现，碳基网络结构的可控、高效构建是器件高性能化的前提。可控高效主要体现在两个方面：其一，提高碳基网络的搭建效率——采用尽量少的碳组分构建高效电子传输网络，从而在保证高电子传输速率的同时保证集成器件较高的能量密度；其二，构建的网络同时具备高电子和离子传输特性。

目前快速发展的一系列新型储能和能量转换器件，碳基网络不仅提供了高效的电子传输网络，而且是纳米活性物质的限域结构，避免了活性物质在充放电循环过程中结构耗散，是保证其实用化和长寿命的前提[34-36]。

因此，高性能的能源器件不仅需要高性能的多层次纳米结构电极材料，更重要的是需要构建高效、可靠、安全、长寿命的储能系统或者能量转换系统。这就要求不仅在电极材料上，还在器件系统层面构建高效率的电荷/载流子产生界面、高容量的储能网络以及高通量的传质和导电网络。

1.4 微纳超结构碳材料模型及其设计

储能用传统碳材料（如石墨和多孔炭）结构单一、活性位少、无序性大，使其难以搭建高效能量储存及输运网络和位点，限制了储能器件能量密度、充放电效率、循环寿命和功率性能的提升。跨越传统单一碳组分的结构和功能限制，通过结构层次化、网络层次化、孔道层次化以及与非碳组分的高效复合，构筑高活性和高稳定碳/碳或非碳界面、高效电子和离子传递网络，建立“储能用微纳超结构碳基材料”的理论模型。模型核心内容包括以下五个方面：①通过多元层次化纳米孔结构的精确定制，提高碳基复合材料离子传输速率、丰富离子储存位点并缩短离子扩散路径；②通过碳/碳或非碳层次化组分的多相耦合，构筑高活性和高稳定多相界面，提升复合材料的容量存储和循环稳定性；③通过软硬碳骨架层次化及其表面官能团修饰，发展刚柔并济的碳骨架网络，实现复合材料的高效稳定储能；④通过石墨烯碳网络致密化界面组装，精确设计碳笼结构，构建高体积能量密度材料与器件；⑤通过石墨烯和导电炭黑构建长程和短程高效互补的导电网络，优化电极中的孔隙结构并缩短离子传输路径。

通过理论模型结构单元的模块化和集成化，精确定制丰富的储能位点，构建高效、稳定的传质通道和电子输运网络，实现微纳超结构碳材料的高效稳定储能。笔者与合作者建立了具有优异电荷存储和输运特性的“微纳超结构碳材料”理论模型（图 1.2 和图 1.3）。基于模型制备了多层次孔道、多尺度网络、多组分界面的电极材料，有效提高了超级电容器、锂离子电池、锂-硫电池的能量密度、循环性能及其充放电效率[37, 38]。

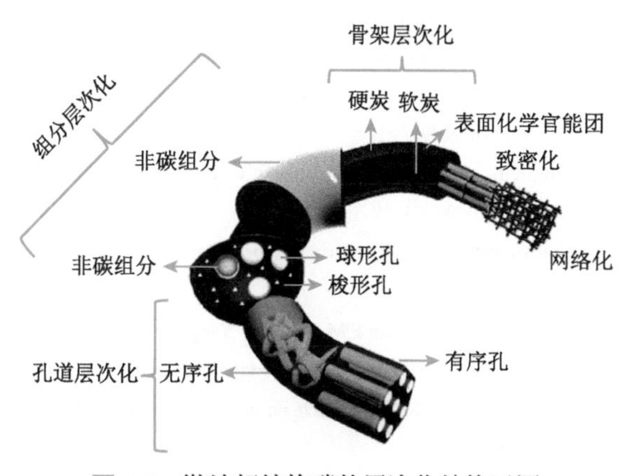

图 1.2　微纳超结构碳的层次化结构示图

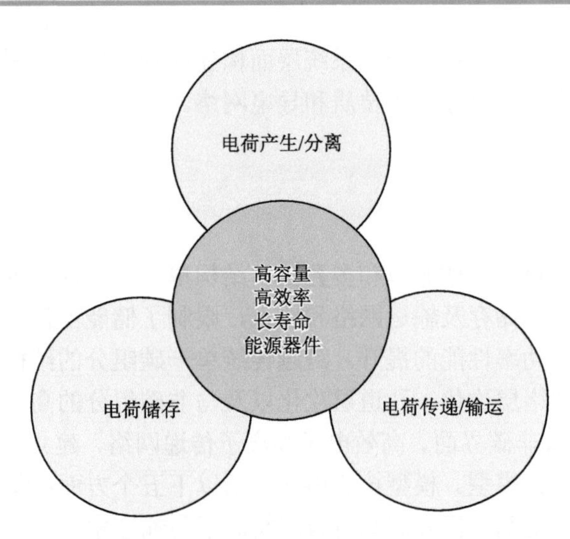

图 1.3 微纳超结构碳及网络的多功能构建示意图

参考文献

[1] 中华人民共和国国务院. 国家中长期科学和技术发展规划纲要(2006—2020 年)[OL]. 2006-02-09. http://www.gov.cn/jrzg/2006-02/09/content_183787.htm.

[2] 国务院办公厅. 国务院关于加快培育和发展战略性新兴产业的决定（国发〔2010〕32 号）[OL]. 2010-10-18. http://www.gov.cn/zwgk/2010-10/18/content_1724848.htm.

[3] 国务院办公厅. 汽车产业调整和振兴规划[OL]. 2009-03-20. http://www.gov.cn/zwgk/2009-03/20/content_1264324. htm.

[4] 中共中央关于制定国民经济和社会发展第十二个五年规划的建议[OL]. 2010-10-28. http://politics.people.com.cn/GB/1026/13066190.html.

[5] Arico A S，Bruce P，Scrosati B，Tarascon J M，Van Schalkwijk W. Nanostructured materials for advanced energy conversion and storage devices[J]. Nature Materials，2005，4（5）：366-377.

[6] Armand M，Tarascon J M. Building better batteries[J]. Nature，2008，451（7179）：652-657.

[7] Simon P，Gogotsi Y. Materials for electrochemical capacitors[J]. Nature Materials，2008，7（11）：845-854.

[8] Green M A. The path to 25% silicon solar cell efficiency：History of silicon cell evolution[J]. Progress in Photovoltaics，2009，17（3）：183-189.

[9] Zhu H W，Wei J Q，Wang K L，Wu D H. Applications of carbon materials in photovoltaic solar cells[J]. Solar Energy Materials & Solar Cells，2009，93（9）：1461-1470.

[10] Winter M，Brodd R J. What are batteries，fuel cells，and supercapacitors[J]. Chemical Reviews，2004，104（10）：4245-4269.

[11] Su F Y，You C H，He Y B，Lv W，Cui W，Jin F M，Li B H，Yang Q H，Kang F Y. Flexible and planar graphene conductive additives for lithium-ion batteries[J]. Journal of Materials Chemistry，2010，20（43）：9644-9650.

[12] Li H，Wang Z X，Chen L Q，Huang X J. Research on advanced materials for Li-ion batteries[J]. Advanced Materials，2009，21（45）：4593-4607.

[13] 郭玉国，王忠丽，吴兴隆，张伟明，万立骏. 锂离子电池纳微结构电极材料系列研究[J]. 电化学，2010，

16（2）：119-124.

[14] Chmiola J，Yushin G，Gogotsi Y，Portet C，Simon P，Taberna P L. Anomalous increase in carbon capacitance at pore sizes less than 1 nanometer[J]. Science，2006，313（5794）：1760-1763.

[15] Wang D W，Li F，Liu M，Lu G Q，Cheng H M. 3D aperiodic hierarchical porous graphitic carbon material for high-rate electrochemical capacitive energy storage[J]. Angewandte Chemie-International Edition，2008，47（2）：373-376.

[16] Jia Y，Cao A Y，Bai X，Li Z，Zhang L H，Guo N，Wei J Q，Wang K L，Zhu H W，Wu D H，Ajayan P M. Achieving high efficiency silicon-carbon nanotube heterojunction solar cells by acid doping[J]. Nano Letters，2011，11（5）：1901-1905.

[17] Inagaki M，Kang F Y. Carbon Materials Science and Engineering—From Fundamentals to Applications[M]. Beijing：Tsinghua University Press，2006.

[18] Inagaki M，Kang F Y，Toyoda M，Konno H. Advanced Materials Science and Engineering of Carbon[M]. Beijing：Tsinghua University Press，2013.

[19] Xu C J，Li B H，Du H D，Kang F Y. Energetic zinc ion chemistry：The rechargeable zinc ion battery[J]. Angewandte Chemie-International Edition，2012，51（4）：933-935.

[20] Bruce P G，Freunberger S A，Hardwick L J，Tarascon J M. Li-O_2 and Li-S batteries with high energy storage[J]. Nature Materials，2012，11（1）：19-29.

[21] Yoo E，Kim J，Hosono E，Zhou H，Kudo T，Honma I. Large reversible Li storage of graphene nanosheet families for use in rechargeable lithium ion batteries[J]. Nano Letters，2008，8（8）：2277-2282.

[22] Stoller M D，Park S J，Zhu Y W，An J H，Ruoff R S. Graphene-based ultracapacitors[J]. Nano Letters，2008，8（10）：3498-3502.

[23] Sun Y Q，Wu Q，Shi G Q. Graphene based new energy materials[J]. Energy & Environmental Science，2011，4（4）：1113-1132.

[24] Liang M H，Zhi L J. Graphene-based electrode materials for rechargeable lithium batteries[J]. Journal of Materials Chemistry，2009，19（33）：5871-5878.

[25] Yang S B，Feng X L，Wang L，Tang K，Maier J，Mullen K. Graphene-based nanosheets with a sandwich structure[J]. Angewandte Chemie-International Edition，2010，49（28）：4795-4799.

[26] Paek S M，Yoo E J，Honma I. Enhanced cyclic performance and lithium storage capacity of SnO_2/graphene nanoporous electrodes with three-dimensionally delaminated flexible structure[J]. Nano Letters，2008，9（1）：72-75.

[27] Wu X L，Jiang L Y，Cao F F，Guo Y G，Wan L J. $LiFePO_4$ nanoparticles embedded in a nanoporous carbon matrix：Superior cathode material for electrochemical energy-storage devices[J]. Advanced Materials，2009，21（25-26）：2710-2714.

[28] Wang H L，Casalongue H S，Liang Y Y，Dai H J. $Ni(OH)_2$ nanoplates grown on graphene as advanced electrochemical pseudocapacitor materials[J]. Journal of the American Chemical Society，2010，132（21）：7472-7477.

[29] Liu H T，Liu Y Q，Zhu D B. Chemical doping of graphene[J]. Journal of Materials Chemistry，2011，21（10）：3335-3345.

[30] Li B，Cao X H，Ong H G，Cheah J W，Zhou X Z，Yin Z Y，Li H，Wang J L，Boey F，Huang W，Zhang H. All-carbon electronic devices fabricated by directly grown single-walled carbon nanotubes on reduced graphene oxide electrodes[J]. Advanced Materials，2010，22（28）：3058-3061.

[31] Huang J H，Fang J H，Liu C C，Chu C W. Effective work function modulation of graphene/carbon nanotube

composite films as transparent cathodes for organic optoelectronics[J]. ACS Nano，2011，5（8）：6262-6271.

[32] Li Z，Zhu H W，Xie D，Wang K L，Cao A Y，Wei J Q，Li X A，Fan L L，Wu D H. Flame synthesis of few-layered graphene/graphite films[J]. Chemical Communications，2011，47（12）：3520-3522.

[33] Shu Q K，Wei J Q，Wang K L，Zhu H W，Li Z，Jia Y，Gui X C，Guo N，Li X M，Ma C R. Hybrid heterojunction and photoelectrochemistry solar cell based on silicon nanowires and double-walled carbon nanotubes[J]. Nano Letters，2009，9（12）：4338-4342.

[34] Xu C J，Du H D，Li B H，Kang F Y，Zeng Y Q. Asymmetric activated carbon-manganese dioxide capacitors in mild aqueous electrolytes containing alkaline-earth cations[J]. Journal of the Electrochemical Society，2009，156（6）：A435-A441.

[35] Ji X L，Lee K T，Nazar L F. A highly ordered nanostructured carbon-sulphur cathode for lithium-sulphur batteries[J]. Nature Materials，2009，8（6）：500-506.

[36] Wang H L，Yang Y，Liang Y Y，Robinson J T，Li Y G，Jackson A，Cui Y，Dai H J. Graphene-wrapped sulfur particles as a rechargeable lithium-sulfur battery cathode material with high capacity and cycling stability[J]. Nano Letters，2011，11（7）：2644-2647.

[37] 康飞宇. 二维碳材料在储能中的应用：从石墨到石墨烯[C]. 中国化学会第29届学术年会文集，北京，2014.

[38] 康飞宇，贺艳兵，李宝华，杜鸿达. 炭材料在能量储存与转化中的应用[J]. 新型炭材料，2011，26（4）：246-254.

第2章 储能用碳基材料的特点、种类及未来趋势

推动能源供给革命，建立传统能源和新能源多轮驱动的能源供应体系是我国能源安全战略的重要组成。因此，风能和太阳能等新能源产业及电动汽车产业在近年来得到了快速发展，对能源的高效离网储运和使用提出了更高的要求，亟须发展高性能的储能器件[1]。信息技术、智能装备及机器人等领域的快速发展也对储能器件提出了高能量/高功率、高安全性、长寿命以及轻薄、柔性等多样化的需求[2]。电极材料是制约上述性能的关键因素。

碳材料具有结构多样、表面状态丰富、化学稳定性好等优点，一直以来是锂离子电池、超级电容器、燃料电池等能量存储和转换器件中的关键电极材料/载体和导电添加剂[3-7]。以碳纳米管和石墨烯为代表的碳基纳米材料耦合了优异的导电性、极高的比表面积和可控的三维网络结构，同时作为结构基元又可以构建介观织构可控的宏观形态碳材料，赋予了其在电化学储能领域的巨大应用潜力[8-13]。总体而言，碳材料形态、结构和表面性质合理设计和精确控制的系统指导理论和方法缺失，产业化的制备及应用技术匮乏，是当前制约高性能储能碳材料及器件开发和实用化的主要瓶颈[14]。

石墨材料是现有锂离子电池的负极材料，然而其理论容量限制了锂离子电池容量的提升，虽然碳基纳米材料表现出高的储锂容量，但是其首效低、无平台及循环性差等而无法实用化。

目前，为提高锂离子电池能量密度，产业化研究主要集中于碳基复合材料的开发，如与硅等高容量负极进行复合。由于这些高容量负极的体积膨胀及粉化等问题，现有硅/碳复合负极中的硅含量、循环性及安全性仍需大幅提升。除质量能量密度外，体积能量密度也是评价储能器件性能的重要指标，通常碳基材料的密度较低，特别是碳基纳米材料和多孔炭材料，使得器件内部活性物质填充量低、大量空间被电解液占据，导致电极和整体储能器件的体积能量密度非常有限。

在诸多新型储能器件中，碳基材料也起着至关重要的作用。例如，在高能量

密度的锂-硫电池中，碳基材料是硫的关键载体，碳基材料的孔结构和表面设计是提高硫利用率和电池循环稳定性的关键，但因现有碳基材料的孔体积低和导电性差难以实现硫的高负载，极大降低了锂-硫电池的实际能量密度，而且单纯依靠碳结构也无法有效限制多硫化锂穿梭，电池循环性能差。发展微纳超结构碳材料，特别是提高碳基纳米材料的块体密度和层次孔设计，对提高传质、导电、离子储运能力特别有效，是高性能储能器件的发展要求。

2.1 储能用碳基材料的特点

2.1.1 储能用“微纳超结构碳”模型

针对能量存储与转换用碳材料所存在的问题，笔者提出了“微纳超结构碳”模型（图 1.2）及其理论基础，主要包括：

（1）孔结构的精确定制。孔洞是碳材料的储能场所，也是离子扩散通道，低孔体积与孔无序直接制约了储能性能的提升，但如何对孔结构进行精确调控并实现其功能导向的层次化构建仍是难题。

（2）连续碳网络的构筑。基于传统方法制备的碳材料，由于前驱体分解及活化作用的刻蚀，碳材料的内部网络缺陷多、不连续，限制了电荷的快速传输。

（3）多组分界面的耦合。掺杂与复合过程中形成的碳/碳或碳/非碳界面难以实现从原子级别到纳米尺度的匹配，导致掺杂含量低，组分间难以有效协同，无法取得性能的突破。

亦即，“微纳超结构碳”的精准定制、层次有序、厚密联通、多相耦合的基本组成模块，其核心是跨越传统单一碳组分的结构和功能限制，通过结构有序化、网络层次化及与非碳组分的有效复合，构筑高活性和稳定的碳/碳或碳/非碳界面、高效的电子和离子传输网络。

2.1.2 碳基材料多层次孔隙结构的构建和电化学储能

层次孔炭材料是一类同时具有微孔、中孔和/或大孔等多层次孔结构的新型炭材料。当用作储能器件电极材料，其多层次孔结构具有积极的协同效应，例如，大孔可以作为电解质储存池，中孔可以作为传质通道，而微孔可以提供电化学活性位点。显然，相比于传统炭材料的单一孔结构，层次孔炭材料具有高效的电化学活性表面、快速的离子传输速率和极短的离子扩散距离，应用潜力巨大。

目前，层次孔炭材料主要通过模板法、模板-活化联合法和免模板法等方法制备[15-17]。模板法可以精确地调控炭材料的纳米孔形貌和尺寸，是合成层次孔炭材料最有效的方法之一。例如，SiO_2、$Ni(OH)_2$、聚苯乙烯（polystyrene，PS）、聚甲基丙烯酸甲酯（polymethyl methacrylate，PMMA）、高抗冲聚乙烯（high impact polyethylene，HIPE）和“聚氧乙烯-聚氧丙烯-聚氧乙烯”三嵌段共聚物[poly(ethylene oxide)-poly(propylene oxide)-poly(ethylene oxide)，PEO-PPO-PEO]等各种硬模板剂或软模板剂常被用来造孔，合成具有预定结构的层次孔炭材料。笔者课题组[18-20]利用双重硬模板策略［如 $Ni(OH)_2$ 和 Na_2CO_3］、硬-软模板联合策略（如 SiO_2 和 PEO-PPO-PEO，PMMA 和 SiO_2）和单一模板原位堆叠策略合成了多种层次孔炭材料，发展了层次孔炭材料制备法。模板-活化联合法可以有效地用来设计富含微孔/小中孔的层次孔炭材料，即模板剂用来构筑中孔/大孔，而活化产生大量微孔/小中孔。尽管模板法和模板-活化联合法已经广泛被用来合成层次孔炭材料，但因这两种方法工艺烦琐、周期冗长、合成条件苛刻，使其应用受到很大的限制。

免模板法无须借助任何模板和活化过程，可以有效地避免这些缺点。近年来，吴丁财与符若文课题组[21-25]利用羰基交联策略，发展了一种新型的制备聚苯乙烯基层次孔炭材料的免模板法。他们首先优化微乳液聚合工艺，合成粒径低至 55nm 的单分散苯乙烯-二乙烯基共聚物（PS-DVB）纳米球；然后利用弗里德-克拉夫茨（Friedel-Crafts）后交联反应，将 PS-DVB 纳米球链接形成独特层次性的三维纳米网络结构，构筑出新型层次孔聚苯乙烯材料；再经炭化，获得聚苯乙烯基层次孔炭材料。

层次孔炭材料已经在能源领域取得一定的应用，然而目前常见的制备方法依然是复杂的模板法，而且用作超级电容器电极材料时，能量密度偏低，有待进一步优化其层次孔结构以期提高储能特性。因此，如何发展简单而高效的新型制备方法并尽可能提高其能量存储性能是将来层次孔炭材料的关键科学问题。

相比活性炭或中孔炭材料，层次孔炭材料经常在超级电容器应用中表现出巨大的功率优势。Cheng 等[12]率先提出层次孔炭材料用作超级电容器电极材料时的储能模型，并证明层次孔炭材料同时具有很高的功率密度和能量密度，在 3.6s 的时间内能够释放 22.9W·h/kg 能量。笔者课题组[26-28]最近证实了大孔和中孔在降低传质阻力中的重要作用，并进一步证明由于大-中孔的协同作用，层次孔炭材料具有优异的电解液可接近性，表现出快速的离子传输速率和高效的电化学活性表面：在 200mV/s 的高扫描速率下，电容保持率和电化学活性表面仍可分别达到 84%和 $28.7\mu F/cm^2$，远远超过活性炭和有序中孔炭。

层次孔炭材料独特的大-中-微孔型结构，使其具有高效的电化学活性表面、快速的离子传输速率和极短的离子扩散距离，在用作储能器件的电极材料时表现出卓越的功率特性。但是，目前占统治地位的合成方法依然是模板法，这并不利于层次孔炭材料的规模化应用。同时，层次孔炭材料在用作超级电容器电极材料时，受限于微孔比表面积偏低，其能量密度有待进一步提高，其中使用 KOH 活化或者将具有高容量的过渡金属氧化物与层次孔炭材料复合都是可供选择的手段。此外，层次孔炭材料用作锂离子电池电极材料时的循环稳定性依然不够理想，寻求电导率、炭材料骨架柔韧性与储电容量的最优结合点依然是一个需要深入研究的课题。

2.1.3 碳基材料的导电性与电荷的快速输运

碳基材料的良好导电性使得其在储能器件中得到广泛应用。一般来说，碳基材料的导电性越好，在储能器件中应用时会使得器件的性能表现越优异，特别是输出功率和容量。而碳基材料的导电性又与其石墨化度有关，一般来说，随着石墨化度的升高而储能器件容量也会升高。碳基材料的石墨化度可以用 X 射线衍射法来测量，由[002]面的衍射峰位可以计算出碳基材料中的石墨层间距。图 2.1 表示在锂离子电池中，负极碳基材料的容量随着碳基材料的层间距变化而变化。

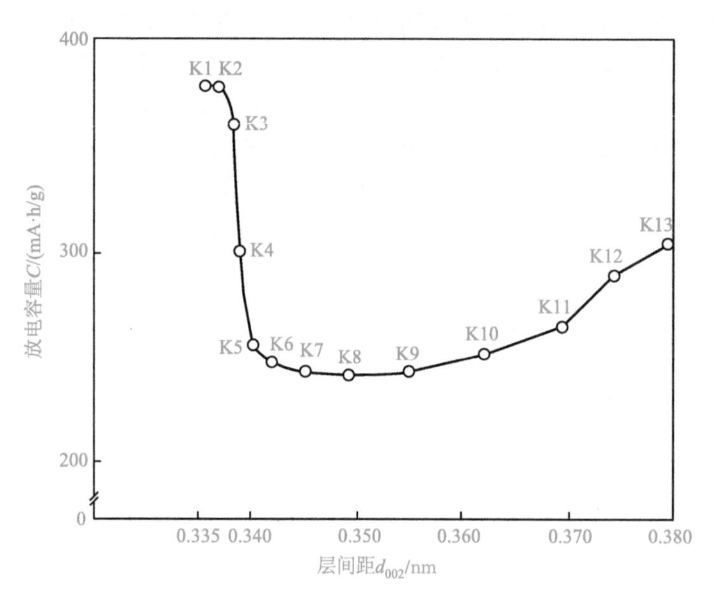

图 2.1 锂离子电池的放电容量与负极碳基材料层间距的关系

K1～K13 为样品编号

在各种能量转换和储能器件中，碳基材料是构建能量输运网络不可或缺的关键组分。在锂离子电池中，无论是作为负极体系中的活性物质还是正极体系中的导电剂，碳基材料都是保证其功率特性和能量密度的关键材料。随着对石墨和各类碳基材料的表面改性和结构有序度调节，碳基材料的能量密度和功率特性在不断优化；除了碳基负极材料以外，非碳负极材料，主要包括钛酸锂、氧化物和硅、锡及其合金，其中硅基材料理论比容量可高达 4200mA·h/g[29]，被认为是最有希望改善锂离子电池负极材料性能的材料。然而，硅基与锡基负极在锂的嵌、脱循环过程中会经历严重的体积膨胀和收缩，导致电池循环容量的快速衰减，限制了其商业化应用。目前，碳/非碳复合电极材料的研究十分活跃。同样，对于超级电容器电极材料而言，碳基材料因其良好的性能和较为低廉的价格，也是超级电容器的首选材料。纳米结构各异的碳基材料已被成功设计合成，其中层次孔炭材料兼具不同功能的微孔、中孔和大孔，具有比传统电极材料优异得多的储电性能。系统研究各种孔隙结构和表面化学对储电能力的制约机制，实现多层次孔的构建、表面结构定制、与非碳组分的有效复合，是实现高性能超级电容器材料可控制备的必由之路。近年来，石墨烯及纳米石墨烯片的研究对碳基储能材料的发展起到很大的促进作用。石墨烯和纳米石墨烯片具有大的理论比表面积和很高的理论储锂、储电容量，但是石墨烯片层容易团聚，很难作为储能关键材料直接应用。以石墨烯作为源头材料设计和组装特定结构的碳基材料，可以实现碳基功能材料的纳米结构设计和可控制备。在负极材料的制备中，通过柔性、单层石墨烯片层和非碳活性物质的组装，为活性物质构筑良好的缓冲层结构（大孔结构或者三明治结构），可以实现非碳活性电极的高效化、长循环寿命。在正极材料的制备过程中引入结构设计的思想，对正极材料碳包覆层结构设计、优化，可以显著提高锂离子电池正极材料的容量及倍率特性；作为导电添加剂，石墨烯和活性物质构筑的导电网络实现“点对面”的导电模式，性能远超基于商用导电剂的“点对点”导电模式。同样，解决金属氧化物作为重要的赝电容电极材料效能不足的问题，也可以通过石墨烯片层组装实现碳/非碳结构的有效调控，获得高效稳定的石墨烯/纳米氧化物/石墨烯三明治复合结构。

由于尺度和取向等因素，碳片层在锂离子电池内部的活性材料颗粒和整个电极内可以构筑成不同层次的网络结构。纳米层次的碳网络主要是指在活性材料颗粒表面形成的一层很薄的碳基纳米材料，可以有效地提供颗粒之间的电子传导路径。这类网络通常由可炭化前驱体在活性材料颗粒表面进行包覆，进而通过热解炭化的方式残留下一层由纳米尺度的碳片层组成的网络。由于炭化温度比较低，所以这类碳基网络通常由纳米碳层杂乱排列而成，难以在颗粒表面形成规则取向的碳层结构。最优的纳米碳层网络应该是碳片层垂直于活性材料颗粒表面，利用两个端面连接活性材料颗粒。这样可以保证使用载流子浓度较高的垂直于 c 轴的方向进行电子传导，进一步提高电子电导率。

同时，活性材料颗粒与集流体之间也可以通过纳米碳层构筑纳米层次导电网络，减小二者之间的接触电阻。由于表面钝化、黏结剂涂层等原因，锂离子电池的集流体与活性材料接触时往往会产生较大的接触电阻，在较大电流时将阻碍电子在集流体和活性材料颗粒之间的传输，从而造成较大的欧姆极化。通过纳米碳层包覆，集流体表面与活性材料颗粒之间形成了导电网络，可以有效减小导电电阻，降低大电流时的极化作用。

为了减少新型高容量负极活性材料（如硅、锡等）的体积膨胀，具有不同结构特征的碳片层通常被引入到在这些活性材料之间建立构筑网络结构。通过这些碳基片层的连接，高容量负极材料颗粒的体积膨胀可以有效缓解，并且可以保证所有颗粒都不会随着充放电的进行脱离电极而不能良好发挥电化学性能，进而提高材料的有效利用率。根据活性材料颗粒及制备方法的不同，导电网络具有多种结构，如“核壳”结构、“三明治”结构，“三维网络”结构等。由于碳基材料可以很容易地制备成多种形态，所以为高容量负极材料的开发提供了良好的支持。

除了在活性材料颗粒表面构建纳米层次的导电网络，在整个电极范围内活性材料之间也经常使用碳基材料构建微米层次的网络。这些层次网络的构建，通常使用在至少一个维度上具有微米尺度的碳基材料，如碳纳米管、纳米碳纤维及石墨烯等。这些碳基材料由于前期已经独立制备，均具有比较规整的结构、较高的电子电导性，所以在添加量很少的情况下就可达到整个电极的导电阈值，提高整个电极范围内的电导率。

2.1.4 电荷的高效产生/分离

“结”是应用基础研究领域的一个重要科学问题。对电子器件的操控取决于对“结”电子传输特性的控制。构成“结”材料的能带结构、表面/界面特性极大地影响“结”的传输特性。对碳基纳米材料而言，由不同组元（如碳纳米管、石墨烯）构成的“结”是这一科学问题的一个最直接的体现和典型的研究实例。例如，从电子动量守恒的角度研究碳纳米管与高取向热解石墨之间的相互作用，结果表明二者之间不同的取向排列会导致接触电阻发生变化，幅度相差近一个数量级。当碳纳米管中允许的动量态与石墨的动量态相匹配而发生重叠时，费米波矢平行，接触电阻最小。垂直定向碳纳米管/石墨烯界面是一种可实现信号传输的特殊结构。碳纳米管的定向性决定了整个系统的导电性。碳纳米管和石墨烯纳米条带还可以构成一种具有高隧道电流的 p-n 结二极管，在基于隧道效应的高性能场效应管等领域具有潜在应用前景。碳纳米管之间可形成 p-n 结二极管并具有光电转换效应。碳基材料由于其丰富的结构与性能而成为下一代高效柔性薄膜太阳能电池的关键材料。全碳太阳能电池的开发逐渐成为关注的重点。例如，通过控制碳基纳米材料（C_{60}、C_{70}、碳纳米管、石墨烯）的组分与界面，制备全碳复合结构，利用不同碳基纳米材料界面的电荷分离机制，可构建无须聚合物活性层和传输层的全碳太阳能电池结构。通过合理选用界面组分、提升电极材料质量、发挥各组分多功能特性（如引入 C_{60} 阻挡层），有望使电池效率进一步提升。通过密度泛函理论（density functional theory，DFT）计算，可对活性层组分的能带结构、“结”的形成进行优化。整个电池制备工艺基于溶液处理方法，易于规模生产。

碳基材料还可以与其他材料构成异质结。例如，类金刚石非晶薄膜（a-C）经掺杂后可获得 p 型或 n 型特性，用于构建 a-C/Si 和 a-C/GaAs 的 p-n 结。半导体型碳纳米管可以与金属电极形成“肖特基结”。金属型碳纳米管与金属电极间的欧姆接触会产生一个由局部能垒形成的内建电场，起到分离光生载流子的作用。笔者课题组[30-32]发现碳纳米管同单晶硅可形成异质结，由此组装的光伏电池的转换效率可达 15%。另外，石墨烯和单晶硅构成的异质结光伏电池具有良好的光伏性能。经化学改性后，石墨烯/硅太阳能电池的转换效率可显著提高（8.6%）。以石墨烯/硅异质结为基础可构建三极管元件及具有场效应的太阳能电池。同时，石墨烯/硅异质结还具有光探测超敏感性。经笔者课题组优化，石墨烯/硅太阳能电池的转换效率目前已达到 14.3%（AM1.5G）。

总之，碳基纳米材料的界面受结合方式（如排列取向）的控制，由不同纳米碳组元构成的“结”具有可操控的传输特性，纳米碳基复合结构具有增强的光伏性能。由于在结构和性能上具有互补性，碳基纳米材料的多级复合结构已逐渐成为进行科学实验、解决科学问题的一个理想平台。亦即，确定以碳基纳米材料为研究对象，将其相互作用在微观尺度归纳为“结”的科学问题，进而引申至宏观复合结构，并研究其耦合作用与协同效应。

2.1.5　碳基材料的表面性质对电荷存储的影响

由于电极材料与电解液的浸润性直接影响到储能器件的性能，如可逆容量和循环稳定性等，因此碳基材料表面官能团的处理也要与储能器件中的电解液性质密切相关，特别是涉及亲水疏水性。

根据双电层理论，碳基材料的比电容随其比表面积的增大而增大。实验显示，清洁石墨表面形成的比容量约在 $20\mu F/cm^2$，由此计算，比表面积大于 $2000m^2/g$ 的活性炭的理论比容量可达 400F/g 以上，然而实际比容量只有 200F/g 左右[33]，说明碳基材料的比电容并非随比表面积的增大而线性增大，而有近一半的表面积未得到有效利用。

大量研究表明，除比表面积外，碳基材料的比电容还与其孔径分布、电导率和表面特性等因素有关。例如，多孔炭的孔隙能否被充分利用还与电解液溶剂化离子的半径有关，孔径过小使电解液离子难以进入，同时也会降低离子在电解液中的传输速率，孔径过大将降低存储效率，只有当孔径与溶剂化离子半径匹配时，其性能最佳[34]。Gogotsi 等[35-37]发现当孔径小于溶剂化离子半径时，碳化物衍生碳（carbide derived carbon，CDC）基材料的表面比电容随离子半径的降低呈几何式增加。碳基材料的表面化学状态也是重要影响因素之一。通过引入单种或多种杂原子（如氮、硼、氧元素）[38-43]或者在碳基材料表面修饰某种官能团（如羧基、羟基等）[44, 45]可以在充放电过程中发生法拉第反应而产生赝电容，从而提高碳基材料的比容量。但引入杂质原子或官能团同时会增加材料的接触电阻或电容器的内阻，从而降低功率特性。因此为保证其大功率输出的特性，碳基材料还需要具有一定的电导率来降低电容器内阻。

总之，作为一种优异电化学性能的碳基材料，必须具备比表面积大、孔径分布合理、导电性良好、与电解液浸润性好等特点。Cheng 等[12]利用模板法制备了具有上述特点的层次孔结构石墨碳，并提出了“大孔储液、中孔传质、微孔储能”设计理念。目前，碳基电极材料的研究热点主要集中于活性炭、模板炭、炭气凝胶、碳化物衍生碳、活性碳纤维、碳纳米管和石墨烯等多孔碳基材料。

2.2 储能用碳基材料的种类

2.2.1 石墨烯

石墨烯是指单层的石墨片层，厚度为一个碳原子层（0.334nm）。石墨烯是由碳原子 sp^2 杂化形成的平面六方晶体结构。其中的碳-碳键长约为 0.142nm，每个晶格内有三个 σ 键，将碳原子牢固地连接成六边形，垂直于平面方向的未杂化 p 轨道构成了覆盖整个石墨烯晶体的离域 π 键[46]。早期的理论计算曾指出，具有完美平面结构的单层石墨片层不能稳定存在。在实际情况中，单层石墨烯并不是完美的平面结构，而是具有一定的褶皱和起伏，波动的范围约为 1nm，从而保持自身的结构稳定性。石墨可以看作是多层石墨烯堆叠构成的，但是在堆叠层数为 2～10 层的情况下，材料的性质与单层石墨烯非常类似，人们将这样的碳材料称为少层石墨烯（few-layer graphene，FLG）[47, 48]。

人们在石墨烯的实验研究中发现了其优异的力学、热学、电学和光学性质：石墨烯的抗拉强度达到 130GPa，热导率可以达到 5300W/(m·K)，室温电子迁移率超过 $15000cm^2/(V·s)$，单层石墨烯透光率为 97.7%[46]。对于少数层石墨烯，由于堆叠层数的增加，一些性能会有所降低，如热导率和透光率会降低。理论研究显示石墨烯具有独特的电子能带结构：石墨烯可以看作是一种零带隙半导体，其价带和导带在布里渊区的 K 点和 K'点形成点接触，而且这一交点在费米面上被称为狄拉克点，在其附近动量空间中电子有效质量接近于零，这赋予了石墨烯优异的电学性质。人们希望利用石墨烯这种碳基二维材料的优秀性质，构建二维复合结构，制备新型高效光电转换器件，解决目前太阳能电池和光电探测器领域存在的问题。

2.2.2 多孔碳基材料

多孔碳基材料主要用于超级电容器电极和燃料电池、锂-空气电池的催化剂。其中具有 2～10nm 孔径的中孔炭最为有用。模板法制备的中孔炭，由于其孔结构具有比传统活性炭更好的可控制性，近年来吸引了很多研究者的目光。模板炭的制备主要分为三步：首先，将碳源（如蔗糖）注入具有中孔结构的模板的孔道中；

然后，在真空（或惰性气氛）中高温炭化；最后，通过腐蚀等方法除去模板，得到中孔炭。

许多多孔材料都可用作模板。例如，Ryoo 等[49]利用 SBA-15 作为模板合成了孔径在 3.5nm 左右的有序中孔结构的碳分子筛，其比表面积可达 $2000m^2/g$。利用这种高比表面积的有序中孔炭为载体，能制备出均匀分布且具有较高负载量（质量分数 50%）的 Pt 纳米颗粒，并对氧还原反应（oxygen reduction reaction，ORR）显示出优异的催化活性。

为了研究孔径对催化性能可能的影响，Chai 等[50]采用聚苯乙烯、氧化硅等胶体球组装成的胶体晶体作为模板，也得到了有序结构的多孔炭。由于胶体球的大小可以在很广的范围内（几十到几百纳米）控制，因此可以合成有序的中孔甚至是大孔炭材料，从而能非常有效地控制多孔炭的孔径。图 2.2 为 Chai 等合成不同孔径多孔炭的扫描电子显微镜（SEM）图，其孔径大小分别为 25nm、68nm、245nm 和 512nm。他们采用这些不同孔径的模板中孔炭作为直接甲醇燃料电池（direct

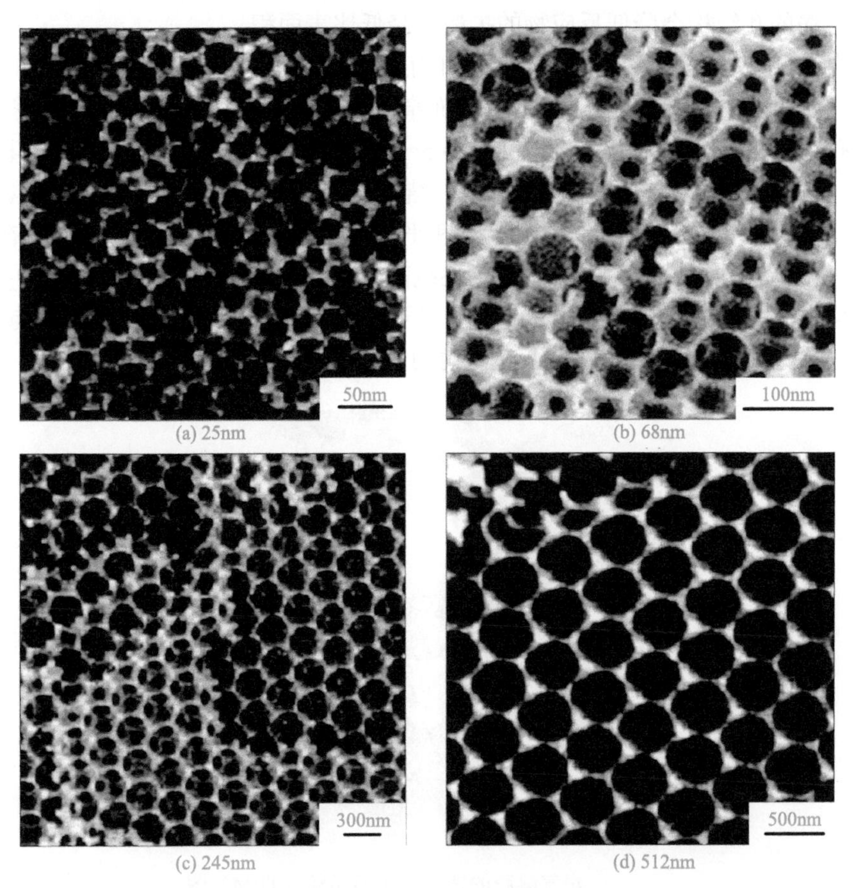

(a) 25nm (b) 68nm

(c) 245nm (d) 512nm

图 2.2 模板法制备的不同孔径的中孔炭的 SEM 图[50]

methanol fuel cell，DMFC）催化剂载体，系统地研究了孔径对 DMFC 阳极催化层性能的影响。结果表明，孔径为 25nm 的中孔炭为载体时电池性能最佳，常温下的电池功率密度比商品催化剂的性能高 40%以上。他们认为这是由于在中孔范围内，孔径越小，比表面积越大，催化性能就越高。在此基础上，Chai 等[51]进一步采用了不同直径的模板，制备出了具有双重孔结构的有序多孔炭，并将这种具有双重孔结构的多孔炭应用在 DMFC 催化剂上，取得了很好的效果。较大的孔为传质提供了通道，而较小的孔则构成了均匀分散纳米催化剂颗粒的良好场所。

尽管模板法制备的有序中孔炭作为催化剂载体取得了优异的性能，但 Rolison[52]认为，孔的有序性对提高单位质量催化剂的效率是丝毫没有作用的，孔的有序性使得孔道仅在有限的几个特定的方向上连通。而对反应物分子来说，在各个方向上的扩散概率是相同的，有序孔只会导致反应物分子与孔壁的碰撞概率增大。因此，相对于在各个方向都可能连通的无序孔结构来说，有序孔对传质是不利的。Antoniett 和 Ozin[53]也认为，利用多孔材料的表面效应（如吸附、催化）时，高度有序的孔结构会降低反应物的扩散，降低比表面积。

炭气凝胶是一种由球状炭纳米颗粒相互联结而成的轻质无序多孔材料（图 2.3），具有比表面积大、中孔比例高、孔径分布窄，且可通过调节制备工艺在一定程度上控制孔结构等特点。Du 等[54]选取孔径为 5～20nm 的几种炭气凝胶作为 Pt 催化剂的载体，研究了孔径对催化剂活性的影响。结果表明：炭气凝胶为载体的 Pt 催化剂显示出良好的 ORR 催化活性，其催化活性和平均孔径之间呈现明显的依赖关系；在 5～20nm 孔径范围内，孔径越大，催化活性越高。这是因为较大的孔更有利于 O_2 的扩散。但过大的孔会造成比表面积的下降，同时扩散距离也将增大，反而会引起催化性能的下降。也可认为 20～50nm 范围内的中孔结构最有利于催化过程。

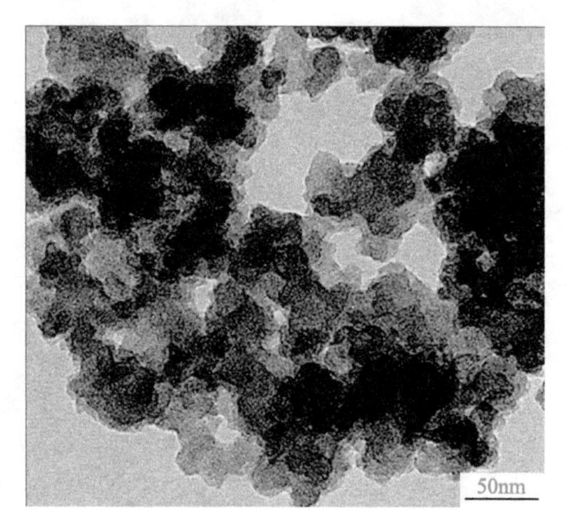

图 2.3　炭气凝胶的透射电子显微镜（TEM）图

2.2.3　碳纳米管

1991 年，日本 NEC 公司的 Iijima 博士发现了一种新的结构碳，即碳纳米管（carbon nanotube，CNT）。由于 CNT 具有类石墨的卷曲表面，因而具有优异的导电性能。文献报道[47, 48, 55]Vulcan XC-72 炭黑的粉末电导率为 2.77S/cm，而 CNT 的电导率则高达 10^2～10^3S/cm，后者较前者高出两个数量级以上。同时，CNT 的类石墨结构也比石墨化程度相对较低的其他碳载体具有更好的抗腐蚀性能。这就表明 CNT 是一种非常有前途的载体材料。

从结构上来看，CNT 可以分为单壁碳纳米管（single walled carbon nanotube，SWCNT）、双壁碳纳米管（double walled carbon nanotube，DWCNT）及多壁碳纳米管（multi walled carbon nanotube，MWCNT）。其中 MWCNT 是最容易制备的一种，其大规模的制备也已经取得很大的进展。Li 等[56, 57]首先研究了 MWCNT 作为 Pt 催化剂的载体应用于 DMFC 的阴极。在 90℃下，Pt/MWCNT 的 DMFC 电池性能比 Pt/Vulcan XC-72 要高出很多。随后，陆续有研究报道，采用 MWCNT 作为载体的催化剂（如 PtRu、PtSn、PtRuIr 等）用于 DMFC 阳极时，相对于 Vulcan XC-72 炭黑作为载体也均显示出更优异的催化活性。

不同类型的 CNT，包括 MWCNT、DWCNT 和 SWCNT 作为催化剂载体时对 DMFC 的性能均有较大的影响[58]，其中，MWCNT 具有良好的导电性能，但直径相对较大，比表面积有限（50～200m^2/g）；而 SWCNT 直径虽小（约 1nm），比表面积也高（500～1000m^2/g），但因 SWCNT 中有相当一部分属于半导体的性质，导电性会下降很多。与 MWCNT 和 SWCNT 相比，DWCNT 中的大部分都具有较好的导电性，且比表面积也比较高（500～1000m^2/g），因此是一种较理想的 DMFC 催化剂载体。Li 等[58]通过实验发现，PtRu/DWCNT 催化剂在 DMFC 中显示出最佳的性能，而 PtRu/SWCNT 催化剂的 DMFC 单电池性能则最差。对于 SWCNT，Kamat 等[59]认为，不同 SWCNT 的性质大不相同，如比表面积，以及金属性和半导体性 SWCNT 的比例等。采用金属性的 SWCNT 为载体的 DMFC 催化剂显示出比 MWCNT 高得多的电池性能。

CNT 的石墨性质使其具有很好的导电性和稳定性，但同时也使得其表面具有较强的化学惰性以及与金属颗粒往往呈现较弱的作用。如何在 CNT 上较容易地负载均匀分散且尺寸分布窄的金属纳米颗粒是一个重要的课题。为了在 CNT 的表面产生活性位以增强与金属颗粒的作用，已有大量关于 CNT 的表面功能化的研究。最常用的方法便是在强氧化性酸溶液（如浓 HNO_3/H_2SO_4）中加热回流处理，以在 CNT 的表面形成含氧官能团。尽管这种表面氧化的方式比较简单、有效，但是其控制性仍然较差，很难在 CNT 的整个表面上产生均匀而足够的含氧官能团。

2.2.4 硅碳复合材料

近年来，随着新能源电动汽车续航里程需求的提高，现阶段商业化石墨负极材料（理论比容量 372mA·h/g）[60]已难以满足当前的需求，亟须开发一种高比容量的负极材料。

单质硅，由于具有较高的理论比容量（4200mA·h/g）和较低的潜力电势[61]，而最有可能替代商业化石墨负极材料。但因单质硅在脱嵌锂过程中会产生巨大的体积效应（高达 300%）[62]，使得电极结构崩塌和电极材料剥落，造成电极材料间、电极材料与导电剂（如碳）和黏结剂、电极材料和集流体的分离，进而失去电接触，导致电极的循环性能加速下降；加之单晶硅本身的导电性差[63]，严重制约了其作为锂离子负极材料的实用化。

碳基材料不仅具有良好的导电性，在插入脱出锂离子时体积稳定，同时还拥有良好的柔韧性，可为硅材料的体积膨胀提供缓冲空间，缓解由于硅体积膨胀导致的电极粉化[64]。因此，硅碳复合是制备高性能锂离子电池负极材料的有效手段，也是近年来该领域的研究热点[65-68]。

硅碳复合材料的研究主要有两个发展方向[69]：①直接将硅粉和石墨粉混合，然后通过物理混合，如球磨的方式等，获得硅碳复合材料。②先将硅粉、碳粉（无定形碳、石墨、膨胀石墨、碳纳米管和石墨烯等）和碳源（聚丙烯腈、聚丙烯酸、聚乙烯吡咯烷酮和沥青等）熔融，然后进行炭化处理制备出硅碳复合材料。相对于前者，后者在硅的分散均匀性、物料的一致性方面更具有优势。硅碳复合材料的结构主要有包覆型、核壳型及嵌入型。

图 2.4 是一种基于优质低硫可膨胀石墨（纳米石墨片），制备高容量纳米石墨

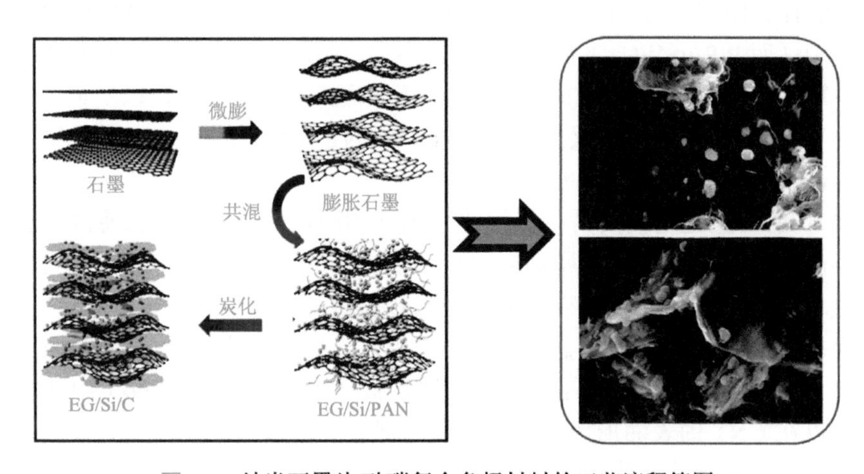

图 2.4 纳米石墨片/硅碳复合负极材料的工艺流程简图

片/硅碳复合负极材料的工艺流程示意图，可以看到，由该法制备的硅碳复合材料是典型的嵌入型，其中纳米硅粒子的分散均匀。

在膨胀石墨、纳米硅和聚丙烯腈质量比 1∶(0.01～2)∶(0.01～2)，炭化温度 500～800℃、炭化时间 1～3h 条件下，可以制备出高容量的纳米石墨片/硅碳复合负极材料。以这种硅碳复合材料作为锂离子电池电极片，在电流密度 500mA/g 下充放电，初始质量比容量为 1056mA·h/g，循环 50 周后，质量比容量的保持率为 84.7%，表现出非常优异的循环稳定性[70]。同时也呈现出优异的倍率性能（图 2.5），即在 100mA/g 充放电时的质量比容量为 1480mA·h/g，200mA/g 充放电时的质量比容量为 1280mA·h/g，500mA/g 充放电时的质量比容量为 1050mA·h/g，1A/g 充放电时的质量比容量为 810mA·h/g，2A/g 充放电时的质量比容量为 520mA·h/g。

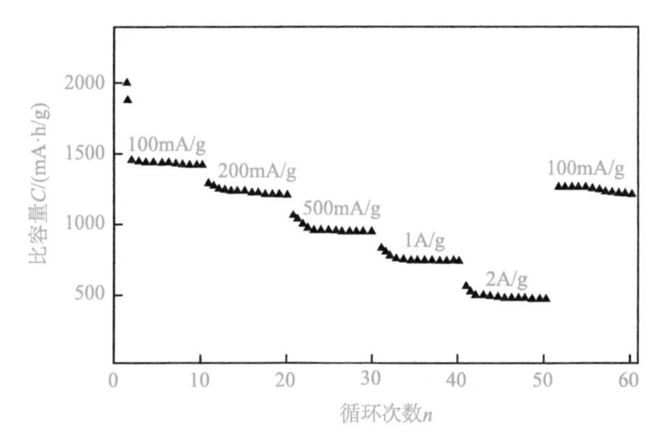

图 2.5　纳米石墨片/硅碳复合负极材料的倍率性能[70]

石墨烯是只有一个碳原子厚度的二维材料，具有优良的机械强度和柔韧性，可以缓冲硅/石墨烯复合材料的体积效应，并且可以提供良好的导电网络，保证硅与硅、硅与集流体之间良好的电接触。例如，将硅与氧化石墨烯按一定比例均匀混合，并在氢气含量 10%（体积分数）的氩气气氛中，700℃下保温 1h，得到硅/石墨烯复合材料，该材料具有高比容量和良好的循环性。在 1A/g 电流密度下的质量比容量可达 3200mA·h/g，经过 150 次循环后容量保持率为 99.9%；大电流（8A/g）充放电时质量比容量仍达 1100mA·h/g[71]。

2.3　储能用纳米碳材料的未来趋势

根据美国 Battery500，我们提出未来高效能电池发展路线图，主要解决科学问题包括：①建立碳材料的清晰储能机制。借助原位技术、理论计算等手段，精确揭示碳材料结构与表面化学和电化学性能间的关联，建立完整的高性能碳材料设计指导思想。②发展碳材料的制备新方法，实现结构与性能的精准定制。借助精确可控的石墨烯单元或高分子单元，发展新的碳材料组装和制备策略，实现从微观到宏观的结构精准定制和性能优化。③发展立足实用的高性能电极和器件结构设计。通过构建和优化无金属集流体的高质量/体积能量密度一体化电极设计，获得高负载量、高机械稳定性、高导电性及快速离子传导能力的实用化电极方案。

具体攻关技术主要有：①高性能硅碳复合负极材料；②高体积能量密度碳基电极材料；③兼具高功率和高能量的超级电容器用碳基电极材料；④高性能锂-硫电池用碳基电极材料。

2.3.1 高性能硅碳复合负极材料

提高硅碳复合负极的容量、高温性能、高倍率性能和首次效率，减少其与电解液的副反应并提高循环稳定性是硅碳复合负极实用化的研究重点，也是目前亟须解决的关键问题。针对以上问题，主要围绕以下研究内容开展：

（1）创新碳包覆结构的设计思想和构建方法，发展具有自适应性和自修复功能的包覆层。例如，针对纳米硅，设计和构建少缺陷、缓冲空间精准预制的柔性碳包覆层，提高纳米硅的库仑效率和循环稳定性；针对微米硅，设计高导电、高弹性且具有“自修复”功能的碳基复合包覆结构，解决单一碳包覆层在高压实条件下易破裂、微米硅粉化严重的问题，提高微米硅的利用率和循环稳定性。

（2）创新电极结构设计，构建高稳定和高能量密度电极。例如，利用碳纳米管、纳米碳纤维等构建可嵌硅的三维高强度、高柔性碳网络，构建碳/硅一体化电极，避免使用金属集流体，提高电极稳定性和电池能量密度；设计构建硅表面的连续、半流动态且高导电碳基复合包覆结构，获得新型半固态电极，实现电极的自修复。

（3）推动实用化设计，发展高功率、长寿命的改性石墨/硅碳复合负极。例如，利用微膨改性石墨、纳米硅和沥青及低分子量的线型高分子有机物构建具有低比表面积和高密度的负极材料，研究预锂化和电解液，构建具有高的首次效率和容量的硅碳复合。

2.3.2 高体积能量密度碳基电极材料

提高碳材料密度是提高以碳为主要组成的电极及储能器件体积能量密度的有效途径，然而材料密度的提高必然导致比表面积、孔结构等有效储能空间的损失，因此设计兼具高密度和高性能的碳基电极材料是提高体积能量密度的关键途径。针对以上问题，主要围绕以下内容展开：

（1）发展高密度碳基储能材料系统的设计思想和指导原则。例如，针对不同应用，通过理论计算与实验结合，提出最优化的片层组织方式、密度与介观和宏观结构设计，形成完整的高密度碳基储能材料设计理论。

（2）创新高密度碳基材料的制备和调控策略，构建精准可控的致密结构。例如，从氧化石墨烯的自组装出发，通过调控片层尺度、液相组装条件及溶剂脱除工艺，实现密度、孔结构和比表面积的精确控制；拓展毛细蒸发策略，实现不同碳结构及其前驱体的致密化，实现从前驱体到碳结构的精准调控。

（3）发展以高致密化碳结构为基础的高体积能量密度器件解决方案。例如，通过致密组装，发展具有高密度的一体化电极结构，提高电极的体积容量性能；针对高容量非碳负极及其他新型储能器件，精确构筑缓冲空间、孔尺寸和孔道结构，提高器件的体积比容量。

2.3.3　兼具高功率和高能量的超级电容器用碳基电极材料

混合型超级电容器综合了锂离子电池和超级电容器的特点，有望同时获得良好的功率密度、能量密度和循环寿命，具有极大应用前景。然而，由于这种器件正负极通常具有不同的电荷存储机理，导致正负电极之间的反应动力学速率及循环稳定性不一致。目前研究多侧重于正负极的不同组合及优化，但这些混合体系很难同时实现能量密度、功率密度及循环寿命的协同改善。针对以上问题，主要围绕以下研究内容开展：

（1）通过理论模拟计算与实验结合，提炼不同混合型超级电容器中正负极性能关键参数及匹配原则，建立结构和性能的数据库。

（2）建立协同储能理论，发展新的混合器件设计思想。例如，将阳离子赝电容电荷存储、阴离子吸脱附电荷存储和阴离子嵌入电荷存储三种储能机制进行有机结合和匹配，实现混合器件能量密度的进一步提高。

（3）针对对称性电容器，设计并制备少缺陷、少边缘、高导电和高比表面积碳基材料，发展新型耐高压碳基电极材料及器件。

2.3.4　高性能锂-硫电池用碳基电极材料

碳材料作为硫的载体，由于其良好的导电性、丰富的孔隙和大的比表面积，可以提高碳载硫的导电性、缓冲体积膨胀、增强电极稳定性并限域吸附中间产物多硫化锂提高循环稳定性，是硫的关键载体材料。然而，传统碳材料在作为硫载体及催化剂载体时存在的导电性差、孔结构复杂及孔体积低等问题，导致硫的载量低、利用率差。针对以上问题，主要围绕以下研究内容展开：

（1）完善锂-硫电池中碳基载体设计思想，提出高导电、大比表面积、大孔体积碳基载体制备策略。例如，以不同孔结构炭为模型，通过理论计算与实验结合，揭示孔结构、表面化学等关键结构和性能参数与锂-硫电池性能间的关系，形成碳基载体的设计指导思想。

（2）揭示碳基载体与催化剂的协同作用机制，形成系统的锂-硫电池中的催化理论，创新高性能锂-硫电池设计思想。例如，通过研究锂-硫电池电化学反应动力学，关联催化性能与催化剂电子结构、碳基载体微纳结构，揭示碳基材料的“纳米限域效应”。

（3）实现高载硫量厚密电极的构建及性能优化，推动锂-硫电池实用化。例如，通过优化碳基载体结构、不同导电剂（石墨烯、碳纳米管等）与电极材料的匹配，优化浆料配方、固含量对电极的涂布密度、压实密度及结构，获得高性能的高载量厚密电极。

参考文献

[1] 国务院办公厅. 汽车产业调整和振兴规划[OL]. 2009-03-20. http://www.gov.cn/zwgk/2009-03/20/content_1264324.htm.

[2] 中共中央关于制定国民经济和社会发展第十二个五年规划的建议[OL]. 2010-10-28. http://politics.people.com.cn/GB/1026/13066190.html.

[3] Arico A S，Bruce P，Scrosati B，Tarascon J M，Van Schalkwijk W. Nanostructured materials for advanced energy conversion and storage devices[J]. Nature Materials，2005，4（5）：366-377.

[4] Armand M，Tarascon J M. Building better batteries[J]. Nature，2008，451（7179）：652-657.

[5] Simon P，Gogotsi Y. Materials for electrochemical capacitors[J]. Nature Materials，2008，7（11）：845-854.

[6] Green M A. The path to 25% silicon solar cell efficiency：History of silicon cell evolution[J]. Progress in Photovoltaics，2009，17（3）：183-189.

[7] Zhu H W，Wei J Q，Wang K L，Wu D H. Applications of carbon materials in photovoltaic solar cells[J]. Solar Energy Materials & Solar Cells，2009，93（9）：1461-1470.

[8] Su F Y，You C H，He Y B，Lv W，Cui W，Jin F M，Li B H，Yang Q H，Kang F Y. Flexible and planar graphene conductive additives for lithium-ion batteries[J]. Journal of Materials Chemistry，2010，20（43）：9644-9650.

[9] Li H，Wang Z X，Chen L Q，Huang X J. Research on advanced materials for Li-ion batteries[J]. Advanced Materials，2009，21（45）：4593-4607.

[10] 郭玉国，王忠丽，吴兴隆，张伟明，万立骏. 锂离子电池纳微结构电极材料系列研究[J]. 电化学，2010，16（2）：119-124.

[11] 索鎏敏，吴兴隆，胡勇胜，郭玉国，陈立泉. 锂离子电池用具有分级三维离子电子混合导电网络结构的纳微复合电极材料[J]. 物理，2011，40（10）：643-647.

[12] Wang D W，Li F，Liu M，Lu G Q，Cheng H M. 3D aperiodic hierarchical porous graphitic carbon material for high-rate electrochemical capacitive energy storage[J]. Angewandte Chemie-International Edition，2008，47（2）：373-376.

[13] Jia Y，Cao A Y，Bai X，Li Z，Zhang L H，Guo N，Wei J Q，Wang K L，Zhu H W，Wu D H，Ajayan P M. Achieving high efficiency silicon-carbon nanotube heterojunction solar cells by acid doping[J]. Nano Letters，2011，11（5）：1901-1905.

[14] 康飞宇. Nano-structured carbon using for energy storage[R]. 深圳，第四届全球锂电科学技术峰会暨第九届华

南锂电论坛，2019.
[15] Han S，Lee K T，Oh S M，Hyeon T. The effect of silica template structure on the pore structure of mesoporous carbons[J]. Carbon，2003，41（5）：1049-1056.
[16] Moriguchi I，Nakahara F，Furukawa H，Yamada H，Kudo T. Colloidal crystal-templated porous carbon as a high performance electrical double-layer capacitor material[J]. Eletrochemical and Solid State Letters，2004，7（8）：A221-A223.
[17] 赵家昌，陈思浩，解晶莹. 模板-物理活化法制备高性能中孔炭材料[J].电源技术，2007，31（12）：1000-1003.
[18] Zhang W F，Huang Z H，Cao G P，Kang F Y，Yang Y S. Coal tar pitch-based porous carbon by one dimensional nano-sized MgO template[J]. Journal of Physics and Chemistry of Solids，2012，73（12）：1428-1431.
[19] Shen K，Huang Z H，Gan L，Kang F Y. Graphitic porous carbons prepared by a modified template method[J]. Chemistry Letters，2009，38（1）：90-91.
[20] 刘贵阳，黄正宏，康飞宇. 沸石矿为模板制备多孔炭的研究[J]. 新型炭材料，2005，20（1）：13-17；王爱平，康飞宇，黄正宏，郭占成. 沸石矿模板炭的制备及其纳米孔的形成机理[J]. 新型炭材料，2007，22（2）：141-147.
[21] Fu R W，Li Z H，Liang Y R，Li F，Xu F，Wu D C. Hierarchical porous carbons：Design，preparation，and performance in energy storage[J]. New Carbon Materials，2011，26（3）：171-179.
[22] 李争晖，莫建波，吴丁财，钟辉，邹冲，徐飞，符若文. 聚苯乙烯基层次孔炭材料的超级电容器器件制作工艺研究[J]. 功能材料，2011，42（1）：1234-1237.
[23] 曾庆聪，邹冲，吴丁财，符若文. 新型层次孔聚苯乙烯的免模板法制备[R]. 天津，2009 年全国高分子学术论文报告会，2009.
[24] Zou C，Wu D C，Li M Z，Zeng Q C，Xu F，Huang Z Y，Fu R W. Template-free fabrication of hierarchical porous carbon by constructing carbonyl crosslinking bridges between polystyrene chains[J]. Journal of Materials Chemistry，2010，20（4）：731-735.
[25] Zeng Q C，Wu D C，Zou C，Xu F，Fu R W，Li Z H，Liang Y R，Su D S. Template-free fabrication of hierarchical porous carbon based on intra-/inter-sphere crosslinking of monodisperse styrene-divinylbenzene copolymer nanospheresw[J]. Chemical Communications，2010，46（32）：5927-5929.
[26] 张文峰. 针状中孔结构炭基材料的制备及其超电容性能研究[D]. 北京：清华大学，2012.
[27] Zhang W F，Huang Z H，Guo Z，Li C，Kang F Y. Porous carbons prepared from deoiled asphalt and their electrochemical properties for supercapacitors[J]. Materials Letters，2010，64（17）：1868-1870.
[28] Zhang W F，Huang Z H，Cao G P，Kang F Y，Yang Y S. A novel mesoporous carbon with straight tunnel-like pore structure for high rate electrochemical capacitors[J]. Journal of Power Sources，2012，204：230-235.
[29] 吴帅锦，杨娟玉，于冰，方升，武兆辉，史碧梦. 微/纳复合结构硅基负极材料[J]. 化学进展，2018，30（2/3）：272-285.
[30] Gan X，Lv R T，Bai J，Zhang Z X，Wei J，Huang Z H，Zhu H W，Kang F Y，Terrones M. Efficient photovoltaic conversion of graphene-carbon nanotube hybrid films grown from solid precursors[J]. 2D Materials，2015，2（3）：034003.
[31] Gan X，Lv R T，Zhu H Y，Ma L P，Wang X Y，Zhang Z X，Huang Z H，Zhu H W，Ren W C，Terrones M，Kang F Y. Polymer-coated graphene films as anti-reflective transparent electrodes for Schottky junction solar cells[J]. Journal of Materials Chemistry A，2016，4（36）：13795-13802.
[32] 甘鑫. 二维碳基复合薄膜材料的制备及光电性能研究[D]. 北京：清华大学，2018.
[33] 王建淦. 纳米二氧化锰基复合材料的制备及其电化学特性研究[D]. 北京：清华大学，2013.

[34] Inagaki M，Konno H，Tanaike O. Carbon materials for electrochemical capacitors[J]. Journal of Power Sources，2010，195（24）：7880-7903.

[35] Chmiola J，Yushin G，Gogotsi Y，Portet C，Simon P，Taberna P L. Anomalous increase in carbon capacitance at pore size less than 1 nanometer[J]. Science，2006，313（5794）：1760-1763.

[36] Huang J S，Sumpter B G，Meunier V. A universal model for nanoporous carbon supercapacitors applicable to diverse pore regimes，carbon materials and electrolytes[J]. Chemistry：A European Journal，2008，14（22）：6614-6626.

[37] Huang J S，Sumpter B G，Meunier V. Theoretical model for nanoporous carbon supercapacitors[J]. Angewandte Chemie-International Edition，2008，47（3）：520-524.

[38] Zhao L，Fan L Z，Zhou M Q，Guan H，Qiao S Y，Antonietti M，Titirici M M. Nitrogen-containing hydrothermal carbons with superior performance in supercapacitors[J]. Advanced Materials，2010，22，5202-5206.

[39] Kodama M，Yamashita J，Soneda Y，Hatori H，Kamegawa K. Preparation and electrochemical characteristics of N-enriched carbon foam[J]. Carbon，2007，45（5）：1105-1107.

[40] Hulicova-Jurcakova D，Kodama M，Shiraishi S，Hatori H，Zhu Z H，Lu G Q. Nitrogen-enriched nonporous carbon electrodes with extraordinary supercapacitance[J]. Advanced Functional Materials，2009，19（11）：1800-1809.

[41] Hulicova-Jurcakova D，Seredych M，Lu G Q，Bandosz T J. Combined effect of nitrogen-and oxygen-containing functional groups of microporous activated carbon on its electrochemical performance in supercapacitors[J]. Advanced Functional Materials，2009，19（3）：438-447.

[42] Guo H L，Cao Q M. Boron and nitrogen co-doped porous carbon and its enhanced properties as supercapacitor[J]. Journal of Power Sources，2006，186（2）：551-556.

[43] Ma F W，Zhao H，Sun L P，Li Q，Huo L H，Xia T，Gao S，Pang G S，Shi Z，Feng S H. A facile route for nitrogen-doped hollow graphitic carbon spheres with superior performance in supercapacitors[J]. Journal Materials Chemistry，2012，22（27）：13464-13468.

[44] Bleda-Martinez M J，Macia-Agullo J A，Lozano-Castello D，Morallon E，Cazorla-Amoros D，Linares-Solano A. Role of surface chemistry on electric double layer capacitance of carbon materials[J]. Carbon，2005，43（13）：2677-2684.

[45] Oda H，Yamashita A，Minoura S，Okamoto M，Morimoto T. Modification of the oxygen-containing functional group on activated carbon fiber in electrodes of an electric double-layer capacitor[J]. Journal of Power Sources，2006，158（2）：1510-1516.

[46] 刘云圻，等. 石墨烯从基础到应用[M]. 北京：化学工业出版社，2017.

[47] Inagaki M，Kang F Y，Toyoda M，Konno H. Advanced Materials Science and Engineering of Carbon[M]. Beijing：Tsinghua University Press，2013.

[48] Inagaki M，Kang F Y. Carbon Materials Science and Engineering—From Fundamentals to Applications[M]. Beijing：Tsinghua University Press，2006.

[49] Joo S H，Choi S J，Oh I，Kwak J，Liu Z，Terasaki O，Ryoo R. Ordered nanoporous arrays of carbon supporting high dispersions of platinum nanoparticles[J]. Nature，2001，412（6843）：169-172.

[50] Chai G S，Yoon S B，Yu J S，Choi J H，Sung Y E. Ordered porous carbons with tunable pore sizes as catalyst supports in direct methanol fuel cell[J]. Journal of Physical Chemistry B，2004，108（22）：7074-7079.

[51] Chai G S，Shin I S，Yu J S. Synthesis of ordered，uniform，macroporous carbons with mesoporous walls templated by aggregates of polystyrene spheres and silica particles for use as catalyst supports in direct methanol fuel cells[J]. Advanced Materials，2004，16（22）：2057-2061.

[52] Rolison D R. Catalytic nanoarchitectures—the importance of nothing and the unimportance of periodicity[J].

Science，2003，299（5613）：1698-1701.

[53] Antonietti M，Ozin G A. Promises and problems of mesoscale materials chemistry or why meso?[J]. Chemistry：A European Journal，2004，10（1）：28-41.

[54] Du H D，Gan L，Li B H，Wu P，Qiu Y L，Kang F Y，Zeng Y Q. Influences of mesopore size on oxygen reduction reaction catalysis of Pt/carbon aerogels[J]. Journal of Physical Chemistry C，2007，111（5）：2040-2043.

[55] 唐水花，孙公权，齐静，孙世国，郭军松，辛勤，Haarberg G M. 新型碳材料作为直接醇类燃料电池催化剂载体的评述[J]. 催化学报，2010，31（1）：12-17.

[56] Li W Z，Liang C H，Zhou W J，Qiu J S，Zhou Z H，Sun G Q，Xin Q. Preparation and characterization of multiwalled carbon nanotube-supported platinum for cathode catalysts of direct methanol fuel cells[J]. Journal of Physical Chemistry B，2003，107（26）：6292-6299.

[57] Li W Z，Liang C H，Qiu J S，Zhou W J，Han H M，Wei Z B，Sun G Q，Xin Q. Carbon nanotubes as support for cathode catalyst of a direct methanol fuel cell[J]. Carbon，2002，40（5）：791-794.

[58] Li W Z，Wang X，Chen Z W，Waje M，Yan Y S. Pt-Ru supported on double-walled carbon nanotubes as high-performance anode catalysts for direct methanol fuel cells[J]. Journal of Physical Chemistry B，2006，110（31）：15353-15358.

[59] Girishkumar G，Hall T D，Vinodgopal K，Kamat P V. Single wall carbon nanotube supports for portable direct methanol fuel cells[J]. Journal of Physical Chemistry B，2006，110（1）：107-114.

[60] Chen M H，Qi M L，Yin J H，Chen Q G，Xia X H. Self-supported Zn/Si core-shell arrays as advanced electrodes for lithium ion batteries[J]. Materials Research Bulletin，2017，95：414-418.

[61] Li B，Niu G，Yi Y，Zhou X W，Liu X D，Sun L X，Wang C Y. Antireflection subwavelength structures based on silicon nanowires arrays fabricated by metal-assisted chemical etching[J]. Superlattices and Microstructures，2017，111：57-64.

[62] Beaulieu L Y，Hatchard T D，Bonakdarpour A，Fleischauer M D，Dahn J R. Reaction of Li with alloy thin films studied by *in situ* AFM[J]. Journal of the Electrochemical Society，2003，150（11）：A1457-A1464.

[63] Ashuri M，He Q R，Shaw L L. Silicon as a potential anode material for Li-ion batteries：Where size，geometry and structure matter[J]. Nanoscale，2016，8（1）：74-103.

[64] 康飞宇，贺艳兵，李宝华，杜鸿达. 炭材料在能量储存与转化中的应用[J]. 新型炭材料，2011，26（4）：246-254.

[65] 康飞宇，李成飞，贺艳兵，何中林，蒋克林，武洪彬，李宝华，程光春，林平. 一种硅碳负极材料的制备方法及锂离子电池：CN108963208A[P/OL]. 2018-12-07.

[66] 李宝华，秦显营，张浩然，杨全红，康飞宇. 具有纳米微孔隙的硅碳复合材料及其制备方法与用途：CN103305965A[P/OL]. 2013-09-18.

[67] 秦显营，李硕，李宝华，贺艳兵，杜鸿达，康飞宇. 一种硅碳复合微球负极材料及其制备方法：CN104362311A[P/OL]. 2015-02-18.

[68] 陆浩，李金熠，刘柏男，褚赓，徐泉，李阁，罗飞，郑杰允，殷雅侠，郭玉国，李泓. 锂离子电池纳米硅碳负极材料研发进展[J]. 储能科学与技术，2017，6（5）：864-870.

[69] 康飞宇，李成飞，贺艳兵，何中林，蒋克林，武洪彬，李宝华，程光春，林平. 一种硅碳负极材料的制备方法及锂离子电池：CN108963208A[P/OL]. 2018-12-07.

[70] 贺艳兵，黄显颖，韩达，韵勤柏，柳明，秦显营，李宝华，康飞宇. 膨胀石墨与纳米硅复合材料及其制备方法、电极片、电池：CN105355870A[P/OL]. 2016-02-24.

[71] Zhao X，Hayner C M，Kung M C，Kung H H. In-plane vacancy-enabled high-power Si-graphene composite electrode for lithium-ion batteries[J]. Advanced Energy Material，2011，1（6）：1079-1084.

第3章

纳米碳材料在燃料电池中的应用

新的能量存储与转化方式是解决全球环境问题和满足日益增长的能源需求的重要途径。依赖于矿物资源燃烧的方式不仅能源效率低、环境污染严重，而且必将造成不可再生资源的枯竭；而以电化学能量输出的方式由于具有可持续性及环境友好，作为替代的能源正受到广泛的关注[1]。基于电化学过程的能量存储与转化器件主要有常规的一次或二次电池（如锂离子电池）、燃料电池和超级电容器等[1]，它们共同的结构特点是由两个电极以及电极之间的电解质构成，而能量的输出则通过电极/电解质界面上的电荷传递实现。其中，燃料电池是一种直接将燃料中储存的化学能转变为电能的装置，且在转化过程没有气体污染，不受卡诺循环的限制，能量效率高，代表了一种有前途的能源技术[2-4]。

燃料电池的基本原理如图 3.1 所示，燃料（如 H_2，甲醇等）被氧化剂（如空气中的 O_2）以电化学的方式氧化（生成水）。整个氧化还原反应分为发生在阳极和阴极上的两个半反应，阳极、阴极和电解质构成了一个膜电极组件（MEA）。单电池的输出电压由两个半反应的电势差所决定。为了得到较高的功率密度，还可以将几个电池串联在一起组成一个燃料电池组。

根据电解质的不同，燃料电池可以分为质子交换膜燃料电池（采用对 H^+具有较高离子导电性的高分子聚合物为电解质）、碱性燃料电池（采用碱性溶液或对 OH^-具有较高离子导电性的聚合物为电解质）、熔融盐燃料电池（采用高温熔融的碳酸盐为电解质）和固体氧化物燃料电池（采用高温下的固体氧化物为电解质）等。本章将主要围绕在常温下应用最为广泛，也是目前研究最多的质子交换膜燃料电池进行阐述。

质子交换膜燃料电池（proton exchange membrane fuel cell，PEMFC）是目前在常温范围内应用前景最广的一类低温燃料电池技术，工作温度一般在常温至80℃，应用场景包括固定式发电站、大型动力电源、燃料电池汽车及便携式移动电源等。它采用对 H^+具有较高离子导电性的高分子聚合物为电解质，最常用的是杜邦公司生产的全氟磺酸质子交换膜（商标名称 Nafion®）。PEMFC 采用的阳极燃料可以是 H_2（氢燃料电池），也可以直接采用有机小分子燃料如甲醇（直接甲

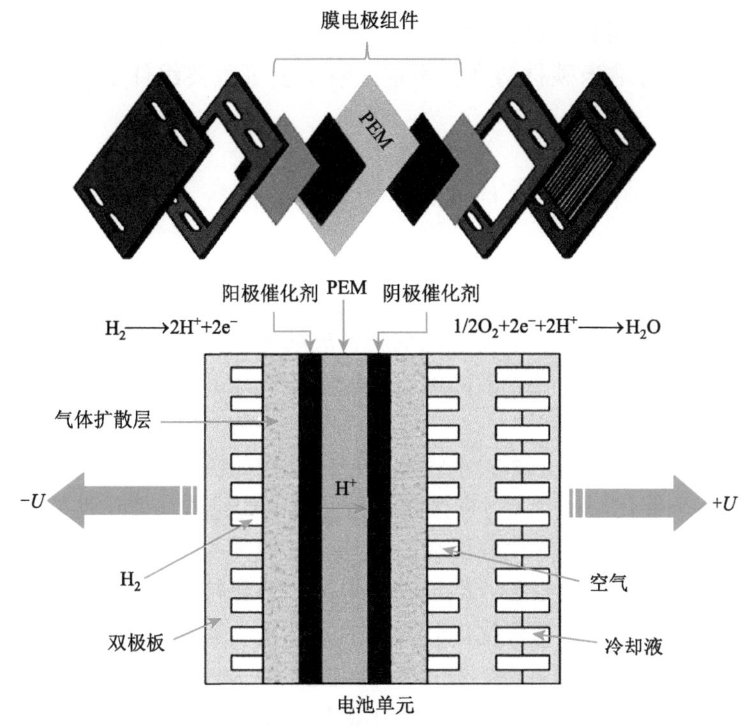

图 3.1　燃料电池原理示意图[5]

PEM 代表质子交换膜

醇燃料电池）、乙醇（直接乙醇燃料电池）等；其中，H_2 被认为是最理想的燃料，其热值高，阳极反应速率快，具有较高的功率密度，适用于燃料电池汽车的动力电源。在实际应用中，H_2 燃料的主要问题是储存和运输相对比较麻烦，在一定程度上限制了加氢站的建设；相反，液体燃料的特点则是储存和运输较为方便，但其阳极氧化的反应速率较慢，功率密度偏低，仅适用于对功率密度要求不高的场景。

尽管经历了几十年的发展，PEMFC 仍然没有实现完全大规模商业化，主要问题是成本相对较高，其中，成本占比最大的部分是质子交换膜、催化电极（包括催化层和扩散层）与双极板。对氢燃料电池来说，催化剂成本主要来自阴极氧还原反应，因其动力学过程远比阳极氢氧化反应缓慢得多；对甲醇和乙醇等液体燃料电池，不仅阴极氧还原反应需要大量催化剂，阳极甲醇氧化反应（methanol oxidation reaction，MOR）或乙醇氧化反应的反应速率更慢，使其催化剂的用量和成本更高。此外，传统双极板主要采用人造石墨制造，具有导电性好、耐腐蚀等优良特性，但加工性能差、成本也较高。

本章首先介绍纳米碳材料在 PEMFC 低成本催化剂研制中的作用；而后阐述纳米碳材料在化学稳定性、耐腐蚀性、导电性及在物质传输上起着重要作用的孔道结构等方面所具有的显著优势，为燃料电池催化剂打开广阔的研究视野和应用前景；并对纳米碳材料在扩散层、双极板等重要组件上的应用现状进行了概述。

3.1 纳米碳材料在燃料电池催化剂载体中的应用

金属表面（如 Pt 和 PtRu 等）是燃料电池电催化反应的活性中心，为了最大程度地利用其表面，往往将金属催化剂制备成纳米颗粒并分散在载体上。因此，选择合适的载体，实现高度分散的催化剂颗粒是提高催化层性能、减少催化剂用量的一个重要途径。

以阴极催化电极为例，燃料电池催化层的结构如图 3.2 所示，其中，催化剂载体是构成整个催化层的骨架，直接影响着催化层的结构与催化性能。作为载体，需要具备四大功能：①高的比表面积以及与金属较强的作用，以促进金属颗粒的分散，提高金属表面的利用率，减小燃料电池的活化极化；②良好的导电性，以减小燃料电池催化层的欧姆极化；③合理的孔结构，尤其是较多的中孔比例，以有利于反应物/产物的快速扩散，减小燃料电池的浓差极化；④优异的抗腐蚀性。许多传统的催化剂载体，如分子筛、氧化铝等，由于在燃料电池的酸性条件和阴极较高电势的氧化条件下耐腐蚀性差，因而无法获得应用。

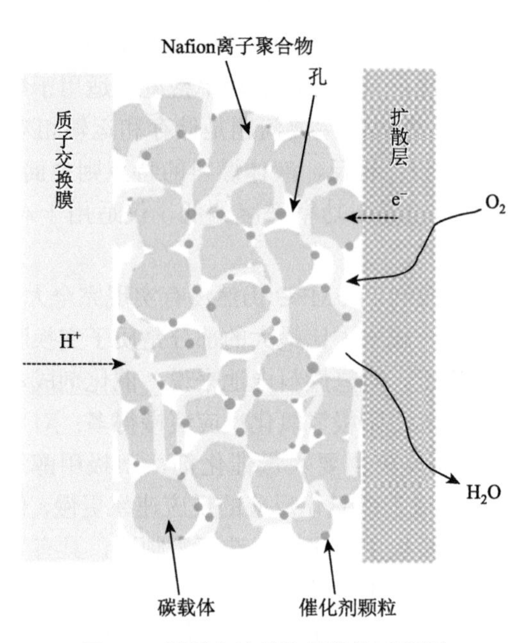

图 3.2 燃料电池催化层结构示意图

碳材料是目前燃料电池尤为合适的载体材料。炭黑和活性炭等传统的碳材料已被广泛用于催化剂载体，尤其以 Vulcan XC-72（简称 Vulcan）炭黑最具代表性。Vulcan 炭黑是无定形活性炭经石墨化处理的炭黑材料，其比表面积适中（$250m^2/g$），且具有较好的导电性和较多的中孔，是目前学术和工业界广泛使用的催化剂载体[6, 7]。但因 Vulcan 炭黑含有较多的微孔，会使一部分催化剂不能有效地接触 Nafion 离子聚合物及反应物，在一定程度上降低了催化剂的利用率[7, 8]。近年来，通过采用纳米碳材料作为载体，在提高燃料电池催化电极的性能方面取得了较大的进展。

3.1.1　多孔炭载体

根据国际纯粹与应用化学联合会（International Union of Pure and Applied Chemistry，IUPAC）的定义，多孔材料可以按其直径分为三类：小于 2nm 的为微孔；2～50nm 的为中孔；大于 50nm 的为大孔。微孔含量越多，载体的比表面越大，越有利于提高金属颗粒的分散性；但因反应物/产物在微孔中的扩散速度远远小于在中孔和大孔中的扩散速度，因此较多的中孔更有利于提高催化性能。

由于模板法中孔炭的孔结构具有比传统活性炭更好的可控制性，吸引了很多研究者的目光[9-15]。例如，Che 等[10]利用多孔氧化铝模板制备出孔径约 20nm 具有一维孔道的有序中孔炭，并以其为载体制备的 Pt 催化剂也显示出对 MOR 和 ORR 很好的催化性能。又如，Chai 等[11]采用不同尺寸的聚苯乙烯、氧化硅等胶体球组装成的胶体晶体作为模板，制备出具有不同孔径的有序的中孔和大孔碳基材料（图 3.2）。采用这些不同孔径的中孔炭作为 DMFC 阳极 PtRu 催化剂的载体，在不同温度下的电池性能示于图 3.3。其中，以孔径为 25nm 的中孔炭为载体时，电池的性能最佳，常温下电池的功率密度比商品催化剂高 40% 以上。

炭气凝胶（carbon aerogel，CA）具有比表面积大、中孔比例多、孔径分布窄的特点[16]。Du 等[17]研究了炭气凝胶载体的孔径对 Pt 催化剂 ORR 催化活性的影响（图 3.4）。研究表明，炭气凝胶孔径在 5～20nm 范围内，随着孔径的增加，ORR 催化活性提高［图 3.4（d）］。另外，从图 3.4（c）可以看出负载 Pt 催化剂颗粒后，尽管炭气凝胶的孔径变小（催化剂颗粒占据了孔内位置），但其孔分布曲线形状与负载前非常接近，说明载体炭气凝胶的孔径分布非常均匀，即炭气凝胶的孔结构可以通过调节制备工艺进行可控制备。

中孔碳基材料以其较大的比表面和丰富的中孔结构，在燃料电池催化剂载体中显示出良好的应用前景。但如传统的炭黑载体一样，目前中孔碳基材料的石墨

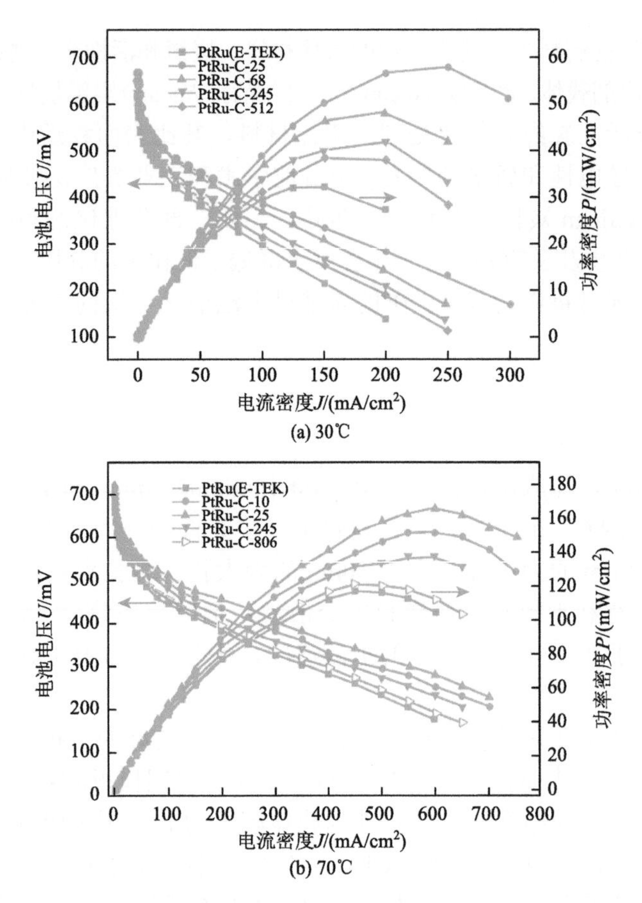

图 3.3 不同孔径模板中孔炭作为 DMFC 阳极 PtRu 催化剂载体在不同温度下的电池性能[11]

样品编号说明：PtRu（E-TEK）为商品催化剂；PtRu-C-25 为所用模板中孔炭的孔径为 25nm；PtRu-C-68 为所用模板中孔炭的孔径为 68nm；以此类推

化程度一般还比较低，其导电性和抗腐蚀性还有待提高。因此，制备兼具高石墨化程度和较好中孔结构的碳基材料是一个挑战。

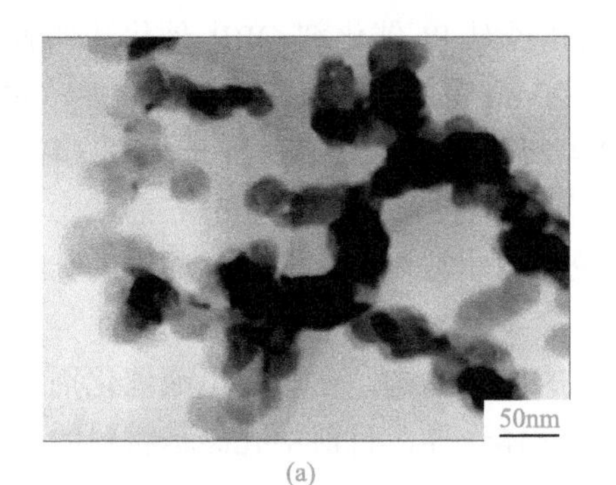

(a)

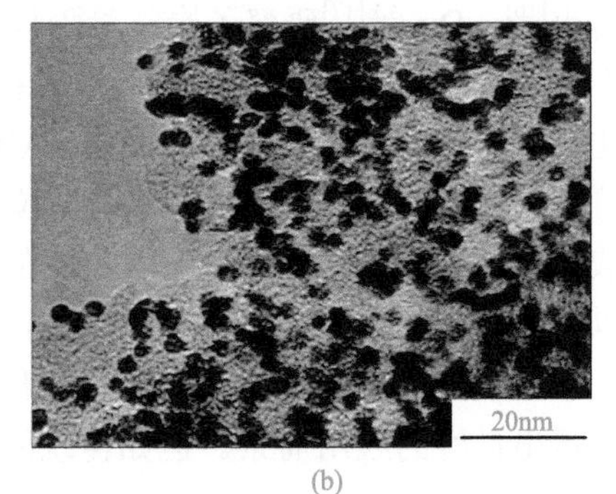

(b)

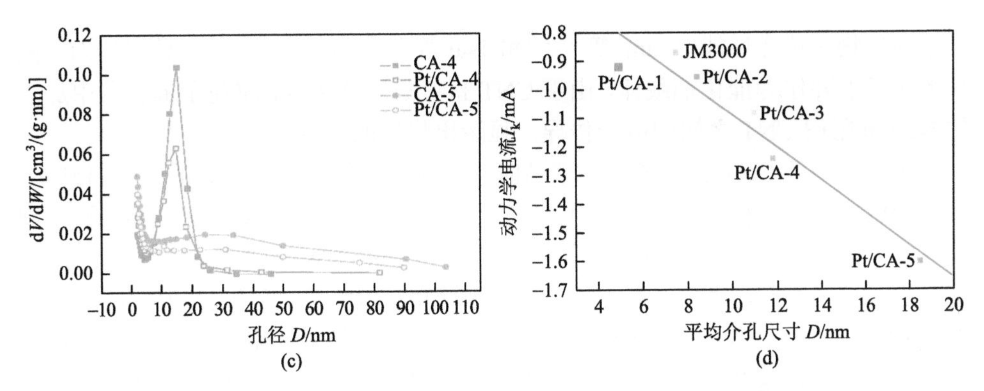

图 3.4　(a)、(b) 载 Pt 的炭气凝胶的 TEM 图；(c) 载 Pt 前后炭气凝胶的 BJH 孔径分布曲线；(d) 合成催化剂的动力学电流密度与平均介孔尺寸的关系曲线[17]

3.1.2　碳纳米管载体

采用化学气相沉积（chemical vapor deposition，CVD）法制备的 CNT 和纳米碳纤维（carbon nanofiber，CNF）等一维类石墨纳米结构碳，近年来在燃料电池催化剂载体中的应用引起广泛的关注。一维类石墨纳米结构碳作为载体的共同优点是：在催化层中可以形成三维网络结构，具有较好的导电性能；同时所形成的三维网络具有无序的中孔结构，有利于反应物/产物的扩散[18, 19]。

CNT 由于具有类石墨的卷曲表面，表现出优异的导电性能和耐腐蚀性能，是一种非常有前景的催化剂载体。Li 等[18, 20]在实验中发现，在中、高电流密度区，Pt/MWCNT 阴极的电池性能比商品 Pt/Vulcan XC-72 催化剂阴极要高出很多(图 3.5)，并认为这是由于 CNT 优异的导电性能及其一维纳米结构显著提高了催化层的电子

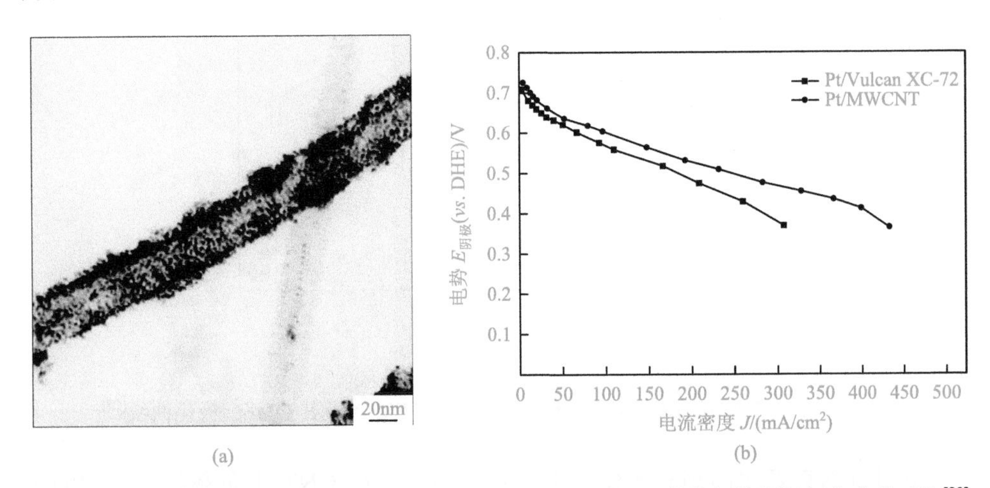

图 3.5　(a) 载 Pt 碳纳米管的 TEM 图；(b) 不同碳载体载 Pt 催化剂的阴极极化曲线对比[20]

导电性和物质传递性能。Wang 等[21, 22]和 Tsai 等[23, 24]将 CNT 直接生长在作为扩散层的炭纸上并作为催化剂载体，由于 CNT 直接与炭纸接触，避免了催化层中加入的 Nafion 阻碍 CNT 之间的电子传导，显示出优异的电池性能。

不同类型的 CNT 作为催化剂载体时对燃料电池的性能有较大的影响。相比之下，DWCNT 是一种较理想的催化剂载体。例如，作为 DMFC 阳极 PtRu 催化剂载体时，PtRu/DWCNT 催化剂的性能最佳，而 PtRu/SWCNT 催化剂的性能最差（图 3.6）[25]。然而，也有一些研究[26-29]表明，SWCNT 是一种优异的催化剂载体；与 MWCNT 相比，SWCNT 具有更高的电活性面积及较低的电极/电解液界面电荷传递电阻[28, 29]。这些不同的结果很可能是由于不同 SWCNT 的性质大不相同，包括比表面积及金属性和半导体性 SWCNT 的比例等。例如，采用金属性的 SWCNT 为载体的 DMFC 催化剂就显示出比 MWCNT 载体高得多的电池性能[30]。

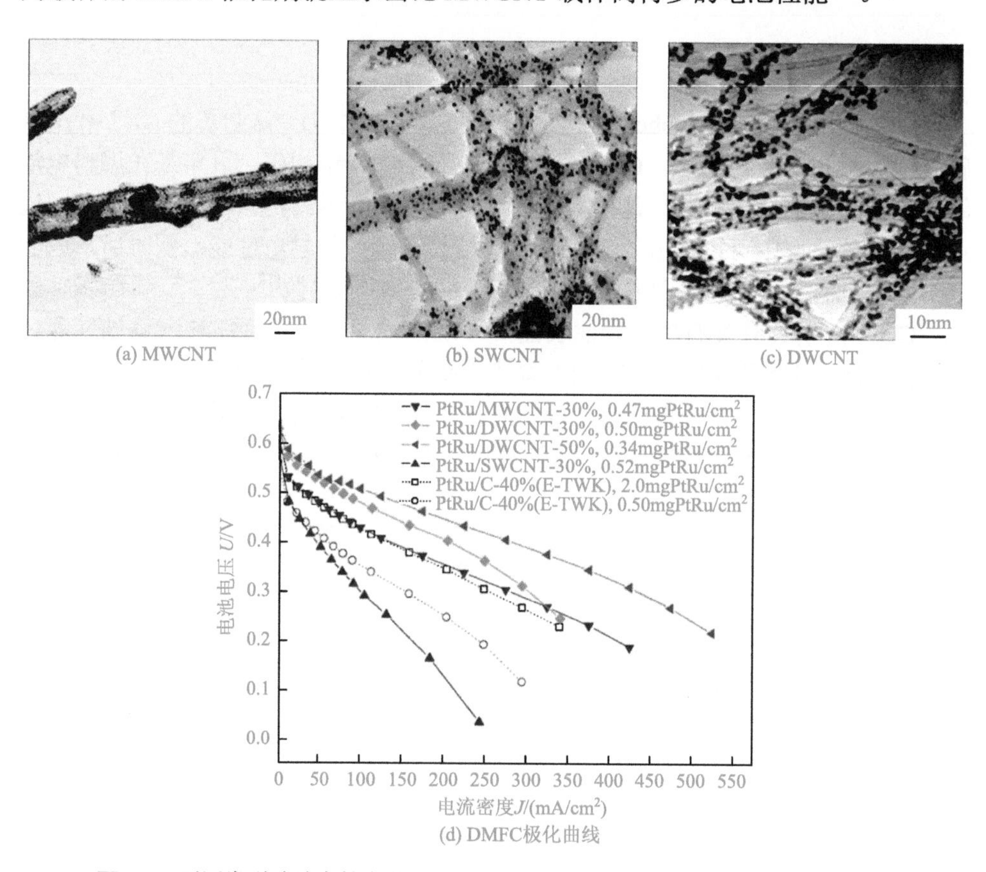

图 3.6 不同类型碳纳米管负载 PtRu 催化剂的 TEM 图及其 DMFC 极化曲线[25]

由于 CNT 表面的高石墨化程度和化学惰性，在 CNT 上负载均匀分散的金属纳米颗粒存在较大的困难，通常需要将 CNT 在强氧化性酸溶液（浓 HNO_3/

H_2SO_4 等）中进行处理，使其表面形成含氧官能团以增强与金属颗粒的作用[18]。尽管这种表面氧化的方式比较简单、有效，但其控制性较差，很难达到预期效果。如能在 CNT 制备的同时掺杂一些缺陷结构，必将使其化学处理变得更加有效、更为简单。

笔者实验室[31-33]通过传统的 CVD 方法，在 CNT 的生长过程中成功地掺杂了五元环缺陷，获得一种具有特殊表面结构的竹节状碳纳米管（bamoo-shaped CNT，BCNT），如图 3.7（a）和（b）所示。采用五元环缺陷掺杂的 BCNT 作为 DMFC 催化剂载体，取得了良好的效果。五元环缺陷不仅能增强与金属颗粒之间的相互作用，还能在较温和的条件下氧化成表面含氧官能团［图 3.7（d）］；更重要的是，与传统的先生长 CNT、后酸氧化表面处理不同，五元环缺陷的掺杂是与 BCNT 的生长同步进行的，故能自然地均匀分布于整个 BCNT 的表面。以 BCNT 为载体很容易制备均匀分散的金属颗粒［图 3.7（c）］。利用该 BNCT 负载 PtRu 催化剂作为 DMFC 阳极的电池性能，无论是在 30℃还是 60℃，都比 PtRu/CNT 催化剂为阳极的电池性能有很大提高［图 3.7（e）和（f）］[32]，30℃时在阳极催化剂负载量为 $2mg/cm^2$ 情况下功率密度达到 $60mW/cm^2$。但作为 DMFC 阴极 Pt 催化剂载体时，由于 BCNT 表面较多的含氧官能团会降低其疏水性，不利于水的排出，其性能反而不如表面更憎水的普通 CNT 载体［图 3.7（g）］[33]。这反映出阴阳两极

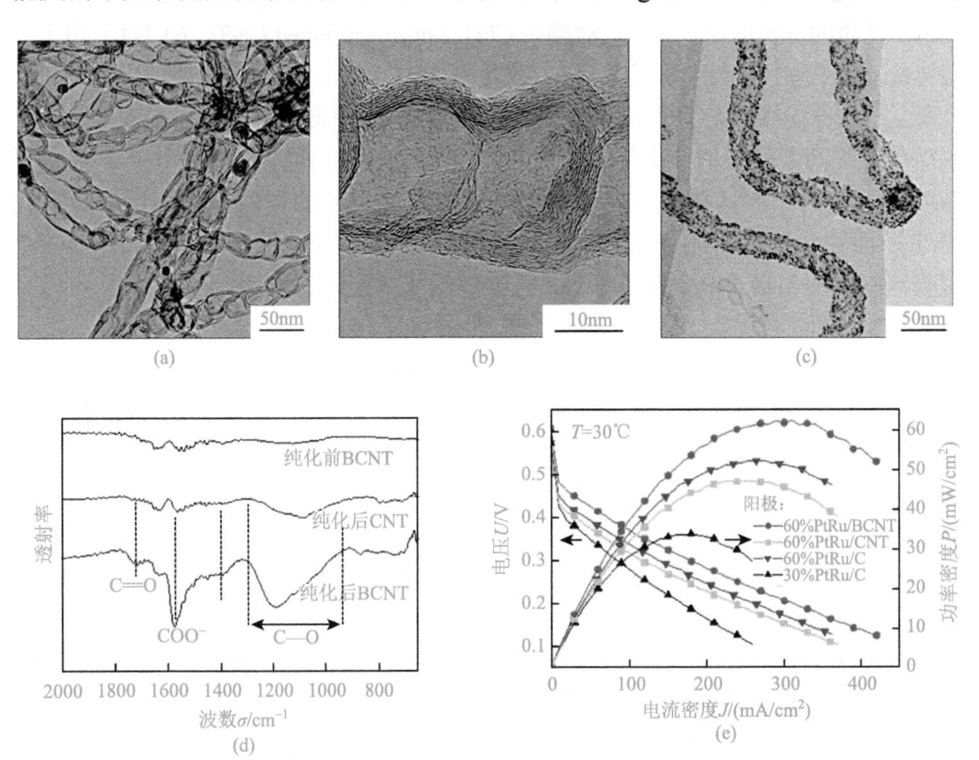

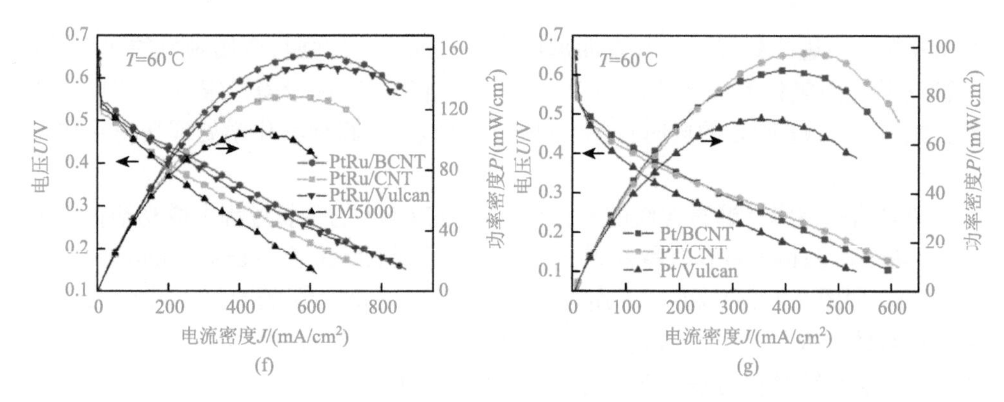

图 3.7 BCNT 的 TEM 图、FT-IR 图谱和单电池性能曲线[31-33]

（a）、（c）TEM 图；（b）HRTEM 图；（d）纯化前后 BCNT 和 CNT 的 FT-IR 图谱；（e）、（f）PtRu 质量分数为 60% 的 PtRu/BCNT、PtRu/CNT，PtRu/Vulcan 阴极催化剂和 PtRu 质量分数为 30%的商用 PtRu/Vulcan 阳极催化剂在 30℃和 60℃时的 DMFC 全电池性能测试；（g）Pt 质量分数为 20%的 Pt/BCNT、Pt/CNT 和商用 Pt/Vulcan 阴极催化剂在 60℃时的 DMFC 单电池性能测试

催化层对载体的要求是有所不同的，阴极对载体表面的憎水性有较高要求，以有利于产物水的及时排除，避免水淹的现象。

除五元环、七元环等拓扑缺陷之外，异质原子（如 N、B 等）掺杂也是调控 CNT 结构和性质的重要途径。其中，氮掺杂 CNT（nitrogen-doped CNT，NCNT）由于具有特殊的电学和化学性质，尤其受到人们的广泛关注。与普通的 CNT 相比，NCNT 具有几个特殊的性质：①掺杂的 N 原子构成施主态，使得 NCNT 往往具有金属性，从而可能提高催化层的导电性；②掺杂的 N 原子具有局域化的孤对电子，具有更高的化学活性；③氮掺杂还能有效地增强与金属颗粒的作用，提高金属颗粒在 CNT 表面的分散性。利用氮掺杂能提高催化剂纳米颗粒分散性的特点，以 NCNT 为载体制备的阳极 PtRu 催化剂，在三电极循环伏安（CV）测试中均会显示出良好的催化活性。

虽然 NCNT 载体可显著提高催化剂纳米颗粒的均匀分散性，并在三电极循环伏安测试中显示出良好的性能，但在实际燃料电池中的性能表现还缺乏足够的数据。

笔者[33]以乙二腈和甲苯为前驱体，采用 CVD 法制备了不同氮含量的 NCNT，并结合三电极循环伏安测试和 DMFC 单电池测试，研究了其作为 DMFC 阴阳两极催化剂（PtRu、Pt 催化剂）载体的性能，研究结果示于图 3.8，图中 CN1 表示 NCNT 中氮的原子分数为 1%，CN3 表示 NCNT 中氮的原子分数为 8%，CN2 的氮含量居于 CN1 和 CN3 之间。

从图 3.8 可以看出：NCNT 载体的确能有效促进催化剂 PtRu 和 Pt 纳米颗粒的均匀分布，氮含量越高，促进效果越明显［图 3.8（a）、（c）］。当 NCNT 作为阳极催化剂 PtRu 的载体时，无论是在三电极循环伏安测试还是 DMFC 单电池测

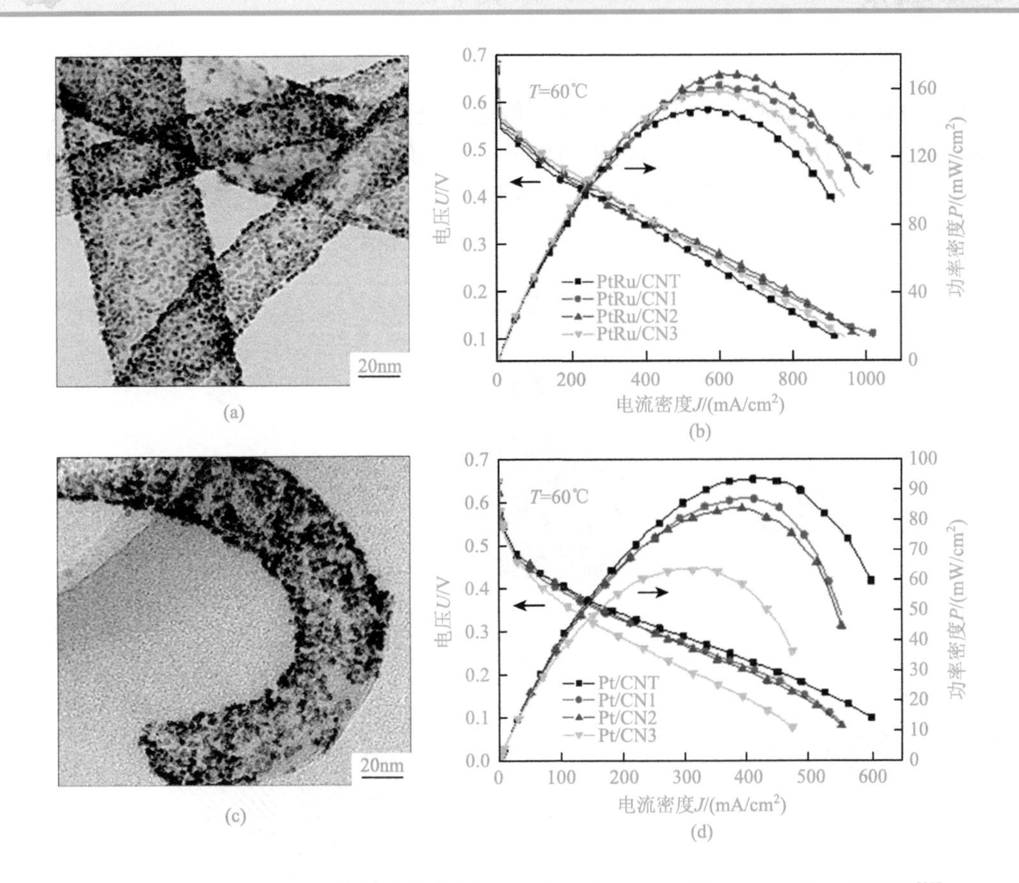

图 3.8　不同氮含量 NCNT 负载催化剂 PtRu 和 Pt 的 TEM 图和 DMFC 单电池性能[33]

（a）PtRu/CN2 催化剂的 TEM 图；（b）不同氮含量的 NCNT 和传统 CNT 负载催化剂 PtRu 作为 DMFC 阳极的单电池性能曲线；（c）Pt/CN2 催化剂的 TEM 图；（d）不同氮含量 NCNT 和传统 CNT 负载催化剂 Pt 作为 DMFC 阴极的单电池性能曲线

试中，性能均高于 CNT 为载体的 PtRu 催化剂；但是，当氮的原子分数增加至约 8%时，NCNT 的石墨化结构会受到一定的破坏，导电性降低，DMFC 单池的测试性能下降［图 3.8（b)］。当 NCNT 作为阴极催化剂 Pt 的载体时，在三电极循环伏安测试中，以不同氮含量的 NCNT 为载体和以普通 CNT 为载体的 Pt 催化剂性能差别不大；但在 DMFC 中二者的性能却差别较大，NCNT 载体不仅没有表现出比 CNT 载体更好的电池性能，相反较高的氮含量还会引起 DMFC 阴极性能的显著下降。这可能是氮含量增加显著降低了载体表面的疏水性能所致。这与前述的五元环缺陷掺杂的 BCNT 作为阴极催化剂载体的结果是一致的。

3.1.3　纳米碳纤维载体

相比于 CNT 呈化学惰性的类石墨平面，CNF 具有更多样的表面结构。根据石墨原子面的排列结构，CNF 可以分为三种不同的结构（图 3.9）[34]：板形（platelet CNF，PCNF），其石墨原子面与纳米纤维方向垂直；鱼骨形（herringbone CNF，HCNF），其石墨原子面与纳米纤维方向呈一定夹角；管形（tubular CNF，TCNF），其石墨原子面与纳米纤维方向平行。这些不同结构的形成源于 CVD 法制备 CNF 的过程中碳原子在不同金属催化剂晶面上的控制沉积[6, 35]。

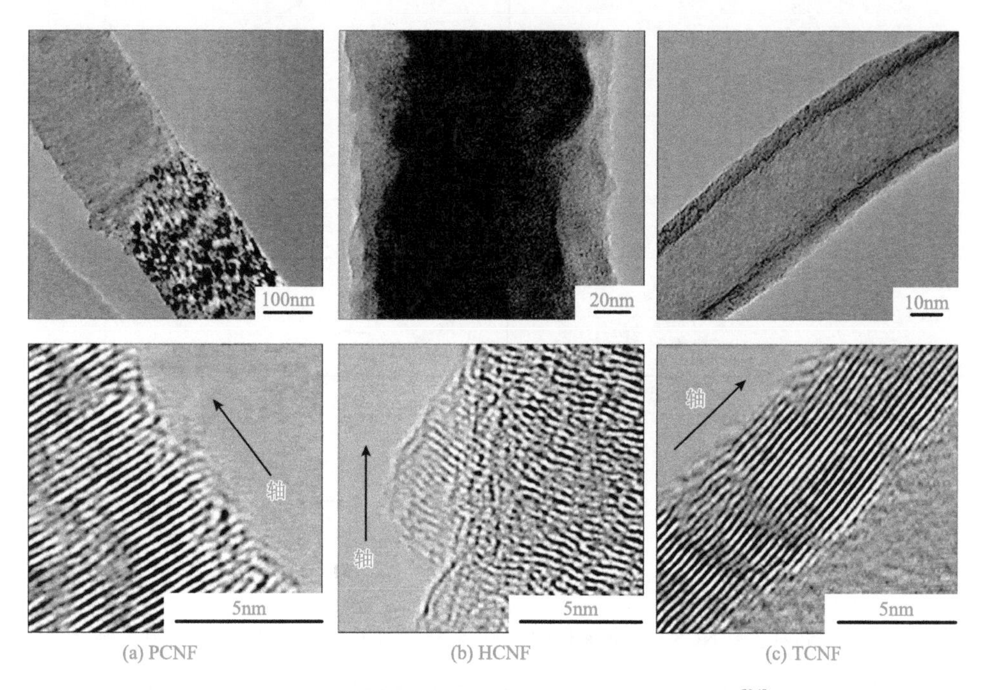

(a) PCNF　　(b) HCNF　　(c) TCNF

图 3.9　不同结构纳米碳纤维的 TEM 和 HRTEM 图[34]

从图 3.9 可以看到：PCNF 和 HCNF 的表面具有大量暴露的石墨边缘[图 3.9(a)、(b)]，因此二者具有较高的化学活性，可以有效地负载金属颗粒。Bessel 等[36]以 PCNF 为载体，采用浸渍还原法制备了高分散的 Pt 催化剂，并发现 Pt 纳米颗粒多呈扁平状多面体结构；而以 Vulcan 炭黑为载体的 Pt 颗粒则显示更加球形化的晶体形貌，表明 PCNF 的表面石墨边缘对 Pt 催化剂的形核/生长具有一定的影响。由于扁平状多面体结构可能会暴露出特定的晶面，以 PCNF 为载体的 Pt 催化剂显示出对 MOR 更好的催化性能。利用 PCNF[34, 37]和 HCNF[34, 38, 39]为载体制备的 PtRu 催化剂，也得到比 Vulcan 炭黑为载体的催化剂更好的催化性能。这一方面基于表面暴露的石墨边缘能促进金属纳米颗粒的均匀分散，另一方面归因于纳米纤维构成的网状中孔结构具有较好的导电性并有利于物质的扩散。

PCNF 和 HCNF 表面暴露的大量石墨边缘结构使其表面也很容易进行改性。Guo 等[40]对比研究了氧化和氢气还原处理后的 HCNF 载体对 DMFC 阳极 PtRu 催化剂性能的影响。结果表明：氧化后的 HCNF 表面具有更丰富的含氧官能团，在中低电流密度下有利于阳极甲醇溶液的扩散，可以提高 DMFC 的性能；而在高电流密度下还原后的 HCNF 具有一定的疏水性质，有利于 CO_2 的排除，相比之下，后者的 DMFC 性能反而稍好一些[41-43]。

由于石墨边缘结构具有大量不饱和的悬挂键，在热力学上十分不稳定，在高温退火的条件下极易发生重构。Endo[44]曾报道，通过热处理可使 PCNF 和 HCNF 表面相邻的石墨边缘结合形成类似 CNT 侧壁或端部的石墨环状结构（简称环状结构）。这种表面重构形成的环状结构具有很多潜在的应用，如在石墨环与环之间自然形成了大量空隙，可为较大的原子、分子、原子团簇甚至是一维的纳米线提供形成插层化合物的空间[45]。Moriguchi 等[46, 47]还发现，Li^+能快速地插入这些环状结构的空隙中，并产生很大的放电容量和较小的不可逆损失，显著提高了锂离子电池的性能。

针对 HCNF 表面重构形成的环状结构，作者[48]仔细研究了这种结构对燃料电池 Pt 催化剂性能的影响。研究表明：经 900℃（$Ar+4\%H_2$）热处理后，HCNF 的表面石墨边缘重构形成纳米环状结构。图 3.10（a）和（b）给出了分别以原始 HCNF 和热处理 HCNF 载体所制 Pt/CNF-1 和 Pt/CNF-2 催化剂的 HRTEM 图，可以清晰地看到催化剂 Pt/CNF-2 表面的石墨边缘重构形成大量类似 SWCNT 端部的石墨环状结构。在静止的玻碳电极上，利用三电极循环伏安法测试了不同 Pt 载量催化剂 Pt/CNF-1 和 Pt/CNF-2 对 ORR 的线性扫描伏安（LSV）曲线，如图 3.10（c）所示，随催化剂载量的增加，Pt/CNF-1 的 ORR 起始电势逐渐增加，但其峰电流密度变化并不大；而 Pt/CNF-2 不仅起始电势增加，峰电流密度也显著增加。依据 ORR 的起始电势主要受催化剂的本征催化活性所决定，峰电流密度主要受 O_2 的扩散限制的原理，可以判断 O_2 在 Pt/CNF-2 催化电极中的扩散更加有效。图 3.10（d）给出了催化剂 Pt/CNF-2 中 O_2 扩散性能提高的可能机制：除纳米纤维堆垛形成的孔中的体相扩散外，还因 CNF 表面形成的石墨环状结构拥有较多的五元/七元环等拓扑缺陷结构[33, 46]，对 O_2 具有较强的吸附性，也会引起 O_2 的表面扩散效应。

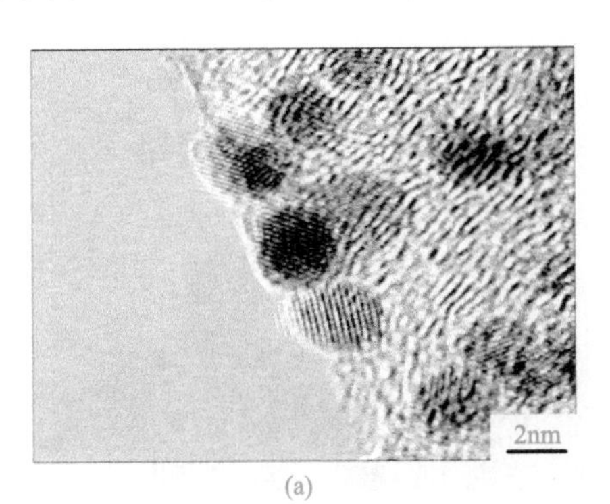

(a)

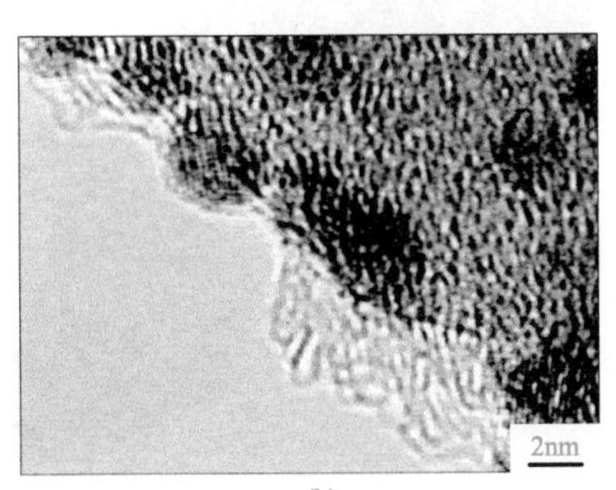

(b)

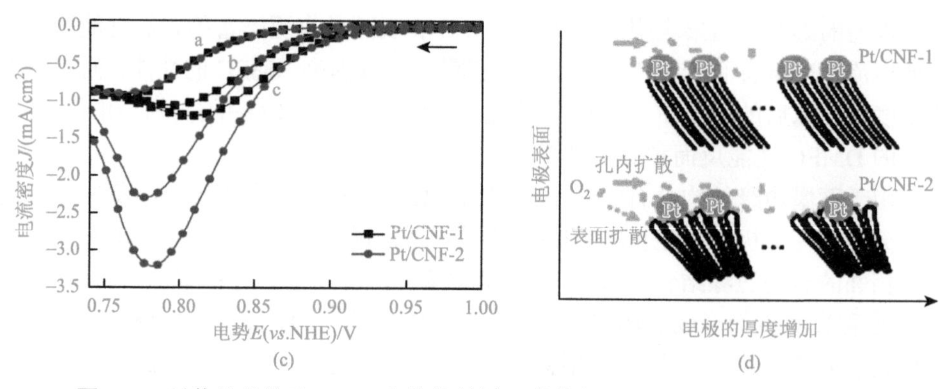

图 3.10　以热处理前后 HCNF 为载体所制 Pt 催化剂（Pt/CNF-1、Pt/CNF-2）的 HRTEM 图和 ORR 催化性能[33, 48]

（a）Pt/CNF-1 的 HRTEM 图；（b）Pt/CNF-2 的 HRTEM 图；（c）玻碳电极上不同 Pt 载量（a. 0.07mg/cm^2，b. 0.28mg/cm^2，c. 0.56mg/cm^2）的 Pt/CNF-1 和 Pt/CNF-2 催化剂对 ORR 的 LSV 曲线；（d）O_2 在 Pt/CNF-1 和 Pt/CNF-2 电极上的扩散示意图

进一步将 HCNF 在 2800℃下进行石墨化，所获石墨化纳米碳纤维（graphited CNF，GCNF）表面的石墨边缘则会重构形成多壁石墨环状结构。以 GCNF 为载体，仍能制备出分散较为均匀的 Pt 催化剂［图 3.11（a）、（b）］，表明高的石墨化度对燃料电池催化剂尤其是阴极 ORR 的催化剂载体非常有利。首先，它会显著增加电子电导性以及 ORR 过程中的抗氧化性和耐腐蚀性；其次，石墨化程度高还可增加阴极催化层的疏水性，有利于 ORR 产物 H_2O 的及时排除。但对 CNT 而言，虽然其石墨化程度很高，但在其管壁上均匀负载催化剂纳米颗粒是相当困难的。因此，对于 GCNF 这种石墨化程度高，同时又能负载均匀的催化剂纳米颗粒，作为燃料电池催化剂载体是非常有优势的。图 3.11（c）和（d）给出了 Pt/GCNF 催化剂作为 DMFC 阴极的单电池性能曲线，在 30℃和 60℃下，GCNF 载体均比未石墨化

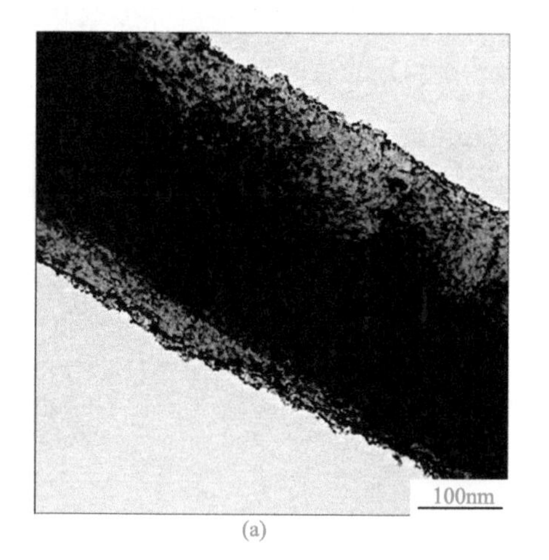

(a)

(b)

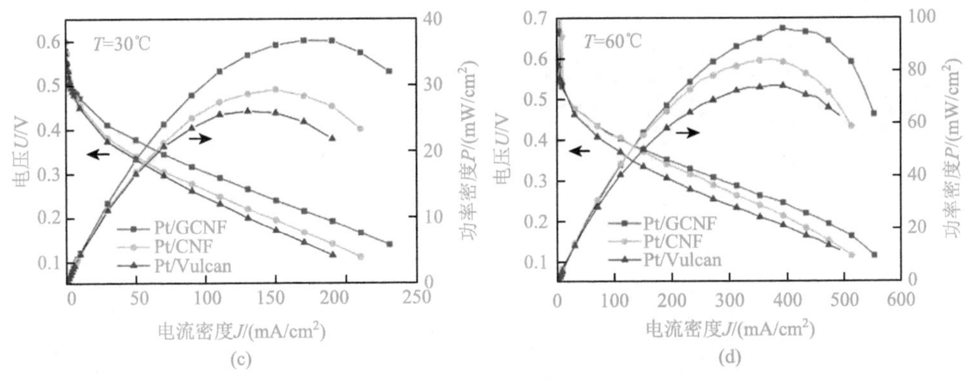

图 3.11　Pt/GCNF 催化剂的形貌结构与性能[49]

（a）TEM 图；（b）HRTEM 图；30℃（c）和 60℃（d）下作为 DMFC 阴极时的电池性能曲线

处理的原始 CNF 载体表现出更大的电流密度和功率密度，尤其是在高电流密度区（欧姆极化和扩散导致的浓差极化区），反映出其导电性和表面憎水性提高的效果。

除了 CNT 和 CNF 外，其他一维纳米结构碳，如碳纳米角（carbon nanohorn）[50]、碳纳米卷（carbon nanocoil）[51]等也在催化剂载体的应用中显示了较好的性能。

3.1.4　石墨烯载体

石墨烯是现在公认的最具代表性的二维纳米碳材料，厚度方向仅有单层石墨片，在导热、导电、化学稳定性及机械强度等方面都表现出极为优异的材料性能。石墨烯独有的二维性质被广泛应用，其中就包括燃料电池催化剂的碳载体。利用石墨烯纳米片为载体制备的 Pt 催化剂，在三电极循环伏安测试中表现出比炭黑负载的商品 Pt 催化剂更好的 MOR 催化性能。

同 CNT 管壁一样，从理论上讲石墨烯的表面也应具有较高的化学惰性，与金属纳米颗粒的作用较弱；但由于很多石墨烯是通过化学剥离法制备氧化石墨烯，然后进行还原的方式获得，其石墨平面往往具有较多的缺陷，有利于金属纳米颗粒的负载。除此之外，利用有机液相法也是在石墨烯表面负载催化剂纳米颗粒的有效手段。例如，Guo 等[52]首次采用将 PtPd 纳米颗粒负载在石墨烯片层上，形成 ORR 化学催化活性位点；并通过调节化学合成过程中的参数控制纳米颗粒在石墨烯表面的架构数量，达到了一定范围内催化性能的可调控性。随后，Guo 等[53]通过有机液相法合成了单分散 FePt 纳米颗粒，并以液相组装的方式均匀地负载在石墨烯表面（图 3.12）；测试结果显示这种催化剂对 ORR 的催化性能高于普通碳载 FePt 催化剂，且经过 10000 次循环伏安稳态测试后，ORR 性能几乎无衰减（图 3.13），显示出十分强的稳定性。Kou 等[54]进一步制备了 Pt-ITO 异质结构纳米颗粒并负载于石墨烯载体，所形成的 Pt-ITO-石墨烯三相异质结构在 ORR 中表现出比单层石墨烯负载的 Pt 催化剂更优异的催化活性和寿命。

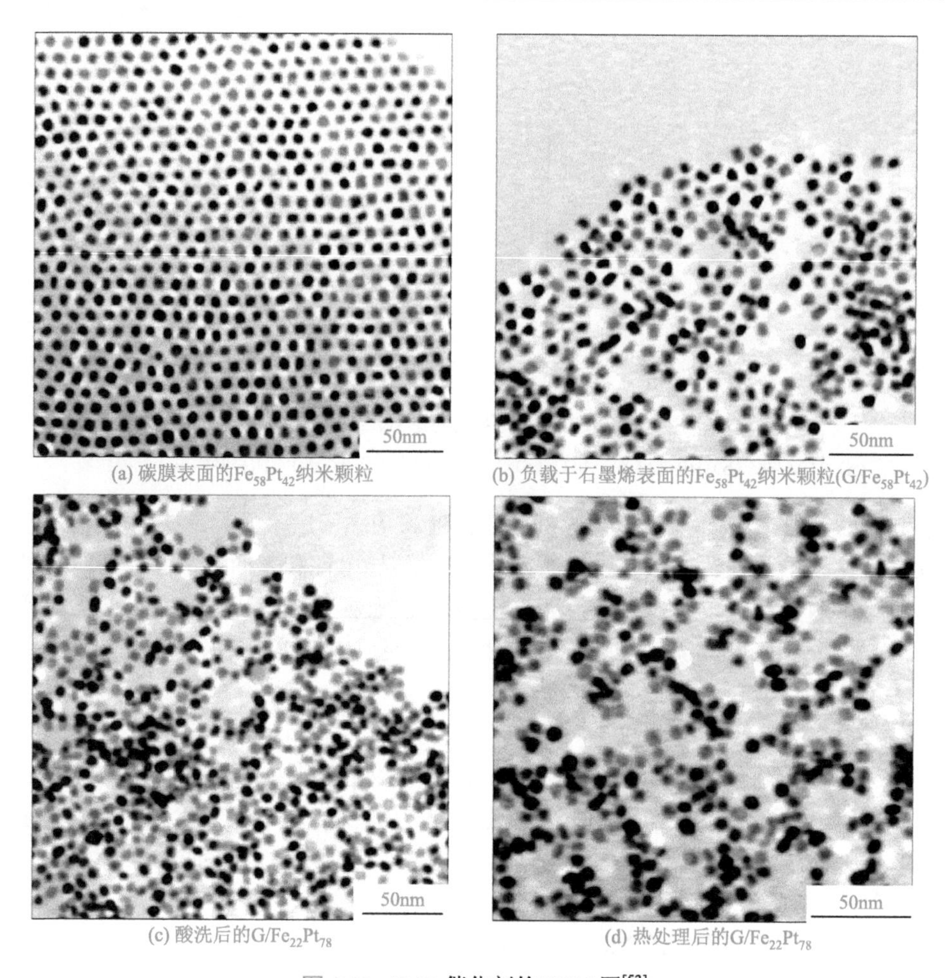

(a) 碳膜表面的$Fe_{58}Pt_{42}$纳米颗粒　(b) 负载于石墨烯表面的$Fe_{58}Pt_{42}$纳米颗粒($G/Fe_{58}Pt_{42}$)

(c) 酸洗后的$G/Fe_{22}Pt_{78}$　(d) 热处理后的$G/Fe_{22}Pt_{78}$

图 3.12　FePt 催化剂的 TEM 图[53]

尽管已有许多文献报道“石墨烯作为燃料电池载体时表现出比炭黑，甚至比

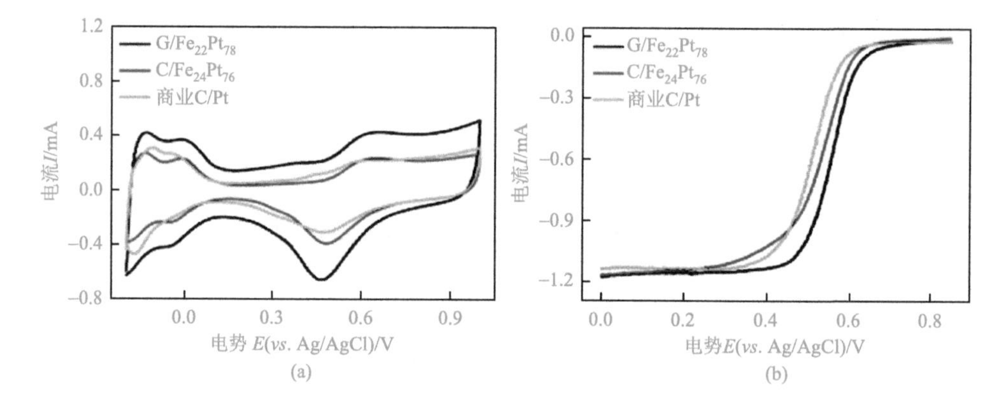

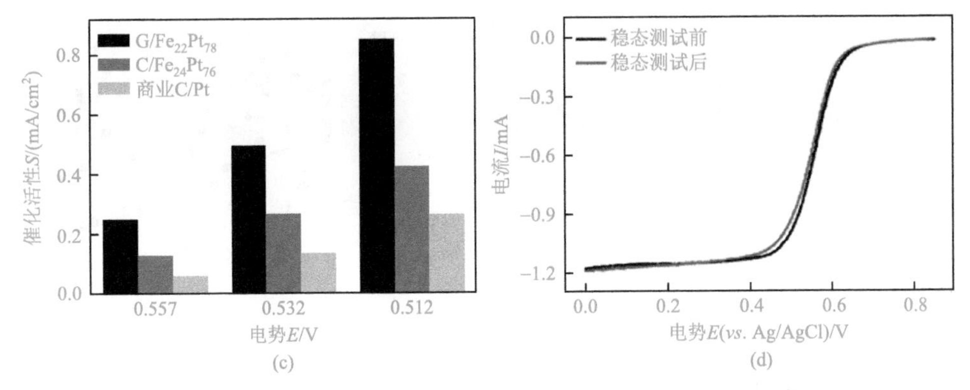

图 3.13* 　$G/Fe_{22}Pt_{78}$、$C/Fe_{24}Pt_{76}$和商业 C/Pt 催化剂的性能[53]

（a）N_2饱和 0.1mol/L $HClO_4$溶液中的循环伏安曲线；（b）O_2饱和 0.1mol/L $HClO_4$溶液中的极化曲线；（c）不同电势下的催化活性比较；（d）$G/Fe_{22}Pt_{78}$稳态测试（在 0.4～0.8V 下扫 10000 次）前后的极化曲线

CNT 更好的性能”，但目前对其作用机理并不十分清楚。大多数的观点认为，石墨烯载体之所以表现出更好的催化性能主要来自其高导电性以及与金属催化剂之间可能存在的强相互作用；但这种简单的推断目前还缺乏实验证据，尤其是对这种“强相互作用”的本质是什么还不清楚。并且，在很多文献采用的三电极循环伏安法测试中，工作电极上的催化剂膜用量一般并不大，载体的导电性并不是影响整个催化性能的决定步骤。

此外，由于石墨烯与石墨烯之间存在 π-π^*强相互作用，极易产生堆叠效应，这会降低催化剂的比表面积及催化过程中的物质传递，对催化性能不利。这就要求对石墨烯载体的二次聚集结构进行较好的设计和控制。Lv 等[55]设计了一种碳纳米管-石墨烯杂化结构（图 3.14），将石墨烯分散式地生长在碳纳米管的管腔内，

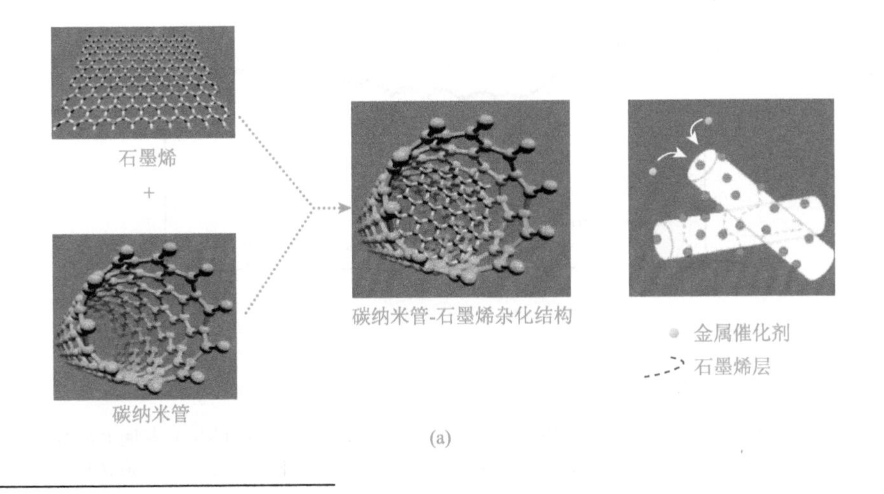

* 本书中彩图以封底二维码形式提供。

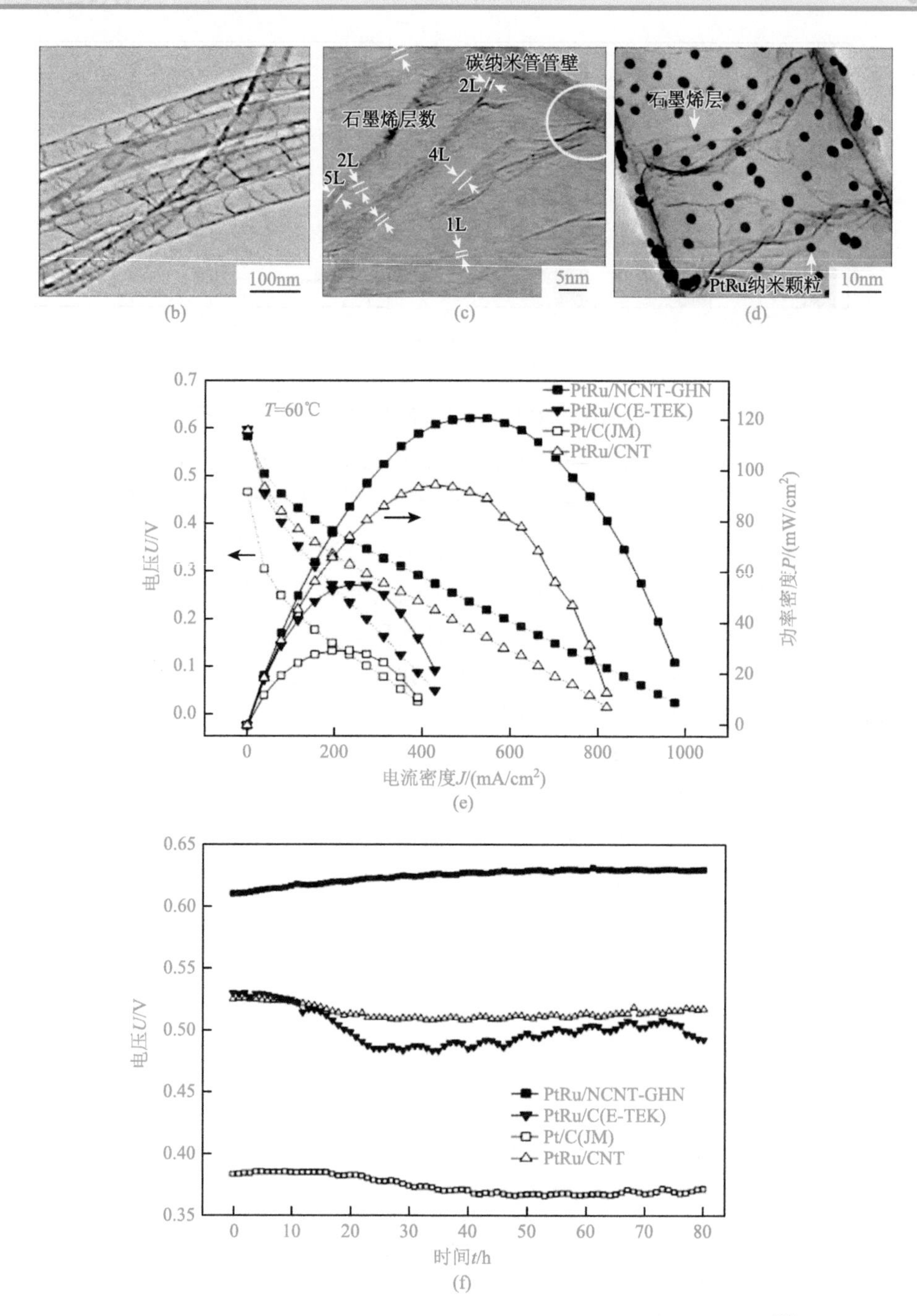

图 3.14 PtRu/（N_xCNT-石墨烯）催化剂的构筑、形貌与电池性能[55]

（a）催化剂的构筑示图；（b）和（c）N_xCNT-石墨烯复合物的 TEM 图和 HRTEM 图，L 为 layer 的缩写，代表石墨烯层；（d）催化剂的 TEM 图；（e）作为 DMFC 阳极催化剂的电池极化曲线；（f）恒流放电寿命测试

不仅为金属催化剂提供了更多的负载位，同时也有利于形成三维导电网络，从而在单电池性能测试中表现出优于传统碳纳米管载体的电池性能。

3.2 碳基无金属/非贵金属燃料电池催化剂

Pt系电催化剂具有优越的ORR电催化性能，但限于成本昂贵、稳定性欠佳、地壳丰度低等原因以及可持续发展的战略要求，人们从20世纪中叶便开始致力于研究和开发高效、低成本的非Pt系ORR电催化剂。目前开发的非Pt系ORR电催化剂主要包括无金属催化剂（metal-free catalyst，MFC）和非贵金属催化剂（non-precious metal catalyst，NPMC）两大类。MFC的研究对象主要集中在一些轻元素（如B、N、P、S等）掺杂或共掺杂[56-58]的碳基材料，其中以N掺杂为主[59-61]。NPMC通常是以碳基材料为载体或基体的复合型材料，按研究的物质体系划分，NPMC主要包括N-TM/C型电催化剂[61-65]、过渡金属（transition-metal，TM）硫族化物[66, 67]、过渡金属氧化物[68-70]、氮化物[71-74]、氮氧化物[75, 76]及碳氮化物[77-80]等。其中，N-TM/C型电催化剂被认为是最具发展前景的一类电催化剂[81]，其电催化活性与稳定性在酸性条件下均有可能达到甚至超过当前的商业Pt/C，乃是当下非Pt系ORR电催化剂研究的热点材料之一。

3.2.1 碳基无金属催化剂

非金属轻元素掺杂的碳基催化剂——X-C型催化剂（X=N、B、S等），以N掺杂为主[82, 83]；此外还有B、P[84]、S[85]等元素掺杂或B和N及N和S共掺杂。这类催化剂在碱性条件下可表现出较好的ORR催化活性，有些甚至与商业Pt/C接近，但在酸性条件下的ORR催化活性相对较差[86, 87]。

Dai及其合作者[60]利用酞菁亚铁作为前驱体，通过化学气相沉积法制备出氮掺杂碳纳米管垂直阵列［图3.15（a）～（c）］，这种结构在碱性条件下具有极高的ORR电催化活性，甚至超过商业Pt/C电催化剂［图3.15（f）］。他们认为ORR活性位点的形成与氮的掺杂直接相关，并通过理论计算证明，N元素的掺杂使与之毗连的C原子具有相当高的正电荷密度［图3.15（d）］，从而改变了ORR过程中O_2分子的吸附方式［即由“端式吸附”变成“边式吸附”，如图3.15（e）所示］，使O—O键更易断裂，故而使其ORR活性大幅度提高。

Hu等[88]研究发现硼氮共掺杂的CNT可以进一步提高对ORR的催化活性，于是他们提出产生活性的关键在于改变碳结构的原本电中性，无论是富电子的氮掺杂还是缺电子的硼掺杂都可以产生吸附氧的活性位点。他们在利用气相合成法的同时通过调整掺杂顺序，获得了两种硼氮共掺杂的CNT结构，即B、N原子彼此分离的掺杂结构和彼此相邻的B、N原子共掺杂（彼此成键）结构。借助圆

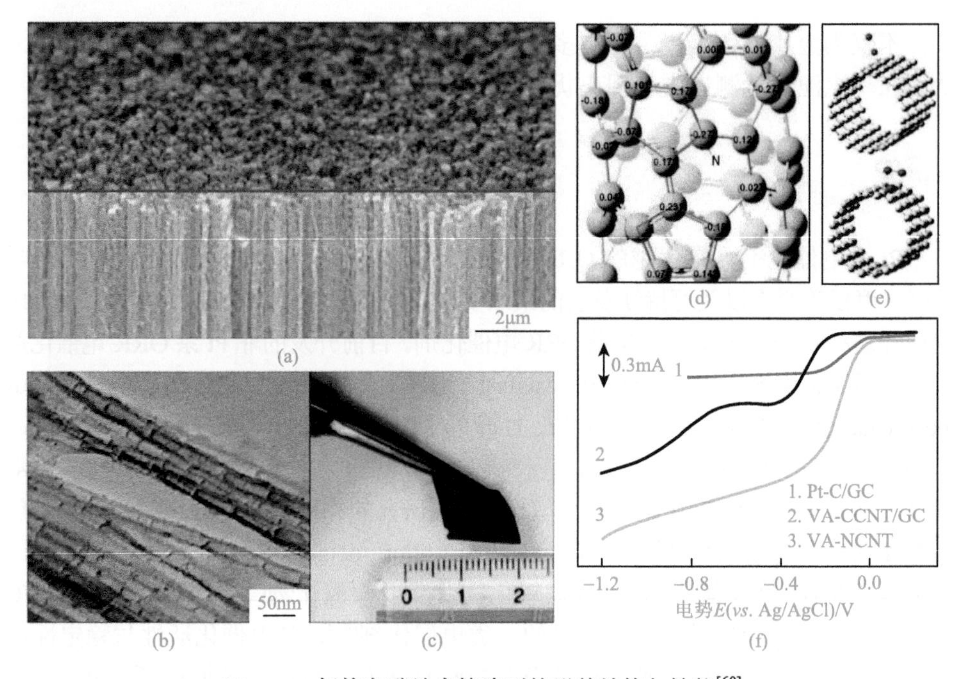

图 3.15 氮掺杂碳纳米管阵列的形貌结构与性能[60]

（a）SEM 图；（b）TEM 图；（c）光学照片（OM 图）；（d）DFT 模拟计算；（e）O_2 分子吸附方式的改变，（e）上为端式吸附，（e）下为边式吸附；（f）氮掺杂碳纳米管阵列及 Pt/C 的 LSV 曲线

盘进行电化学分析发现，彼此分开的 B、N 元素掺杂可以获得更好的 ORR 性能。计算表明 B 可以“中和”N 多余孤电子带来的电负性，进一步佐证 B、N 元素单独掺杂可以获得更佳的 ORR 活性。硼氮共掺杂 CNT 的性能及其模型示于图 3.16。

氮元素在石墨结构中的掺杂主要包括三种类型：①取代“并苯”结构中的某一个氢原子形成石墨氮；②边缘掺杂并构成六元环结构的吡啶氮；③边缘掺杂并

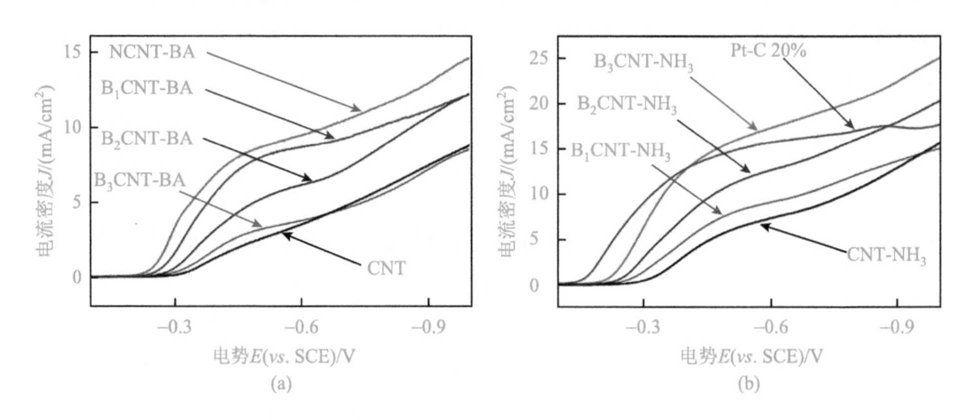

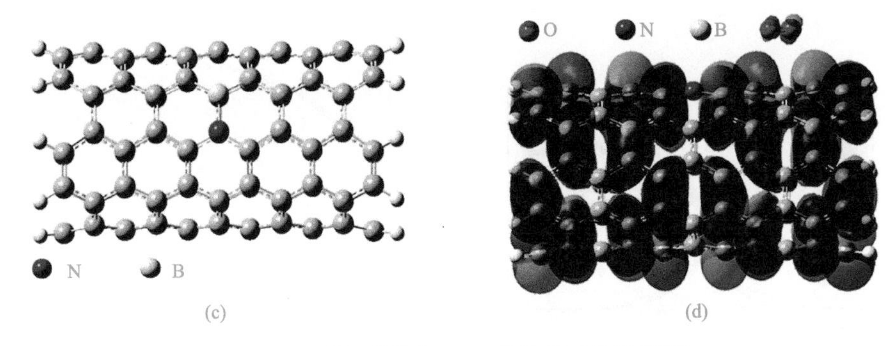

图 3.16　硼氮共掺杂 CNT 的性能及其模型[88]

（a）、（b）不同硼氮共掺杂 CNT 及 Pt/C 的 LSV 曲线；（c）硼氮彼此相邻共掺杂 CNT 模型图；（d）相应氧吸附最高占据分子轨道图

构成五元环结构的吡咯氮。由于这类氮掺杂催化剂的合成，通常采用高温热处理的方法，不同类型的氮元素掺杂相互伴随，很难获得单一种类的氮元素掺杂，更难以判别哪一种类型掺杂的氮原子可以作为催化的活性位点以及这些活性位点的催化能力。

Nakamura 课题组[89]通过对高取向热解石墨（highly oriented pyrolytic graphite，HOPG）模型催化剂的分析，研究了掺杂氮元素类型和催化活性之间的关系。研究中，他们采用氩离子轰击被镍模板保护的热解石墨，使其表面形成 1200nm 深，20μm 宽的纳米“坑”阵列，将大量的石墨结构边缘暴露出来，再经氨气热处理，获得纯粹的吡啶氮掺杂石墨结构。原位 X 射线光电子能谱（XPS）分析表明：吡啶氮毗邻的碳原子可以吸附溶液中的氧而催化 ORR。二氧化碳程序升温脱附测试证明：吡啶型氮掺杂可以使周围的碳原子转变成路易斯碱，从而在吸附氧的过程中提供孤对电子。通过电化学测试，一方面证实了在酸性条件下，催化的活性位点源自吡啶氮而非石墨氮；另一方面定量计算了吡啶氮的催化能力，即在 0.5V 下，每个吡啶氮每秒可以催化转移 0.05～0.14 个电子。高取向热解石墨中 N 1s 的 XPS 谱图，以及不同类型氮的含量和 ORR 曲线示于图 3.17。

根据 XPS 的分析结果，他们又进一步推断了氮掺杂碳材料在酸性条件下对氧还原过程的反应机制。首先，吡啶氮提供路易斯碱性位，使得氧吸附在与之毗邻的碳原子上并结合质子形成*OOH（$*+O_2+H^++e^-\longrightarrow *OOH$），吸附的氧可以分别进行二电子和四电子过程的反应，如图 3.18 所示。对于二电子过程，*OOH 直接结合一个质子和一个电子生成过氧化氢（$*OOH+H^++e^-\longrightarrow *+H_2O_2$）；对于四电子过程，*OOH 先结合两个质子和两个电子生成水分子脱离（$*OOH+2e^-+2H^+\longrightarrow H_2O+*OH$），随后吸附在碳原子上的*OH 再结合一个质子和电子生成水（$*OH+e^-+H^+\longrightarrow *+H_2O$），而空出来的碳原子则重新吸附新的氧分子催化还原。

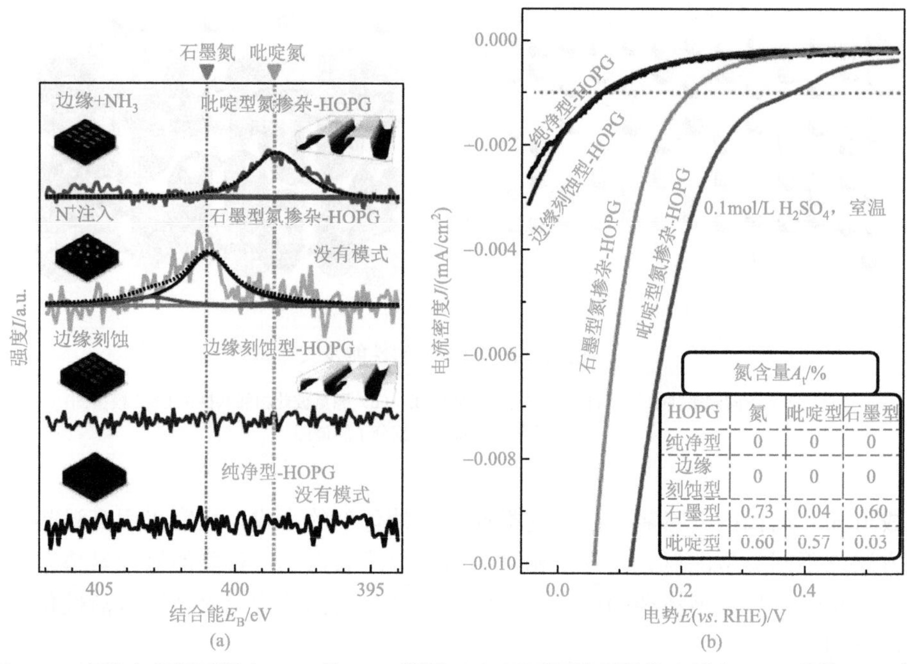

氮含量A_t/%

HOPG	氮	吡啶型	石墨型
纯净型	0	0	0
边缘刻蚀型	0	0	0
石墨型	0.73	0.04	0.60
吡啶型	0.60	0.57	0.03

图 3.17 高取向热解石墨中 N 1s 的 XPS 谱图（a）及不同类型氮的含量和 ORR 曲线（b）[89]

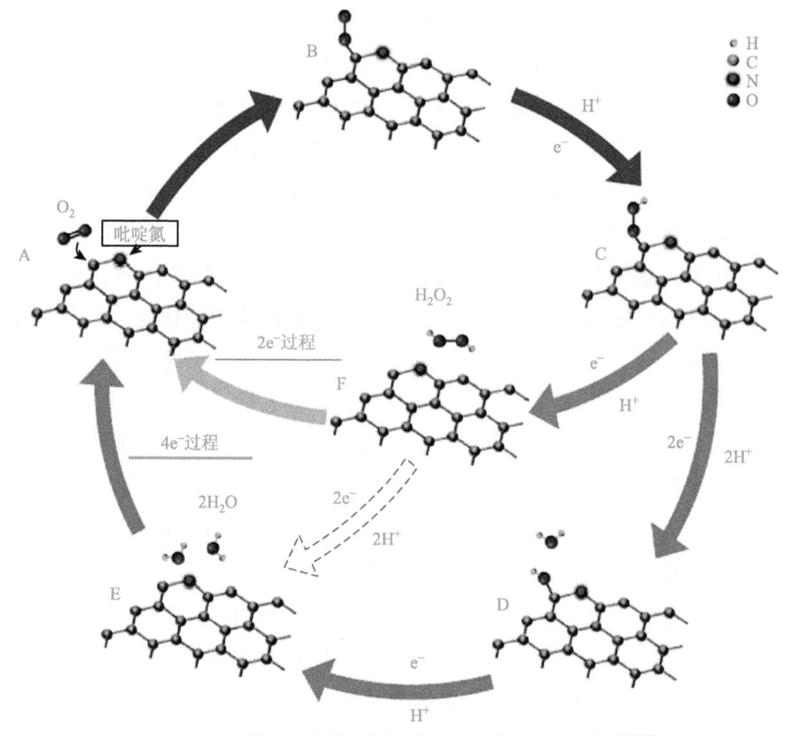

图 3.18 氮掺杂碳材料的氧还原反应路径示意图[89]

3.2.2　碳基非贵金属纳米催化剂

1. 传统碳基非贵金属催化剂

传统碳基非贵金属催化剂通常以炭黑等传统活性炭为基底，通过元素掺杂的方式而合成。

1964 年，Jasinski[90]仿制在血液中用于运输氧气的血红蛋白合成了具有 $M\text{-}N_x$ 螯合结构的 ORR 催化剂。自此，通过元素掺杂改性炭材料获得的催化剂层出不穷，尤其是近年来，通过将过渡金属（Fe，Co 等）元素和 N 元素的配位结构掺杂到碳材料表面，作为一种燃料电池非贵金属催化剂以取代目前商业使用的贵金属铂催化剂，逐渐引起学术界和工业界的广泛兴趣，并成为有可能解决质子交换膜燃料电池成本居高不下的终极途径。

Dodelet 等[91]发现在热处理过程中产生的微孔炭可以提供大量的活性位点（图 3.19）。于是他们通过球磨的方式在热处理前将氮源（1, 10-邻菲咯啉）和乙酸铁（作为铁源）以孔隙填充的方式挤入碳结构的孔隙中，经过两次热处理制备出 FeN_x/C 非贵金属催化剂。该催化剂在氢氧燃料电池电压为 0.9V 时首次达到了与 Pt 阴极催化剂相当的电池性能；但由于催化剂的用量较大（5mg/cm^2），导致电极催化层较厚，电池功率密度较低，只有 0.2W/cm^2。同时，该催化剂的抗腐蚀性不强，长期寿命较低。

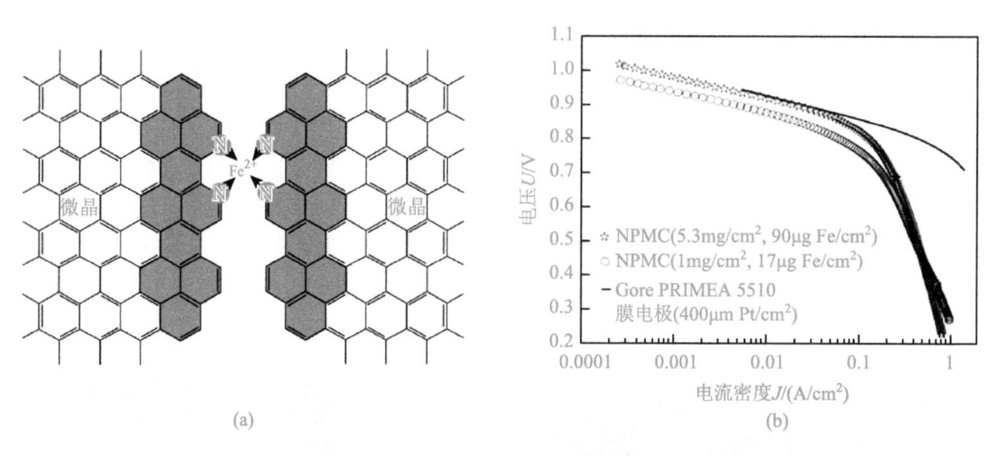

图 3.19　FeN_4 形成过程示意图及单电池极化曲线[91]

（a）FeN_4 在微孔中的形成；（b）不同催化剂构成阴极催化层燃料电池单体的极化曲线

Zelenay 等[92, 93]在 2006 年 *Nature* 杂志上报道了利用聚吡咯和钴盐的络合物制备出一种 Co/N/聚吡咯催化剂，电池最高功率密度接近 0.15W/cm^2，且在电池中运行 100h 无明显性能衰减[92]；2011 年又在 *Science* 杂志上报道了双金属组元的

$Fe\text{-}Co/N_x/C$ 催化剂，其电池功率密度提高到 $0.5W/cm^2$。通过原位聚合的方式将聚苯胺包覆在多孔的科琴黑表面，并加入铁、钴盐进行热处理获得铁、钴、氮均匀掺杂的碳基催化剂。研究发现：钴掺杂后，尽管催化剂的活性在酸性条件下稍有下降，但其稳定性却获得了极大提升。通过 700h 的燃料电池膜电极组件测试，发现其放电电流密度仅从 $0.347A/cm^2$ 衰减到 $0.337A/cm^2$（衰减 3%），其稳定性远远超过其他非贵金属催化剂，获得重大突破[93]。

厦门大学孙世刚等[94]于 2015 年开发了 Fe/S/N/C 掺杂的炭黑基非贵金属催化剂，电池功率密度达到了 $1.0W/cm^2$。

总体而言，传统碳基非贵金属催化剂虽然在催化活性方面有较大的突破，但因基底材料传统活性炭结构（无定形碳）的限制，功率密度仍然较低。

2. 新型碳基非贵金属催化剂

新型碳基非贵金属催化剂的基底材料为碳纳米管和石墨烯，基于它们特有的一维结构（碳纳米管）或二维结构（石墨烯）堆垛形成的网络结构，无疑对优化催化电极结构具有很大的优势。

中国科学院大连化学物理研究所的潘秀良和包信和等[95]报道了镶嵌 Fe 颗粒的碳纳米管基非贵金属催化剂，由于其类石墨结构表面的催化活性位点（$Fe\text{-}N_x$）的密度较低，导致性能不佳，电池功率密度不到 $0.2W/cm^2$。

斯坦福大学 Dai 等[96]利用改进的 Hummers 法使碳纳米管外壁部分撕裂，然后通过高温氨化处理将 $Fe\text{-}N_x$ 活性结构引入外壁石墨烯的边缘位置，由此得到一种碳纳米管-石墨烯（nanotube-graphene，NT-G）复合结构的非贵金属碳基 FeN/(NT-G) 催化剂。这种 NT-G 催化剂在酸、碱条件下均有较高的活性，尤其在碱性条件下可与商业 Pt/C 相媲美（图 3.20）。他们还进一步通过毒化实验证明了 $Fe\text{-}N_x$ 结构对氧还原催化的重要作用。对于 $Fe\text{-}N_x/G$ 型催化剂，获得高密度 $Fe\text{-}N_x$ 活性位是所有研究者的共同目标。但遗憾的是，单原子 Fe 在高温下往往难以稳定存在，尤其当热处理温度超过 1000℃后，Fe 原子极易通过扩散而聚集形成颗粒，从而使催化剂活性大为降低。

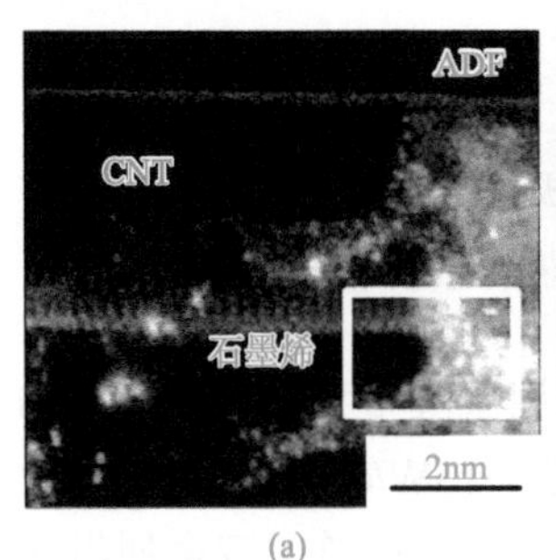

(a)

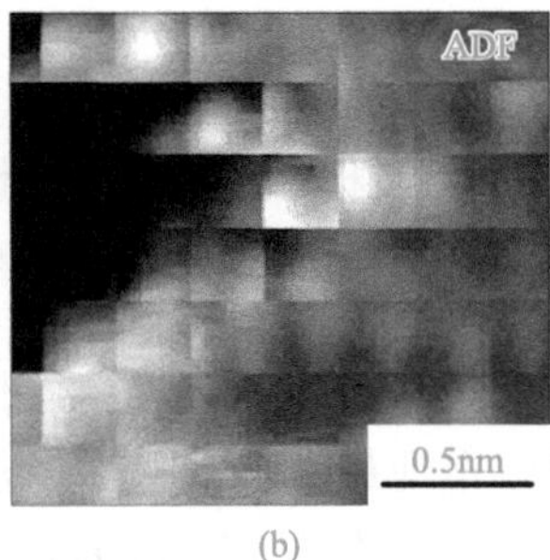

(b)

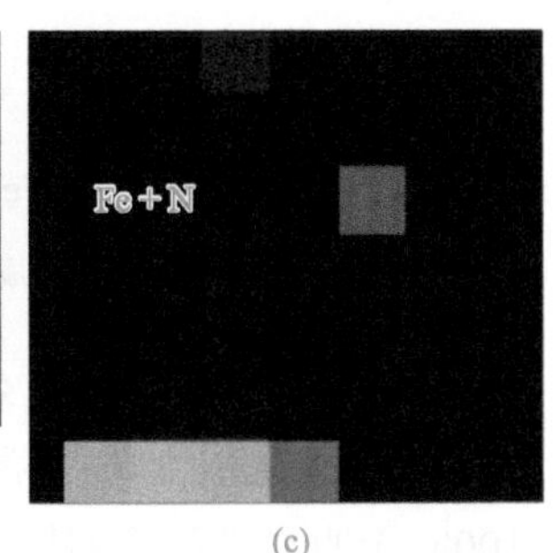

(c)

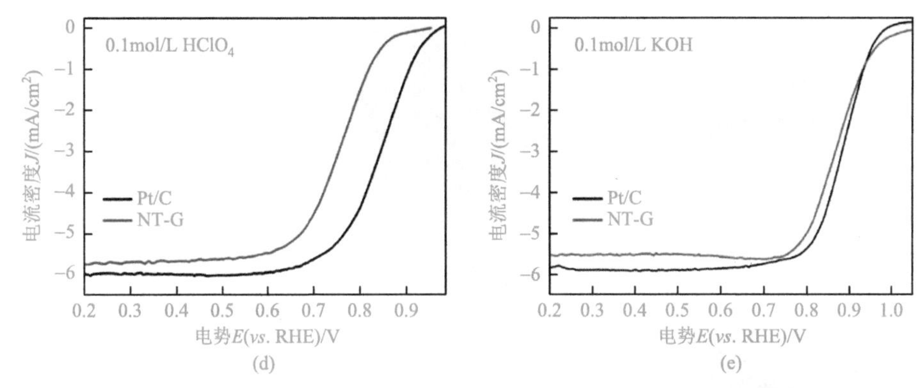

图 3.20 NT-G 催化剂的显微成像和酸、碱条件下的 LSV 曲线[96]

(a)、(b) NT-G 催化剂的 HAADF-STEM 图；(c) NT-G 催化剂的 AC-STEM 元素分析；(d) 酸性条件下 NT-G 和 Pt/C 催化剂的 LSV 曲线；(e) 碱性条件下 NT-G 和 Pt/C 催化剂的 LSV 曲线

最近，Zelenay 小组基于其前期的研究成果[64, 65]，将苯胺和氮腈同时作为氮源前驱体，通过苯胺的原位聚合及后续的二次热处理获得由纤维碳和石墨烯片复合而成的 Fe-N/C 型 ORR 催化剂［图 3.21（a）］[97]。为获得关于 ORR 活性位结构的信息，他们采用低能（60kV）像差校正的扫描透射电子显微技术（aberration-corrected scanning transmission electron microscopy，AC-STEM）对催化剂进行微区表征。高角环形暗场图像（high-angle annular dark-field scanning transmission electron microscopy，HAADF-STEM）显示出催化剂表面存在高密度弥散分布的单原子 Fe［图 3.21（b）］，石墨烯面内的单原子 Fe 及其微区范围内的电子能量损失谱（electron energy-loss spectroscopy，EELS）表明催化剂中 FeN_4 结构的存在［图 3.21（c）、（d）］，结合量子化学模型计算［图 3.21（e）～（g）］及 AC-STEM 的表征结果，他们认为：①大量位于石墨烯边缘处的 FeN_4 结构是催化剂获得整体性能提高的主要原因。②在催化剂合成的过程中，前驱体中的氨腈在提供氮源的同时又作为发泡剂，可使催化剂获得微孔、介孔、大孔兼具的多级孔结构和极大的比表面积（约 $1600m^2/g$），为提高催化剂的活性位密度和电极反应过程中的物质扩散提供了有利的基体平台，在氧分压 2.0bar（$1bar = 10^5Pa$）的条件下，获得了理想的峰值功率密度（$0.9W/cm^2$），在 0.75V 以上的反应区可达到与商业 Pt/C 相媲美的动力学催化性能。

Li 研究组[98]最近也报道了关于单原子 Fe（FeN_4 结构的中心原子）作 ORR 活性位的 Fe-N/C 催化剂。他们以乙酸铁、硝酸锌、2-甲基咪唑作为实验材料，通过溶剂热反应得到含 Fe 有机金属骨架材料前驱体，而后在惰性气氛 900℃下进行热解处理，获得尺寸均一、表面含有高密度 FeN_x 结构的纳米颗粒 Fe-ISAs/CN（isolated single-atom Fe/N-doped porous carbon，单原子 Fe/N 掺杂多孔炭）氧还原催化剂［图 3.22（a）和（b）］。HAADF-STEM 模式下的元素分析结果［图 3.22（c）］表明催化剂表面的 N 和 Fe 均匀分布，且无明显的 Fe 颗粒形成；HAADF-STEM 图像［图 3.22（d）和（e）］

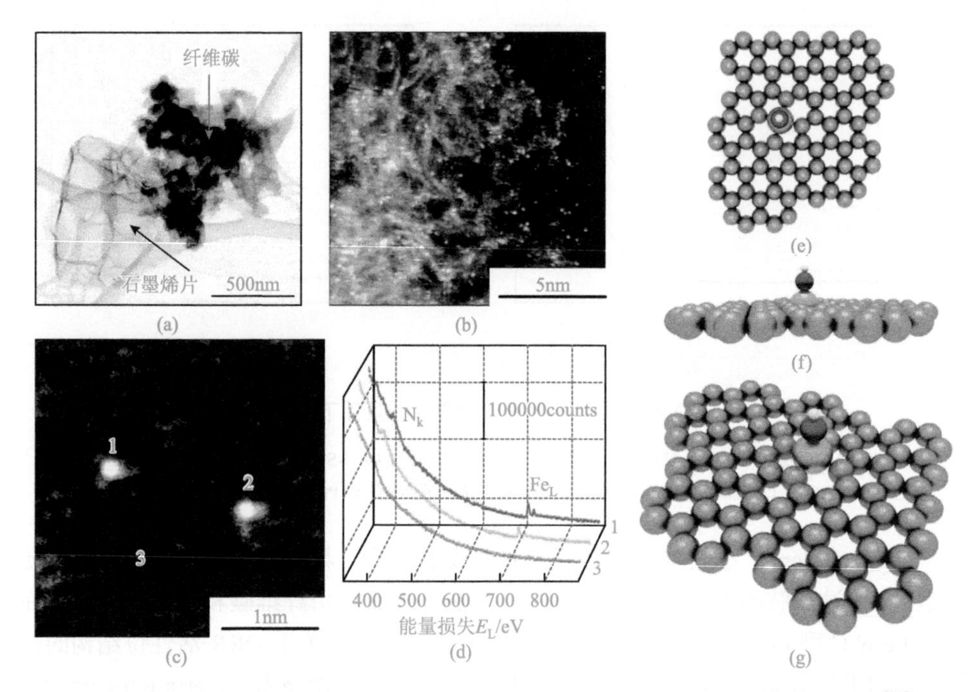

图 3.21 (CM+PANI)-Fe-C 催化剂的 STEM 图、EELS 图及活性位吸附羟基模型[97]

（a）BF-STEM 图；（b）HAADF-STEM 单原子 Fe 在纤维碳表面弥散分布；（c）、（d）HAADF-STEM 单原子 Fe 及其周围微区 EELS 图；（e）～（g）活性位吸附羟基模型图（C. 灰色，N. 蓝色，Fe. 青铜色，O. 红色，H. 白色）

显示出催化剂表面高密度弥散分布的单原子 Fe。利用扩展 X 射线吸收精细结构技术表征并拟合了催化剂中 Fe 的 K 边结构谱，同时结合 SCN^-毒化实验证明了 $Fe-N_4$ 结构的存在。这里 N 的配位数 4，仅代表统计值，不能作为单个原子 Fe 周围的真实配位环境。基于 O_2 分子在 FeN_4 结构上的“端式吸附”模型，通过密度泛函理论计算了碱性条件下 ORR 基元反应的能垒，认为最后一步的*OH 脱附（通过电子转移，形成 OH^-）是整个反应的决速步骤，而单原子 Fe 能很好地实现*OH 脱附所需的电子转移过程，则是催化剂活性提高的主要活性位点。

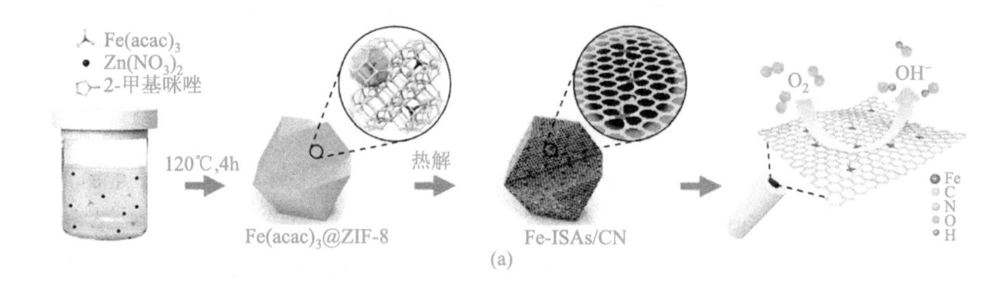

(a)

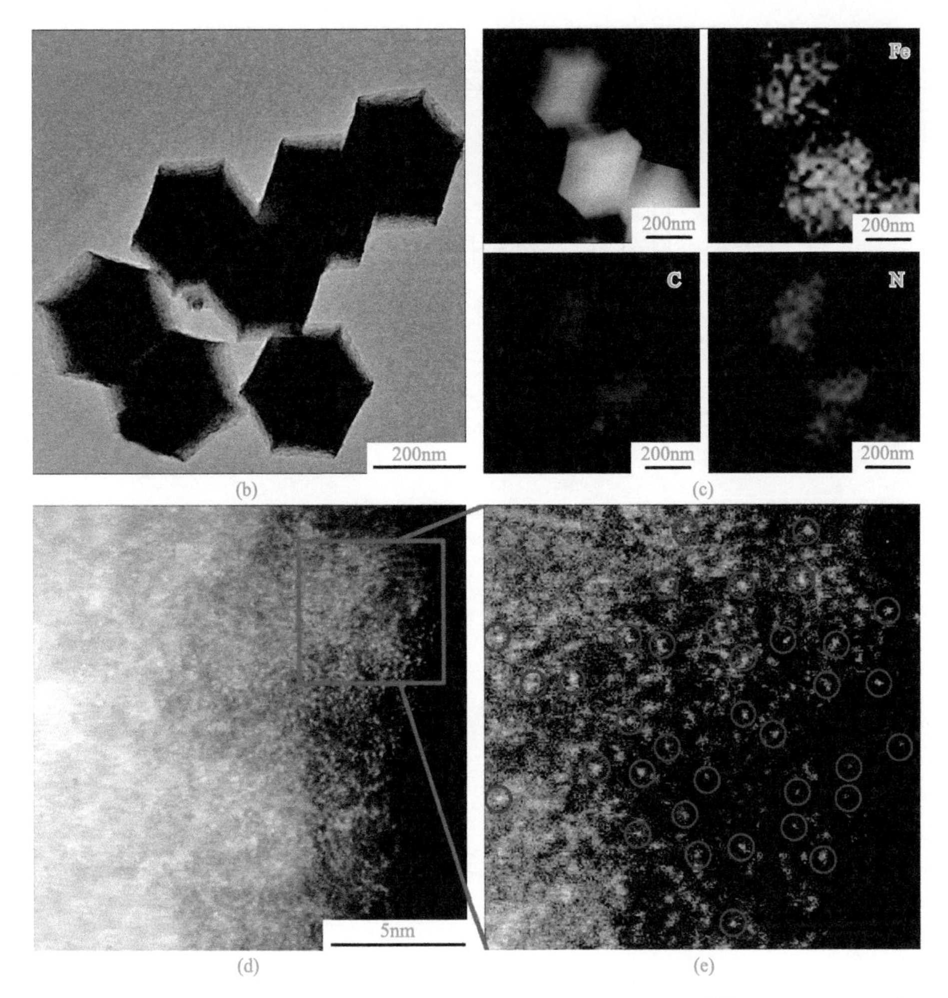

图 3.22　Fe-ISAs/CN 催化剂的合成与形貌结构[89]

（a）催化剂的合成；（b）催化剂的 TEM 图；（c）STEM 模式下催化剂的元素分布；（d）、（e）单原子 Fe 在碳基体表面弥散分布的 HAADF-STEM 图

半电池电化学表征结果显示，该催化剂在碱性条件下均表现出极佳的 ORR 催化活性［图 3.23（a）］。在碱性条件下，催化剂的半波电势（$E_{1/2}$）高达 0.90V，0.85V 下的动力学电流密度（J_k）达到 37.83mA/cm^2，这不仅超过 Pt/C 催化剂，也超过绝大多数非贵金属催化剂［图 3.23（a）内插图］。另外，该催化剂还表现出极好的抗甲醇性和很好的稳定性，这也是 Pt/C 电催化剂所无法比拟的。但在酸性条件下［图 3.23（b）］，该类 Fe-N/C 非贵金属催化剂对 ORR 的催化性能与 Pt/C 催化剂仍存在一定的差距，表现在前者的半波电势比后者要低约 40mV。

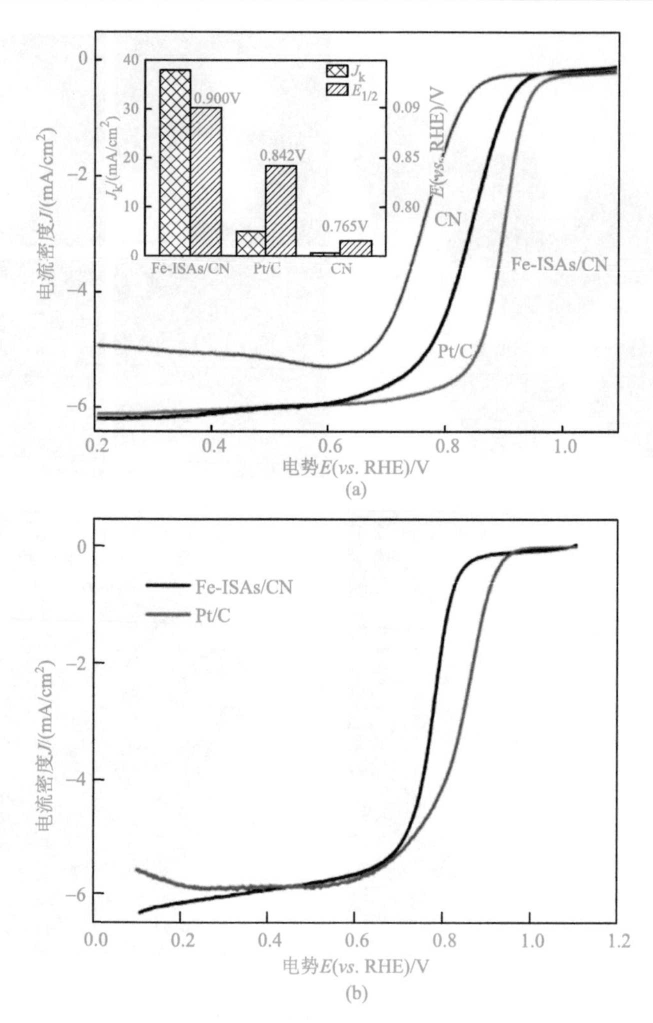

图 3.23 Fe-ISAs/CN 催化剂及 Pt/C 在碱性（a）和酸性（b）条件下的极化曲线[98]

（a）内插图比较了不同催化剂在 0.85V 下的动力学电流密度和不同催化剂的半波电势

可以看出，异质元素掺杂的石墨烯基新型非贵金属催化剂具有优良的导电性和高理论比表面积，在燃料电池氧电极催化上有着很好的应用前景。此外，石墨烯作为理想的石墨平面模型结构，作为基底也非常适合于研究掺杂元素及掺杂结构对催化性能的影响。但是，目前石墨烯平面掺杂高密度异质元素（$Fe-N_x$）仍然十分困难，掺杂结构的表征及其调控，尤其是掺杂过渡金属的种类、非金属元素 X 的种类和配位结构等也仍有待深入研究。

除常见的 $Fe-N_x$ 掺杂石墨烯外，其他过渡金属 Me（Me=Co、Ni、Cu、Mn 等）与非金属元素 X（X=S、P 等）共掺杂的石墨烯催化剂（Me-X/G 型催化剂）鲜有报道，更复杂的双金属及多元掺杂石墨烯催化剂也没有系统认识，目前这方面工作有赖于高通量的材料计算模拟，以筛选出催化性能较好的几种候选组合。

3.3 碳质扩散层

膜电极组件中相当重要的一部分是气体扩散层。用作气体扩散层的材料通常为多孔碳基材料，如炭纸或炭布，故又称碳质扩散层。由于极板流道里的反应物质是通过扩散层后才到达催化剂表面，因此扩散层材料对反应物质的分配有着重要的作用；由于电子也需要经扩散层流向双极板，所以扩散层材料必须具有良好的导电性和较小的接触电阻。另外，扩散层材料还需具有足够好的化学稳定性。目前采用得比较多的扩散层材料是炭纸和炭布，典型的产品有日本东丽株式会社产的 Toray 炭纸和炭布（图 3.24），它们特有的多孔结构、稳定的化学性能以及良好的导电性能都符合对扩散电极的要求。

(a)

(b)

图 3.24　炭纸（a）和炭布（b）的 SEM 图

东丽株式会社的 Toray 炭纸包括 Toray 060 和 090 两种型号。两者的区别在于厚度，090 炭纸的厚度为 0.28mm，大于 060 炭纸的厚度（0.19mm），因而以 060 炭纸为扩散层的膜电极组件厚度通常为 0.44mm，小于 090 炭纸的厚度（0.62mm）；这两个数值之间的差正好是两种炭纸厚度差的 2 倍。从传质过程的角度考虑，060 炭纸有利于缩短甲醇和氧气的传质长度、降低对流传质中的阻力，性能本该更佳；但实际上，以 090 炭纸为扩散层的膜电极组件在电压和电流密度方面都优于 060 炭纸［图 3.25（c）］。这是由于炭纸是一个非常疏松的结构，催化剂很容易渗入炭纸内部，甚至渗透整片炭纸，因而在使用较薄的 060 炭纸喷涂催化剂时易造成催化剂的浪费。相比之下，选用 090 炭纸的膜电极组件的性能较佳，表明 090 炭纸对催化层的形成更有利。

笔者课题组[99, 100]通过在阳极用 060 和 090 炭纸表面涂覆一层以炭黑和聚四氟乙烯（polytetrafluoroethylene，PTFE）组成整平层，然后在此整平层上再涂覆催化层，所得的膜电极组件在 DMFC 中的性能比较如图 3.25（d）所示。经过整平的阳极用炭纸，由于炭黑和 PTFE 填充了炭纸表面的孔隙，催化剂不易渗入炭纸的内部，减少或消除了炭纸在催化层形成过程中造成的催化剂损失。整平处理后，以 060 炭纸为扩散层的膜电极组件不仅在电压上与 090 炭纸非常接近，而且在极限电流密度上明显大于 090 炭纸，显示出 060 炭纸在缩短传质长度、降低对流阻力上的优势。

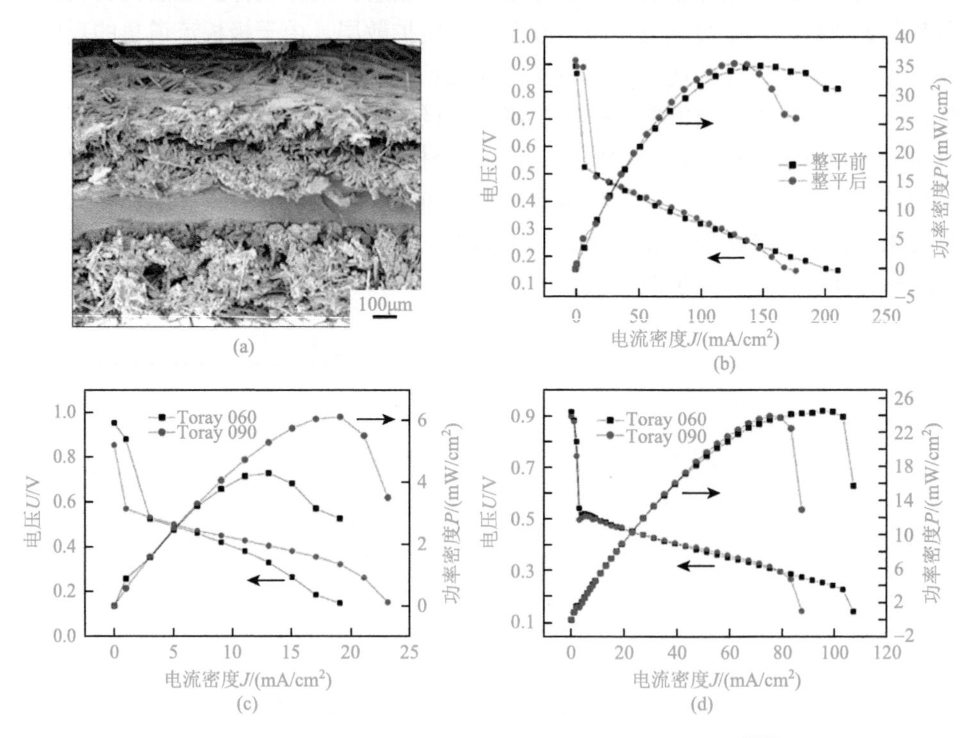

图 3.25 扩散层炭纸的整平处理对 DMFC 性能的影响[100]

（a）膜电极组件的截面形貌图；（b）整平处理前后 090 炭纸的电池性能；（c）、（d）整平处理后 060 和 090 炭纸的电池性能

3.4 碳材料双极板

3.4.1 燃料电池双极板

双极板是质子交换膜燃料电池的关键部件之一，主要起着隔绝电池间气体串通、分布燃料与氧化剂、支撑膜电极和串联单电池形成电子回路的作用。作为双极板的材料必须具有高的导电性、阻气性、导热性、化学稳定性及良好的机加工性能。因此，双极板不但影响电池的性能，而且制造成本高，已成为燃料电池商业化的瓶颈[101]。

双极板性能的好坏与材料的选择、流场的设计及制备工艺这三个方面是分不开的。其中，材料的选择关系到双极板的化学相容性、耐腐蚀性、成本、密度、强度、导电性、导热性、透气率和机加工性能，即双极板材质的选择对电池性能起着决定性的作用。合理设计流场的布局，可以提高电池的性能；简单可行的制备工艺则可大大降低双极板的制造成本。

1. 双极板分类

目前，制备双极板的传统材料主要有三大类：不透性石墨（也称无孔石墨）、各种镀层金属和一系列复合材料。因此，常将双极板分为无孔石墨双极板、金属双极板和复合双极板三个类型。

1）无孔石墨双极板

无孔石墨的最大优点是化学稳定性、导电及耐腐蚀性能俱佳，气体的渗透率很低。但是无孔石墨的制作程序复杂而严格，耗工费时；加之无孔石墨质脆，流场加工困难，导致成本高，不利于批量机械化连续生产。无孔石墨双极板的厚度一般为 3mm 左右，由于质脆，其厚度难以进一步降低，不利于电池体积功率密度的提高。

2）金属双极板

金属双极板，如铝、镍、钛和不锈钢等制备的双极板，机械强度高，易于加工、批量生产，厚度也可以大大减小，有利于降低成本。金属板面临的最大一个问题是腐蚀问题，在质子交换膜燃料电池中，双极板工作的环境 pH 值为 2～3，呈酸性，如果不经处理直接使用，金属将会发生溶解、腐蚀，一旦金属被溶解，金属离子将会扩散到质子交换膜中，阻碍离子迁移，导致电导率降低；同时电极催化剂也受到污染，并使另一极金属氧化膜增厚，导致接触电阻增大。这些都将降低燃料电池的性能。通常的做法是，在金属的表面镀一层保护层，这种保护层要求与基体的结合性好，导电性好，还要具有良好的耐腐蚀性。因此，金属双极板的镀层技术要求较高，工艺较复杂，成本高。

3）复合双极板

复合双极板主要包括金属基复合双极板和碳基复合双极板。金属基复合双极板以金属板作支撑板，碳粉（或石墨粉）和树脂的混合物作流场，经注塑压制与焙烧而制成，集成了金属板和石墨板的综合性能，具有耐腐蚀、体积小、质量轻和强度高等特点，稳定性优越，但是制备工艺很复杂，成本较高。碳基复合双极板是在热固/塑性树脂中加入填充物，有时也加入纤维以增强基体，但同样是制备工艺复杂。

2. 双极板材料的选择标准

基于双极板的功能和商业化应用的条件，双极板材质性能通常要求：①具有阻气功能，以分隔氧化剂与还原剂。②必须是电的良导体。③必须是热的良导体，以确保电池在工作时温度分布均匀，并使电池的废热顺利排除。④必须具有抗腐蚀能力。由于燃料电池电解质呈酸性，双极板材料须在其工作温度与电势的范围内具有很强的抗腐蚀能力。⑤双极板两侧加工或置有流场，材料应具有良好的加工性能和机械性能。⑥具有高的强度，以制备出更薄的双极板，尽可能地减小燃料电池的体积。

Mehta 等[102]在广泛综合各种双极板研究的基础上对燃料电池双极板的材料提出了设计标准（表 3.1）。

表 3.1 双极板材料的设计标准[102]

序号	材料选择标准	要求
1	化学相容性	阳极表面不能产生氢化层；阴极表面不能产生钝化，导致电导率下降
2	腐蚀性	腐蚀速率小于 0.016mA/cm^2
3	成本	材料+制造小于 0.0045 美元/cm^2
4	密度	＜5g/cm^3
5	导电性	电导率小于 0.01Ω·cm^2
6	导热性	材料应能有效散热
7	加工性	机械加工成本低，同时具有高的机械强度
8	气体的渗透性	最大平均气体渗透率小于 1.0×10^{-4}cm^3/(s·cm^2)
9	可回收性	汽车使用期间、事故之后甚至报废之后均可回收
10	体积能量密度	＞1kW/L

3.4.2 柔性石墨双极板

1963 年，美国联合碳化物公司首先研制出了一种新型的石墨材料——柔性石墨（flexible graphite，FG），这是一种由纯天然石墨制成的材料，具有高的化学稳定性和良好的密封性，广泛用于高温、高压、耐腐蚀介质下的阀门、泵、反应釜的密封等，并享有“密封之王”的美誉[103-105]。近来，用柔性石墨制备的双极板已见报道[106]，以这种材料制备的燃料电池双极板，除了保持石墨的导电、导热和耐腐蚀性能外，制备工艺也较简单，成为降低成本的极佳材料。

柔性石墨的制备通常分为三个阶段：①合成可膨胀石墨；②高温膨化；③压制成型。亦即，首先以浓硫酸作为石墨的层间插入物，采用电化学插层法将其插入石墨层间，获得酸化石墨（可膨胀石墨）；而后经水洗干燥，再将其快速加热，很薄的酸化石墨鳞片便会膨化形成一条条疏松多孔的蠕虫状的石墨，长度为 1～2cm，常称为“蠕虫石墨”或“石墨蠕虫”，也称“膨胀石墨”（图 3.26）；这种石墨蠕虫拥有独特的网络型微孔结构、较大的比表面积和较多的活性点，质地柔软，易延伸，不需要任何黏结剂就可压制成结构致密的箔（纸）或板，这种箔或板就是柔性石墨[105]。

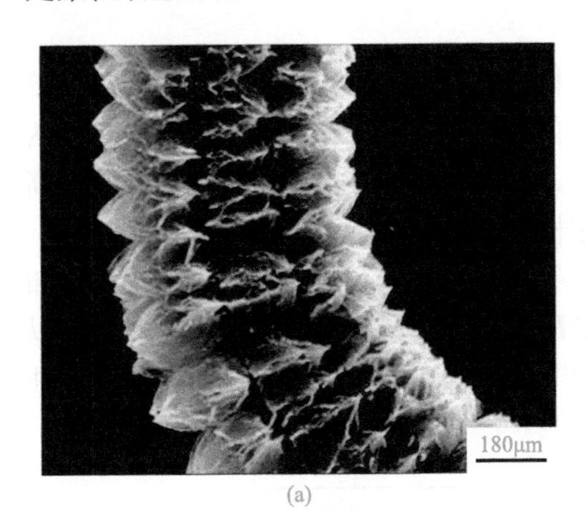

(a)

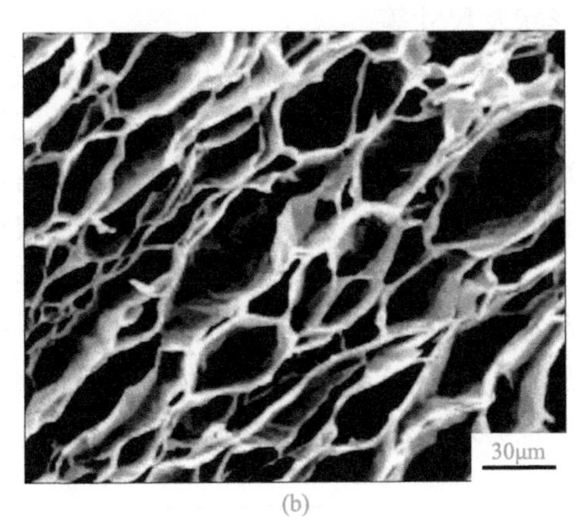

(b)

图 3.26　石墨蠕虫的 SEM 图

柔性石墨的化学相容性、耐腐蚀性、导电性、导热性均传承了天然石墨的优异性，加之其在后续压（轧）制过程中，石墨[002]面趋向于与板面平行，因此表现出来的性能，如导电性、导热性等均具有各向异性。但由于柔性石墨的机械性能较差、硬度小、抗拉强度低，在双极板的制备过程中，流场的机加工较困难。

柔性石墨的微观孔结构对其自身的性能也有很大的影响。通常采用气孔率表征孔的多少、半封闭孔和封闭孔表征孔的类型、平均孔径表征孔的大小。从柔性石墨板的孔隙率（q，%）与其密度（ρ，g/cm^3）的关系[107]：$q = (2.26-\rho)/2.26$，其中，2.26 为晶体石墨的理论密度（g/cm^3），可以看出柔性石墨的密度对其孔隙率的影响实际上是气孔作用的间接反映。

气孔存在对柔性石墨性能的影响主要有：①由于气孔相的电导率低，因此气孔率增大，电导率减小；②气孔对热导率的影响较为复杂，作为一种各自独立的分散相时，气体本身的热导率相对于固体来说很小，可近似看作是零；③气孔的存在，减小了材料对载荷的有效承载面积，同时产生应力集中，因而降低了材料的力学性能[107, 108]；④孔的类型对气体渗透率有较大的影响，对于结构致密的柔性石墨板来说，气孔率较低，而且彼此不连通，即为封闭孔，自身是不透气的。因此，提高密度可以提高阻气性。但是不同的气体类型对于透气性是有影响的，气体分子越小，越容易透过，要根据实际情况具体分析[106, 109]。

从柔性石墨制备工艺的角度分析，原料的选择、工艺参数的拟定对所制柔性石墨的性能都有一定的影响。为使柔性石墨在双极板制备领域更具优越性，还要求在保证性能的条件下采用的制备工艺简单，以降低成本。由于柔性石墨的力学性能较差，双极板的对流场不宜使用机械加工的方法，通常采用简单易行的一次模压成型法，即将膨胀石墨通过一次模压成型的方法制备双极板。这样双极板流场的设计就需在模具上进行，因此在制备模具时应充分考虑流场的形状及尺寸等。

一次模压成型法制备的柔性石墨双极板的抗腐蚀性、导电导热性均能满足要求，制备工艺也较简单；但是力学性能较低，在组装成燃料电池时由于双极板两端受到加压，往往会使其产生一定的弯曲，甚至导致组装失效。因此，必须提高柔性石墨双极板的力学性能，以满足双极板的使用要求。

采用加入添加剂的方式是增强柔性石墨力学性能较普遍的方法。适用的添加剂很多，可以是单一无机物，如硼酸、磷酸及其盐类；或为多元无机物；也可以是有机物，如有机硅化合物、醇类、硼酸酯金属盐等[110, 111]。但添加剂的加入往往也会对柔性石墨的其他物化性能产生影响。

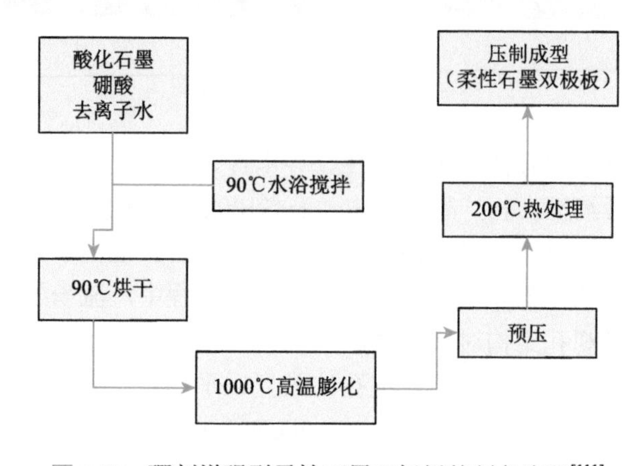

图 3.27 硼剂增强型柔性石墨双极板的制备流程[111]

作者[110]通过加入硼酸的方式制备出硼剂增强型柔性石墨（图 3.27），研究了硼酸的加入量对柔性石墨的力学性能的影响，结果示于图 3.28。随着硼酸加入量的升高，柔性石墨双极板的抗拉强度逐渐提高，当硼酸的加入量超过 12%（质量分数）后，抗拉强度升高至最高值，并且基本维持不变［图 3.28（c)］。经过改进制备工艺，所制硼剂增强型柔性石墨的最高抗拉强度可达到 20.9MPa，远远高于增强前柔性石墨的抗拉强度［图 3.28（d)］。通过 SEM 和 XRD 研究分析认为增强的机理是：在高温膨化过程中硼酸分解，生成玻璃态的 B_2O_3 夹杂在石墨片层之间，起到了铆接的作用，增大了拉伸时片层间的静摩擦力，提高了柔性石墨的强度。进一步的研究表明：相同密度下，硼剂增强型柔性石墨双极板的电导率较增强前柔性石墨双极板的电导率低很多；且随硼酸含量的增加，硼剂增强型柔性石墨双极板的电导率减小，尽管如此，仍远大于 100S/cm，可满足双极板的使用要求。

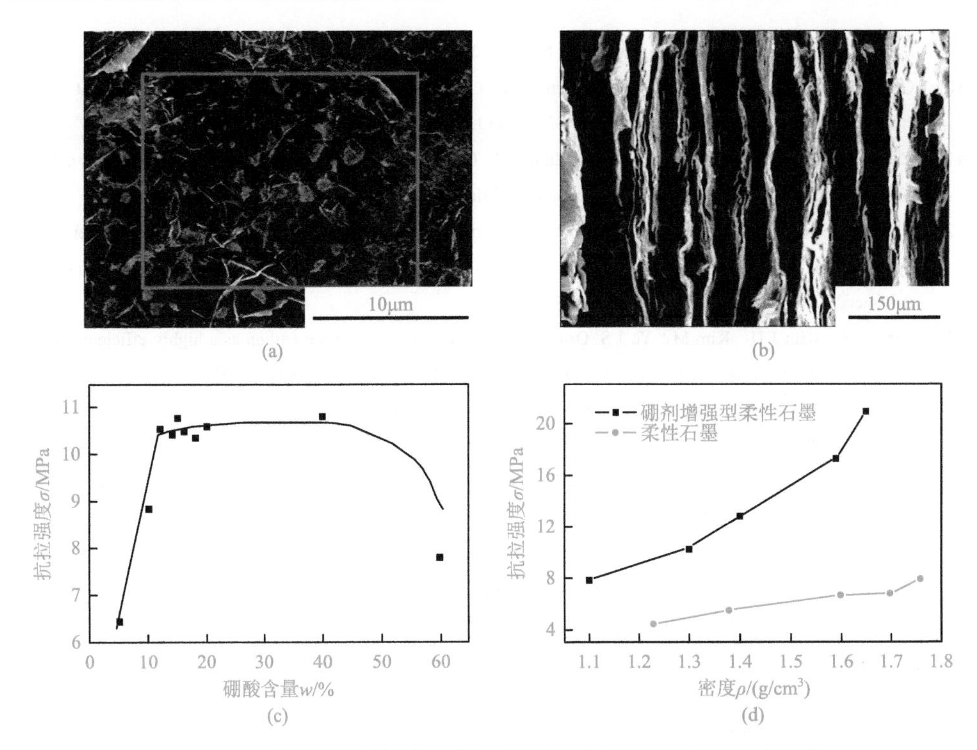

图 3.28 硼剂增强型柔性石墨双极板的微观结构及力学性能[111]

（a）SEM 图；（b）拉伸断口的形貌图；（c）抗拉强度随硼酸含量的变化；（d）抗拉强度随压实密度的变化

参考文献

[1] Winter M，Brodd R J. What are batteries，fuel cells，and supercapacitors?[J]. Chemical Reviews，2004，104（10）：4245-4269.

[2] Paulus U A. Electrocatalysis for polymer electrolyte fuel cells：Metal alloys and model systems[D]. Germany：Universität Ulm，2002.

[3] 李文震. 直接甲醇燃料电池阴极碳载铂基催化剂的研究[D]. 大连：中国科学院大连化学物理研究所，2003.

[4] 衣宝廉. 燃料电池——原理・技术・应用[M]. 北京：化学工业出版社，2003.

[5] Debe M K. Electrocatalyst approaches and challenges for automotive fuel cells[J]. Nature，2012，486（7401）：43-51.

[6] 李文震，梁长海，辛勤. 新型碳纳米材料在低温燃料电池催化剂中的应用[J]. 催化学报，2004，25（10）：839-843.

[7] Liu H S，Song C J，Zhang L，Zhang J J，Wang H J，Wilkinson D P. A review of anode catalysis in the direct methanol fuel cell[J]. Journal of Power Sources，2006，155（2）：95-110.

[8] Song J M，Suzuki S，Uchida H，Watanabe M. Preparation of high catalyst utilization electrodes for polymer electrolyte fuel cells[J]. Langmuir，2006，22（14）：6422-6428.

[9] Joo S H，Choi J，Oh I，Kwak J，Liu Z，Terasaki O，Ryoo R. Ordered nanoporous arrays of carbon supporting

high dispersions of platinum nanoparticles[J]. Nature，2001，412（6843）：169-172.

[10] Che G L，Lakshmi B B，Fisher E R，Martin C R. Carbon nanotubule membranes for electrochemical energy storage and production[J]. Nature，1998，393（6683）：346-349.

[11] Chai G S，Yoon S B，Yu J S，Choi J H，Sung Y E. Ordered porous carbons with tunable pore sizes as catalyst supports in direct methanol fuel cell[J]. Journal of Physical Chemistry B，2004，108（22）：7074-7079.

[12] Chai G S，Shin I S，Yu J S. Synthesis of ordered，uniform，macroporous carbons with mesoporous walls templated by aggregates of polystyrene spheres and silica particles for use as catalyst supports in direct methanol fuel cells[J]. Advanced Materials，2004，16（22）：2057-2061.

[13] Fang B Z，Kim J H，Kim M，Yu J S. Ordered hierarchical nanostructured carbon as a highly efficient cathode catalyst support in proton exchange membrane fuel cell[J]. Chemistry of Materials，2009，21（5）：789-796.

[14] Rolison D R. Catalytic nanoarchitectures—the importance of nothing and the unimportance of periodicity[J]. Science，2004，299（5613）：1698-1701.

[15] Antonietti M，Ozin G A. Promises and problems of mesoscale materials chemistry or why meso?[J]. Chemistry：A European Journal，2004，10（1）：28-41.

[16] Wu D C，Fu R W，Dresselhaus M S，Gan L. Fabrication and nano-structure control of carbon aerogel via a microemulsion-templated sol-gel polymerization method[J]. Carbon，2006，44（4）：675-681.

[17] Du H D，Gan L，Li B H，Wu P，Qiu Y L，Kang F Y，Fu R W，Zeng Y Q. Influences of mesopore size on oxygen reduction reaction catalysis of Pt carbon aerogels[J]. Journal of Physical Chemistry C，2007，111（5）：2040-2043.

[18] Li W Z，Liang C H，Zhou W J，Qiu J S，Zhou Z H，Sun G Q，Xin Q. Preparation and characterization of multiwalled carbon nanotube-supported platinum for cathode catalysts of direct methanol fuel cells[J]. Journal of Physical Chemistry B，2003，107（99）：6292-6299.

[19] Chai G S，Yoon S B，Yu J S. Highly efficient anode electrode materials for direct methanol fuel cell prepared with ordered and disordered arrays of carbon nanofibers[J]. Carbon，2005，43（14）：3028-3031.

[20] Li W Z，Liang C H，Qiu J S，Zhou W J，Han H M，Wei Z B，Sun G Q，Xin Q. Carbon nanotubes as support for cathode catalyst of a direct methanol fuel cell[J]. Carbon，2002，40（5）：791-794.

[21] Wang C，Waje M，Wang X，Tang J M，Haddon R C，Yan Y S. Proton exchange membrane fuel cells with carbon nanotube based electrodes[J]. Nano Letters，2004，4（2）：345-348.

[22] Waje M M，Wang X，Li W Z，Yan Y S. Deposition of platinum nanoparticles on organic functionalized carbon nanotubes grown *in situ* on carbon paper for fuel cells[J]. Nanotechnology，2005，16（7）：S395-S400.

[23] Tsai M C，Yeh T K，Chen C Y，Tsai C H. A catalytic gas diffusion layer for improving the efficiency of a direct methanol fuel cell[J]. Electrochemistry Communications，2007，9（9）：2299-2303.

[24] Tsai M C，Yeh T K，Juang Z Y，Tsai C H. Physcial and electrochemical characterization of platinum and platinum-ruthenium treated carbon nanotubes directly grown on carbon cloth[J]. Carbon，2007，45（2）：383-389.

[25] Li W Z，Wang X，Chen Z W，Waje M，Yan Y S. Pt-Ru supported on double-walled carbon nanotubes as high-performance anode catalysts for direct methanol fuel cells[J]. Journal of Physical Chemistry B，2006，110（31）：15353-15358.

[26] Girishkumar G，Vinodgopal K，Kamat P V. Carbon nanostructures in portable fuel cells：Single-walled carbon nanotube electrodes for methanol oxidation and oxygen reduction[J]. Journal of Physical Chemistry B，2004，108（52）：19960-19966.

[27] Kongkanand A，Kuwabata S，Girishkumar G，Kamat P. Single-wall carbon nanotubes supported platinum nanoparticles with improved electrocatalytic activity for oxygen reduction reaction[J]. Langmuir，2006，22（5）：

2392-2396.

[28] Wu G，Chen Y S，Xu B Q. Remarkable support effect of SWNTs in Pt catalyst for methanol electrooxidation[J]. Electrochemistry Communications，2005，7（12）：1237-1243.

[29] Wu G, Xu B Q. Carbon nanotube supported Pt electrodes for methanol oxidation: A comparison between multi-and single-walled carbon nanotubes[J]. Journal of Power Sources，2007，174（1）：148-158.

[30] Girishkumar G，Hall T D，Vinodgopal K，Kamat P. Single wall carbon nanotube supports for portable direct methanol fuel cells[J]. Journal of Physical Chemistry B，2006，110（1）：107-114.

[31] Gan L，Lv R T，Du H D，Li B H，Kang F Y. Highly dispersed Pt nanoparticles by pentagon defects introduced in bamboo-shaped carbon nanotube support and their enhanced catalytic activity on methanol oxidation[J]. Carbon，2009，47（7）：1833-1840.

[32] Gan L，Lv R T，Du H D，Li B H，Kang F Y. High loading of Pt-Ru nanocatalysts by pentagon defects introduced in a bamboo-shaped carbon nanotube support for high performance anode of direct methanol fuel cells[J]. Electrochemistry Communications，2009，11（2）：355-358.

[33] 干林. 纳米结构碳为载体的直接甲醇燃料电池催化剂[D]. 北京：清华大学，2009.

[34] Tsuji M，Kubokawa M，Yano R，Miyamae N，Tsuji T，Jun M S，Hong S，Lim S，Yoon S H，Mochida I. Fast preparation of PtRu catalysts supported on carbon nanofibers by the microwave-polyol method and their application to fuel cells[J]. Langmuir，2007，23（2）：387-390.

[35] Yoon S H，Lim S，Hong S H，Qiao W M，Whitehurst D D，Mochida I，An B，Yokogawa K. A conceptual model for the structure of catalytically grown carbon nano-fibers[J]. Carbon，2005，43（9）：1828-1838.

[36] Bessel C A，Laubernds K，Rodriguez N M，Baker R T K. Graphite nanofibers as an electrode for fuel cell applications[J]. Journal of Physical Chemistry B，2001，105（6）：1115-1118.

[37] Park I S，Park K W，Choi J H，Park C R，Sung Y E. Electrocatalytic enhancement of methanol oxidation by graphite nanofibers with a high loading of PtRu alloy nanoparticles[J]. Carbon，2007，45（1）：28-33.

[38] Steigerwalt E S，Deluga G A，Cliffel D E，Lukehart C M. A Pt-Ru/graphitic carbon nanofiber nanocomposite exhibiting high relative performance as a direct-methanol fuel cell anode catalyst[J]. Journal of Physical Chemistry B，2001，105（34）：8097-8101.

[39] Steigerwalt E S，Deluga G A，Lukehart C M. Pt-Ru/carbon fiber nanocomposites：Synthesis，characterization，and performance as anode catalysts of direct methanol fuel cells. A search for exceptional performance[J]. Journal of Physical Chemistry B，2002，106（4）：760-766.

[40] Guo J S，Sun G Q，Wang Q，Wang G X，Zhou Z H，Tang S H，Jiang L H，Zhou B，Xin Q. Carbon nanofibers supported Pt-Ru electrocatalysts for direct methanol fuel cells[J]. Carbon，2006，44（1）：152-157.

[41] Yuan F L，Yu H K，Ryu H J. Preparation and characterization of carbon nanofibers as catalyst support material for PEMFC[J]. Electrochimica Acta，2004，50（2-3）：685-691.

[42] Hacker V，Wallnofer E，Baumgartner W，Schaffer T，Besenhard J O，Schrottner H，Schmied M. Carbon nanofiber-based active layers for fuel cell cathodes-preparation and characterization[J]. Electrochemistry Communications，2005，7（4）：377-382.

[43] Ismagilov Z R，Kerzhentsev M A，Shikina N V，Lisitsyn A S，Okhlopkova L B，Barnakov C N，Sakashita M，Iijima T，Tadokoro K. Development of active catalysts for low Pt loading cathodes of PEMFC by surface tailoring of nanocarbon materials[J]. Catalysis Today，2005，102：58-66.

[44] Endo M，Kim Y A，Hayashi T，Yanagisawaa T，Muramatsua H，Ezakaa M，Terrones H，Terrones M，Dresselhaus M S. Microstructural changes induced in “stacked cup” carbon nanofibers by heat treatment[J]. Carbon，2003，

41（10）：1941-1947.

[45] Rotkin S V，Gogotsi Y. Analysis of non-planar graphitic structures：From arched edge planes of graphite crystals to nanotubes[J]. Materlals Research Innovations，2002，5（5）：191-200.

[46] Moriguchi K，Munetoh S，Abe M，Yonemura M，Kamei K，Shintani A，Maehara Y，Omaru A，Nagamine M. Nano-tube-like surface structure in graphite particles and its formation mechanism：A role in anodes of lithium-ion secondary batteries[J]. Journal of Applied Physics，2000，88（11）：6369-6377.

[47] Moriguchi K，Itoh Y，Munetoh S，Kamei K，Abe M，Omaru A，Nagamine M. Nano-tube-like surface structure in graphite anodes for lithium-ion secondary batteries[J]. Physica B：Condensed Matter，2002，323（1-4）：127-129.

[48] Gan L，Du H D，Li B H，Kang F Y. Enhanced oxygen reduction performance of Pt catalysts by nano-loops formed on the surface of carbon nanofiber support[J]. Carbon，2008，46（15）：2140-2143.

[49] Gan L，Du H D，Li B H，Kang F Y. Surface-reconstructed graphite nanofibers as a support for cathode catalysts of fuel cellsw[J]. Chemical Communications，2011，47（13）：3900-3992.

[50] Yuge R，Ichihashi T，Shimakawa Y，Kubo Y，Yudasaka M，Iijima S. Preferential deposition of Pt nanoparticles inside singlke-walled carbon nanohorns[J]. Advanced Materials，2004，16（16）：1420-1423.

[51] Hyeon T，Han S，Sung Y E，Park K W，KimY W. High-performance direct methanol fuel cell electrodes using solid-phase-synthesized carbon nanocoils[J]. Angewandte Chemie-International Edition，2003，42（36）：4352-4356.

[52] Guo S，Wen D，Zhai Y，Dong S，Wang E. Platinum nanoparticle ensemble-on-graphene hybrid nanosheet：One-pot，rapid synthesis，and used as new electrode material for electrochemical sensing[J]. ACS Nano，2010，4（7）：3959-3968.

[53] Guo S，Sun S. FePt nanoparticles assembled on graphene as enhanced catalyst for oxygen reduction reaction[J]. Journal of the American Chemical Society，2012，134（5）：2492-2495.

[54] Kou R，Shao Y Y，Mei D H，Nie Z M，Wang D H，Wang C M，Viswanathan V V，Park S，Aksay I A，Lin Y H，Wang Y，Liu J. Stabilization of electrocatalytic metal nanoparticles at metal-metal oxide-graphene triple junction points[J]. Journal of the American Chemical Society，2011，133（8）：2541-2547.

[55] Lv R T，Cui T X，Jun M S，Zhang Q，Cao A Y，Su D S，Zhang Z J，Yoon S H，Miyawaki J，Mochida I，Kang F Y. Open-ended，N-doped carbon nanotube-graphene hybrid nanostructures as high-performance catalyst support[J]. Advanced Functional Materials，2011，21（5）：999-1006.

[56] Wu M，Dou Z，Chang J，Cui L. Nitrogen and sulfur co-doped graphene aerogels as an efficient metal-free catalyst for oxygen reduction reaction in an alkaline solution[J]. RSC Advances，2016，6（27）：22781-22790.

[57] Zhang C，An B，Yang L，Wu B，Shi W，Wang Y C，Long L S，Wang C，Lin W. Sulfur-doping achieves efficient oxygen reduction in pyrolyzed zeolitic imidazolate frameworks[J]. Journal of Materials Chemistry A，2016，4（12）：4457-4463.

[58] Zheng Y，Jiao Y，Ge L，Jaroniec M，Qiao S Z. Two-step boron and nitrogen doping in graphene for enhanced synergistic catalysis[J]. Angewandte Chemie-International Edition，2013，52（11）：3192-3198.

[59] Dai L，Xue Y，Qu L，Choi H J，Baek J B. Metal-free catalysts for oxygen reduction reaction[J]. Chemical Reviews，2015，115（11）：4823-4892.

[60] Gong K，Du F，Xia Z，Durstock M，Dai L. Nitrogen-doped carbon nanotube arrays with high electrocatalytic activity for oxygen reduction[J]. Science，2009，323（5915）：760-764.

[61] Zhang W，Shaikh A U，Tsui E Y，Swager T M. Cobalt porphyrin functionalized carbon nanotubes for oxygen reduction[J]. Chemistry of Materials，2009，21（14）：3234-3241.

[62] Vij V，Tiwari J N，Lee W G，Yoon T，Kim K S. Hemoglobin-carbon nanotube derived noble-metal-free Fe_5C_2-based catalyst for highly efficient oxygen reduction reaction[J]. Scientific Reports，2016，6：20132.

[63] Hijazi I，Bourgeteau T，Cornut R，Morozan A，Filoramo A，Leroy J，Derycke V，Jousselme B，Campidelli S. Carbon nanotube-templated synthesis of covalent porphyrin network for oxygen reduction reaction[J]. Journal of the American Chemical Society，2014，136（17）：6348-6354.

[64] Chung H T，Won J H，Zelenay P. Active and stable carbon nanotube/nanoparticle composite electrocatalyst for oxygen reduction[J]. Nature Communications，2013，4：1922.

[65] 樊荣，薛建军，赵媛，赵清清，陈志雄. 铁掺杂聚苯胺/功能化石墨烯制备高效 Fe-N-C 型氧还原催化剂研究[J]. 化工新型材料，2018，46（9）：157-160.

[66] Wang H L，Liang Y Y，Li Y G，Dai H J. $Co_{(1-x)}$-S-graphene hybrid：A high-performance metal chalcogenide electrocatalyst for oxygen reduction[J]. Angewandte Chemie-International Edition，2011，50（46）：10969-10972.

[67] Vante N A，Tributsch H. Energy conversion catalysis using semiconducting transition metal cluster compounds[J]. Nature，1986，323（6087）：431-432.

[68] Ota K I，Ohgi Y，Nam K D，Matsuzawa K，Mitsushima S，Ishihara A. Development of group 4 and 5 metal oxide-based cathodes for polymer electrolyte fuel cell[J]. Journal of Power Sources，2011，196（12）：5256-5263.

[69] Ishihara A，Ohgi Y，Matsuzawa K，Mitsushima S，Ota K I. Progress in non-precious metal oxide-based cathode for polymer electrolyte fuel cells[J]. Electrochimica Acta，2010，55（27）：8005-8012.

[70] Kim J H，Ishihara A，Mitsushima S，Kamiya N，Ota K I. Catalytic activity of titanium oxide for oxygen reduction reaction as a non-platinum catalyst for PEFC[J]. Electrochimica Acta，2007，52（7）：2492-2497.

[71] Sun T，Wu Q，Che R，Bu Y，Jiang Y，Li Y，Yang L，Wang X，Hu Z. Alloyed Co-Mo nitride as high-performance electrocatalyst for oxygen reduction in acidic medium[J]. ACS Catalysis，2015，5（3）：1857-1862.

[72] Jing S，Luo L，Yin S，Huang F，Jia Y，Wei Y，Sun Z，Zhao Y. Tungsten nitride decorated carbon nanotubes hybrid as efficient catalyst supports for oxygen reduction reaction[J]. Applied Catalysis B：Environmental，2014，147：897-903.

[73] Youn D H，Bae G，Han S，Kim J Y，Jang J W，Park H，Choi S H，Lee J S. A highly efficient transition metal nitride-based electrocatalyst for oxygen reduction reaction：Tin on a CNT-graphene hybrid support[J]. Journal of Materials Chemistry A，2013，1（27）：8007-8015.

[74] Isogai S，Ohnishi R，Katayama M，Kubota J，Kim D Y，Noda S，Cha D，Takanabe K，Domen K. Composite of TiN nanoparticles and few-walled carbon nanotubes and its application to the electrocatalytic oxygen reduction reaction[J]. Chemistry：An Asian Journal，2012，7（2）：286-289.

[75] Chisaka M，Ishihara A，Uehara N，Matsumoto M，Imai H，Ota K. Nano-TaO_xN_y particles synthesized from oxy-tantalum phthalocyanine：How to prepare precursors to enhance the oxygen reduction reaction activity after ammonia pyrolysis?[J]. Journal of Materials Chemistry A，2015，3（32）：16414-16418.

[76] Chisaka M，Muramoto H. Reduced graphene-oxide-supported titanium oxynitride as oxygen reduction reaction catalyst in acid media[J] . ChemElectroChem，2014，1（3）：544-548.

[77] Dam D T，Nam K D，Song H，Wang X，Lee J M. Partially oxidized titanium carbonitride as a non-noble catalyst for oxygen reduction reactions[J]. International Journal of Hydrogen Energy，2012，37（20）：15135-15139.

[78] Nam K D，Ishihara A，Matsuzawa K，Mitsushima S，Ota K I，Matsumoto M，Imai H. Partially oxidized niobium carbonitride as a non-platinum catalyst for the reduction of oxygen in acidic medium[J]. Electrochimica Acta，2010，55（24）：7290-7297.

[79] Yang R，Stevens K，Dahn J R. Investigation of activity of sputtered transition-metal(TM)-C-N（TM=V，Cr，

Mn，Co，Ni）catalysts for oxygen reduction reaction[J]. Journal of the Electrochemical Society，2008，155（1）：B79-B91.

[80] Yang R，Bonakdarpour A，Bradley Easton E，Stoffyn-Egli P，Dahn J R. Co-C-N oxygen reduction catalysts prepared by combinatorial magnetron sputter deposition[J]. Journal of the Electrochemical Society，2007，154(4)：A275-A282.

[81] Chen Z，Higgins D，Yu A，Zhang L，Zhang J. A review on non-precious metal electrocatalysts for PEM fuel cells[J]. Energy & Environmental Science，2011，4（9）：3167-3192.

[82] Lin Z，Waller G，Liu Y，Liu M，Wong C P. Facile synthesis of nitrogen-doped graphene via pyrolysis of graphene oxide and urea，and its electrocatalytic activity toward the oxygen-reduction reaction[J]. Advanced Energy Materials，2012，2（7）：884-888.

[83] Lin Z，Song M K，Ding Y，Liu Y，Liu M，Wong C P. Facile preparation of nitrogen-doped graphene as a metal-free catalyst for oxygenr reduction reaction[J]. Physical Chemistry Chemical Physics，2012，14（10）：3381-3387.

[84] Liu Z W，Peng F，Wang H J，Yu H，Zheng W X，Yang J. Phosphorus-doped graphite layers with high electrocatalytic activity for the O_2 reduction in an alkaline medium[J]. Angewandte Chemie-International Edition，2011，50（14）：3257-3261.

[85] Yang Z，Yao Z，Li G F，Fang G Y，Nie H G，Liu Z，Zhou X M，Chen X，Huang S M. Sulfur-doped graphene as an efficient metal-free cathode catalyst for oxygen reduction[J]. ACS Nano，2012，6（1）：205-211.

[86] Zhu C，Dong S. Recent progress in graphene-based nanomaterials as advanced electrocatalysts towards oxygen reduction reaction[J]. Nanoscale，2013，5（5）：1753-1767.

[87] Masa J，Xia W，Muhler M，Schuhmann W. On the role of metals in nitrogen-doped carbon electrocatalysts for oxygen reduction[J]. Angewandte Chemie-International Edition，2015，54（35）：10102-10120.

[88] Zhao Y，Yang L，Chen S，Wang X，Ma Y，Wu Q，Jiang Y，Qian W，Hu Z. Can boron and nitrogen co-doping improve oxygen reduction reaction activity of carbon nanotubes?[J]. Journal of the American Chemical Society，2013，135（4）：1201-1204.

[89] Guo D，Shibuya R，Akiba C，Saji S，Kondo T，Nakamura J. Active sites of nitrogen-doped carbon materials for oxygen reduction reaction clarified using model catalysts[J]. Science，2016，351（6271）：361-365.

[90] Jasinski R. A new fuel cell cathode catalyst[J]. Nature，1964，201（4295）：1212-1213.

[91] Lefevre M，Proietti E，Jaouen F，Dodelet J P. Iron-based catalysts with improved oxygen reduction activity in polymer electrolyte fuel cells[J]. Science，2009，324（5923）：71-74.

[92] Bashyam R，Zelenay P. A class of non-precious metal composite catalysts for fuel cells[J]. Nature，2006，443（7107）：63-66.

[93] Wu G，More K L，Johnston C M，Zelenay P. High-performance electrocatalysts for oxygen reduction derived from polyaniline，iron，and cobalt[J]. Science，2011，332（6028）：443-447.

[94] Wang Y C，Lai Y J，Song L，Zhou Z Y，Liu J G，Wang Q，Yang X D，Chen C，Shi W，Zheng Y P，Rauf M，Sun S G. S-doping of an Fe/N/C ORR catalyst for polymer electrolyte membrane fuel cells with high power density[J]. Angewandte Chemie-International Edition，2015，54（34）：9907-9910.

[95] Deng D H，Yu L，Chen X Q，Wang G X，Jin L，Pan X L，Deng J，Sun G Q，Bao X H. Iron encapsulated within pod-like carbon nanotubes for oxygen reduction reaction[J]. Angewandte Chemie-International Edition，2013，52（1）：371-375.

[96] Li Y，Zhou W，Wang H，Xie L，Liang Y，Wei F，Idrobo J C，Pennycook S J，Dai H. An oxygen reduction electrocatalyst based on carbon nanotube-graphene complexes[J]. Nature Nanotechnology，2012，7（6）：394-400.

[97] Chung H T，Cullen D A，Higgins D，Sneed B T，Holby E F，More K L，Zelenay P. Direct atomic-level insight into the active sites of a high-performance PGM-free ORR catalyst[J]. Science，2017，357（6350）：479-484.

[98] Chen Y，Ji S，Wang Y，Dong J，Chen W，Li Z，Shen R，Zheng L，Zhuang Z，Wang D，Li Y. Isolated single iron atoms anchored on N-doped porous carbon as an efficient electrocatalyst for the oxygen reduction reaction[J]. Angewandte Chemie-International Edition，2017，56（24）：6937-6941.

[99] 邱祎翎，李宝华，杜鸿达，康飞宇. 直接甲醇燃料电池膜电极组件的阳极整平层[J]. 电池，2007，37（1）：22-24.

[100] 邱祎翎. 直接甲醇燃料电池膜电极组件制备技术研究[D]. 北京：清华大学，2005.

[101] 张华民，明平文，邢丹敏. 质子交换膜燃料电池的发展现状[J]. 当代化工，2001，30（1）：7-11.

[102] Mehta V，Cooper J S. Review and analysis of PEM fuel cell design and manufacturing[J]. Journal of Power Sources，2003，114（1）：32-53.

[103] 康飞宇. 柔性石墨的生产和发展[J]. 新型炭材料，1993，8（3）：15-17.

[104] 谢苏江，蔡仁良. 纤维增强柔性石墨——橡胶密封材料的制备及性能研究[J]. 新型炭材料，1997，12（4）：56-60.

[105] 康飞宇. 石墨层间化合物和膨胀石墨[J]. 新型炭材料，2000，15（4）：80.

[106] 武涛，郑永平，黄正宏，沈万慈，康飞宇. 柔性石墨双极板透气性的研究[J]. 材料科学与工程学报，2005，23（2）：196-199.

[107] 顾家琳，冷扬，高勇，康飞宇，沈万慈. 微观孔结构对柔性石墨力学性能的影响[J]. 新型炭材料，1999，14（4）：22-27.

[108] Gu J L，Leng Y，Gao Y，Liu H，Kang F Y，Shen W C. Fracture mechanism of flexible graphite sheets[J]. Carbon，2002，40（12）：2169-2176.

[109] 王丽娟，田军. 柔性石墨的结构、密封性能及应用研究[J]. 润滑与密封，2001，26（1）：63-65.

[110] 张红波，刘洪波，许章色. 添加剂——硼酸对柔性石墨材料性能的影响[J]. 非金属矿，1994（2）：34-35.

[111] 干林. 硼剂增强柔性石墨制备 PEMFC 双极板的研究[Z]. 清华大学综合论文训练，2004.

第4章

锂离子电池中的碳基材料

4.1 锂离子电池简介

4.1.1 锂离子电池概述

锂离子电池是继铅酸电池、镍镉电池、镍氢电池之后出现的可充放电电池。1980 年，Mizushima 等[1]首次发现了具有良好性能的锂离子电池正极材料钴酸锂($LiCoO_2$)，但是直到 1990 年索尼公司发现碳材料可以作为一种高安全性和稳定的负极材料，锂离子电池的商品化才被真正得到推动，目前已经广泛应用于电子信息产品、电动汽车等电动工具及储能电站等领域。

锂离子电池的工作原理和构成如图 4.1 所示，它主要包括正极、负极、电解质和隔膜四个部分[2]。以 $LiCoO_2$/石墨电池为例，充电过程中 Li^+从 $LiCoO_2$ 中脱

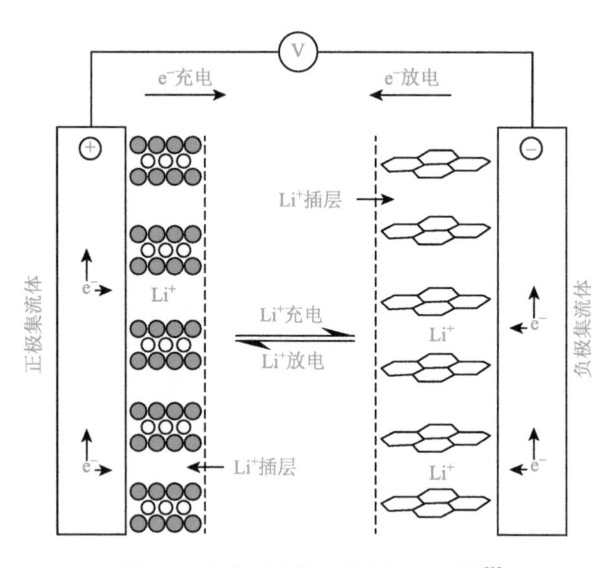

图 4.1 锂离子电池工作原理示意图[2]

出，形成 $Li_{1-x}CoO_2$，Li^+经过电解液后扩散到石墨负极表面，然后插入石墨层间，形成石墨插层化合物（Li_xC_6，其中 x 最大为 1）。放电过程中，Li^+从石墨层间脱出，经过电解液扩散到正极表面，嵌入 $Li_{1-x}CoO_2$ 的晶格中形成 $LiCoO_2$。上述过程的电极反应分别如下：

正极

$$LiCoO_2 \rightleftharpoons Li_{1-x}CoO_2 + xLi^+ + xe^-$$

负极

$$6C + xLi^+ + xe^- \rightleftharpoons Li_xC_6$$

电池总反应

$$LiCoO_2 + 6C \rightleftharpoons Li_{1-x}CoO_2 + Li_xC_6$$

4.1.2　锂离子电池电极材料研究进展

1. 正极材料

锂离子电池正极材料一般应具备以下几个特点：①具有较高的氧化还原电势（相对于 Li^+/Li），并具有稳定的充放电电压平台和高的比容量；②在脱嵌锂过程中具有良好的晶体结构稳定性；③与有机电解液的相容性好；④具有高的电子和离子电导率；⑤成本较低，对环境友好。

目前，商业化的正极材料主要包括层状的钴酸锂（$LiCoO_2$）、镍酸锂（$LiNiO_2$），尖晶石型的锰酸锂（$LiMn_2O_4$）、三元材料（$LiMn_xNi_yCo_{1-x-y}O_2$）及橄榄石型的 $LiFePO_4$ 等[3]。

2. 负极材料

与正极材料的多样性不同，目前商用化的锂离子电池负极材料仍是以碳材料为主，主要分为石墨类材料和非石墨类材料[4]。石墨类材料主要包括天然石墨、人造石墨和中间相炭微球（MCMB），具有电压平台稳定和无电压滞后等优点；非石墨类碳材料主要包括硬炭和软炭材料。硬炭是指将具有特殊结构的高分子在1000℃左右热分解得到的一种碳材料，这类材料在 2500℃以上也难以石墨化；软炭是指本身不具有石墨化结构，但是热处理温度达到石墨化温度后可以形成良好石墨化结构的一类碳材料。非石墨类碳材料电压平台不稳定，循环性能较石墨化碳材料差，但是具有较好的快速充放电能力[5]。近年来，碳纳米管、纳米碳纤维及石墨烯等纳米碳材料作为潜在的负极材料也引起了较多的关注[6-8]。虽然纳米材料相对传统负极材料表现出较高的储锂容量，但是由于其比表面积大、活性位点多，往往会造成较低的库仑效率和较差的循环稳定性。

除碳材料外，目前在广泛研究的高容量负极材料包括：合金类材料、金属氧化物、金属氮化物及金属硫化物等[9]。以硅（Si，理论比容量为4200mA·h/g）和锡（Sn，理论比容量为990mA·h/g）为代表的合金类材料是目前研究的热点之一，它们通过与锂形成合金（Li_xM）和去合金化的过程实现锂离子的嵌入和脱出。然而，这些非碳材料导电性较差，而且在合金化和去合金化过程中会伴随着巨大的体积变化，导致颗粒迅速粉化和电极结构破坏，造成循环中容量急剧下降。因此，这些材料往往需要与碳材料进行复合，利用碳建立导电网络，并构建缓冲空间解决其体积膨胀带来的粉化问题。

钛酸锂（$Li_4Ti_5O_{12}$）材料是目前一种已商业化的金属氧化物负极材料，具有"零张力"特征，放电平台为1.55V，充放电循环可达上万次，在动力电池领域获得了极大关注。然而，由于其导电性较差（10^{-13}S/cm），而且具有较高活性，与电解液反应易造成电池胀气，因此也需要加入碳材料提高导电性，并构建界面隔绝层避免与电解液反应的产气行为[10, 11]。

理想的锂离子电池负极材料需要具备以下特点[12]：①锂离子可以在材料中可逆地嵌入脱出，并具有较高的可逆容量和充放电平台；②具有良好的电子导电性和离子导电性；③嵌脱锂电势较低，电压滞后小；④比表面积小，不可逆容量小，首次库仑效率高；⑤结构稳定性好；⑥与电解液的相容性好，安全性高；⑦成本低，环境友好。

4.2 锂离子电池中的碳负极材料

4.2.1 石墨材料

石墨是由石墨烯片层以ABAB…方式或ABCABC…方式堆叠，形成的具有层状结构的材料（图4.2和图4.3）[13, 14]。石墨烯片层内碳原子以sp^2杂化的方式形成共价键，每一个碳原子与另外三个原子相连形成六边形结构，键长为0.142nm，石墨烯层与层之间则是以范德瓦耳斯力相连，层间距为 0.335nm。石墨的晶体结构参数主要包括L_a、L_c和d_{002}。其中，L_a为石墨晶体沿平面a、b轴方向的平均大小；L_c为c轴方向堆积的厚度；d_{002}为石墨烯片之间的距离。

石墨具有较高的电子导电性、高的结晶度、适合锂离子可逆嵌入/脱出的层状结构以及可与锂形成锂/石墨层间化合物Li_xC_6（图4.4）[15]，x最大值为1，对应的理论比容量为372mA·h/g，是一种性能优异的锂离子电池负极材料。石墨是目前锂离子电池中应用最多的负极材料，与$LiCoO_2$、$LiNiO_2$、$LiMn_2O_4$等正极材料匹配组成的电池输出电压较高。在实际应用中，可逆充放电比容量一般都可达到300mA·h/g 以上。石墨的嵌锂和脱锂反应主要发生在 0～0.25V 区间（相对于Li^+/Li），嵌锂后的层间距增大到0.37nm[16]。

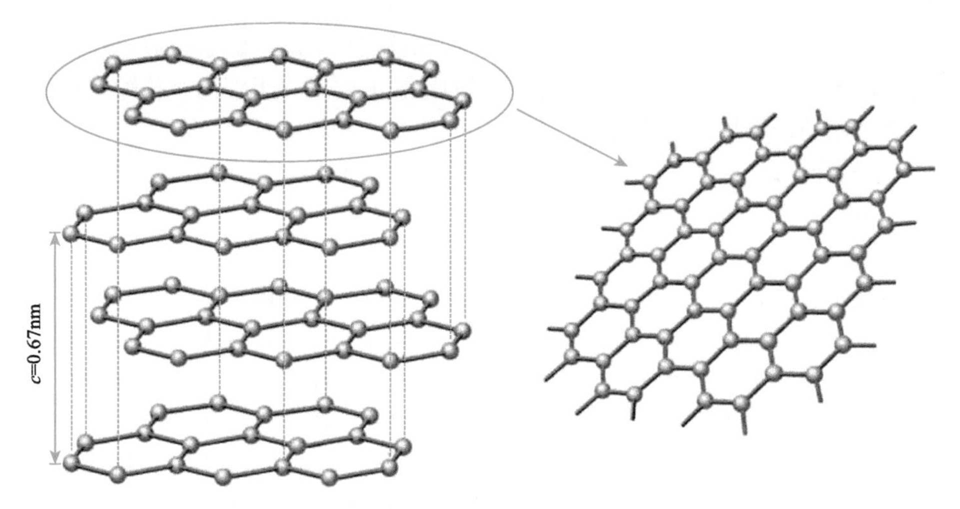

图 4.2　六元环碳层结构及其堆积构成的石墨结构示意图[13]

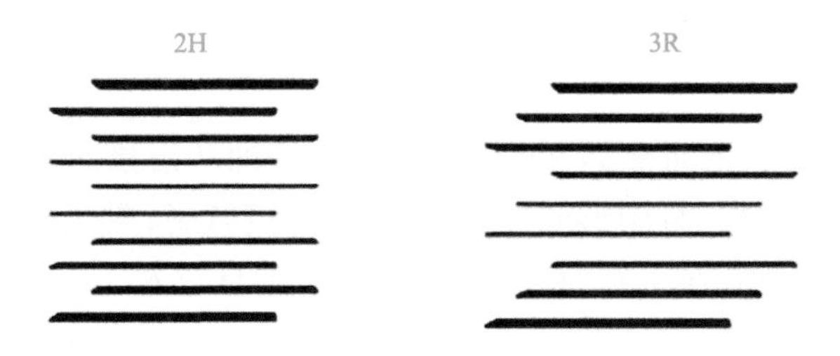

图 4.3　2H 和 3R 方式堆积的天然石墨[14]

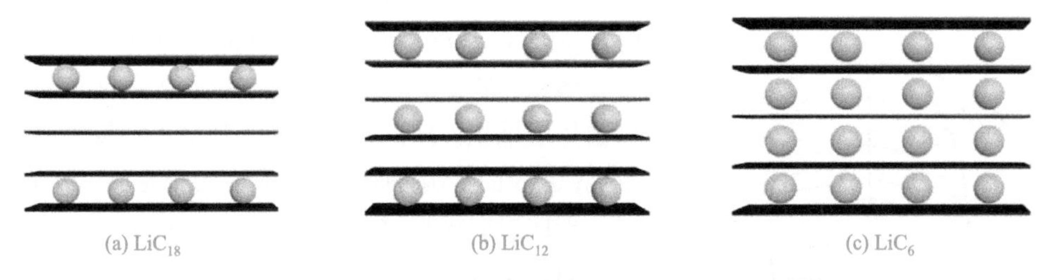

图 4.4　锂与石墨形成不同阶数插层化合物示意图[15]

在充放电过程中，石墨中的片层间距会随着充放电的过程不断增大、减小，而且锂与碳酸丙烯酯溶剂在石墨中会发生共嵌入现象，从而导致在循环过程中片层的剥离和脱离，循环稳定性下降。在石墨外包覆无定形碳制备具有“核壳”结构的复合材料可避免溶剂与石墨的直接接触，阻止溶剂分子的共嵌入引起的层状结构破坏剥离，提高石墨负极的循环稳定性，并改善其与溶剂的相容性。然而，无定形碳导致石墨的比表面积增加，同时引入了较多缺陷，使得首次充放电效率下降，因此包覆方法、包覆量及包覆后的后处理工艺都需根据实际情况进行优化[17]。除碳包覆外，也可以通过在石墨表面沉积金属或金属氧化物形成包覆层。此外，由于石墨片层间距较小，石墨片层的堆积方向垂直于锂离子传输方向，因此石墨负极的倍率性能并不理想。

石墨表面存在一定的含氧官能团和吸附杂质，不利于形成稳定的固体电解质界面（solid electrolyte interface，SEI）膜，导致容量不可逆损失的增大。通过表面改性技术可以提高天然石墨作为负极材料的稳定性、可逆容量和循环性能，代表性的改性方法之一就是氧化法，主要包括气相氧化法和液相氧化法两种。气相氧化法主要采用空气、氧气、臭氧等气体作为氧化剂，也可以采用水或二氧化碳等在高温下对石墨进行氧化[18]。由于气相氧化只能发生在气固界面，很难保证材料的均匀性，不利于大规模工业化生产。液相氧化法不存在上述缺点，因而更容易在实际生产中应用。液相氧化法一般采用硫酸、硝酸、过氧化氢等强氧化剂溶液作为氧化剂，通过液相反应来完成氧化处理的过程。经氧化后天然石墨的稳定性、可逆容量和循环性能都得到了提高[19]。

4.2.2 中间相炭微球

中间相炭微球是指沥青类有机物（如石油渣油和煤焦油沥青等）在 350～550℃惰性气氛热处理过程中形成分子量大、平面度较高、热力学稳定的缩合稠环芳烃，在表面张力的作用下定向排列自组装生成的直径为 5～100μm 的光学各向异性球状聚集体，如图 4.5 所示。再通过适当的方法，将上述过程中得到的球状体从母液中提取出来，即可得到中间相炭微球[20]。

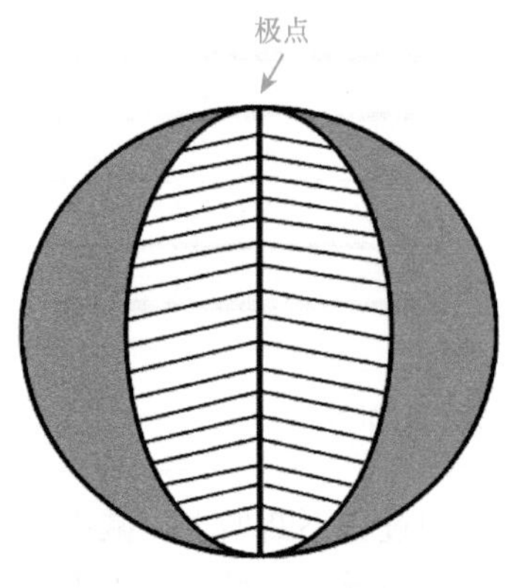

图 4.5 中间相炭微球的“地球仪”结构[21]

中间相炭微球具有球形结构，在用作负极材料时比天然石墨及其他片状材料拥有更高的堆积密度和体积比容量。其主要优点包括：①中间相炭微球由片层堆积而成的结构稳定，几乎不会发生结构变化；②表面光滑，有利于形成均匀稳定的 SEI 膜，而且外比表面积相对较小，首次充放电循环中的电极表面副反应较少，提高了首次循环效率。但是其充放电容量较低，大电流下的倍率性能不理想。

中间相炭微球尺寸大小对储锂性能有明显影响，尺寸越小的中间相炭微球，储锂性能越好，其比容量、循环稳定性及倍率性能都有所提升[22]。通过氧化改性可在中间相炭微球表面形成孔洞和通道，有利于离子扩散，也有利于电解液的浸润，亦可提供额外储锂位，提高比容量；经过氧化后，一些原本会与电解液发生反应的活性位置被含氧基团占据，有利于形成厚度均匀、稳定性更好的 SEI 膜。通过热处理可以在一定程度上改变其微观结构，从而提高其储锂容量[23]。

4.2.3　硬炭材料

硬炭是一种无定形碳材料，由石墨微晶乱层堆叠形成，含有丰富的孔隙结构，嵌锂活性位点多，容量远大于石墨材料。硬炭材料不仅由于具有良好的倍率性能而受到广泛的关注，还由于硬炭材料与碳酸丙酯（PC）类电解液有较好的相容性，将硬炭包覆在石墨材料的表面获得具有核壳结构的碳材料完全可以适用于 PC 系电解液，使其同时具备石墨与硬炭的优点。但是，由于硬炭材料一般从高分子聚合物热解形成，表面含有残余杂原子基团，热解过程中产生的气体也会在材料内部造成较为丰富的孔隙，这些因素都会导致硬炭具有较大的不可逆容量。硬炭材料的另一个不足之处是在充放电过程中存有电压滞后现象。

图 4.6 为软炭、硬炭和石墨的结构示意图，从图中可以看到这三种材料的石墨化程度硬炭最差，石墨最高[24]。

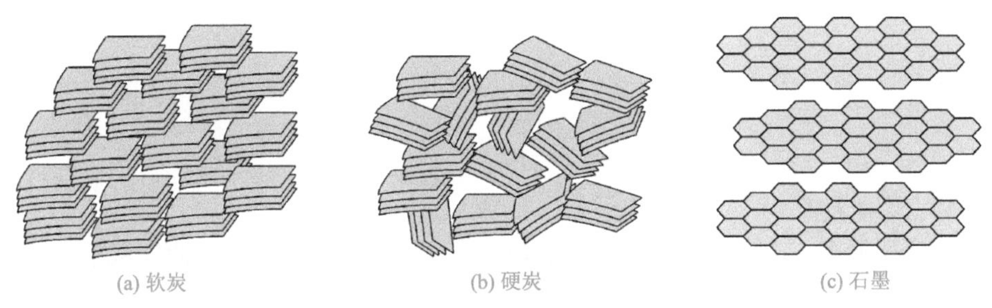

(a) 软炭　(b) 硬炭　(c) 石墨

图 4.6　三种典型碳材料的结构示意[24]

硬炭的结构决定了它是一种难石墨化碳材料，在 2500℃以上的高温也难以石墨化。硬炭按照前驱体划分，主要包括树脂（如酚醛树脂、环氧树脂、聚糠醇等）炭、有机聚合物［如聚乙烯醇（PVA）、聚氯乙烯（PVC）、聚偏氟乙烯（PVDF）及聚丙烯腈（PAN）等］热解炭及炭黑（如乙炔黑）等。除了上述有机物前驱体外，许多生物质炭也属于硬炭范畴。例如，聚糠醇树脂炭[25]由日本索尼公司成功开发并应用于负极材料，最大比容量达 400mA·h/g；由酚醛树脂[26]在 800℃下热解获得炭的比容量可以达到 800mA·h/g 左右。各种碳负极材料电学性能的基本规律为[27]：放电容量，低温热解炭＞硬炭＞石墨＞软炭；首次充放电效率，石墨＞硬炭＞软炭＞低温热解炭；电势平稳性，石墨＞硬炭＞软炭＞低温热解炭。这里“低温热解炭”指在 500～1000℃范围内热解获得的硬炭材料。

硬炭材料具有非常复杂的充放电平台，主要包括类石墨的层间嵌入、石墨微晶边缘吸附及微孔和缺陷位的吸附（图 4.7）[28]。由于石墨微晶尺寸、密度、孔隙率、比表面积、杂原子含量等与热处理条件和前驱体等具有密切的联系，因此对硬炭的储锂机制研究存在较大的困难。例如，有机物前驱体会在硬炭中引入 O、N 和 S 等杂原子，其含量与热处理条件息息相关[29]，大部分 H 可以在 1000℃左右去除，O 和 N 在大约 1500℃下可去除，S 在 2000℃左右可去除，这些杂原子直接或间接地影响了硬炭材料的结构和表面化学，对储锂方式产生较大影响。

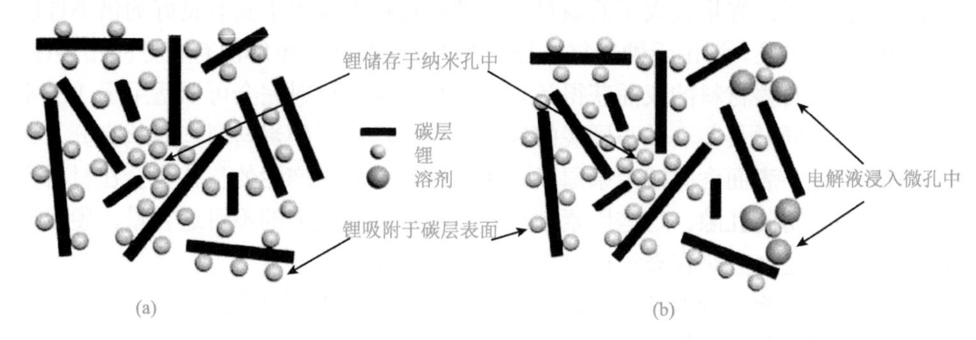

图 4.7 硬炭材料的储锂机制示意图[28]

（a）锂在硬炭中的储存机理（“卡片屋”机理）；（b）微孔中电解液的浸入

4.2.4 纳米碳

1. 一维纳米碳材料

1）碳纳米管

碳纳米管是一种典型的一维纳米碳材料，具有石墨烯片层卷曲而成的管状结构，拥有典型的中空结构特征；碳原子以 sp^2 杂化为主，每个碳原子和相邻的三个碳原子相连，形成六角形石墨烯网络结构；由于其中存在一定比例的 sp^3 杂化，以致网格产生了一定的弯曲[30]。按照石墨烯层数，可将碳纳米管分为：单壁碳纳米管和多壁碳纳米管。单壁碳纳米管的典型直径为 0.6～2nm[31]；多壁碳纳米管最内层管径可小至 0.4nm，最外层管径可粗达数百纳米，典型管径为 2～100nm[32]。目前常用的碳纳米管制备方法主要有：电弧放电法、激光烧蚀法、化学气相沉积法、固相热解法和聚合反应合成法等[32]。

碳纳米管较大的比表面积为锂离子提供了表面存储空间，而且锂离子也可以在其管内和层间存储，有利于提高其充放电容量。研究表明：碳纳米管的嵌锂比容量可以达到 1000mA·h/g 左右，但可逆比容量较低，循环性能较差[33]。由于碳纳米管具有较大的比表面，作为电极还存在明显的双电层电容效应；而且表现出非常大的不可逆比容量，达到 1200mA·h/g[34]。经过纯化处理的单壁碳纳米管，可逆比容量可以达到 460mA·h/g，相应的化学计量比为 $Li_{1.23}C_6$。碳纳米管的内部比外部更有利于锂离子的吸附[35]，即在由范德瓦耳斯力结合而成的碳纳米管束中，碳纳米管之间的空隙也为锂离子提供了吸附空间，能够进一步提高储存能量。

2）纳米碳纤维

纳米碳纤维也是一维碳材料，由纳米尺寸的石墨微晶在空间与纤维的轴向成不同角度堆积而成，直径一般在 50～200nm[36]。纳米碳纤维的制备方法主要包括基体表面生长法、喷淋法、气相流动催化法、等离子体增强化学气相沉积（plasma enhanced chemical vapor deposition，PECVD）法和静电纺丝法[37, 38]。决定纳米碳纤维结构的基本参数包括石墨微晶空间堆积方式、石墨微晶层间距和直径，也同样决定了其电化学性能。纳米碳纤维常见的三种结构为板式、鱼骨式和管式，如图 4.8 所示。这三种结构的区别在于纤维表面暴露的碳原子数量不同，板式结构暴露的是端面碳原子，而管式结构暴露的主要为基面碳原子，鱼骨式结构居于二者之间[39]。

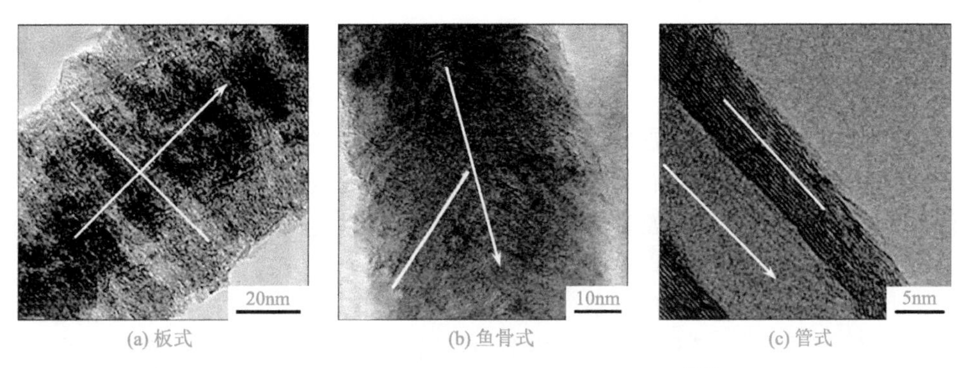

(a) 板式　　(b) 鱼骨式　　(c) 管式

图 4.8　不同结构纳米碳纤维的 HRTEM 图[39]

纳米碳纤维作为一种新型负极材料，由于其较大的长径比有利于锂离子的嵌入和脱出，因此具有较好的容量和倍率特性。一般而言，锂离子在轴向的扩散往往不超过 50nm，这保证了在大电流条件下的倍率性能。近年来，通过静电纺丝技术制备的纳米碳纤维在电化学储能领域受到了较多的关注，这主要是因为静电纺丝技术可实现纳米碳纤维的连续化制备，而且在制备过程中不使用含有金属离子的化合物，降低了制造成本。此外，静电纺丝技术还可较为容易地实现纳米碳纤维复合材料的制备[40]。例如，Zhang 等[41]通过静电纺丝技术制备了 PAN 纳米碳纤维，并系统研究了炭化温度对纳米碳纤维化学结构及嵌锂容量的影响。优化热处理条件后，所制纳米碳纤维的首次可逆比容量在 0.1A/g 电流密度下达到 555mA·h/g；Chen 等[42]采用静电纺丝技术制备了中空纳米碳纤维/碳纳米管杂化材料，如图 4.9 所示。该材料在 0.1A/g 电流密度下的首次可逆比容量达到 1530mA·h/g，70 个循环后仍能保持 1150mA·h/g 的可逆比容量，在 8A/g 电流密度下仍然具有 320mA·h/g 的可逆比容量。

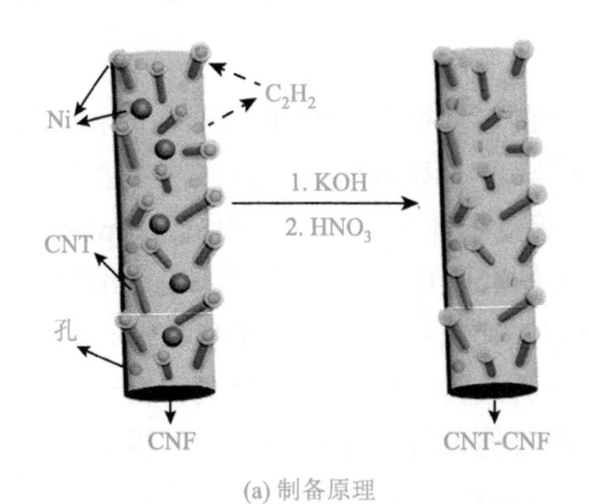

(a) 制备原理

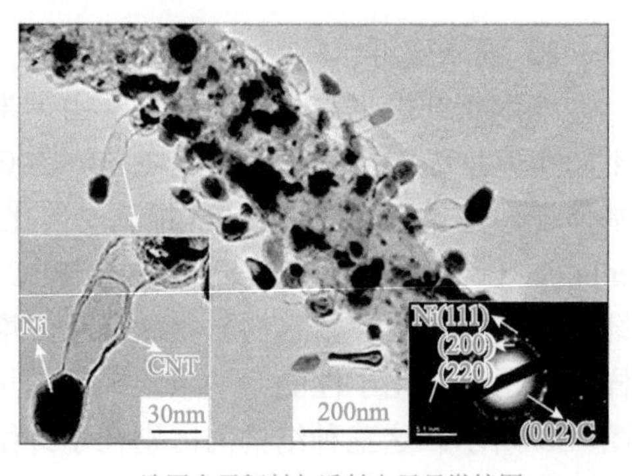

(b) 选区电子衍射与透射电子显微镜图

图 4.9 中空纳米碳纤维/碳纳米管杂化材料[42]

2. 二维纳米碳材料

1）石墨烯

石墨烯（graphene）是石墨的基本结构单元，由碳原子形成的六边形晶格组成。理想的单层石墨烯具有超大的比表面积（$2630m^2/g$），也是形成各种 sp^2 杂化碳材料的基本结构单元。富勒烯、碳纳米管和石墨都是由石墨烯构筑而成，具有规则孔结构的微孔炭也可以看作是大量石墨烯按照一定方式卷曲排列形成的。

由于石墨被剥离成石墨烯后，层状结构也不存在，将其直接作为负极活性物质使用时，它的开放表面可以吸附更多的锂离子[43-46]。锂离子在石墨烯表面吸附后会形成较强的离子性化学键，吸附时锂离子会优先占据较高化学势位点，随后在石墨烯表面扩散至低化学势位点[47]，因此这种吸附储锂方式不存在充放电电压平台。掺杂会使石墨烯表面的碳原子电子密度改变，可以比未掺杂的石墨烯吸附更多的锂离子，表现出更高的容量特性[48-50]。虽然石墨烯具有较大的比表面积，但是其无规则的团聚会大大降低有效活性表面，严重降低容量性能。此外，石墨烯因具有较高的电化学反应活性，可以与电解液中的溶剂反应产生较大的不可逆容量和较低的首次库仑效率，这也限制了其在锂离子电池中的应用。

2）石墨炔

石墨炔（graphdiyne）是由若干个炔键（C≡C）与苯环共轭连接形成的二维平面网络结构全碳分子，其中炔键 sp 与 sp^2 杂化态的成键方式使得它与苯环共轭形成了独特的分子构型“18C 原子的大三角形碳环”，如图 4.10（a）所示；与石墨烯相似，为保持构型的稳定，石墨炔单层二维平面构型在无限的平面扩展延伸中也会产生一定的褶皱[图 4.10（b）]；当石墨炔片层之间通过范德瓦耳斯力和 π-π 键相互作用形成层状结构时，其中“18C 原子的大三角形碳环”在层状结构中就会构成三维孔道结构［图 4.10（c）］，从而使得层状石墨炔既具有类似于石墨烯的单层平面二维材料的特点，又拥有三维多孔材料的特征。亦即，层状石墨炔不仅具有巨大的比表面积，还含有丰富的多孔的通道，可以容纳大量的离子或者小分子，如锂离子或氢气等，可以作为锂离子相关储能器件的电极材料，以及储氢材料[51]。

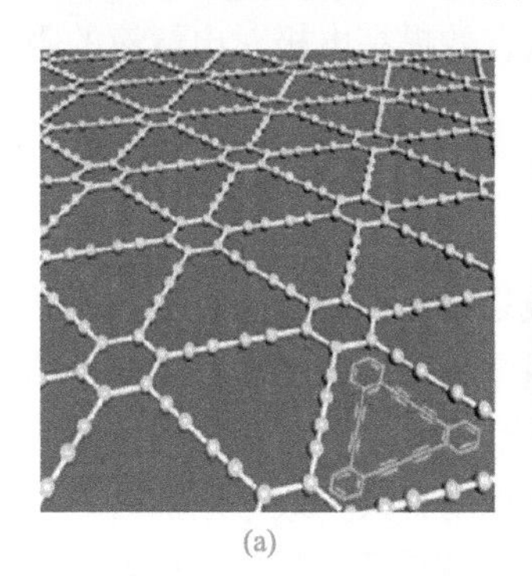
(a)

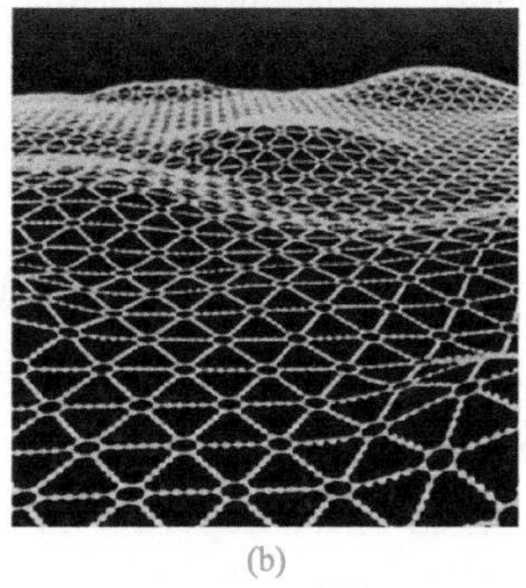
(b)

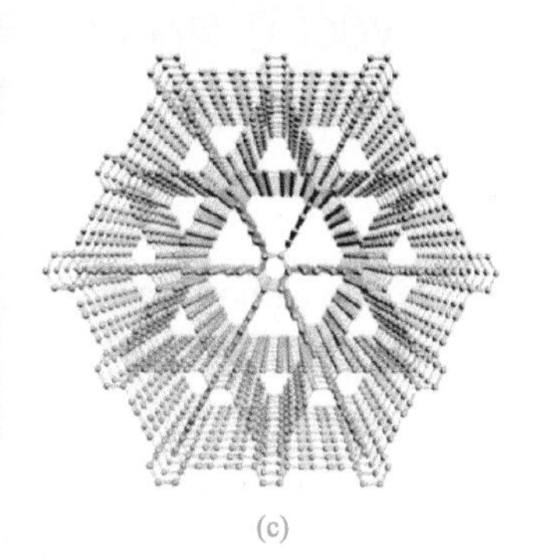
(c)

图 4.10　石墨炔分子的结构（a）及其单层二维平面（b）与多层三维孔道构型（c）[52]

Zhang 等[53]研究了锂在单层石墨炔上的吸附与扩散动力学过程，发现锂在石墨炔中的三种可能存储位点分别是接近苯环中心及 18C 大三角形孔隙的中心，可以形成 LiC_{18}、LiC_9 和 LiC_3。在这种多孔结构的石墨炔中，锂的扩散方向不局限于石墨炔层间的平面空间，也能通过 18C 大三角形孔隙穿梭，在垂直于石墨炔层的方向上快速扩散，实现层内和层间三维方向上的扩散运动。因此，石墨炔非常适合作为具有高倍率性能和高功率密度的锂离子电池负极材料。

Huang 等[54]以石墨炔为锂离子电池负极材料，制备出 2032 型扣式半电池，并进行了电化学性能测试，结果显示：①在电流密度 50mA/g 的条件下，循环 200 次后的可逆比容量为 552mA·h/g，非常接近石墨炔的理论比容量（744mA·h/g）；循环 10 次以后，库仑效率高于 98%；且第 10 次循环与第 200 循环的充放电曲线基本重合。②在电流密度 200mA/g 和 500mA/g 条件下分别循环 200 次后，相应获得的比容量为 345mA·h/g 和 266mA·h/g，二者循环 10 次后比容量均基本上没有损失。③在 1A/g、2A/g 和 4A/g 电流密度的条件下，仍然可以分别获得 210mA·h/g、158mA·h/g 和 105mA·h/g 的可逆比容量。这说明石墨炔具有较高的容量、良好的循环稳定性及较高的库仑效率，并可用于大电流密度下充放电。但是，石墨炔的总体研究目前尚处于制备技术与基本理论的发展、完善和积累阶段，相信在未来 5 年或 10 年内石墨炔将成为下一代新的电子和光电器件的关键材料[51]。

4.3　碳基导电添加剂

现有锂离子电池的正极材料一般为半导体材料，电子电导率低，例如，磷酸铁锂的电子电导率只有 10^{-9}S/cm，这无疑会导致严重的极化，影响电池性能的发挥。因此在电池工作过程中须添加具有高导电特性的导电剂，在电极材料颗粒间构建电子传输网络，才可以实现正极材料性能的充分发挥。目前，常用的导电剂有导电炭黑、导电石墨、碳纳米管、纳米碳纤维［如气相生长碳纤维（vapor grown carbon fiber，VGCF）］和石墨烯。此外，导电剂的加入还可以有效提高电极对电解液的吸附能力，改善电极中锂离子扩散[55]。

4.3.1 导电炭黑添加剂

炭黑（carbon black）是含碳物质（重油、天然气或煤等）不充分燃烧或是受热分解而得到的碳材料，比表面积通常为每克几十至几百平方米，有些高比表面积的炭黑（如科琴黑、BP2000 等）可以达到 1400m^2/g 以上[56, 57]。导电炭黑是目前应用最为广泛的导电剂，常见的有乙炔黑、Super P、科琴黑等，其中最常用的是乙炔黑[58-62]。乙炔黑具有较高的电导率和稳定性，且其结晶程度较低，锂离子在其中嵌入和脱出的吉布斯自由能相差较小，不会导致极化发热而影响电池安全性。

炭黑具有典型的零维结构特征，与活性物质之间的接触是以“点对点”的方式实现电子的传递，然后通过颗粒与颗粒间的挤压和团聚形成链状而构筑贯穿电极的导电网络，导电效率相对较低。因此，导电炭黑在电极中形成连续导电网络的临界阈值通常都会比较高，其中颗粒的尺寸、形貌及团聚情况等都对该阈值具有较为明显的影响。为了保证电极具有良好的导电性，往往需要添加大量的导电炭黑，特别是在高功率电池中，对导电性具有更高的要求，导电炭黑的添加量往往较大，但这也会显著降低电池的体积和质量能量密度。

4.3.2 碳纳米管添加剂

碳纳米管具有良好的导电性和一维结构，只需较低添加量就能达到在电极中构筑连续导电网络的临界阈值，例如，在电极中添加质量分数约 0.2%的单壁碳纳米管就可达到与球形颗粒添加剂接近的电导值[63]。Li 等[64]将多壁碳纳米管引入磷酸铁锂（$LiFePO_4$）正极中，如图 4.11 所示，线状的多壁碳纳米管缠绕在 $LiFePO_4$

(a) 平面　　(b) 截面

图 4.11　磷酸铁锂/多壁碳纳米管电极的 SEM 图[64]

颗粒周围，形成长程的三维导电网络；与传统的乙炔黑［10%（质量分数）］相比，在较少的多壁碳纳米管添加量［5%（质量分数）］下即可得到优异的倍率性能。由于多壁碳纳米管已经具备较为成熟的制备技术，成本相对较低，因此在锂离子电池中获得了规模应用。

单壁碳纳米管具有比多壁碳纳米管更好的导电性。Dettlaff-Weglikowska 等[65]在 $LiCoO_2$ 电极中添加 0.5%（质量分数）的单壁碳纳米管即可达到与 10%（质量分数）的导电炭黑相同的内阻值。Ganter 等[66]在 $LiNi_{0.8}Co_{0.2}O_2$ 电极中仅仅添加 1%（质量分数）的单壁碳纳米管，就达到了与添加 4%（质量分数）导电炭黑（Super C65）相同的效果。另外，单壁碳纳米管具有较高的热导率［3500W/(m·K)］，远远超过了石墨［约 300W/(m·K)］和炭黑［＜1W/(m·K)］，同时具有较高的电导率，可使电池的导热散热性能得到一定程度的提高。但是，单壁碳纳米管不宜作为导电剂，因为单壁碳纳米管以管束形式存在，极易团聚，难以实现良好的分散。此外，单壁碳纳米管的大规模制备技术成熟度相对较低，且成本高，也不适于在锂离子电池领域的大规模应用。

4.3.3 石墨烯添加剂

纳米石墨片也是一种导电添加剂，可以在电极中较大范围内构建导电路径。当纳米石墨片被完全剥离为石墨烯后，形成的独特二维柔性结构可以更为高效地在电极中构建连续导电网络，从而减少导电剂的用量，提高电池的能量密度。苏方远[55]将石墨烯作为锂离子电池的导电添加剂，以 $LiFePO_4$ 材料作为正极活性物质，低倍率条件（≤0.1C）下，在 2A·h 的商业化软包电池中添加 2%（质量分数）的石墨烯，其电化学性能便优于添加 10%（质量分数）的导电炭黑。石墨烯相互搭接形成高效导电网络，并且与 $LiFePO_4$ 颗粒之间形成“面对点”的接触模式［图 4.12（a）］，相比于炭黑和 $LiFePO_4$ 颗粒的“点对点”接触模式［图 4.12（b）］，具有更高的导电效率。

苏方远[55]研究了石墨烯对锂离子电池倍率性能的影响。在 10A·h 的商业化软包电池中，添加 1%（质量分数）的石墨烯和 1%（质量分数）的炭黑作为导电剂优于添加 10%（质量分数）的导电炭黑。当充放电倍率增加到 3C 时，离子扩散能力受到了极大的阻碍，电池容量急剧降低。如图 4.13 所示，锂离子在扩散和迁移过程中只能绕过石墨烯片层才能到达活性物质，对离子扩散造成阻碍，不利于电池在高倍率条件下的性能发挥。亦即，石墨烯作为导电剂时锂离子只能绕过石墨烯才能到达 $LiFePO_4$ 表面［图 4.13（a）］；炭黑作为导电剂时锂离子可以直接到达 $LiFePO_4$ 表面［图 4.13（b）］，表明石墨烯的二维片层会对离子扩散和迁移造成阻碍。

石墨烯对离子的阻碍效应随着电极厚度的增加而愈加明显。当电极较薄时，总的离子扩散路径较短，导电剂对离子扩散的影响基本可以忽略；但当电极较厚

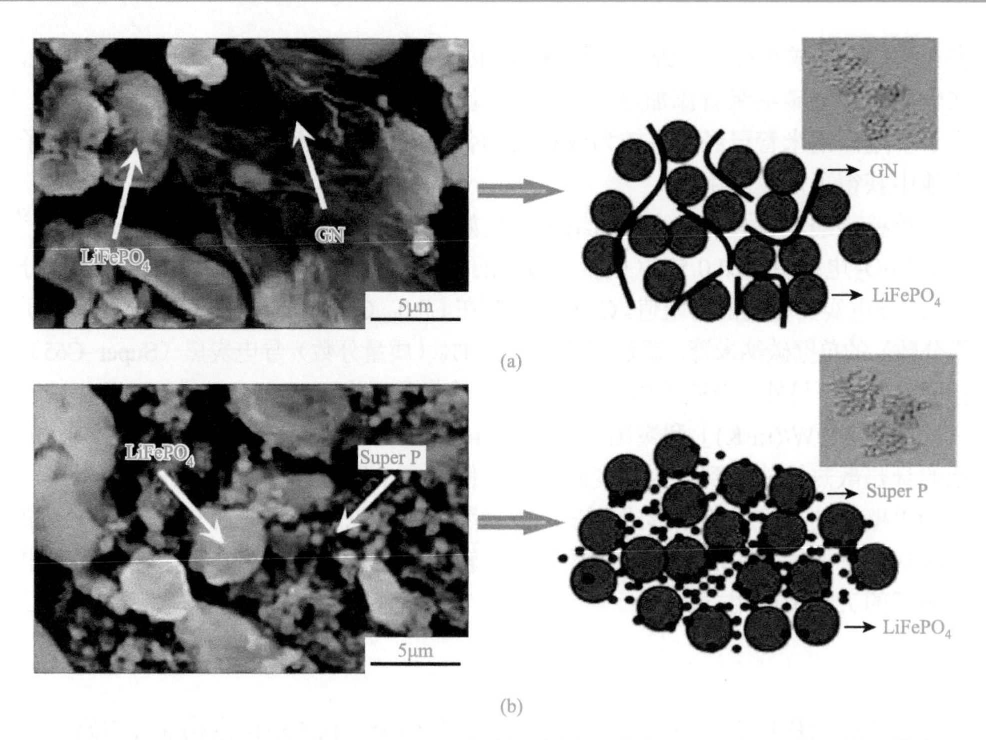

(a)

(b)

图 4.12　磷酸铁锂/石墨烯电极（a）和磷酸铁锂/炭黑电极（b）的导电模式对比图[55]

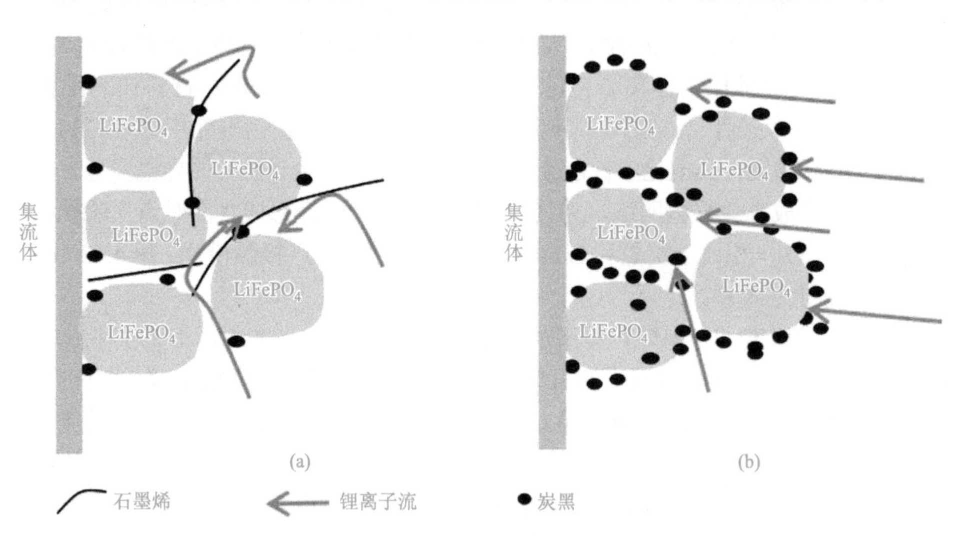

(a)　(b)

图 4.13　磷酸铁锂/石墨烯电极（a）和磷酸铁锂/炭黑电极（b）中锂离子的扩散模式[55]

时，这种阻碍效应就会被放大。在石墨烯片层上引入孔洞，为锂离子提供通道，是减小离子阻碍效应的有效方法之一（图 4.14）。Ha 等[67]使用氢氧化钾对石墨烯进行刻蚀造孔，显著降低了离子扩散阻力，提高了倍率性能。亦即，采用普通石墨烯导电剂，锂离子只能绕过石墨烯才能到达磷酸铁锂表面［图4.14（a）］；而添加多孔石墨烯导电剂，锂离子则可以穿过孔直接到达磷酸铁锂表面［图4.14（b）］。

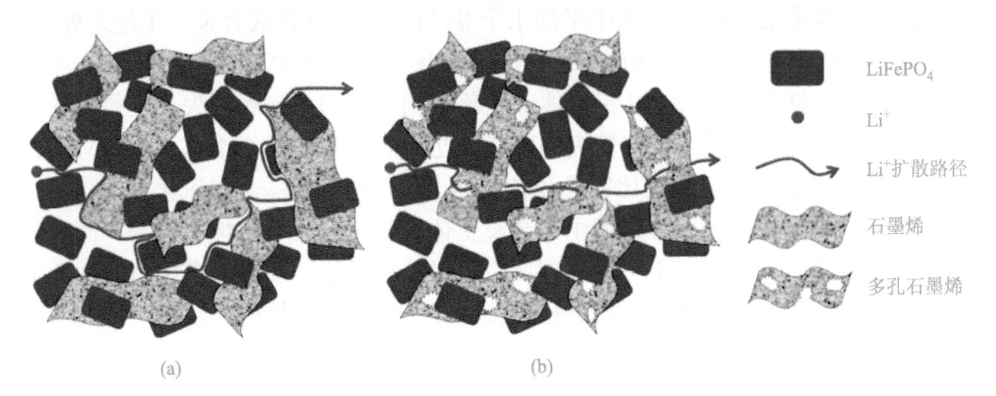

图4.14 磷酸铁锂/普通石墨烯电极（a）和磷酸铁锂/多孔石墨烯电极（b）中的锂离子扩散模式[67]

使用复合导电剂，降低石墨烯的添加量可以有效减弱离子阻碍效应；而石墨烯导电剂在粒径为微米尺度的钴酸锂体系中则不会产生这样的“位阻效应”（图4.15）。Tang等[68]将石墨烯和导电炭黑混合作为复合导电剂用于钴酸锂电池中，研究发现：当2%（质量分数）的石墨烯+1%（质量分数）的导电炭黑作为导电剂时，电池的性能最为优异，远胜于3%（质量分数）导电炭黑作为导电剂时的性能。

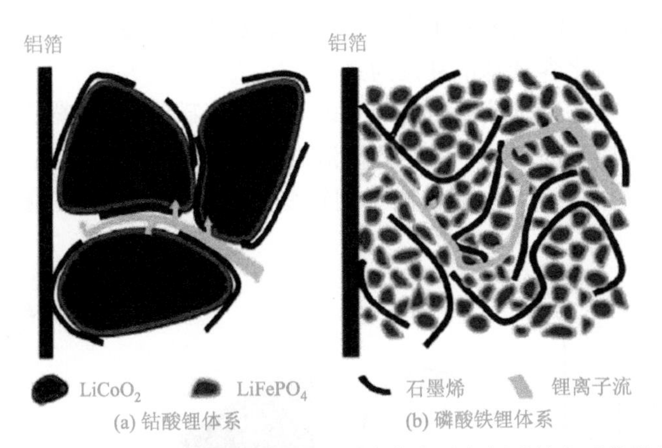

图4.15 石墨烯在不同粒径正极材料体系中作为导电剂时的离子传输路径[68]

4.4 碳基复合负极材料

目前成熟的石墨负极比容量可以达到350mA·h/g以上，已经接近理论比容量，很难有进一步的提升空间。近年来，许多新型的高容量非碳负极材料，如硅（Si）、锡（Sn）和过渡金属氧化物等，成为研究热点[69, 70]。以Si为例，因其理论比容量高（4200mA·h/g）、嵌锂电势低（小于0.5V）、与电解液相容性较好、资源丰富等优势而备受关注。Li可以与Si形成多种不同的合金态，包括$Li_{12}Si_7$、$Li_{14}Si_6$、$Li_{13}Si_4$和$Li_{22}Si_5$，其中$Li_{22}Si_5$合金态中平均1个Si与4.4个Li形成合金；不足之处是，由于Li与Si在合金化过程中会产生巨大的体积膨胀（最高达到400%），在循环过程中易引起活性物质Si从集流体上脱落和颗粒间的电接触丧失，使得颗粒粉化，不断造成死体积，以致容量快速衰减。过渡金属氧化物（MO_x，M：Fe、Co、Ni、Sn等）也具有高的理论比容量和较低的电压平台。这些金属氧化物负极材料与硅负极材料类似，在嵌锂过程中也会发生体积膨胀，且导电性也较差，同时还会在电极电解液界面出现不可控的副反应。目前对于这一类非碳负极材料主要通过纳米化和与碳材料复合的方式进行改性，提高其电化学性能。

4.4.1 纳米碳纤维复合材料

纳米碳纤维具有很好的机械性能、导电性能，并且可以在制备过程中将非碳组分或非碳组分前驱体引入到纳米碳纤维前驱体中，实现一步碳/非碳组分复合，将非碳组分嵌入到碳骨架中。这种结构可以有效解决非碳组分在充放电过程中的体积变化带来的颗粒粉化和团聚问题，提高其利用率。此外，纳米碳纤维的一维结构具有长程导电网络，可以保证电子的快速传输。Yu等[70]采用静电纺丝技术和炭化处理将Sn纳米颗粒封装在多孔的纳米碳纤维中（图4.16），得到的Sn/C复合负极材料在循环140次之后比容量仍然高达648mA·h/g，而普通的Sn纳米颗粒经过100次循环后比容量基本衰减为零。

通过静电纺丝法可以较为简便地实现不同纳米碳纤维/非碳复合材料的制备。例如，使用含铁离子的高分子前驱体溶液进行静电纺丝，高温热处理时，高分子前驱体被炭化形成多孔炭，而铁离子则转变为Fe_3O_4纳米颗粒镶嵌在碳骨架中。

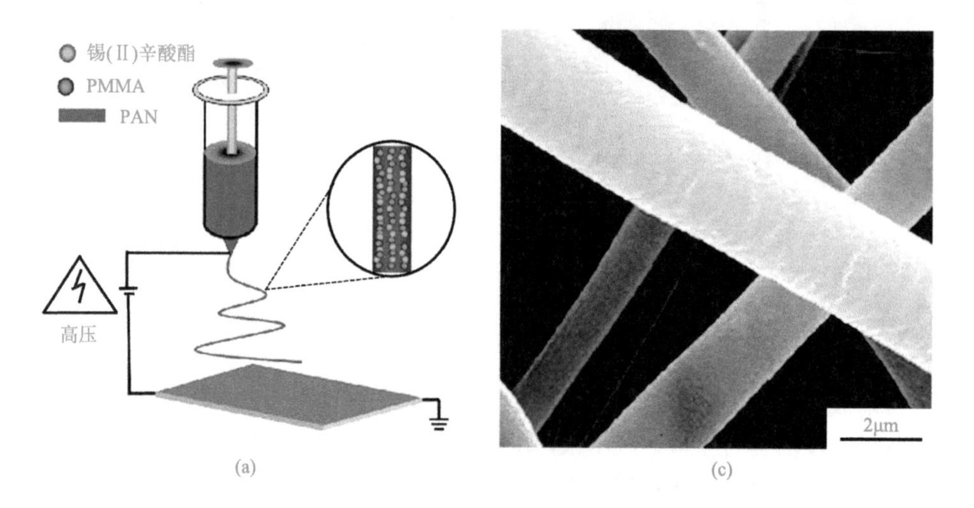

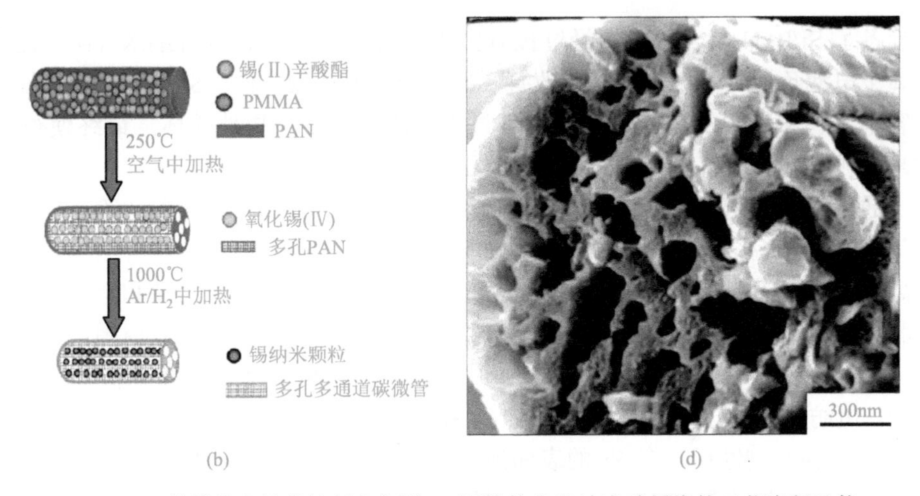

图 4.16 单轴静电纺丝法制备包覆 Sn 颗粒的多孔纳米碳纤维的工艺流程及其所制碳纤维的形貌结构[70]

（a）单轴静电纺丝；（b）氧化-炭化工艺；（c）包覆 Sn 颗粒多孔纳米碳纤维的形貌；（d）包覆 Sn 颗粒多孔纳米碳纤维的截面

Wang 等[71]通过静电纺丝法制备了 Fe_3O_4/C 纳米复合纤维，用作锂离子电池负极时具有 900mA·h/g 的首次可逆比容量和 58%的首次库仑效率。Gu 等[72]通过静电纺丝法制备了 Fe_3O_4/C 纳米复合纤维（图 4.17），用作锂离子电池负极时，在 100mA/g 的电流密度下具有 562mA·h/g 的首次可逆比容量和 64%的首次库仑效率；而电流密度增大至 2A/g 时，比容量却减小至 269mA·h/g。这是由于 Fe_3O_4 纳米颗粒周围没有容纳其体积膨胀的空间，当 Fe_3O_4 在嵌锂过程中发生体积膨胀时会破坏碳的骨架结构，进而导致其容量衰减较快。此外，由于纳米纤维的直径较小，比表面积较大，在首次嵌锂过程中形成 SEI 膜时会消耗大量的电解液，严重降低材料的首次库仑效率。Ji 和 Zhang[73]将 Si 纳米颗粒分散到 PAN 溶液中，通过静电纺丝

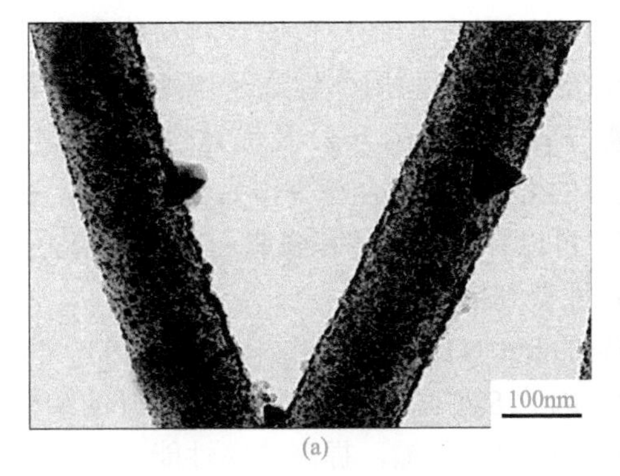

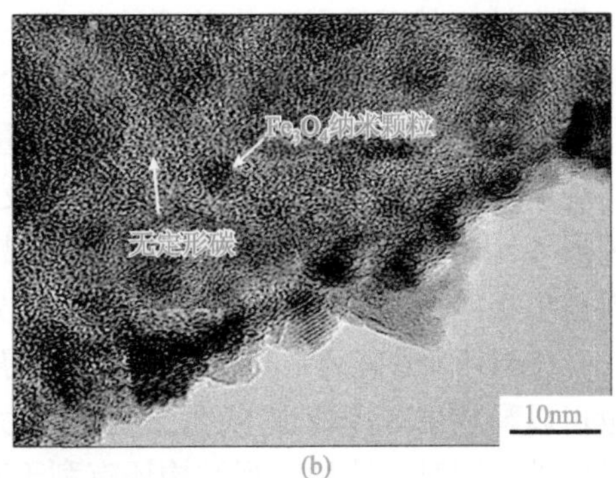

图 4.17 Fe_3O_4/C 纳米复合纤维[72]

法制备了 Si/PAN 复合纤维，经过预氧化和炭化后得到 Si/C 复合纳米纤维，用作锂离子电池负极时，一定程度上改善了硅负极的循环稳定性。Si 纳米颗粒周围没有容纳其体积膨胀的空间，导致循环过程中碳的骨架结构被破坏，最终使得 Si 纳米颗粒直接与电解液接触发生反应[74]。

通过改变电纺条件（调节溶液组分、固体掺杂、改变喷丝头形状等）可以制备具有不同形貌结构的纳米碳纤维，如多孔、中空或核壳结构。这种结构可有效隔离 Si 等非碳组分与电解液，减少表面副反应；同时还可有效缓冲和容纳其体积膨胀，提高复合材料的容量特性和循环稳定性。为了在 Si 纳米颗粒周围创造膨胀缓冲空间，Guo 等[75]将表面氧化的 Si 纳米颗粒，即 Si 纳米颗粒表面被一层 SiO_2 包覆，电纺到 PAN 纤维中，炭化后得到 Si@SiO_2@CNF 的纤维结构，利用氢氟酸（HF）将 SiO_2 刻蚀后，在 Si 的表面形成空腔结构，得到的硅/碳纤维复合材料的初始可逆比容量达到 1598mA·h/g，循环性能得到极大提高，100 次循环后仍具有 69%的容量保持率。Wu 等[76]将 Si 纳米颗粒与 SiO_2 的前驱体正硅酸乙酯（TEOS）混合进行静电纺丝，得到含有 Si 纳米颗粒的 SiO_2 纳米纤维，而后将聚苯乙烯包覆于纤维表面，并进行高温炭化形成碳层，再经 HF 刻蚀去除 SiO_2，得到具有中空结构的 Si@CNF 复合材料。在电化学反应过程中，电解液直接与碳表面接触并在碳表面形成稳定的 SEI 膜，纤维内部的空隙可充分容纳 Si 的体积膨胀，该材料具有约 1000mA·h/g 的初始可逆比容量和优异的循环性能，200 次循环后容量保持率可达到 90%。

4.4.2 碳纳米管复合材料

碳纳米管存在首次不可逆嵌锂容量过高、放电平台不稳定和电压滞后等问题，难以直接将其应用于锂离子电池负极材料中。然而，碳纳米管优异的导电性和较大的比表面积，在复合电极材料中却具有较大的应用空间。以 Si 与碳纳米管的复合为例，最为常用的途径是将 Si 沉积到碳纳米管表面[77]，实现 Si 的分散并提高导电性，然而这种结构并不能很好地缓冲 Si 体积膨胀导致的颗粒粉化和失活问题。Cui 等[78]制备了一种自支撑的 CNT/Si 复合薄膜用作锂离子电池负极材料（图 4.18），该负极材料具有很高的比容量（高达 2000mA·h/g）及优异的循环性能。与纯的 Si 薄膜负极材料相比，这种自支撑的 CNT/Si 复合薄膜作为负极材料，在锂嵌入 Si 引发体积膨胀时薄膜会起褶皱，可以释放由于体积膨胀而产生的应力，保证电极结构的稳定，从而使得循环稳定性得到提升。

在碳纳米管阵列中利用气相沉积法得到的 Si/CNT 复合阵列结构（图 4.19）[79]，也可以释放由 Si 体积膨胀而产生的应力，因此 Si/CNT 复合薄膜具有较好的结构稳定性。同时，这种阵列结构还有利于离子的快速传输，提高倍率性能。

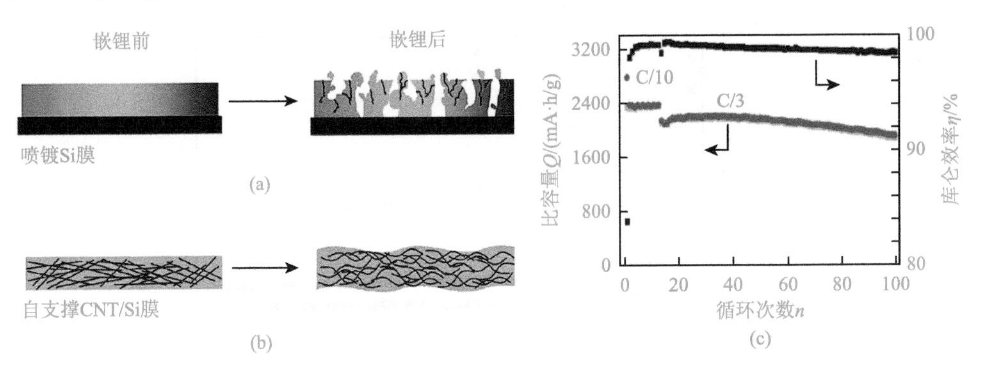

图 4.18　纯 Si 薄膜（a）和 CNT/Si 复合薄膜（b）嵌锂前后示意图；
（c）CNT/Si 复合薄膜的循环性能曲线[78]

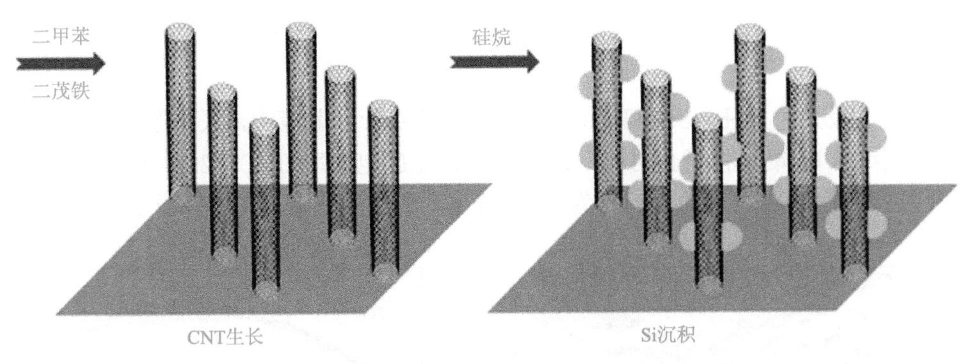

图 4.19　在碳纳米管阵列上沉积硅制备复合材料[79]

除了 Si 以外，将其他非碳复合材料负载在碳纳米管表面也可以起到提高导电性和缓冲体积膨胀的作用。Chen 等[80]以 $SnCl_2$ 和 $SbCl_3$ 为前驱体，先将其附着在碳纳米管上，然后用 KBH_4 还原得到 CNT/Sn_2Sb 复合材料，Sn_2Sb 的可逆比容量有了很大增加。Fu 等[81]将 SnO_2 纳米颗粒直接负载于多壁碳纳米管中得到 CNT/SnO_2 复合电极材料。该复合材料首次可逆比容量达到 665mA·h/g，经过 40 次循环后可逆比容量为 506mA·h/g，与纳米 SnO_2 负极材料相比具有更好的稳定性（图 4.20）。在该结构中，SnO_2 纳米颗粒进入到多壁碳纳米管的管状结构中，其管壁可以有效地抑制 SnO_2 在嵌锂过程中的体积膨胀带来的颗粒粉化。

随着电子器件的柔性化，具有优异机械性能的碳纳米管基复合电极材料受到了极大的关注。Chew 等[82]利用真空抽滤的方法制备了具有自支撑结构、优异柔性的多壁碳纳米管薄膜。以这种薄膜作为锂离子电池负极，不需要黏结剂，就可有效保证电极的导电性，并表现出优异的循环性能及倍率性能（10C 下比容量达到 175mA·h/g），在柔性电子器件上具有很好的应用潜力。将碳纳米管与导电高分子复合也可以获得具有良好柔性特征的复合电极材料。如典型导电高分子聚苯胺，就因具有高的导电导热及化学稳定性、有趣的氧化还原性能、易加工及廉价等特

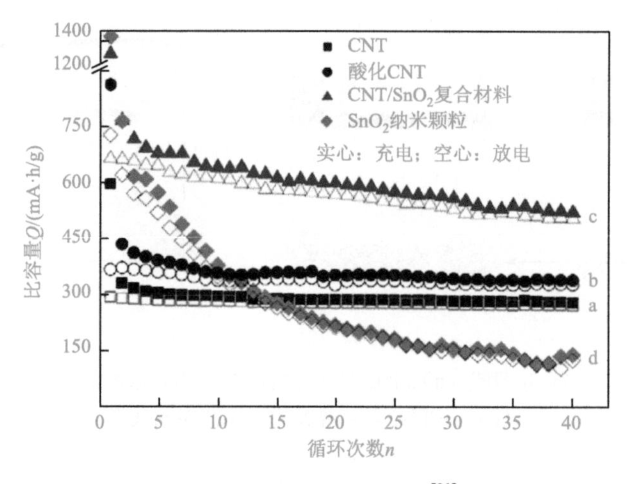

图 4.20 循环性能对比图[81]

性受到了极大的关注。Sivakkumar 等[83]在碳纳米管分散液中，采用原位聚合法制备出碳纳米管/聚苯胺复合材料，该负极材料在放电倍率 0.2C、2.0～3.9V 电压区间经过 80 次循环之后的比容量为 86mA·h/g，平均库仑效率达 98%（图 4.21）。

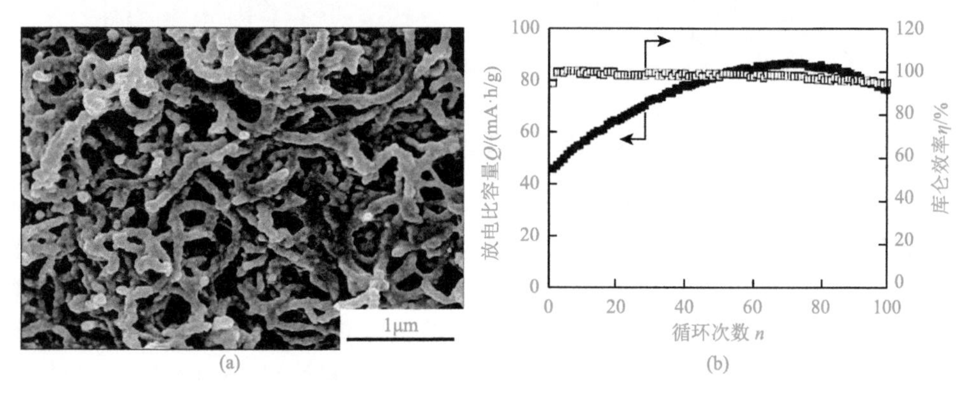

图 4.21 （a）碳纳米管/聚苯胺复合材料的形貌；（b）碳纳米管/聚苯胺复合电极的循环性能[83]

4.4.3 石墨烯基复合材料

石墨烯具有大的比表面积、二维平面结构和优异的物理化学特性（高的导电性能、好的机械性能和柔性等特征）[84, 85]，特别是表面带有官能团的氧化石墨烯（graphene oxide，GO）[86]和功能化石墨烯（functionalized graphene，FG）[87]在液相中均可以得到较好的分散，其官能团也易与非碳组分前驱体发生相互作用，实现碳与非碳更为有效的结合，并促进二者之间的电子传递。

石墨烯基复合材料的制备方法主要有两大类：①通过石墨烯及非碳组分表面

改性，使二者之间具有一定的相互作用，从而直接实现石墨烯与非碳材料的有效复合。例如，Yang 等[88]首先利用 APS（氨丙基三甲氧基硅烷）对 TiO_2 表面进行改性，使得 TiO_2 小球表面带正电，然后将其与表面带负电的 GO 进行混合，由于静电作用 GO 就会包裹在 TiO_2 小球表面，如图 4.22 所示。②在非碳组分前驱体（或非碳组分形成过程）中，加入 GO 或者 FG，使得非碳组分在二维片层上结晶（原位结晶）并生长，得到更加均一的复合材料；也可通过控制结晶的过程调控复合材料的结构，达到提升复合材料性能的目的。原位结晶主要包括化学还原法[89]和水热法[90]等。例如，Wu 等[91]在合成 Co_3O_4 的前驱体溶液中加入 GO，带正电的 Co^{2+}会吸附在 GO 片层上或者边缘，经过水热之后就得到了 Co_3O_4/石墨烯复合材料。

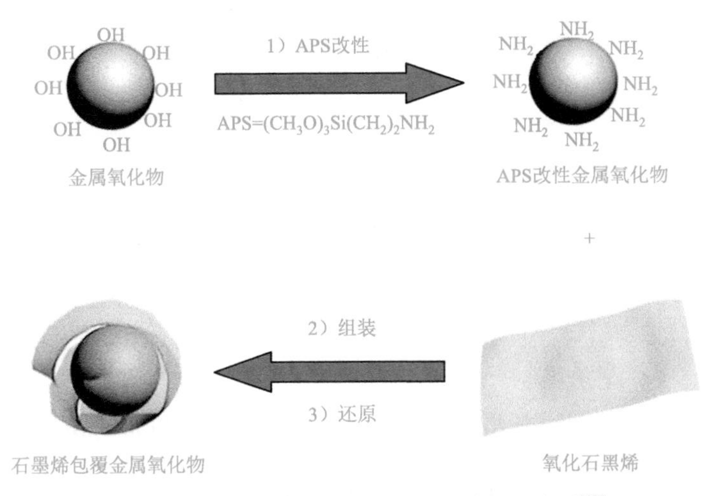

图 4.22 石墨烯包覆金属氧化物的过程示意图[88]

Li 等[92]对“以石墨烯及其衍生物作模板实现复合材料结构的调控”方面做了归纳总结（图 4.23），指出石墨烯及其衍生物不仅可视为一种新型的“二维模板”，也可作为调控材料结构的“三维模板”。与传统的“模板”相比，“石墨烯及其衍生物”模板的独特之处有：①除了作为基底或模板外，石墨烯的表面及边界区域均可提供形核位点，作为“一维纳米线”和“二维纳米片”的模板，而“传统模板”受到本身固有三维结构的限制很难作为二维纳米片的模板[93]；②作为石墨烯的一种重要衍生物——氧化石墨烯，因具有表面活性剂及二维片状双嵌段共聚物的特点，其不仅可作为材料合成的“硬模板”，还可以作为“软模板”引导其他材料的形成过程，实现结构调控[94]；③石墨烯纳米片形成的三维交联网络结构，不仅可为材料合成过程中提供“活性位点”，还可以起到限域的效果，因此可以作为调控复合材料结构的多功能模板[95]；④自组装的石墨烯材料具有结构多样性（如石墨烯薄膜，石墨烯凝胶等），若将其作为模板再结合其他材料，可以制备出形貌独特、性能优异的新材料；⑤石墨烯模板很容易除去，在空气气氛下加热（<600℃）就可以去除，该过程中避免了酸的使用，有利于降低成本并且更加环保[96]。

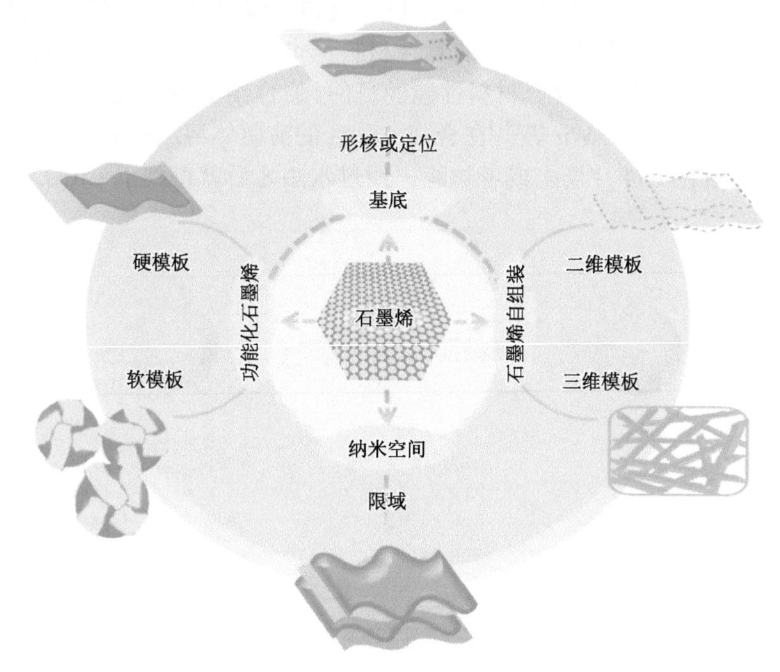

图 4.23　石墨烯及其衍生物作为模板调控材料结构的示意图[92]

在石墨烯基复合材料中最受关注的就是“硅/石墨烯”复合材料，石墨烯良好的柔性和导电性可缓解 Si 的导电性差和体积膨胀导致的粉化问题。Ruoff 等[97]以泡沫镍为模板，经 CVD 工艺得到了独立支撑的石墨烯泡沫结构，并将其作为集流体负载纳米 Si 颗粒。与泡沫镍集流体相比，石墨烯泡沫集流体质量轻、电导率高，当 Si 的负载量达到 $1.5mg/cm^2$ 时，二者仍表现出较好的结合力；而传统铜箔集流体则出现了材料的脱落。Zhao 等[98]将湿化学法处理得到的多孔石墨烯片用于负载 Si（图 4.24），在 1A/g 时比容量可以达到 3200mA·h/g，经过 150 次循环后容量仍保持 99.9%。这种结构具有如此优异电化学性能的主要原因包括：①多孔的石墨烯片能有效促进离子传输，缓解电极厚度增加及石墨烯片紧密堆叠造成的离子扩散阻抗；②紧密堆叠的结构不仅使得材料具有很高的 Si 负载量，同时石墨烯片形成的连续网络结构有利于电荷转移；③石墨烯片堆叠形成的层状结构在很大程度上缓解了 Si 在嵌锂/脱锂所产生的体积膨胀，提升了复合材料的循环稳定性。

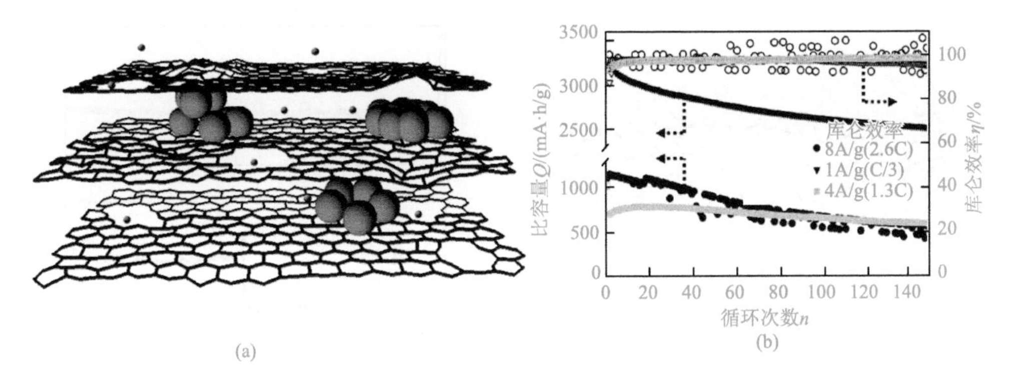

图 4.24　硅/石墨烯复合材料的结构示意图（a）和循环性能曲线（b）[98]

受高稳定性的钢筋混凝土结构及组成的启发，利用石墨烯作为二维柔性骨架，Yun 等[99]设计了图 4.25 所示的新型一体化电极结构（Si-C/G），将 Si 纳米颗粒、聚丙烯腈和氧化石墨烯混合后直接涂布在铜箔上，并在 600℃进行热处理获得 Si-C/G 电极。聚丙烯腈炭化形成的无定形碳相当于钢筋混凝土中的水泥，将 Si 纳米颗粒、石墨烯和集流体紧密黏结在一起，而柔性的石墨烯导向无定形碳的排列，同时起到类似钢筋的作用，将整个电极连接起来形成长程导电网络，同时提高了电极结构的稳定性。

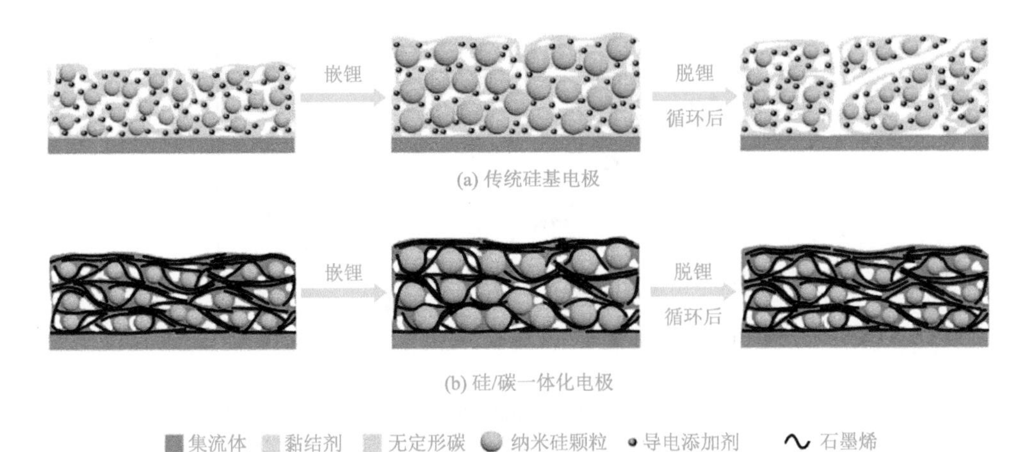

图 4.25　电极在充放电过程中的结构变化示意图[99]

除与 Si 复合外，石墨烯也可以与其他非碳材料进行复合。Aksay 等[100]利用自组装法将 SnO_2 纳米颗粒和石墨烯片层交替层叠形成三明治复合结构（图 4.26）。这种结构利用石墨烯构建得到长程的导电网络，并能最大限度地提高 SnO_2 负载量，还可保证 SnO_2 纳米颗粒在充放电过程中较大体积膨胀时结构的稳定性，在 0.01A/g 下循环超过 100 次，仍具有很高的比容量（600mA·h/g）。

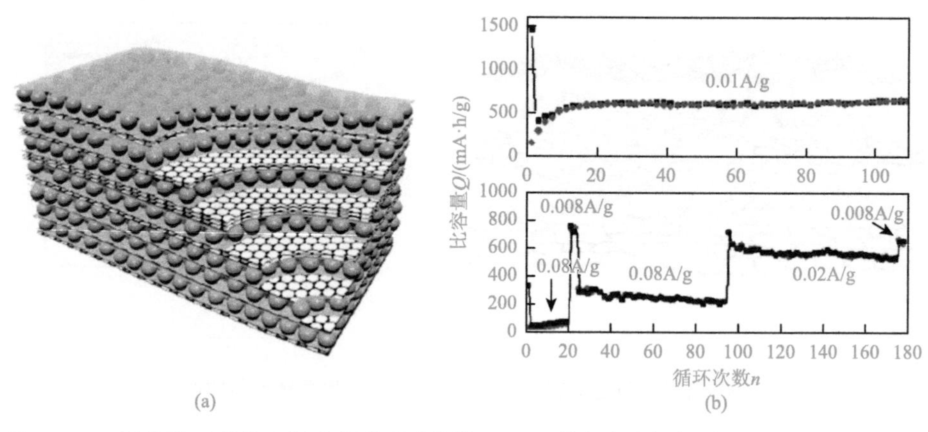

图 4.26 二氧化锡-石墨烯电极自组装层状结构（a）及其复合电极的循环稳定性（顶部）和倍率性能（底部）（b）[100]

Xiao 等[101]将 KOH 处理后的 MoS_2 在聚氧化乙烯（PEO）和石墨烯水溶液中水解制得 MoS_2-石墨烯-PEO 复合负极材料（质量比 93∶2∶5）。这种复合材料表现出非常好的高倍率性能（图 4.27），在 10A/g 的高倍率下电极比容量为 250mA·h/g；在 50mA/g 的倍率下比容量可恢复为 600mA·h/g。

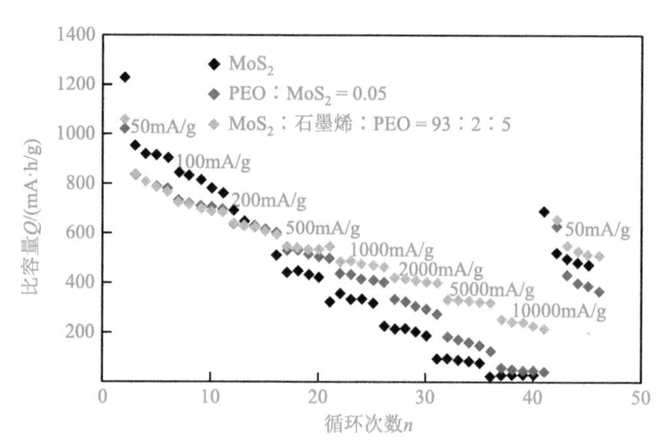

图 4.27 MoS_2、MoS_2-P 和 MoS_2-PG 的倍率性能对比图[101]

MoS_2-PEO 和 MoS_2-石墨烯-PEO 复合材料分别用 MoS_2-P 和 MoS_2-PG 表示；其中，P 代表 PEO，G 代表石墨烯

除在负极材料体系应用外，石墨烯也可以与锂离子电池正极材料复合，提高正极材料的导电性和电化学性能。Ding 等[102]首次利用共沉淀的方法合成了 $LiFePO_4$ 与石墨烯的复合材料，经过热处理后，得到了较好的电化学性能。该复合材料在 0.2C 下，放电比容量可以达到 160mA·h/g，10 C 下放电比容量仍可以保持在 110mA·h/g，并且循环性能良好。复合材料中 $LiFePO_4$ 的粒径大约为 10nm，石墨烯良好的导电性保证了其电化学性能的发挥。

石墨烯虽然可以为正极材料提供优异的导电网络，但在一定程度上也会限制电极中离子的传输性能。Wei 等[103]在不同碳包覆形态的 $LiFePO_4$ 电化学性能分析中发现，石墨烯对离子传输具有较大的影响，以致石墨烯/$LiFePO_4$ 复合材料表现出较差的倍率性能。理想的碳包覆应该在提升材料电子导电性的同时兼顾锂离子的传输扩散，同时实现电子和离子的快速传输。因此，实现石墨烯基复合材料规模化应用还有很多问题需要解决。

除锂离子电池外，石墨烯在新型储能器件的电极材料改性方面也表现出较强的应用性。例如，在锂-硫电池中，Cao 等[104]制备的石墨烯片/硫纳米颗粒复合电极具有很好的倍率性能及循环稳定性，在 1680mA/g 的高电流密度下可以达到的比容量为 500mA·h/g（相当于 460mA·h/cm^3），循环 100 次后容量保持率接近 75%。Zhang 等[89]将 H_2S 气体通入到 2mg/mL 的氧化石墨烯溶液中，H_2S 在还原氧化石墨烯的过程中自身转变成 S，并且均匀地分布在石墨烯上，形成了石墨烯/硫复合材料，在用作锂-硫电池正极材料时表现出非常好的倍率性能（5A/g 的电流密度下，比容量仍有 490mA·h/g）以及循环稳定性（经过 100 次循环后容量保持率仍有 72%）（图 4.28）。Liu 等[105]通过水热法一步合成了三维石墨烯/硫复合材料，其中相互交联的三维石墨烯构成了导电网络。这种由三维石墨烯和硫构成的复合材料，极大地提升了电荷及锂离子的传输速率，同时多孔结构能够有效地抑制多硫化物的扩散，使其具有很好的电化学性能（500mA/g 的电流密度下比容量达到 891mA·h/g）。三维石墨烯/硫复合材料经过蒸发诱导干燥过程，材料的机械性能有所增加，能有效地抑制电极充放电过程中的体积膨胀，提升了电极的循环稳定性（在 500mA/g 的电流密度下经过 100 次循环后比容量仍能达到 575mA·h/g）。

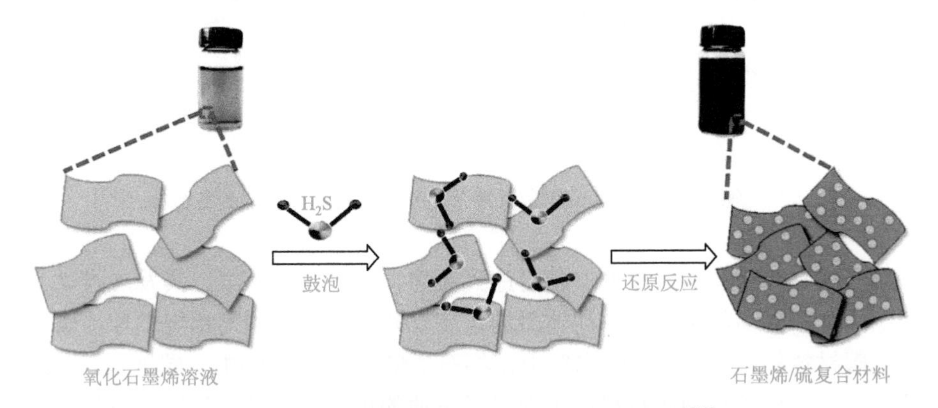

图 4.28　石墨烯/硫复合电极材料制备流程图[89]

Niu 等[106]利用水热法结合后续的 KOH 活化制备了具有三明治结构的氮掺杂多孔炭/石墨烯/氮掺杂多孔炭（图 4.29）用于锂-硫电池正极。这种三明治结构的电极具有较低的离子扩散阻抗和较快的电荷转移速率，并且能有效地抑制多硫化物的扩散。其作为电极材料表现出优异的电化学性能（在 2C 的倍率下可逆比容量仍能达到 625mA·h/g，经过 200 次循环后比容量仍有 461mA·h/g，循环 1 次容量损失仅为 0.13%）。石墨烯具有非常好的导电性和优异的机械性能，将硫与石墨烯构成的交联结构或石墨烯与其他碳材料构成的复合材料复合时，不仅可以构建发达的导电网络，还能阻碍多硫化物的扩散，同时也可以抑制充放电过程中的体积膨胀，从而有效地提升电极材料的电化学性能。显然，石墨烯及其复合材料有望应用于下一代锂-硫电池。

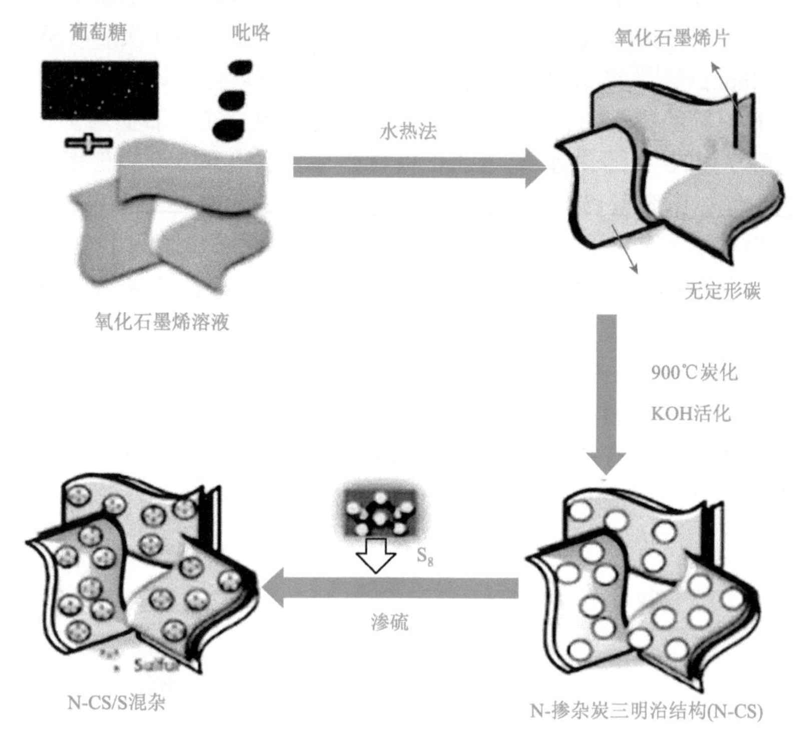

图 4.29 氮掺杂多孔炭/石墨烯/氮掺杂多孔炭复合电极材料制备流程[106]

碳材料具有结构的多样性，从有序到无序，从一维到三维，其发展推动着锂离子电池及新兴高能量密度电池体系的进步。除了石墨、中间相炭微球、碳纤维等传统碳材料外，目前许多研究集中在将石墨烯（及其衍生物）、碳纳米管、纳米碳纤维、石墨炔等新型碳材料用于锂离子电池的电极结构设计和导电添加剂中。通过构建三维导电碳网络、与其他新型的高容量非碳负极材料复合等方法，可进一步提高电池的容量和性能。但如何提高电极的体积能量密度、简化制备工艺、降低成本等问题仍待解决。

参考文献

[1] Mizushima K，Jones P C，Wiseman P J，Goodenough J B. Li_xCoO_2（$0<x<-1$）：A new cathode material for batteries of high energy density[J]. Materials Research Bulletin，1980，15（6）：783-789.

[2] Linden D，Reddy T B. Handbook of Batteries[M]. New York：McGraw-Hill，2002.

[3] Fergus J W. Recent developments in cathode materials for lithium ion batteries[J]. Journal of Power Sources，2010，195（4）：939-954.

[4] Ferg E，Gummow R J，De Kock A，Thackeray M M. Spinel anodes for lithium-ion batteries[J]. Journal of the Electrochemical Society，1994，141（11）：L147-L150.

[5] Wang Y X，Nakamura S，Ue M，Balbuena P B. Theoretical studies to understand surface chemistry on carbon anodes for lithium-ion batteries：Reduction mechanisms of ethylene carbonate[J]. Journal of the American Chemical Society，2001，123（47）：11708-11718.

[6] Leroux F，Metenier K，Gautier S，Frackowiak E，Bonnamy S，Beguin F. Electrochemical insertion of lithium in catalytic multi-walled carbon nanotubes[J]. Journal of Power Sources，1999，81：317-322.

[7] Ji L W，Zhang X W. Fabrication of porous carbon nanofibers and their application as anode materials for rechargeable lithium-ion batteries[J]. Nanotechnology，2009，20（15）：155705.

[8] Wu Z S，Ren W C，Xu L，Li F，Cheng H M. Doped graphene sheets as anode materials with superhigh rate and large capacity for lithium ion batteries[J]. ACS Nano，2011，5（7）：5463-5471.

[9] Goriparti S，Miele E，Angelis F D，Fabrizio E D，Zaccaria R P，Capiglia C. Review on recent progress of nanostructured anode materials for Li-ion batteries[J]. Journal of Power Sources，2014，257：421-443.

[10] He Y B，Li B H，Liu M，Zhang C，Lv W，Yang C，Li J，Du H D，Zhang B，Yang Q H. Gassing in $Li_4Ti_5O_{12}$-based batteries and its remedy[J]. Scientific Reports，2012，2：1-9.

[11] He Y B，Ning F，Li B H，Song Q S，Lv W，Du H D，Zhai D Y，Su F Y，Yang Q H，Kang F Y. Carbon coating to suppress the reduction decomposition of electrolyte on the $Li_4Ti_5O_{12}$ electrode[J]. Journal of Power Sources，2012，202：253-261.

[12] Nitta N，Wu F X，Lee J T，Yushin G. Li-ion battery materials：Present and future[J]. Materials Today，2015，18（5）：252-264.

[13] Jaszczak J A. Unusual graphite crystals：From the Lime Crest quarry，Sparta，New Jersey[J]. Rocks & Minerals，1997，72（5）：330-334.

[14] Shi H，Barker J，Saidi M Y，Koksbang R. Structure and lithium intercalation properties of synthetic and natural graphite[J]. Journal of the Electrochemical Society，1996，143（11）：3466-3472.

[15] 简志敏. 锂离子电池用扩层石墨负极材料的研究[D]. 长沙：湖南大学，2012.

[16] Whitehead A H，Edström K，Rao N，Owen J R. *In situ* X-ray diffraction studies of a graphite-based Li-ion battery negative electrode[J]. Journal of Power Sources，1996，63（1）：41-45.

[17] Zhang H L，Li F，Liu C，Cheng H M. Poly(vinyl chloride)（PVC）coated idea revisited：Influence of carbonization procedures on PVC-coated natural graphite as anode materials for lithium ion batteries[J]. The Journal of Physical Chemistry C，2008，112（20）：7767-7772.

[18] Lee J H，Lee H Y，Oh S M，Lee S J，Lee K Y，Lee S M. Effect of carbon coating on electrochemical performance of hard carbons as anode materials for lithium-ion batteries[J]. Journal of Power Sources，2007，166（1）：250-254.

[19] Mao W Q，Wang J M，Xu Z H，Niu Z X，Zhang J Q. Effects of the oxidation treatment with K_2FeO_4 on the

physical properties and electrochemical performance of a natural graphite as electrode material for lithium ion batteries[J]. Electrochemistry Communications，2006，8（8）：1326-1330；Buqa H，Golob P，Winter M，Besenhard J O. Modified carbons for improved anodes in lithium ion cells[J]. Journal of Power Sources，2001，97：122-125.

[20] 李春艳. 中间相碳微球的制备与研究[D]. 长沙：长沙理工大学，2013.

[21] 李泽胜. 二氧化锰/活性中间相碳微球超级电容器电极材料的研究[D]. 桂林：广西师范大学，2010.

[22] 姜前蕾. 锂离子电池用 MCMB 的改性及其电化学性能研究[D]. 北京：北京化工大学，2006.

[23] 白涛. 改性中间相碳微球的电化学性能研究[D]. 北京：北京化工大学，2015.

[24] 邱珅，吴先勇，卢海燕，艾新平，杨汉西，曹余良. 碳基负极材料储钠反应的研究进展[J]. 储能科学与技术，2016，5（3）：258-267.

[25] Ozawa K. Lithium-ion rechargeable batteries with $LiCoO_2$ and carbon electrodes：The $LiCoO_2$/C system[J]. Solid State Ionics，1994，69（3-4）：212-221.

[26] Yata S，Kinoshita H，Komori M，Ando N，Kashiwamura T，Harada T，Tanaka K，Yamabe T. Structure and properties of deeply Li-doped polyacenic semiconductor materials beyond C_6Li stage[J]. Synthetic Metals，1994，62（2）：153-158.

[27] 江文锋. 硬碳材料在锂离子电池负极中的应用研究[D]. 上海：复旦大学，2013.

[28] Xue J S，Dahn J R. Dramatic effect of oxidation on lithium insertion in carbons made from epoxy resins[J]. Journal of the Electrochemical Society，1995，142（11）：3668-3677.

[29] 王冬友. 锂离子电池负极石墨/硬碳复合材料的制备和性能研究[D]. 哈尔滨：哈尔滨工业大学，2014.

[30] Henning T H，Salama F. Carbon in the universe[J]. Science，1998，282（5397）：2204-2210.

[31] Nasibulin A G，Moisala A，Brown D P，Jiang H，Kauppinen E I. A novel aerosol method for single walled carbon nanotube synthesis[J]. Chemical Physics Letters，2005，402（1）：227-232.

[32] Merkoçi A，Pumera M，Llopis X，Pérez B，Del Valle M，Alegret S. New materials for electrochemical sensing VI：Carbon nanotubes[J]. TrAC Trends in Analytical Chemistry，2005，24（9）：826-838.

[33] Gao B，Kleinhammes A，Tang X P，Bower C，Fleming L，Wu Y，Zhou O. Electrochemical intercalation of single-walled carbon nanotubes with lithium[J]. Chemical Physics Letters，1999，307（3）：153-157.

[34] Claye A S，Fischer J E，Huffman C B，Rinzler A G，Smalley R E. Solid-state electrochemistry of the Li single wall carbon nanotube system[J]. Journal of the Electrochemical Society，2000，147（8）：2845-2852.

[35] Meunier V，Kephart J，Roland C，Bernholc J. *Ab initio* investigations of lithium diffusion in carbon nanotube systems[J]. Physical Review Letters，2002，88（7）：075506.

[36] Ma H M，Zeng J J，Realff M L，Kumar S，Schiraldi D A. Processing，structure，and properties of fibers from polyester/carbon nanofiber composites[J]. Composites Science and Technology，2003，63（11）：1617-1628.

[37] 张勇，唐元洪，裴立宅，郭池. 纳米碳纤维的批量制备和应用[J]. 高科技纤维与应用，2005，30（2）：20-25.

[38] 信思树，项金钟，吴兴惠. 纳米碳纤维的制备方法及其吸波特性[J]. 材料导报，2003，17（专辑）：24-26.

[39] Wang X Z，Fu R，Zheng J S，Ma J X. Platinum nanoparticles supported on carbon nanofibers as anode electrocatalysts for proton exchange membrane fuel cells[J]. Acta Physico-Chimica Sinica，2011，27（8）：1875-1880.

[40] 郝玉亭. 静电纺丝制备纳米碳纤维的工艺及性能研究[D]. 哈尔滨：哈尔滨工业大学，2013.

[41] Zhang B，Yu Y，Xu Z L，Abouali S，Akbari M，He Y B，Kang F Y，Kim J K. Correlation between atomic structure and electrochemical performance of anodes made from electrospun carbon nanofiber films[J]. Advanced Energy Materials，2014，4（7）：1-9.

[42] Chen Y M，Li X Y，Park K，Song J，Hong J H，Zhou L M，Mai Y W，Huang H T，Goodenough J B. Hollow carbon-nanotube/carbon-nanofiber hybrid anodes for Li-ion batteries[J]. Journal of the American Chemical Society，2013，135（44）：16280-16283.

[43] Wang G X，Shen X P，Yao J，Park J. Graphene nanosheets for enhanced lithium storage in lithium ion batteries[J]. Carbon，2009，47（8）：2049-2053.

[44] Lian P C，Zhu X F，Liang S Z，Li Z，Yang W S，Wang H H. Large reversible capacity of high quality graphene sheets as an anode material for lithium-ion batteries[J]. Electrochimica Acta，2010，55（12）：3909-3914.

[45] Guo P，Song H H，Chen X H. Electrochemical performance of graphene nanosheets as anode material for lithium-ion batteries[J]. Electrochemistry Communications，2009，11（6）：1320-1324.

[46] Yoo E J，Kim J，Hosono E，Zhou H S，Kudo T，Honma I. Large reversible Li storage of graphene nanosheet families for use in rechargeable lithium ion batteries[J]. Nano Letters，2008，8（8）：2277-2282.

[47] Tachikawa H. A direct molecular orbital- molecular dynamics study on the diffusion of the Li ion on a fluorinated graphene surface[J]. The Journal of Physical Chemistry C，2008，112（27）：10193-10199.

[48] Wang X L，Zeng Z，Ahn H，Wang G X. First-principles study on the enhancement of lithium storage capacity in boron doped graphene[J]. Applied Physics Letters，2009，95（18）：183103.

[49] Ma C C，Shao X H，Cao D P. Nitrogen-doped graphene nanosheets as anode materials for lithium ion batteries：A first-principles study[J]. Journal of Materials Chemistry，2012，22（18）：8911-8915.

[50] Gao S H，Ren Z Y，Wan L J，Zheng J M，Guo P，Zhou Y X. Density functional theory prediction for diffusion of lithium on boron-doped graphene surface[J]. Applied Surface Science，2011，257（17）：7443-7446.

[51] 黄长水，李玉良. 二维碳石墨炔的结构及其在能源领域的应用[J]. 物理化学学报，2016，32（6）：1314-1329.

[52] 陈彦焕，刘辉彪，李玉良. 二维碳石墨炔研究进展与展望[J]. 科学通报，2016，61（26）：2901-2912.

[53] Zhang H Y，Xia Y Y，Bu H X，Wang X P，Zhang M，Luo Y H，Zha M W. Graphdiyne：A promising anode material for lithium ion batteries with high capacity and rate capability[J]. Journal of Applied Physice，2013，113：044309 .

[54] Zhang S L，Liu H B，Huang C S，Cui G L，Li Y L. Bulk graphdiyne powder applied for highlyefficient lithium storage[J]. Chemical Communications，2015，51：1834-1837.

[55] 苏方远. 基于石墨烯的锂离子电池导电网络构建及其规模化应用[D]. 天津：天津大学，2012.

[56] 曹清华，孟庆荣，贾伟灿，丁宏亮，沈烈. 高比表面积炭黑/聚丙烯导电复合材料[J]. 复合材料学报，2012，29（2）：59-64.

[57] 张园园. 导电炭黑填充硅橡胶复合材料的制备与性能研究[D]. 济南：山东大学，2010.

[58] Dominko R，Gaberšček M，Drofenik J，Bele M，Jamnik J. Influence of carbon black distribution on performance of oxide cathodes for Li ion batteries[J]. Electrochimica Acta，2003，48（24）：3709-3716.

[59] Qi X，Blizanac B，DuPasquier A，Oljaca M，Li J，Winter M. Understanding the influence of conductive carbon additives surface area on the rate performance of $LiFePO_4$ cathodes for lithium ion batteries[J]. Carbon，2013，64：334-340.

[60] Cerbelaud M，Lestriez B，Ferrando R，Videcoq A，Richard-Plouet M，Caldes M T，Guyomard D. Numerical and experimental study of suspensions containing carbon blacks used as conductive additives in composite electrodes for lithium batteries[J]. Langmuir，2014，30（10）：2660-2669.

[61] Palomares V，Goñi，De Muro I G，De Meatza I，Bengoechea M，Cantero I，Rojo T. Conductive additive content balance in Li-ion battery cathodes：Commercial carbon blacks *vs. in situ* carbon from $LiFePO_4$/C composites[J]. Journal of Power Sources，2010，195（22）：7661-7668.

[62] Qi X，Blizanac B，Dupasquier A，Lal A，Niehoff P，Placke T，Oljaca M，Li J，Winter M. Influence of thermal

treated carbon black conductive additive on the performance of high voltage spinel Cr-doped $LiNi_{0.5}Mn_{1.5}O_4$ composite cathode electrode[J]. Journal of the Electrochemical Society，2015，162（3）：A339-A343.

[63] Gojny F H，Wichmann M H G，Fiedler B，Kinloch I A，Bauhofer W，Windle A H，Schulte K. Evaluation and identification of electrical and thermal conduction mechanisms in carbon nanotube/epoxy composites[J]. Polymer，2006，47（6）：2036-2045.

[64] Li X L，Kang F Y，Bai X D，Shen W C. A novel network composite cathode of $LiFePO_4$/multiwalled carbon nanotubes with high rate capability for lithium ion batteries[J]. Electrochemistry Communications，2007，9（4）：663-666.

[65] Dettlaff-Weglikowska U，Yoshida J，Sato N，Roth S. Effect of single-walled carbon nanotubes as conductive additives on the performance of $LiCoO_2$-based electrodes[J]. Journal of the Electrochemical Society，2011，158（2）：A174-A179.

[66] Ganter M J，DiLeo R A，Schauerman C M，Rogers R E，Raffaelle R P，Landi B J. Differential scanning calorimetry analysis of an enhanced $LiNi_{0.8}Co_{0.2}O_2$ cathode with single wall carbon nanotube conductive additives[J]. Electrochimica Acta，2011，56（21）：7272-7277.

[67] Ha J，Park S K，Yu S H，Jin Aihua，Jang B，Bong S，Kim I，Sung Y E，Piao Y. A chemically activated graphene-encapsulated $LiFePO_4$ composite for high-performance lithium ion batteries[J]. Nanoscale，2013，5(18)：8647-8655.

[68] Tang R，Yun Q B，Lv W，He Y B，You C H，Su F Y，Ke Lei，Li B H，Kang F Y，Yang Q H. How a very trace amount of graphene additive works for constructing an efficient conductive network in $LiCoO_2$-based lithium-ion batteries[J]. Carbon，2016，103：356-362.

[69] Obrovac M N，Chevrier V L. Alloy negative electrodes for Li-ion batteries[J]. Chemical Reviews，2014，114(23)：11444-11502.

[70] Yu Y，Gu L，Zhu C B，Van Aken P A，Maier J. Tin nanoparticles encapsulated in porous multichannel carbon microtubes：Preparation by single-nozzle electrospinning and application as anode material for high-performance Li-based batteries[J]. Journal of the American Chemical Society，2009，131（44）：15984-15985.

[71] Wang L，Yu Y，Chen P C，Zhang D W，Chen C H. Electrospinning synthesis of C/Fe_3O_4 composite nanofibers and their application for high performance lithium-ion batteries[J]. Journal of Power Sources，2008，183(2)：717-723.

[72] Gu S Z，Liu Y P，Zhang G H，Shi W，Liu Y T，Zhu J. Fe_3O_4/carbon composites obtained by electrospinning as an anode material with high rate capability for lithium ion batteries[J]. RSC Advances，2014，4(77)：41179-41184.

[73] Ji L W，Zhang X W. Electrospun carbon nanofibers containing silicon particles as an energy-storage medium[J]. Carbon，2009，47（14）：3219-3226.

[74] Li Y，Guo B K，Ji L W，Lin Z，Xu G J，Liang Y Z，Zhang S，Toprakci O，Hu Y，Alcoutlabi M，Zhang X W. Structure control and performance improvement of carbon nanofibers containing a dispersion of silicon nanoparticles for energy storage[J]. Carbon，2013，51：185-194.

[75] Zhou X S，Wan L J，Guo Y G. Electrospun silicon nanoparticle/porous carbon hybrid nanofibers for lithium-ion batteries[J]. Small，2013，9（16）：2684-2688.

[76] Wu H，Zheng G Y，Liu N，Carney T J，Yang Y，Cui Y. Engineering empty space between Si nanoparticles for lithium-ion battery anodes[J]. Nano Letters，2012，12（2）：904-909.

[77] 王利娜. 硅/碳纳米管复合负极材料的制备及其电化学性能研究[D]. 沈阳：沈阳理工大学，2016.

[78] Cui L F，Hu L B，Choi J W，Cui Y. Light-weight free-standing carbon nanotube-silicon films for anodes of lithium ion batteries[J]. ACS Nano，2010，4（7）：3671-3678.

[79] Wang W，Kumta P N. Nanostructured hybrid silicon/carbon nanotube heterostructures：Reversible high-capacity lithium-ion anodes[J]. ACS Nano，2010，4（4）：2233-2241.

[80] Chen W X，Lee J Y，Liu Z L. Electrochemical lithiation and de-lithiation of carbon nanotube-Sn_2Sb nanocomposites[J]. Electrochemistry Communications，2002，4（3）：260-265.

[81] Fu Y B，Ma R B，Shu Y，Cao Z，Ma X H. Preparation and characterization of SnO_2/carbon nanotube composite for lithium ion battery applications[J]. Materials Letters，2009，63（22）：1946-1948.

[82] Chew S Y，Ng S H，Wang J Z，Novák P，Krumeich F，Chou S L，Chen J，Liu H K. Flexible free-standing carbon nanotube films for model lithium-ion batteries[J]. Carbon，2009，47（13）：2976-2983.

[83] Sivakkumar S R，Kim D W. Polyaniline/carbon nanotube composite cathode for rechargeable lithium polymer batteries assembled with gel polymer electrolyte[J]. Journal of the Electrochemical Society，2007，154（2）：A134-A139.

[84] Novoselov K S，Geim A K，Morozov S V，Jiang D，Zhang Y，Dubonos S V，Grigorieva I V，Firsov A A. Electric field effect in atomically thin carbon films[J]. Science，2004，306（5696）：666-669.

[85] Geim A K. Graphene：Status and prospects[J]. Science，2009，324（5934）：1530-1534.

[86] Shao J J，Lv W，Yang Q H. Self-assembly of graphene oxide at interfaces[J]. Advanced Materials，2014，26（32）：5586-5612.

[87] Roy-Mayhew J D，Bozym D J，Punckt C，Aksay I A. Functionalized graphene as a catalytic counter electrode in dye-sensitized solar cells[J]. ACS Nano，2010，4（10）：6203-6211.

[88] Yang S B，Feng X L，Ivanovici S，Müllen K. Fabrication of graphene-encapsulated oxide nanoparticles：Towards high-performance anode materials for lithium storage[J]. Angewandte Chemie-International Edition，2010，49（45）：8408-8411.

[89] Zhang C，Lv W，Zhang W G，Zheng X Y，Wu M B，Wei W，Tao Y，Li Z J，Yang Q H. Reduction of graphene oxide by hydrogen sulfide：A promising strategy for pollutant control and as an electrode for Li-S batteries[J]. Advanced Energy Materials，2014，4（7）：1301565.

[90] Qin J W，Lv W，Li Z J，Li B H，Kang F Y，Yang Q H. An interlaced silver vanadium oxide-graphene hybrid with high structural stability for use in lithium ion batteries[J]. Chemical Communications，2014，50（88）：13447-13450.

[91] Wu Z S，Ren W C，Wen L，Gao L B，Zhao J P，Chen Z P，Zhou G M，Li F，Cheng H M. Graphene anchored with Co_3O_4 nanoparticles as anode of lithium ion batteries with enhanced reversible capacity and cyclic performance[J]. ACS Nano，2010，4（6）：3187-3194.

[92] Li Z J，Wu S D，Lv W，Shao J J，Kang F Y，Yang Q H. Graphene emerges as a versatile template for materials preparation[J]. Small，2016，12（20）：2674-2688.

[93] Kyotani T，Sonobe N，Tomita A. Formation of highly orientated graphite from polyacrylonitrile by using a two-dimensional space between montmorillonite lamellae[J]. Nature，1988，331（6154）：331-333.

[94] Kim J Y，Cote L J，Huang J X. Two dimensional soft material：New faces of graphene oxide[J]. Accounts of Chemical Research，2012，45（8）：1356-1364.

[95] Li Z J，Lv W，Zhang C，Qin J W，Wei W，Shao J J，Wang D W，Li B H，Kang F Y，Yang Q H. Nanospace-confined formation of flattened Sn sheets in pre-seeded graphenes for lithium ion batteries[J]. Nanoscale，2014，6（16）：9554-9558.

[96] Lu Z Y，Zhu J X，Sim D H，Zhou W W，Shi W H，Hng H H，Yan Q Y. Synthesis of ultrathin silicon nanosheets by using graphene oxide as template[J]. Chemistry of Materials，2011，23（24）：5293-5295.

[97] Ji J Y，Ji H X，Zhang L L，Zhao X，Bai X，Fan X B，Zhang F B，Ruoff R S. Graphene-encapsulated Si on

ultrathin-graphite foam as anode for high capacity lithium-ion batteries[J]. Advanced Materials，2013，25（33）：4673-4677.

[98] Zhao X，Hayner C M，Kung M C，Kung H H. In-plane vacancy-enabled high-power Si-graphene compositee electrode for lithium-ion batteries[J]. Advanced Energy Materials，2011，1（6）：1079-1084.

[99] Yun Q B，Qin X Y，Lv W，He Y B，Li B H，Kang F Y，Yang Q H. “Concrete” inspired construction of a silicon/carbon hybrid electrode for high performance lithium ion battery[J]. Carbon，2015，93：59-67.

[100] Wang D H，Kou R，Choi D W，Yang Z G，Nie Z M，Li J，Saraf L V，Hu D H，Zhang J G，Graff G L，Liu J，Pope M A，Aksay I A. Ternary self-assembly of ordered metal oxide-graphene nanocomposites for electrochemical energy storage[J]. ACS Nano，2010，4（3）：1587-1595.

[101] Xiao J，Wang X J，Yang X Q，Xun S D，Liu G，Koech P K，Liu J，Lemmon J P. Electrochemically induced high capacity displacement reaction of PEO/MoS_2/graphene nanocomposites with lithium[J]. Advanced Functional Materials，2011，21（15）：2840-2846.

[102] Ding Y，Jiang Y，Xu F，Yin J，Ren H，Zhuo Q，Long Z，Zhang P. Preparation of nano-structured $LiFePO_4$/graphene composites by co-precipitation method[J]. Electrochemistry Communications，2010，12（1）：10-13.

[103] Wei W，Lv W，Wu M B，Su F Y，He Y B，Li B H，Kang F Y，Yang Q H. The effect of graphene wrapping on the performance of $LiFePO_4$ for a lithium ion battery[J]. Carbon，2013，57：530-533.

[104] Cao Y L，Li X L，Aksay I A，Lemmon J，Nie Z M，Yang Z G，Liu J. Sandwich-type functionalized graphene sheet-sulfur nanocomposite for rechargeable lithium batteries[J]. Physical Chemistry Chemical Physics，2011，13（17）：7660-7665.

[105] Liu D H，Zhang C，Lv X H，Zheng X Y，Zhang L，Zhi L J，Yang Q H. Spatially interlinked graphene with uniformly loaded sulfur for high performance Li-S batteries[J]. Chinese Journal of Chemistry，2016，34（1）：41-45.

[106] Niu S Z，Lv W，Zhang C，Li F F，Tang L K，He Y B，Li B H，Yang Q H，Kang F Y. A carbon sandwich electrode with graphene filling coated by N-doped porous carbon layers for lithium-sulfur batteries[J]. Journal of Materials Chemistry A，2015，3（40）：20218-20224.

第5章 超级电容器

随着科技发展和信息社会的进步，人类活动的各领域对能源的需求越来越大，对储能器件的性能要求也越来越高。市场上常见电池体系，如银锌、碱锰电池等一次电池，镍氢、铅酸、锂离子电池等二次电池，已在通信、电子、航空航天、汽车、军事等领域广泛地应用。这些电池的共同特点是能量密度相对较高，能满足许多场合的应用需要；不足之处为充电时间长、功率密度相对较低。在一些高能脉冲应用场合中，传统的蓄电池已经不能满足体系最大峰值功率的需求；而可载电压范围宽、高功率、可快速充放电等特性著称的物理电容器（如铝电解电容器），虽然目前仍广泛应用于电子线路、计算机、电力系统等领域，但由于其储能密度过低，其应用的深度和广度正不断缩小。因此，人们对具有高能量、高功率、长寿命的新型绿色储能器件的需求日益增长。

早在 1879 年，Helmholz 研究发现了具有双电层结构的电化学电容性质，Becker 于 1957 年首先提出“将较小的电化学电容器用作储能器件，该种器件具有接近电池的能量密度”。这种与电池能量密度接近的储能器件称为电化学电容器（electrochemical capacitor），或超级电容器（supercapacitor）。电化学电容器的性能介于传统物理电容器和二次电池之间[1-4]，兼有电池高能量密度和物理电容器高功率密度的特点，能量密度是传统物理电容器的 20～200 倍，功率密度一般大于 1000W/kg，高于普通二次电池，循环寿命（＞10^5次）也优于二次电池。此外，超级电容器还具有能够瞬间大电流充放电、工作温度范围宽、安全、无污染等优点。

超级电容器在许多场合有着独特的应用优势和广阔的市场前景[4-7]。小型超级电容器已广泛用作空调机、洗衣机、计算机等各种微处理机的辅助电源和备用电源，也可用于电动工具、玩具车等要求充电快、放电慢的场合。大型超级电容器可以单独使用，也可以与其他蓄电池并联组成复式电源系统。复式电源系统可以大大降低脉冲功率用电装置所需蓄电池的容量，扩展蓄电池的使用范围，还可延长蓄电池的使用寿命。以在电动汽车上的应用为例，将超级电容器和锂离子电池、燃料电池并联作为动力系统，超级电容器在加速或上坡时提供峰值功率，以保护主蓄电池系统，同时在制动或下坡时又可迅速回收多余的能量，减少能量损耗。

自 20 世纪 80 年代以来，超级电容器在电动汽车上的潜在应用前景逐渐引起人们的广泛关注。进入 21 世纪，随着电动汽车行业的快速发展，超级电容器已成为全球新型储能器件的一大研究热点。

超级电容器储能的机制分为两种：一种是基于双电层效应储能，即双电层电容；另一种是依靠氧化还原反应储能，即法拉第准电容。

国外对超级电容器的研究起步较早，技术相对比较成熟。由于其优越的性能和广阔的应用前景，一些发达国家将超级电容器作为国家级的重点研究和开发项目，提出了近期和中长期发展计划。自 1996 年起，欧洲共同体在焦耳项目框架下设置了“电动车用超级电容器”项目；美国能源部专门规定了超级电容器 2003 年以后的目标：功率密度 1.5kW/kg，能量密度 15W·h/kg；日本设立了新电容器研究会，将超级电容器研究列入“新阳光”计划。

美国、日本、韩国、俄罗斯等的一些公司凭借多年的研究开发和技术积累，在超级电容器的产业化技术方面目前处于世界领先地位，其产销量也占据着全球份额的绝大部分。韩国的 Nesscap 公司生产的基于粉状活性炭电极的有机体系双电层电容器，性能处于世界前列，功率密度和能量密度均较高，其中 5000F/2.7V 双电层电容器产品的功率密度为 5.2kW/kg（6.4kW/L），能量密度达 5.8W·h/kg（7.1W·h/L）。美国 Maxwell 公司生产的大、中型碳基有机电解液双电层电容器、澳大利亚 Cap-XX 公司生产的小型碳基有机电解液双电层电容器，以及俄罗斯 ESMA 公司生产的大型 $C/Ni(OH)_2$ 混合型超级电容器，性能水平都很高。2004 年，日本电子株式会社（JEOL Ltd.）发布了“Nanogate Capacitor”，该产品使超级电容器的能量密度得到突破性提高，达到 50～75W·h/kg，超出现有的商业化超级电容器 10 倍左右，高于铅酸电池，接近于镍氢电池。

超级电容器的发展历史可用图 5.1 表示。

国外超级电容器的研究和发展概况见表 5.1。

表 5.1 国外超级电容器的研究和发展概况[8, 9]

国家	公司/实验室	器件特征	能量密度 E/(W·h/kg)	功率密度 P/(W/kg)
日本	Panasonic	3V，800～2000V	3～4	200～400
法国/美国	Saft/Alcatel	3V，130F	3	500
澳大利亚	Cap-XX	3V，120F	6	300
日本	NEC	5～11V，1～2F	0.5	5～10
俄罗斯	ELIT	450V，0.5F	1	900～1000
美国	Maxwell	3V，1000～2700F	3～5	400～600
瑞典/乌克兰	Superfarad	40V，250F	5	200～300
美国	Powerstor	3V，7.5F	0.4	250
美国	LANL	2.8V，0.8F	1.2	2000

续表

国家	公司/实验室	器件特征	能量密度 E/(W·h/kg)	功率密度 P/(W/kg)
美国	Pannacle	100V，15F	0.5～0.6	200
美国	Evans	28V，0.02F	0.1	30 000
俄罗斯	ESMA	17V，20A·h	8～10	80～100

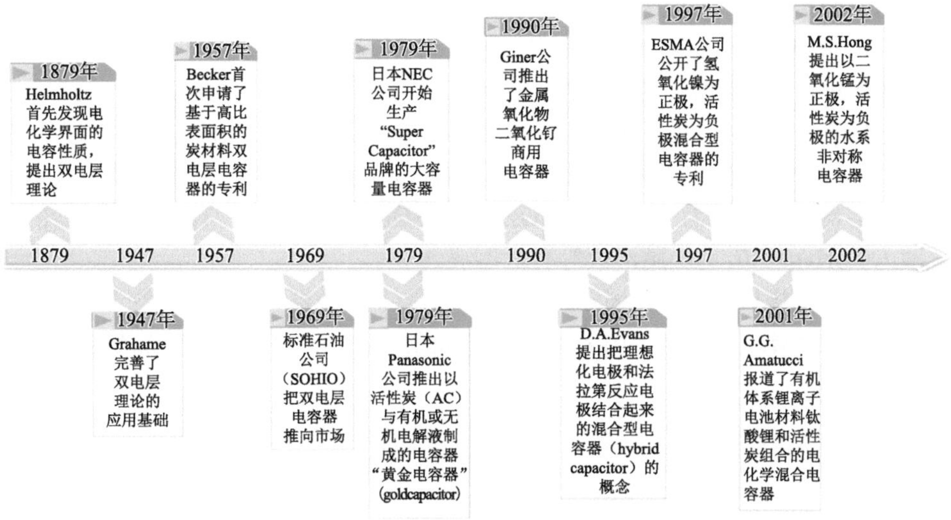

图 5.1　超级电容器发展历史[8, 9]

国内对超级电容器的研发始于 20 世纪 90 年代，近些年，国家逐渐加大了对超级电容器项目的投入。2002 年起国家“863 计划”等重大项目开始对超级电容器及相关材料的研究进行资助；随后，超级电容器关键材料及其器件设计又被列入《国家中长期科学和技术发展规划纲要（2006—2020 年）》和《国家“十一五”科学技术发展规划》，有力促进和推动了我国超级电容器的研发和应用。

近年来，中国电子科技集团第四十九研究所、中国人民解放军防化研究院、清华大学、复旦大学、北京科技大学及北京理工大学等一大批院校和研究所开展了超级电容器及其关键材料的研究，技术水平取得了长足进步。国内早期从事超级电容器研发与生产的厂商主要有上海奥威科技开发有限公司、北京集星联合电子科技有限公司、锦州富辰超级电容器有限责任公司、哈尔滨巨容新能源有限公司等，具备了一定的技术实力。上海奥威科技开发有限公司开发的 C/$Ni(OH)_2$ 车用超级电容器，电性能和物理性能与国外同类产品较为接近，某些性能甚至超过了国外产品，其牵引型超级电容器能量密度高达 10W·h/kg，启动型超级电容器功率密度达 2kW/kg。北京集星联合电子科技有限公司生产的 2.7V/5F-10000F 系列标准单体产品，通过串并联可组成 2.7V-400V/ 0.1F-10000F 的高压模组。中车集团开发了兼具高能量密度与高功率密度的动力型双电层电容器，并将其作为主驱动电源实现了储能式现代有轨电车和超快充超级电容纯电客车商业化载客运营。由于超级电容器在电动汽车领域的应用前景看好，近年来国内其他一些公司也开始积极涉足这一产业，通过技术引进和自主研发，也具备了一定的技术实力和产业化能力。目前，国内从事大容量超级电容器研发的厂商已达 50 家以上，国产超级电容器占有国内市场份额达 60%～70%。

超级电容器的分类法主要有[8, 9]：

（1）按照电荷存储的机制划分，可以分为双电层电容器和赝电容电容器。

（2）按照正负极材料的构成和发生的电化学过程不同划分，可以分为对称型电容器和非对称型电容器（也称混合型电容器）。前者两个电极的材料组成相同，且发生的电化学过程相同；后者两个电极的材料组成不同，或者发生的电化学过程不同。

（3）按照采用的电解液划分，可以分为水系电容器和有机系电容器。其中，水系电容器的电解液为 KOH、H_2SO_4 或 Na_2SO_4 等的水溶液；有机系电容器的电解液为$(C_2H_5)_4NBF_4$的乙腈溶液等有机溶液。

（4）按电极材料的材质划分，可以分为碳材料电容器、金属氧化物电容器和导电聚合物电容器。其中，应用最早也是最广泛的是各种碳材料作为电极的电容器。

5.1 碳/碳对称性超级电容器

5.1.1 双电层电容

超级电容器的能量来源于双电层电容或是赝电容。其中，双电层电容（非法拉第）依靠电极和电解液界面分离的双电层存储电能；而赝电容是依靠电极材料发生的氧化还原反应存储电荷，具有功率密度高、充电时间极短、寿命非常长等特点[10-12]，引起了越来越多研究人员的关注。超级电容器和其他能量储存器件的功率密度和能量密度对比见图 5.2。

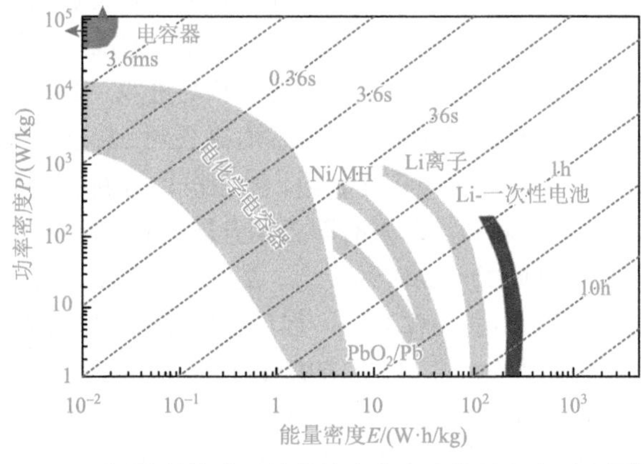

图 5.2 不同能量储存器件的功率密度和能量密度对比图[12]

5.1.2　超级电容器的原理

典型的双电层电容器的结构可以用图 5.3 表示[13]。

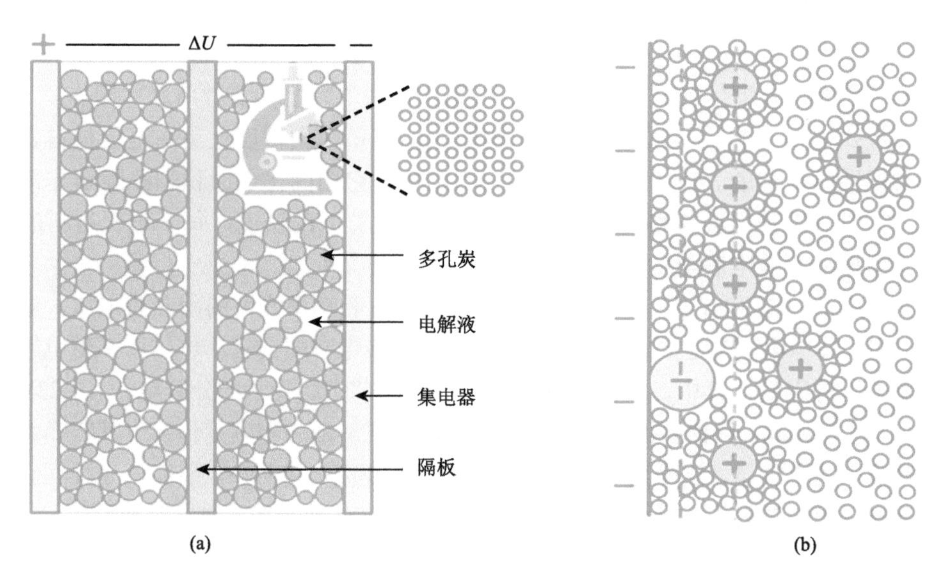

图 5.3　典型的双电层电容器示意图[13]

如图 5.3 所示，超级电容器可以看作是由两个多孔材料作为活性物质的电极构成，两个电极之间充满了电解液，中间用隔膜分隔开。在固液相接触的界面上，靠近固体一侧有单层电子，同时靠近液体一侧也有单层电子，两层电子构成了双电层。充电时，正极吸引电解质中的阴离子，阳离子向负极表面扩散，在两个电极和电解液的接触界面间异种电荷相互吸引，表面形成紧密的双电层，从而进行能量的存储；放电时，固液界面接触处的正负电荷从表面回到电解液中。整个充放电过程中没有氧化还原反应发生，都是电荷的物理迁移。

超级电容器，每个电极和电解液的界面可以看成是一个电容器，因此整个电容器可以看作是由两个电容器串联起来的储能装置。对于一个对称的电容器（两个电极由相同的材料组成），电容器的电容量可表示为

$$\frac{1}{C}=\frac{1}{C_1}+\frac{1}{C_2} \tag{5.1}$$

其中，C_1 和 C_2 分别为第一和第二个电极材料的电容量；C 为整个电容器的电容量。

在电极和电解液界面上，每一个双电层电容量 C_{dl} 可表示为

$$C_{dl}=\frac{\varepsilon A}{4\pi d} \tag{5.2}$$

其中，ε 为双电层区域的电解质常数；A 为电极的表面积；d 为双电层的厚度。

超级电容器的能量密度（E）和功率密度（P）可分别表示为

$$E=\frac{1}{2}CU^2 \tag{5.3}$$

$$P=\frac{U^2}{4R} \tag{5.4}$$

其中，U 为电容器的额定电压（标称电压）；R 为电容器的等效串联电阻。

从式（5.1）和式（5.2）看出：电容器的电容量很大程度上是由电极材料表面的物理性质决定的。对于碳基材料[14-17]，尤其是它们的比表面积和孔隙率非常重要。一般对碳基电极材料来说，高的孔隙率对应着低的密度，每个电极材料的体积比容量决定着电容器的能量密度[12]。

由式（5.3）和式（5.4）得知：影响能量密度和功率密度的因素有电压、电容和电阻，其中电压是主要影响因素。实际上，超级电容器的工作电压通常受电解液分解电压的限制。其中，酸性和碱性水系电解液[18-20]均受水的分解电压（1.23V）限制。尽管如此，高比表面积的碳基电极在水系电解液中电容量仍大于其在非水系电解液中的电容量，这是由于水系电解液的电导率高、内阻小，并能充分浸润碳基电极材料内部的孔道，进而产生更高的电容量[21]。对于非水系的电解液[22-24]，一般具有较高的工作电压（＞2.5V），所以商用的超级电容器大多使用有机电解液；但因有机电解液的电解质常数相比水性体系高了至少一个数量级，会造成高的电容器的内阻，而高的内阻又会导致超级电容器的功率密度较低，限制了它的应用范围。

5.1.3 超级电容器用碳材料

碳材料具有比表面积高、导电性好、化学稳定性高、易于成型性等特点，而且原料来源丰富、价格相对低廉，是研究最多、应用最广泛的超级电容器电极材料。常见的碳电极材料主要有粉状活性炭、活性碳纤维、炭气凝胶、模板炭、碳纳米管，也有一些研究涉及石墨烯、碳化物衍生碳等新型碳材料。电极材料是超级电容器的重要组成部分，也是影响电容器性能的最关键因素之一，因此电极材料成为超级电容器相关研究的重点。多孔炭作为目前最具实用价值的碳电极材料，如何获得最优的电化学性能依然是研究者面临的一个巨大挑战。通过先进的制备工艺，制备出孔分布合理、电导率高的新型碳材料是多孔炭电极材料研究的主要方向。理想的多孔炭电极应该具有高比表面积、发达的中孔结构、高电导率，而这些性能之间却有着诸多相互矛盾的地方，探索多孔炭结构性能与电化学性能之间的关系具有重要的学术研究意义。

1. 影响碳材料电容性能的因素

碳材料以双电层储能为主，根据双电层理论，其比表面积越大，比容量也应越大。理论上，在清洁石墨表面形成的双电层电容约为 20μF/cm²，按此推算，比表面积为 3000m²/g 的活性炭的单电极比容量应能达到 500F/g 以上。然而，活性炭在水系电解液中的实际比容量最高只有 300F/g 左右，在有机系电解液中的比容量最高仅为 150F/g 左右，这其中还有部分表面赝电容的贡献。

大量研究结果表明，碳材料的比容量并不总是随其比表面积的增大而线性增大，实验测得的比容量往往小于其理论比容量，这一现象在超高比表面积（>2000m²/g）活性炭中尤为突出。其中原因主要与碳材料的孔结构分布有关。大孔（>50nm）形成的比表面积很小，通常每克只有数平方米，与微孔（<2nm）和中孔（2～50nm）的比表面积相比可以忽略不计。

碳材料双电层行为的早期研究[25-28]认为，在水溶液中，碳材料中 2nm 以上的孔对形成双电层电容比较有利，而 2nm 以下的孔则很少有双电层的形成；对非水电解液，5nm 的孔径最适合。Salitra 等[26, 27]研究了不同孔结构的活性炭在 LiCl、NaCl 和 KCl 的水溶液以及 $LiBF_4$ 和 $(C_2H_5)_4NBF_4$ 的碳酸丙烯酯溶液中的双电层电容性能，认为电解质离子难以进入超细微孔中，虽然这些微孔对比表面积贡献较大，但对应的表面不能形成双电层，对容量没有贡献。Shi[29]则认为微孔和中孔对双电层电容都有贡献，但二者在单位面积上的双电层电容存在差异，微孔的面积比容量与石墨表面的比容量接近（15～20μF/cm²），而中孔表面结构、形态和化学性质存在差别，导致了外表面单位面积比容量有所不同。Chmiola 等[30-32]在研究 CDC 孔径、比表面积及比容量之间关系时发现，当孔径小于 1nm 时，孔径与面积比容量几乎成反比，CDC 在有机电解液中的最高面积比容量达 13μF/cm²，是一般活性炭的 3 倍，如图 5.4 所示。

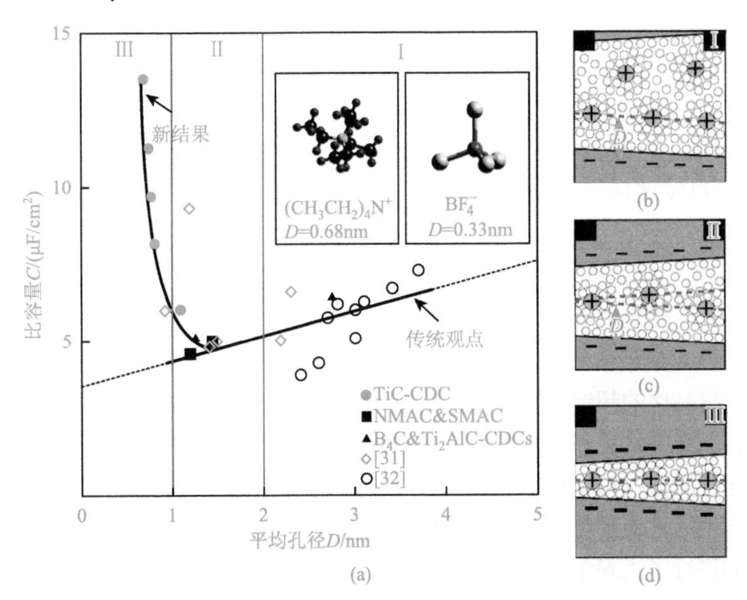

图 5.4　（a）孔径与比容量的关系；（b）～（d）孔中的离子状态示意图[30-32]

Chmiola 等[30]认为电解液中溶剂化的阴、阳离子虽然尺寸较大，但在电场作用下溶剂化的离子会发生脱溶剂化或者部分脱溶剂化，从而能够进入较小的孔中形成双电层储能；孔越小，离子与孔壁的距离越接近，即双电层间距变小，使得电容量增大。进一步的研究指出[33, 34]，当碳材料的孔尺寸与去溶剂化的离子尺寸接近时将获得最大的面积比容量，因此不同电解质所要求的电极材料最小孔径是不同的。尽管 1nm 以下的微孔对能量存储有利，但电容器的充放电性能受材料整体孔径分布的影响较大，孔径尺寸越大，离子的电化学吸附速率越快，从而能够满足快速充放电的要求，适于制备高功率的超级电容器[35, 36]。Yang 和 Cao[37]认为，1～4nm 的孔发达的多孔炭尤其适用于水系电解液的大功率电容器，而有机电解液体系的电容器则需要更大些的孔（如 4～10nm）。

同时，碳材料的表面化学状态也会对其电化学性能产生显著影响。碳材料的表面一般会存在大量官能团，这些表面官能团能够影响电解液对材料表面的浸润性，进而影响材料的比表面积利用率[38]。并且这些官能团在一定的电势下发生氧化还原反应产生赝电容，还可以提高碳材料的比容量[39-41]。碳材料表面的含氧官能团主要来自活化过程[18, 42]及各种氧化过程[43, 44]。选择含氮的碳前驱体[45, 46]，或采用一些含氮物质进行处理的工艺[47, 48]，可在碳材料中引入 N 元素，会使得比容量明显提高。Rychagov 等[39]的研究表明，表面官能团的赝电容效应对比容量的贡献有时可达 50%以上。但是表面官能团含量越高，导致电容器的等效串联电阻（ESR）也就越大[36, 49-51]；表面较高的含氧量会提高电极的本征电势，导致电容器在正常工作电压下发生析气反应，进而影响电容器的寿命[52]，同时表面官能团的法拉第副反应还会导致电容器漏电流的增大[38, 53]。

除了比表面积、孔径分布和表面化学特性，碳材料的导电性对功率性能也有较大影响[54, 55]。随着人们对双电层储能机制认识的深入，进行材料设计，制备具有高比表面积、合理的孔径分布、适宜的表面特性、电导率高的多孔炭将成为今后碳电极材料发展的一个主要方向。

2. 常用碳材料

1）粉状活性炭

粉状活性炭是最早用于超级电容器的一种较为成熟的电极材料，价格低廉、性能优异，已在商品化的超级电容器中广泛使用，至今仍是首选材料。果壳、煤、石油焦、酚醛树脂、沥青等均可作为原料，采用物理活化（以水蒸气与 CO_2 等氧化性气体为活化剂）和化学活化（以 KOH、$ZnCl_2$ 及 H_3PO_4 等为活化剂）制备活性炭，原料和活化工艺的不同使活性炭的物理和化学性能差异很大。为了获得高性能的活性炭电极材料，多年来人们进行了大量的研究工作。物理活化法制得的活性炭比表面积一般在 900～1600m^2/g，比容量相对不很高（一般低于 200F/g）[50, 51, 56, 57]；化学活化法可制得高比表面积的活性炭，尤其以 KOH 为活化剂时，活性炭微孔发达，比容量可以达到很高的水平[10, 58-61]。Kierzek 等[59]使用 4 倍量的 KOH 在 800℃下活化煤和沥青制得比表面积为 1900～3200m^2/g 的活性炭，在 1mol/L H_2SO_4 水溶液中的比容量为 200～320F/g。日本的商用活性炭Maxsorb，比表面积高达2850m^2/g，在碱性溶液中的比容量为300F/g。

活性炭的制备工艺适合大批量生产，但活性炭的微观结构主要由前驱体决定，对其孔结构的调控相对比较困难。而且活性炭的电导率一般不高，有待进一步提高以改善电容器的功率特性。

2）活性碳纤维

活性碳纤维（ACF）比表面积大、微孔丰富，孔径小且分布窄（<2nm），孔隙主要分布在纤维表面，吸脱附速度非常快，吸附能力远高于活性炭，这些特点可能会使其成为理想的双电层电容器的电极材料，引起了人们的极大兴趣[12, 43, 44, 62-64]。Kim[62]以聚苯并咪唑为有机前驱体纤维先进行低温稳定处理，然后在 800℃下进行活化，可得到比表面积为 1220m^2/g 的活性碳纤维。将此材料应用于超级电容器电极，在 H_2SO_4（1mol/L）电解液中的比容量可达 202F/g。Xu 等[64]将 PAN 基碳纤维布用 CO_2 进行活化后作为超级电容器电极材料，小电流下的比容量为 208F/g，在电流密度 10A/g 时仍可保持 129F/g 的比容量。KOH 活化可显著提高活性碳纤维的比表面积，作为超级电容器电极材料，比容量可以达到 290F/g[12]。美国的 Maxwell、日本的 Tokin、瑞典的 Superfarad 及北京集星联合电子科技有限公司等已经有采用活性碳纤维作电极材料的商品化超级电容器产品。不足之处是活性碳纤维的密度远低于粉状活性炭，导致其体积比容量较低；同时，碳纤维经活化以后容易粉化，从而使其失去导电性好的优势。

3）炭气凝胶

炭气凝胶是一种质轻、比表面积大、中孔发达、导电性良好、电化学性能稳定的纳米多孔无定形碳素材料，其孔隙率高达 80%～98%，比表面积为 400～1000m^2/g。1994 年的国际标准化协会（International Standardization Association，ISA）会议以后的十多年中，炭气凝胶应用于双电层电容器电极材料一度成为研究的热点[13-17, 19, 20]。Pekala 等[16]认为可以利用炭气凝胶单片电路结构、高比表面积、可控的孔径尺寸、低电阻等特性，制备性能优良的双电层电容器电极。采用不同制备工艺条件（催化剂浓度、热分解温度等）得到的炭气凝胶孔结构不同，电化学性能差异很大，比容量最高能达到 220F/g。Powerstor 公司以炭气凝胶为电极材料，使用有机电解液制得电压为 3.0V 的商品化超级电容器产品，其能量密度和功率密度分别为 0.4W·h/kg 和 250W/kg。

炭气凝胶通常采用超临界干燥法进行制备，设备昂贵、操作复杂、所需时间周期很长，不利于材料大规模制备和应用。一些尝试使用其他条件制备炭气凝胶的研究表明其效果均较超临界干燥法差[22, 23]。

4）模板炭

尽管活性炭材料孔道的大小和结构可通过改变炭化或活化的条件以及添加

铁、镍、钴等金属催化剂[24]在一定程度上进行控制，然而孔尺寸分布宽、均一性较差的问题一直很难解决。

20 世纪 90 年代中期以来，随着模板法的出现与迅速发展，各种各样具有新颖孔结构的多孔炭材料被开发出来。模板法通过调节制备模板剂的各种参数或者选择不同的模板剂，可实现对碳材料孔结构的有效控制。由于具有孔径分布窄、孔尺寸可控性强的特点，模板炭近年来成为超级电容器电极材料的研究热点[17, 35, 65-68]。

根据模板剂脱除的方式，模板法可分为硬模板法和软模板法。硬模板法一般是通过向具有特殊孔道结构的模板材料中填充碳源，炭化后除模板就得到了与模板孔道结构互补的炭孔结构，常用的硬模板为无机硅基有序介孔分子筛模板，如 MCM-48、SBA-1、SBA-15、MSU-H、HMS 等[69-71]。软模板法是采用两种热稳定性不同的聚合物进行复合，高温下一种作为碳前驱体会炭化，另一种则分解成气体后形成孔隙，最终多孔炭孔的结构与复合两相的分散形态有关；利用近年来发展起来的有机超分子模板，可以制备出孔结构高度有序、尺寸集中的中孔炭[72-74]。

模板法制备的多孔炭在水系电解液中的比容量可达 322F/g[65]，在有机系电解液中可达 159F/g[75]，与 KOH 活化制备的活性炭水平相当。该类多孔炭孔径一般较大，使得材料内部离子迁移阻力较小，具有更好的倍率性能。Liu 等[66]比较了有序介孔炭和活性炭的循环伏安特性，发现在高扫描速率下有序介孔炭具有更高的比容量，表明有序介孔炭材料在快速充放电时较孔隙以微孔为主的活性炭优势明显。

与软模板法相比，硬模板法由于有模板的支撑作用，碳材料可以在高温下进行热处理而不致发生严重的孔隙坍塌，有利于提高材料的电导率，从而有利于材料电化学性能的提高，但硅基模板脱除工艺复杂，不适合大批量生产。有机超分子软模板法具有工艺简单、重复性好、不需要除硅等优点，然而关于此工作的研究尚未形成体系，仍有待于进一步的完善和发展。

5）碳纳米管

CNT 结晶度高、导电性好、比表面积较大、孔径分布集中，优异的物理性质使其在超级电容器电极材料领域具有一定的应用前景[76]。Niu 等[77]最早报道了 CNT 作为超级电容器电极材料的应用研究，使用催化裂解法生长的直径为 8nm、比表面积为 $430m^2/g$ 的 CNT，加入 PTFE 黏结剂制得电极后，电极片的电阻率仅为 $1.6\times10^{-2}\Omega\cdot cm$，在 38%（质量分数）的 H_2SO_4 电解液中的比容量最高为 113F/g，电极等效串联内阻为 0.094Ω，功率密度大于 8kW/kg。十多年来，国内外研究者对 CNT 的电容行为进行了大量研究[78, 79]。Frackowiak 等[80]以二氧化硅为模板，以钴盐催化裂解乙炔制得比表面积为 $400m^2/g$ 的 MWCNT，比容量达 135F/g，在高达 50Hz 的工作频率下，其比容量下降也不明显，说明 CNT 的比表面积利用率、功率特性和频率特性都优于活性炭。SWCNT 的比容量更高，最高可达 180F/g[81]。CNT 具有良好的功率特性，可达到 30kW/kg，但由于其比表面积一般只有 100～400m^2/g，远远低于活性炭和模板炭，因此比容量难以大幅度提高。为了提高其比容量，人们尝试对 CNT 进行改性，例如，采用高速球磨法将 CNT 打断，能在一定程度上提高 CNT 的比表面积[82]；通过化学氧化或电化学氧化的方法在 CNT 表面产生电活性官能团[80, 83]，也可以有效提高 CNT 的比容量，但仍低于其他多孔性碳材料。

6）石墨烯

石墨烯具有超大的比表面积，理论值为 2630m^2/g，导电性能和金属铜相当。近几年来，涌现出了大量有关石墨烯在超级电容器上的应用研究[84]。Stoller 等[85]制备了以石墨烯为电极材料的超级电容器，在水系和有机系电解液中的比容量分别为 135F/g 和 99F/g，与其他碳材料相比有些偏低，主要原因是所用石墨烯的层数较多且易团聚。Wang 等[86]采用改进的 Hummers 法制备氧化石墨烯，然后用肼还原制得石墨烯，在 30%（质量分数）的 KOH 溶液（电解液）中，比容量最高达到 205F/g，能量密度和功率密度分别为 28.5W·h/kg 和 10kW/kg。Vivekchand 等[87]将由氧化石墨制备的石墨烯用于离子液体电容器，工作电压达到 3.5V，比容量和能量密度分别为 75F/g 和 31.9W·h/kg，远超过碳纳米管的性能。

7）碳化物衍生碳

CDC 是另一种可用于超级电容器电极的新型碳材料。以金属碳化物为前驱体，通过高温卤化法去除其中的金属元素，碳骨架保存下来成为纳米孔碳材料。CDC 的制备原理与模板炭有相似之处，其前驱体中的金属元素可视为原子级的模板剂。各种碳化物都可以用来制备 CDC 材料，目前已经报道的前驱体有 TiC、NdC、ZrC、Ti_2AlC、Mo_2C、B_4C、Fe_3C_4、Al_4C_3 等[88-92]。CDC 的比表面积大（1000～2000m^2/g），孔径较小（0.5～4nm）且分布范围狭窄，可通过原料选择、改变制备条件进行孔径调控，制备出孔尺寸适合电解液离子大小的电极材料[93, 94]。CDC 的密度较高，有益于提高电极体积比容量。采用 TiC 为前驱体制备的 CDC 电极表观密度为 0.74g/cm^3，在 H_2SO_4（1mol/L）电解液中的体积比容量可达 140F/cm^3[95]。在有机系电解液中，CDC 的表面积比容量为 13μF/cm^2，高于其他类型碳材料。采用 CDC 为电极可以组装出能量密度为 10.8W·h/kg 的电容器，高于商品活性炭电容器的性能[96]。但是，CDC 孔径小、电解质离子扩散阻力大，导致电极的功率性能一般。因此，改善 CDC 的生产工艺，提高材料的比功率、降低生产成本是下一步研究的方向。

5.2 碳/氧化物非对称超级电容器

5.2.1 法拉第准电容

法拉第准电容也称为赝电容，是在电极表面或体相中的二维或准二维空间内，电活性物质进行欠电势沉积，发生高度可逆氧化/还原反应，形成与电极充电电势有关的电容量[3, 97, 98]。赝电容的充放电过程具有类似于双电层电容的行为特征：①电压随时间呈线性变化；②对电极施加一个随时间线性变化的外部电压时，可以观察到一个接近常量的充放电电流。

赝电容不仅能在电极表面形成，而且可深入到电极内部，因此可以获得比双电层电容更高的电容量和能量密度。在电极面积相同的情况下，赝电容的电容量可以达到双电层电容量的 10～100 倍。但由于赝电容的充放电性能受电活性物质表面的离子取向与内部电荷迁移速度的控制，因而其瞬间大电流充放电的倍率特性不及双电层电容。

赝电容电极材料主要包括：①过渡金属氧化物（RuO_2、MnO_2 和 NiO_x 等）；②导电聚合物（聚苯胺、聚吡咯、聚噻吩、聚乙炔等）。

5.2.2 金属氧化物材料

RuO_2 电容器是研究最早、商业化最成功的水系赝电容电容器。RuO_2 不仅具有极高的比容量，而且导电性好，是一种性能优异的电极材料。采用溶胶-凝胶法制得无定形 RuO_2 的比容量高达 700～1000F/g[99, 100]。但因贵金属 Ru 的资源有限，RuO_2 价格昂贵，因此 RuO_2 电容器主要用于军事方面。于是，人们尝试各种方法减少氧化物中 Ru 的用量，或寻找性能相当而价格更低廉的替代材料。

Takasu 等[101]使用溶胶-凝胶法制备了 RuO_2 与 MoO_x、TiO_2、VO_x、SnO_2 等复合的二元氧化物，不同程度地降低了 RuO_2 的含量，得到的材料仍具有较高的比容量。Jeong 和 Manthiram[102]用沉淀法制备的无定形 $RuO_2Na_{0.37}WO_3 \cdot xH_2O$ 三元氧化物，在 RuO_2 含量为 50%（质量分数）时，其比容量仍高达 560F/g。

1999 年，Goodenough 等[103]发现无定形的 MnO_2 和 V_2O_5 在中性电解液中也具有明显的法拉第准电容行为。此后，寻找具有良好电化学电容行为的廉价过渡金属氧化物成为超级电容器电极材料研究的一个热点。替代 RuO_2 材料的研究主要是一些过渡金属氧化物，如 MnO_2、NiO_x、V_2O_5、MoN、MoO_3、IrO_2、WO_3、PbO_2、CoO_x 等[104-108]。Lee 等[109]采用多孔 V_2O_5 水合物作电极材料，比容量为 350F/g。Cheng 等[110]采用溶胶-凝胶法制备的纳米 NiO_x 干凝胶材料的比容量达到 696F/g。Pang 等[106]采用溶胶-凝胶法制备的 MnO_2 水合物作为电极材料，比容量为 689F/g。

在上述诸多过渡金属氧化物中，MnO_2 的理论比容量较高，工作电压窗口宽，且资源丰富，价格更为低廉。对于 MnO_2 电极材料的研究，近十多年发展迅速[111-122]，很有希望应用到新一代水系超级电容器中。而其他金属氧化物材料（除 Ru 的氧化物外），功率特性和循环寿命方面均存在问题。目前的解决方法主要是将材料细化或多孔化[122-125]，增大材料与电解液接触的表面积[121, 126-129]，或通过掺杂提高材料本身的导电性[130-135]，这也将成为今后改善氧化物电极材料电化学性能的主要途径。

5.2.3　二氧化锰在超级电容器中的应用

超级电容器中 MnO_2 作为电极材料通常有两种形态：粉末电极和薄膜电极。由于 MnO_2 有多样的晶体结构、表面形态、孔隙度、表面化学缺陷，每种类型的 MnO_2 都显示出自己独特的电化学性质。MnO_2 作为电极应用在超级电容器中，这些结构参数对决定和优化超级电容器的电化学性能来说都是关键因素。

1. MnO_2 粉末电极

MnO_2 粉末电极材料的制备方法主要包括：液相沉淀法、溶胶-凝胶法、水热或溶剂热法、固相反应法、热分解法等。

MnO_2 粉末电极的制备过程通常为：首先将活性物质 MnO_2、导电剂乙炔黑、黏结剂按一定的比例称量好后，放入容器中干混一段时间，然后加入溶剂，使黏结剂和固体粉末搅拌后混合均匀，然后涂覆在集流体上，一般用不锈钢或钛网做集流体，最后以一定的压力保压一段时间，烘干裁片后就可得到粉末电极。Lee 和 Goodenoug[136]通过液相共沉淀反应，得到无定形 α-MnO_2 粉末，然后用钛网做集流体，制备出 MnO_2 粉末电极，在 2mol/L KCl 水溶液中获得的比容量高达 200F/g。Wang 等[137]以乙酸锰和柠檬酸为原料，采用溶胶-凝胶法合成纳米 MnO_2 粉末，用泡沫镍做集流体，制得 MnO_2 粉末电极，在 1mol/L LiOH 水溶液中 0.1A/g 电流密度下进行恒流充放电，测得的比容量高达 317F/g。

对 MnO_2 粉末电极材料而言，重点是制备具有高比表面积和大的敞开的隧道结构的 MnO_2 粉末。

2. MnO_2 薄膜电极

MnO_2 薄膜电极主要用于研究微观界面上能量的存储机理。MnO_2 薄膜电极通常是将具有理想结构的 MnO_2 薄膜通过多种技术手段沉积在集流体上，直接作为电极。制备 MnO_2 薄膜电极的方法有溶胶-凝胶浸渍法[138, 139]、阳极或阴极电化学沉积法[140, 141]、电泳沉积法[142, 143]等。其中，电泳沉积法通过外加电场将悬浮液中的带电粒子移动到电极上并沉积下来，形成薄膜电极。这个过程分两步进行，首先在水溶液中利用还原剂还原高锰酸钾（$KMnO_4$）制备出带电的 MnO_2 悬浮颗粒，然后在恒电压或恒电流的条件下通过电泳沉积在集流体表面。Zhitomirsky 等[142]首先采用乙醇还原 MnO_4^- 制备无定形 MnO_2 纳米颗粒，粒径约为 30nm，然后将 MnO_2 颗粒用乙醇分散，得到 MnO_2 颗粒浓度为 3g/L 的稳定悬浮液；随后在电场的作用下，悬浮液中的 MnO_2 纳米颗粒定向迁移并在阴极上沉积得到 MnO_2 薄膜电极。再将制备的 MnO_2 薄膜电极在 0.1mol/L Na_2SO_4 溶液中以 50mV/s 的扫描速率进行循环伏安扫描，可获得 240F/g 的比电容。

3. MnO_2/导电聚合物复合电极

导电聚合物是一种用于超级电容器的新型电极材料，其储能机理也是通过发生氧化还原反应产生赝电容存储电子，即聚合物分子中发生快速可逆的 n 型（阳离子）、p 型（阴离子）的掺杂和去掺杂实现氧化还原反应。一般情况下导电聚合物能存储很高的电荷密度，相应地产生很高的赝电容（法拉第准电容）。常用的导电聚合物有：聚苯胺、聚对苯、聚并苯、聚乙烯二茂铁、聚吡咯、聚噻吩、聚乙炔、聚亚胺酯及它们衍生物的聚合物[144-146]。

在 MnO_2 的外表面包覆一层高导电性的聚合物，可弥补 MnO_2 导电性较差的不足。这种 MnO_2/导电聚合物复合电极材料在提高 MnO_2 电导率的同时，还可增强其化学稳定性和机械性能。

4. MnO_2/碳材料复合电极

纳米结构的碳材料，如碳纳米管、纳米石墨片、有序介孔炭均具有较高的比表面积和优良的电子电导率。其中，较大的比表面积可负载纳米 MnO_2，同时贡献出一定的双电层电容来提高整体性能；而优良的电子电导率又能够提高纳米 MnO_2 的导电性，使其得到充分利用[147-150]。MnO_2/碳材料复合过程见图 5.5（图中的赝电容材料为 MnO_2 等）。

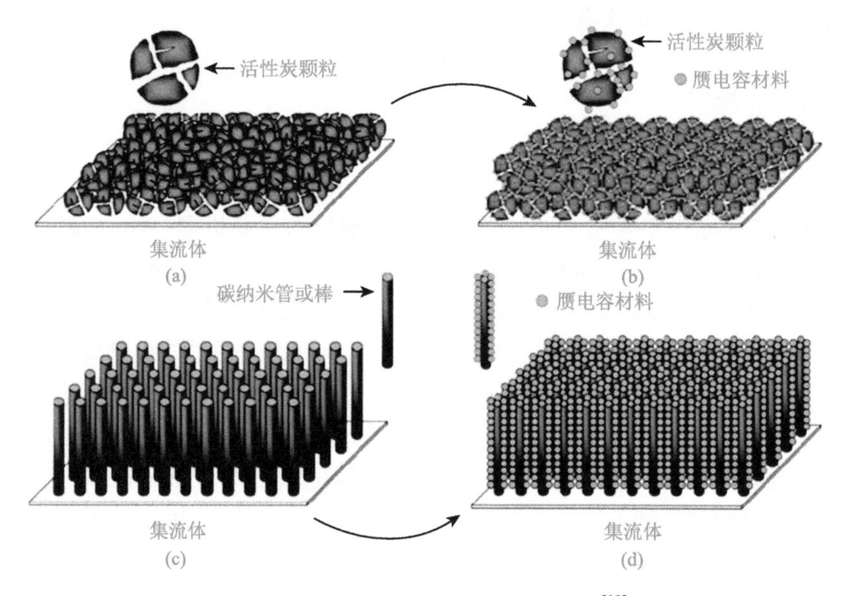

图 5.5 MnO_2/碳材料复合过程示意图[12]

（a）活性炭颗粒；（b）赝电容材料对活性炭的表面修饰；（c）定向生长的碳纳米管（或棒）；（d）赝电容材料在高比表面积碳纳米管上的定向排列

Fan 等[151]利用微波辐照还原高锰酸钾方法在碳纳米棒上生长 MnO_2，制备出 MnO_2/碳纳米管复合电极材料。该复合电极在扫描速率为 1mV/s 时，比容量高达 944F/g，当扫描速率为 500mV/s 时，比容量达到 500F/g，显示出大的电容量和良好的循环稳定性。

5.2.4 MnO_2@纳米碳纤维自支撑复合电极的制备与性能改善

MnO_2 是众多电极材料中最具前途的一种，但纯 MnO_2 的导电性差且结构形貌复杂多样，导致其比电容和倍率特性都不尽人意；加之 MnO_2 只有表面或近表面几十纳米厚度才能参与储能，显然要提高电化学利用率就必须将 MnO_2 保持在纳米尺度。因此，如何提高 MnO_2 的电导率并有效控制其纳米结构形貌成为当前研究的热点和难点。

笔者课题组[147-150, 152-169]立足于高性能超级电容器的构建，着眼于最具潜力的 MnO_2 电极材料，围绕如何提高 MnO_2 基电极材料的性能展开了系统研究。首先，采用氧化还原法将 MnO_2 纳米结构原位沉积在电纺纳米碳纤维无纺布中，制备出一维同轴结构的 MnO_2@CNF 自支撑复合电极材料，研究了不同 MnO_2 负载量对其电化学性能的影响；接着，从改善外层 MnO_2 纳米结构和提高芯材纳米碳纤维导电性的角度，分别探索了混纺碳纳米管、纳米复合聚吡咯（PPy）对 MnO_2@CNF 电化学性能的改善，研制出高性能 MnO_2/PPy@CNF 三元同轴复合电极材料；进而在高性能电极材料的基础上构建出高能量密度和高功率密度的碳/氧化物非对称超级电容器。

1. MnO_2@CNF 自支撑复合电极材料的制备

以电纺法纳米碳纤维无纺布作为导电基体，通过原位氧化还原法将 MnO_2 纳米结构均匀地沉积在纤维表面，获得具有同轴结构的 MnO_2@CNF 自支撑电极材料。与传统的电极制备法相比，避免了导电添加剂和黏结剂使用，降低了电极质量，并简化了电极制备工艺。

这里，MnO_2 纳米结构的形成是通过纳米碳纤维与氧化剂高锰酸钾之间的氧化还原反应［式（5.5）］实现的，即[170]

$$4MnO_4^- + 3C + 4H^+ \longrightarrow 4MnO_2 + 3CO_2 + 2H_2O \quad (5.5)$$

该反应在 25℃下的吉布斯自由能为−1892kJ/mol，反应满足热力学条件；而其反应的动力学很大程度上取决于碳的结构形式。研究表明，反应式（5.5）较容易与具有自支撑性能的导电基体无定形碳（如碳纤维、活性炭、介孔炭、泡沫炭等）进行反应，而难与石墨化结构良好的碳材料（如碳纳米管、石墨、石墨烯等）进行反应。这是由于无定形碳结构中具有较多的缺陷，而这些缺陷已成为反应位点被

$KMnO_4$ 氧化，同时 MnO_4^- 被还原成 MnO_2 并原位沉积在反应位点，进而合成 MnO_2@CNF 自支撑复合电极材料。

图 5.6 是 MnO_2@CNF 自支撑复合电极材料的制备过程示意图。其中，图 5.6（a）为制备工艺流程示意图，即采用电纺法获得 PAN 纳米纤维无纺布，之后经热压机热压得到一定厚度和强度的平整 PAN 纳米纤维纸；再经预氧化、炭化得到纳米碳纤维纸，厚度约 100μm；将获得的碳纤维纸浸入一定浓度 $KMnO_4$ 溶液中保持一定的时间后取出，经洗涤、干燥、裁剪，得到具有自支撑特性的 MnO_2@CNF 复合电极材料，其宏观形貌示于图 5.6（b）。图 5.6（c）为纳米碳纤维纸的微观结构，即黑色碳纤维纸由相互交织的纳米碳纤维构成，呈多孔网状结构，纤维直径为 150～250nm，表面比较光滑且洁净，纤维长度可达数百微米，长径比大于 5000，如此高的长径比有利于电子在整个电极片中的不间断快速输运。

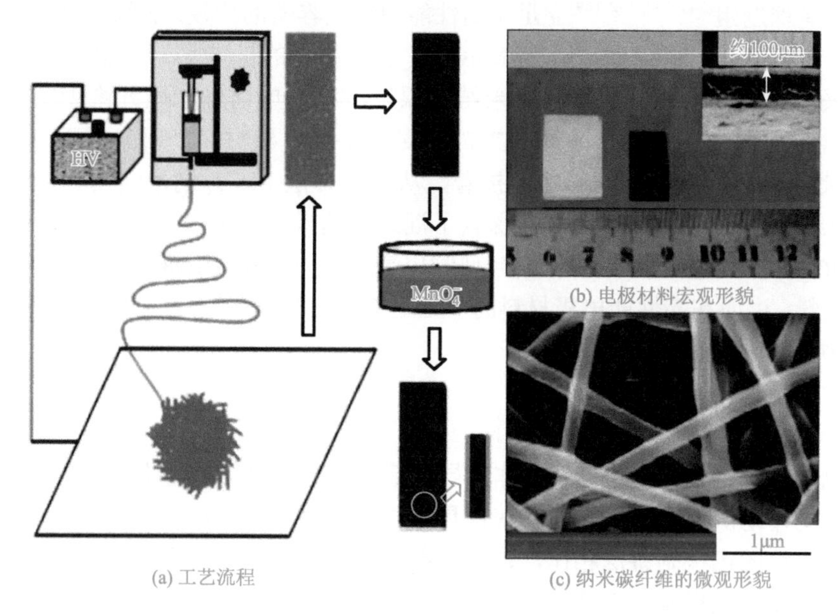

(a) 工艺流程

(b) 电极材料宏观形貌

(c) 纳米碳纤维的微观形貌

图 5.6 MnO_2@CNF 自支撑复合电极材料的制备过程示意图[150, 152]

MnO_2@CNF 复合电极在 0.5mol/L Na_2SO_4 电解液，2mV/s 扫描速率下的循环伏安曲线见图 5.7（a），可以看到所有曲线均呈现出很好的矩形和镜面对称性，表明复合物具有快速可逆的法拉第反应和良好的电化学行为；还可发现随着 MnO_2 沉积时间的延长，电流密度随之升高。图 5.7（b）是 MnO_2 的沉积时间与其沉积量（负载量）和 MnO_2@CNF 复合电极比电容的关系，其中，MnO_2 的负载量随着沉积时间的增加而提高，而 MnO_2@CNF 复合电极的比电容却随着沉积时间的增加而线性降低，从 CM-5（沉积时间 5min）的 539F/g 降到 CM-60（沉积时间 60min）的 188F/g。这就意味着较厚的 MnO_2 沉积层不利于其充分利用，即只有表面或近

表面的 MnO_2 能够参与储能，要充分发挥 MnO_2 的利用率，沉积层须保持在十几纳米之内[171, 172]。对于电容器来说，一般希望活性物质的负载量越高越好，这样单位面积或单位体积的电容量就更大，因此有必要开发新的 MnO_2 载体获得兼具高比电容和高负载量的自支撑电极材料。

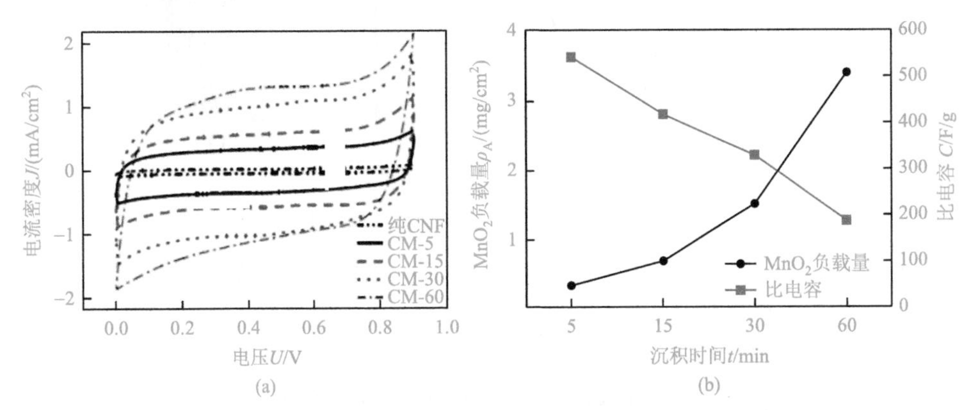

图 5.7　MnO_2@CNF 自支撑复合电极的电化学性能[150, 152]

（a）循环伏安曲线，图中 CM-5 表示 MnO_2 的沉积时间为 5min，CM-15 表示 MnO_2 的沉积时间为 15min，依次类推；（b）沉积时间与 MnO_2 沉积量及其比电容的关系

需要说明一下，为了确认电容的来源，笔者实验室对未沉积 MnO_2 的纯纳米碳纤维进行了测试，结果表明纳米碳纤维的比电容不到 3F/g，这是纯纳米碳纤维的比表面积很低（10～30m^2/g）所致。因此在本书研究中纳米碳纤维对复合物的电容贡献可忽略不计。

2. 混纺碳纳米管对 MnO_2@CNF 电化学性能的改善

电纺法 PAN 基纳米碳纤维中的碳结构属于乱层结构，这种无定形结构非常有利于 MnO_2 在其上进行氧化还原反应原位沉积，但不利于电子在碳结构之间传递，表现出较高的电阻[170]。同理，结构较差的活性炭、介孔炭或泡沫炭也能轻易利用这种氧化还原反应沉积活性物质；而对于结晶度高的 CNT 或石墨烯，则需通过表面氧化的方式在其表面上形成一些缺陷，才能为 MnO_2 的附着提供反应位点。

为了综合利用 CNT 或石墨烯的高导电性及无定形碳结构的反应活泼性，笔者课题组选择 CNT 作为纳米碳纤维的导电增强剂，在电纺丝的过程中[173, 174]将其包埋进纳米纤维中，通过后续的预氧化、炭化工艺，使得所制电纺纳米碳纤维既保持了无定形碳结构，为纳米 MnO_2 生长提供良好的反应位点；又提升了纳米碳纤维内部的导电性，同时还保证了纤维外部 MnO_2 纳米片原位生长，显著提高了 MnO_2 的利用率及倍率特性。采用 CNT 提高 MnO_2@CNF 复合电极材料性能的方案示意见图 5.8。

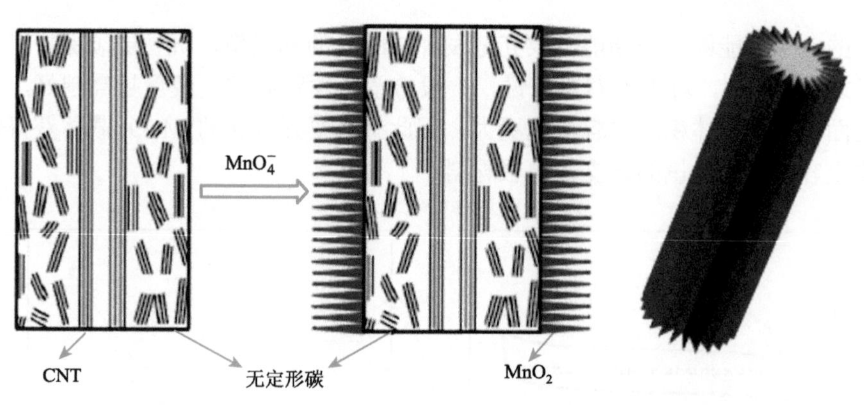

图 5.8 CNT 提高 MnO_2@CNF 复合材料性能的方案示意图[152]

实验表明：随着 CNT 掺入量的增加，CNT-CNF 复合纤维表面的粗糙度逐渐增加，直径分布随之加大。在 CNT 掺入量低于 5%（质量分数）时，无纺布保持了很好的纤维形貌，纤维相互交织而连续，长度可达数百微米，但纤维表面变得粗糙，直径分布也较大。当 CNT 掺入量为 10%（质量分数）时，由于 CNT 浓度过高，在纺丝液中难以均匀分散，导致电纺过程变得极其不稳定，以致纺出的 CNT-CNF 复合纤维粗细不均，并出现了许多的珠粒，难以获得完整的无纺布。

混纺 CNT-CNF 复合纤维的电导率与 CNT 掺入量之间的关系示于图 5.9。由图可知，复合纤维的电导率随 CNT 含量的增加而提高，纯 CNF 的电导率为 10.6S/cm，而添加 5%（质量分数）的 CNT-CNF 复合纤维的电导率高达 24.1S/cm。

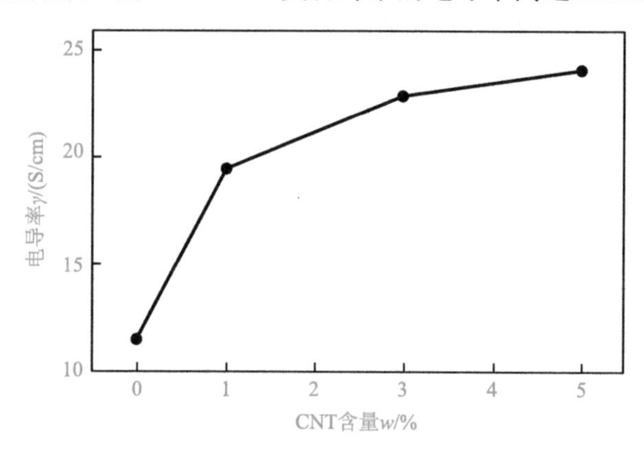

图 5.9 CNT-CNF 复合纤维的电导率与 CNT 掺入量之间的关系[152]

MnO_2@CNT-CNF 复合电极材料的形貌如图 5.10 所示，复合电极材料呈相互交织状的纤维形貌，无纺布的孔隙结构仍然保持得很好，非常有利于电解液在充放电过程中渗透到整个电极内部；多孔 MnO_2 纳米片非常均匀地长在了纳米碳纤维的表面，形成了一种层次多孔的同轴构型［图 5.10（a）、（b）］。片层状的 MnO_2 基本上以垂直生长的方式与纤维结合，厚度为 30～50nm［图 5.10（c）、（d）］。MnO_2 纳米片的厚度为

3～4nm，MnO_2层状结构的晶格纹路很明显，层间距约 0.71nm［图 5.10（e）］。图 5.10 所用样品的 CNT/PAN 的质量比为 5%，C/$KMnO_4$的质量比为 2∶1。

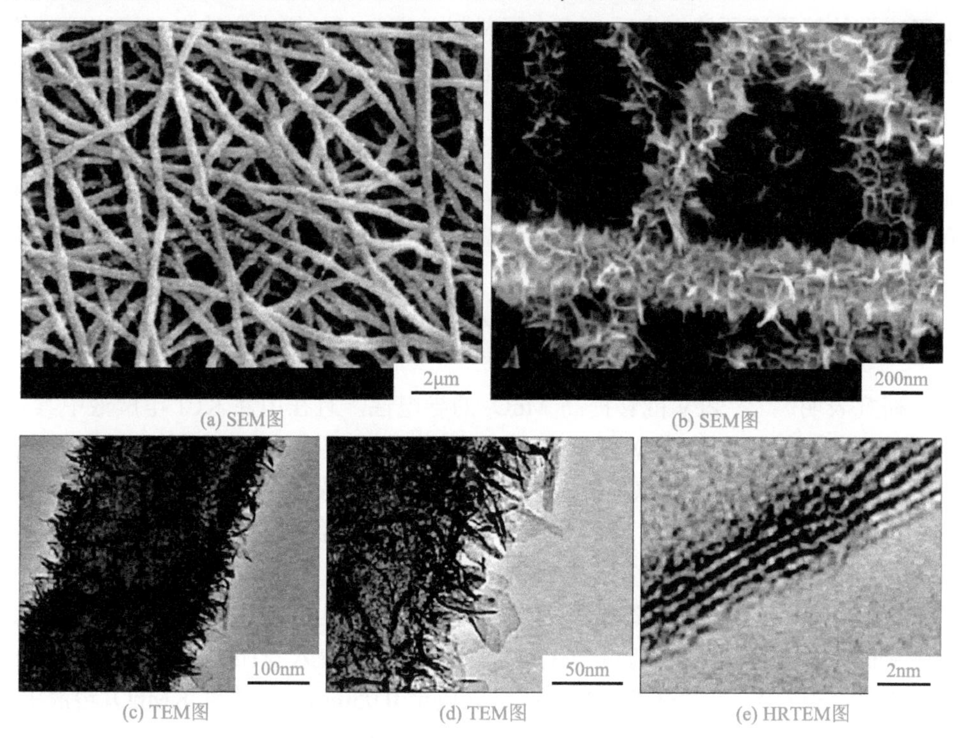

(a) SEM图　(b) SEM图
(c) TEM图　(d) TEM图　(e) HRTEM图

图 5.10　MnO_2@CNT-CNF 复合电极材料的形貌[147, 152]

MnO_2@CNT-CNF 复合材料的电化学性能在浓度为 0.5mol/L Na_2SO_4电解液中测试，其中扫描速率为 2mV/s 的循环伏安测试结果示于图 5.11。测试样品标号说明：5CNT-C2M1 表示 CNT/PAN 的质量比为 5%，C/$KMnO_4$的质量比为 2∶1；3CNT-C2M1 表示 CNT/PAN 的质量比为 3%，C/$KMnO_4$的质量比为 2∶1，以此类推。

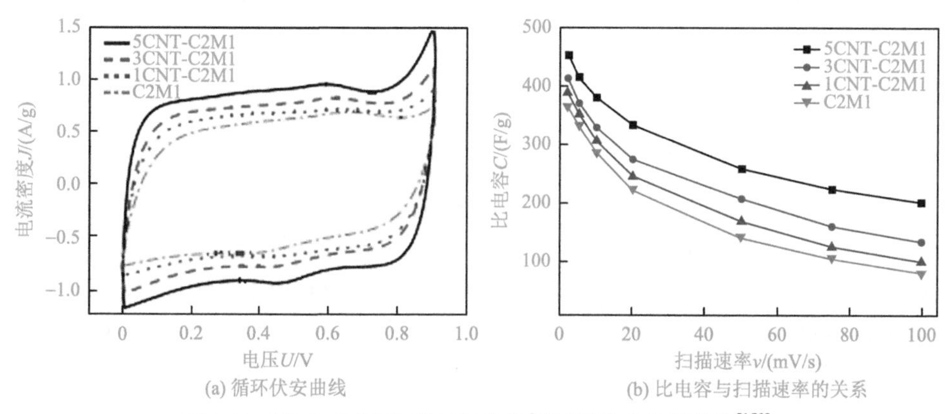

(a) 循环伏安曲线　(b) 比电容与扫描速率的关系

图 5.11　MnO_2@CNT-CNF 复合电极材料的电化学性能[152]

从图 5.11（a）可以看到：四种自支撑复合电极材料的循环伏安曲线在所研究的电压窗口中均呈现出较完美镜面对称的矩形形状，且在整个扫描过程中并没有出现明显的氧化还原峰，表明复合电极材料具有良好的赝电容特性和快速可逆的法拉第反应。同时由图 5.11（b）可知：在相同扫描速率下，复合电极材料比电容随 CNT 掺入量的增加而提高，在 2mV/s 的扫描速率下，5CNT-C2M1 的比电容达到 452F/g，几乎为 C2M1 的 1.25 倍。在高扫描速率 100mV/s 下，5CNT-C2M1 的比电容保持率是四种材料中最高的，为 45%，表现出优秀的倍率特性。这种容量和倍率优势主要源自电极导电性能的提高，进而使 MnO_2 的赝电容特性得到了更加充分的发挥。

3. 纳米复合聚吡咯对 MnO_2@CNF 电化学性能的改善

研究表明[175, 176]PPy 能够提高 MnO_2 的导电性，且在中性 KCl 电解液中具有优异的电化学性能，即 PPy 和 MnO_2 之间能够产生较强的协同效应。受此启发，笔者课题组在研制 MnO_2@CNF 的基础上，通过纳米复合 PPy 提高外层 MnO_2 纳米结构的导电性和利用率，进而获得电化学性能更加优异的，具有三元同轴结构的 MnO_2/PPy@CNF 自支撑复合电极材料。

MnO_2/PPy@CNF 的制备流程：首先将电纺法制得的 CNF 无纺布置于 6mol/L 的浓硝酸中，在 80℃下回流 6h 进行表面处理；其次浸入 0.1mol/L 的吡咯/丙酮溶液中保持 3h 取出，自然干燥 30min；再次放至 0.05mol/L 的中性 $KMnO_4$ 溶液中，室温下反应 1h 后取出，用去离子水清洗；最后在 60℃下干燥 12h，获得 MnO_2/PPy@CNF 复合电极材料。作为对比，同时制备了 MnO_2@CNF 和 PPy@CNF 单组元活性物质复合物，其中 PPy@CNF 使用 $FeCl_3$ 作氧化剂。

MnO_2/PPy@CNF 三元复合材料的制备历程示于图 5.12。由于吡咯分子具有较强的憎水特性，因此 CNF 须经浓硝酸等进行表面处理引入官能团，如羰基、羧基和羟基等，进而利用这些带负电性的离子通过静电吸引使吡咯单体吸附在 CNF 表面，为之后 PPy 的聚合及 $KMnO_4$ 还原提供反应位点。若 CNF 表面不进行表面处理，则吡咯单体将难以进入三维结构的无纺布基体内部，会造成很厚的一层 MnO_2/PPy 沉积在基体 CNF 外表面。

值得一提的是：①在 MnO_2/PPy@CNF 三元复合材料制备过程中，经过表面处理的 CNF 无纺布须经干燥后再浸入 $KMnO_4$ 溶液。这是由于表面处理后的 CNF 无纺布很容易吸附大量的游离吡咯/丙酮溶液，若不经过干燥处理直接将其放入 $KMnO_4$ 溶液中，就会在无纺布孔隙中生成大量的 MnO_2/PPy 纳米颗粒，而这些颗粒与 CNF 的结合很弱，很难在充放电过程中利用。②为了获得均匀的 MnO_2/PPy 纳米厚度，所用 $KMnO_4$ 溶液的浓度不宜过高。如果使用酸性 $KMnO_4$ 溶液，MnO_2/PPy 将变得不均匀，纤维表面会出现凹凸不平，本节实验中采用 0.05mol/L 的中性 $KMnO_4$

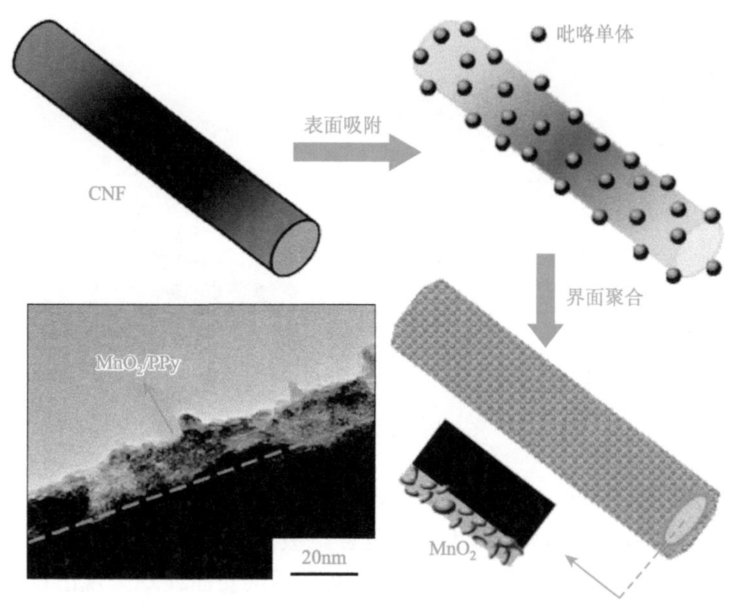

图 5.12　MnO_2/PPy@CNF 三元复合材料的制备历程示意图[152, 153]

溶液比较合适，在中性条件下，MnO_2/PPy 是通过 $KMnO_4$ 和吡咯单体之间的氧化还原反应得到的，其反应方程式为

$$n\,\text{(吡咯, C}_4\text{H}_4\text{NH)} + KMnO_4 \longrightarrow \left[\text{C}_4\text{H}_2\text{NH}\right]_n + MnO_2 \tag{5.6}$$

MnO_2/PPy@CNF 三元复合电极材料的微观形貌示于图 5.13，可以看到：MnO_2/PPy 非常均匀地沉积在纤维表面，在孔隙内未出现游离的纳米颗粒［图 5.13（a）、（b）］；在纤维表面附有均匀的 MnO_2/PPy 纳米壳层，其厚度约 20nm，形成了独特的三元同轴纳米构型［图 5.13（c）］；MnO_2 以纳米级尺寸分散到 PPy 中，在 MnO_2 和 PPy 之间没有明显的界面，MnO_2/PPy 纳米壳层的晶格比较模糊［图 5.13（d）］，表明其处于无定形结构状态。这种无定形结构具有较好的离子电导率、高比表面积及低质量密度，因此被认为非常有利于活性物质的赝电容储能。

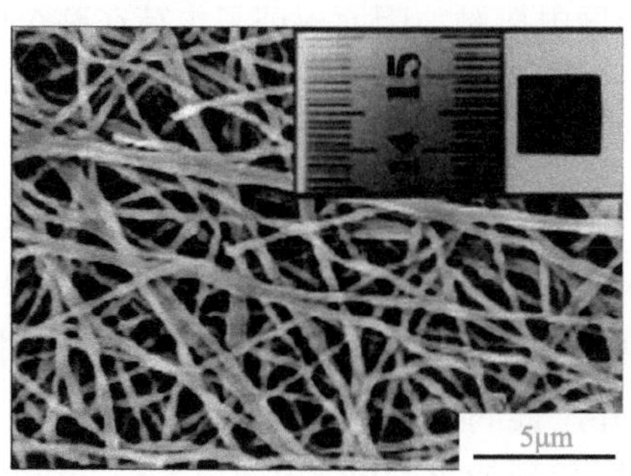

(a) SEM图

(b) SEM图

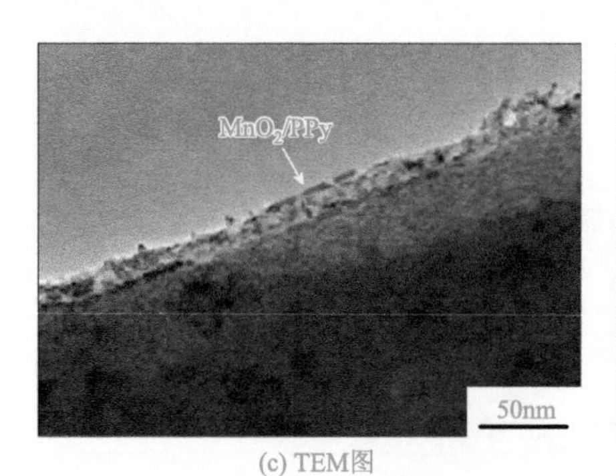

(c) TEM图

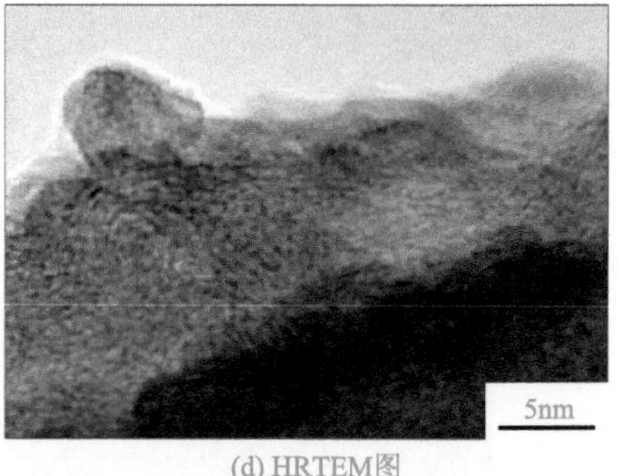

(d) HRTEM图

图 5.13 MnO_2/PPy@CNF 三元复合电极材料的微观形貌图[152, 153]

（a）图右上方插图为实物图

图 5.14 展示出 MnO_2/PPy@CNF、MnO_2@CNF 和 PPy@CNF 三种复合电极的电化学性能。其中，图 5.14（a）为三种复合电极在 KCl（2mol/L）电解液中 2mV/s 扫描速率下的循环伏安曲线，可以看到三组循环伏安曲线均呈现出镜面对称的矩形，表明这三种复合材料皆具有理想的电容行为和快速可逆的法拉第反应。仔细观察还可发现，三元复合材料 MnO_2/PPy@CNF 的响应电流明显高于二元复合材料，说明在相同的扫描速率下，三元复合材料拥有更高的比容量。当扫描速率提高至 100mV/s 时，MnO_2/PPy@CNF 的循环伏安曲线仍能保持较好的矩形［图 5.14（b）］。图 5.14（c）给出了三种复合材料的比容量与扫描速率之间的关系，在低扫描速率（2mV/s）下，MnO_2/PPy@CNF 的比容量高达 705F/g，远高于 MnO_2@CNF 的 469F/g 和 PPy@CNF 的 458F/g。随着扫描速率的提高，电解液扩散时间缩短，比容量随之下降。尽管如此，MnO_2/PPy@CNF 在 100mV/s 下仍保持了 376F/g 的比容量，而 MnO_2@CNF 和 PPy@CNF 的比容量则分别下降到 82F/g 和 178F/g。由此可以认为：在 MnO_2/PPy@CNF 三元复合材料中各组元之间有一定的协同效应，即 PPy 基体中的 MnO_2 纳米颗粒通过交联 PPy 共轭链可缩短电子在 PPy 上的穿梭距离，同时避免电子在纯 PPy 链间的跃迁，从而提高 MnO_2/PPy 整体的导电性能；薄的 MnO_2/PPy 层（约 20nm）还会减小法拉第反应过程中的电子传递距离和电解液离子的扩散路径；加之 MnO_2/PPy 纳米壳层与 CNF 有很好的导电接触，因而保证了电荷在整个电极片中的快速收集和输运。

5.2.5 基于自支撑电极材料的非对称电容器设计与研究

非对称电容器设计是指电容器中两个电极分别使用不同的电极材料，其中一个电极引入比容量较高的赝电容材料提供能量，另一个电极引入双电层电极材料来提供功率，基于两个电极的工作电势差异，提高器件的工作电压。

超级电容器的优势在于兼具高功率密度和高能量密度，从式（5.3）可知，除

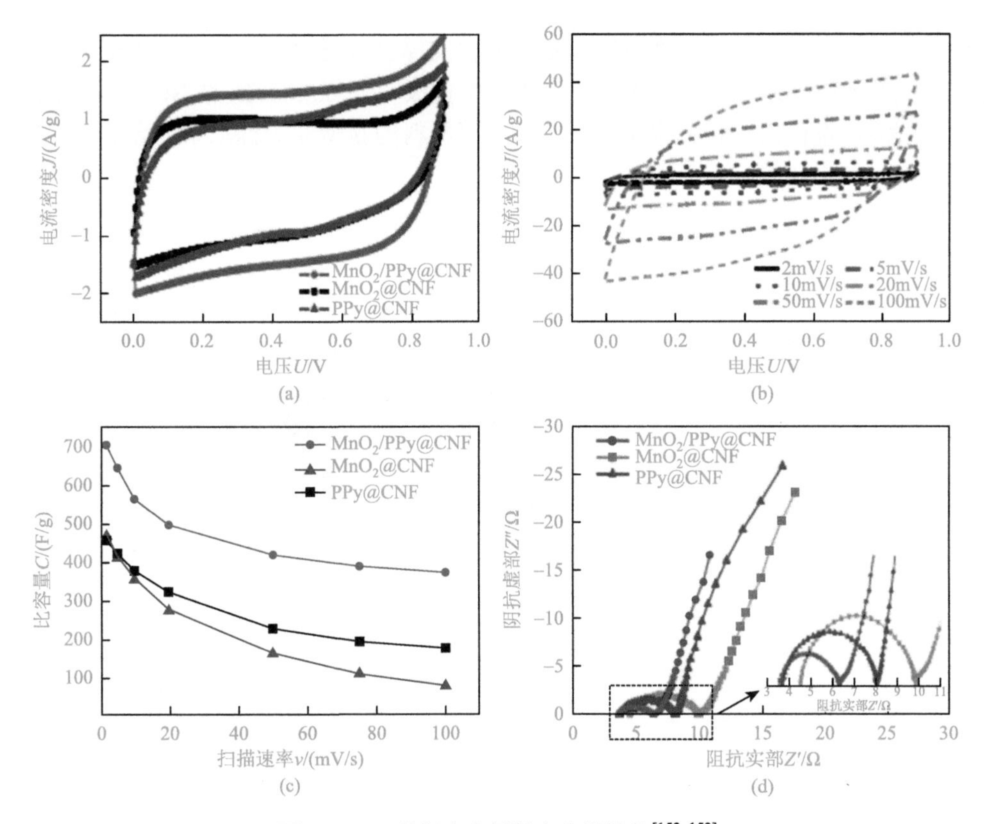

图 5.14　三种复合电极的电化学性能[152, 153]

（a）循环伏安曲线（2mV/s）；（b）MnO_2/PPy@CNF 在不同扫描速率下的循环伏安曲线；（c）比容量与扫描速率的关系；（d）交流阻抗谱

了开发具有高比容量的电极材料提高能量密度外，还可以通过拓宽器件工作电压进一步提高能量密度。

目前拓宽器件工作电压的途径包括采用有机电解液体系和设计非对称结构。其中采用有机电解液可使电容器的工作电压提高至 2～4V[177, 178]，但有机电解液的价格较贵、具有可燃和有毒的危险、离子导电性较差，而且器件组装需要在保护气氛环境下进行[179]。相比之下，水系电解液廉价、离子电导率高、不易燃、可在大气环境下组装，在安全性和操作性上具有很大的优势；并且大多数电极材料在水溶液中的比容量远高于在有机体系的比容量；尤其是通过非对称结构设计还可以突破水的分解电压（1.23V），将单体电容器的工作电压提高至 2.0V，有利于进一步提高超级电容器的能量密度。

MnO_2 基自支撑电极材料具有优异的电化学性能，且不需要使用导电炭黑和黏结剂及额外的集流体。如果将这类自支撑电极材料用于组装非对称电容器，不仅可以获得性能优异的器件，还能大大降低整个电容器的质量并简化器件的组装。

Wang 等[148-150]选择高容量的 MnO_2@CNF 自支撑复合材料作正极，采用聚丙烯腈基活性纳米碳纤维（ACNF-PAN）无纺布作负极，以 0.5mol/L 的 Na_2SO_4 水溶液为电解液，设计出一种完全基于自支撑电极材料的新型非对称水系电容器，其装置结构如图 5.15 所示。

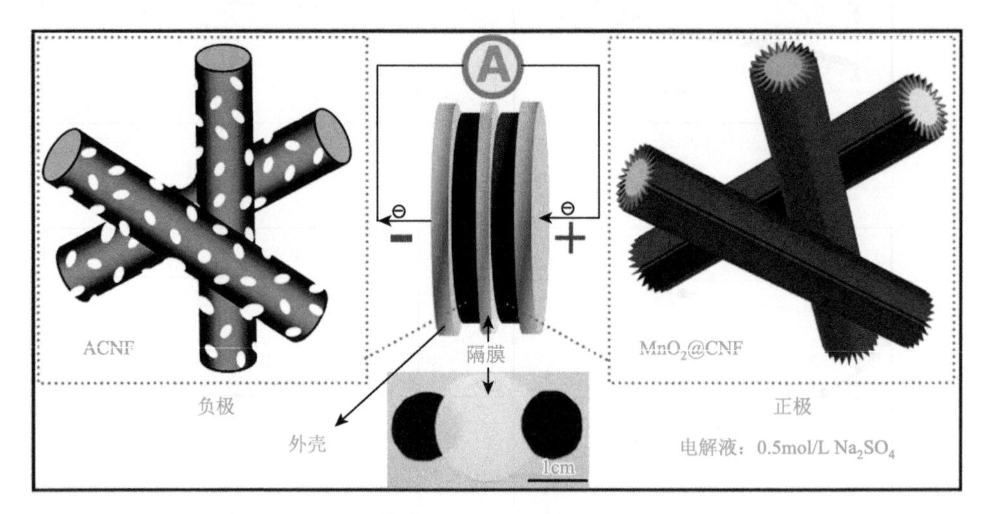

图 5.15 基于自支撑电极材料的非对称电容器装置示意图[147, 152]

这类非对称电容器的稳定工作电压可达 2.0V（图 5.16），极大地拓宽了水系电容器的工作电压，能量密度和功率密度均远高于对称电容器，其中 5CNT-C2M1//ACNF-PAN 非对称电容器的综合性能最好，能量密度和功率密度分别高达 30.6W·h/kg 和 20.8kW/kg，且具有良好的循环稳定性，经 5000 次循环后的容量保持率仍高达 91%。这些结果表明基于自支撑电极材料的非对称水系电容器是一种兼具高能量密度和高功率密度的储能器件，应用前景广阔。

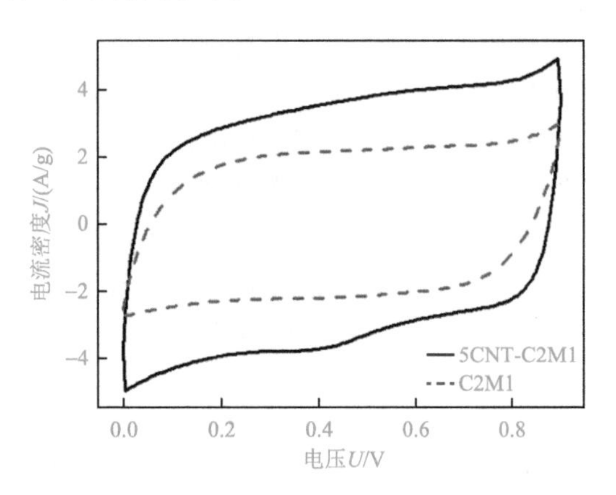

图 5.16 CNT-CM 和 CM 复合电极材料的循环伏安曲线（扫描速率：10mV/s）[152]

5.3 锂离子超级电容器

锂离子超级电容器（lithium-ion supercapacitor）属于混合型超级电容器，是近些年发展起来的一种新型的整合（复合）锂离子电池和双电层超级电容器于一体的能量存储设备。亦即，将电池元素和电容器元素复合在同一个器件中，利用锂离子电池的能量密度优势和超级电容器的功率密度优势，获得能量密度高于双电层超级电容器、功率密度和循环性能优于锂离子电池的储能器件。这种器件有望用于电动汽车、电子设备等领域。

5.3.1 锂离子超级电容器分类

锂离子超级电容器的储能体系可分为内部串联型（内串型）和内部并联型（内并型）两种。

1. 内串型锂离子超级电容器

内串型为 2 个电极分别为电池材料和电容器材料。例如，正极采用活性炭，负极为钛酸锂，电解液为 1mol/L 的 $LiPF_6$ [图 5.17（a）]；这种锂离子超级电容器的能量密度是普通非水系双电层电容器的 4～5 倍，同时兼具电容器循环寿命长、电化学窗口宽和快速充放电的优点，在大电流 10C 充放电时仍能保持 90%的容量[180]。

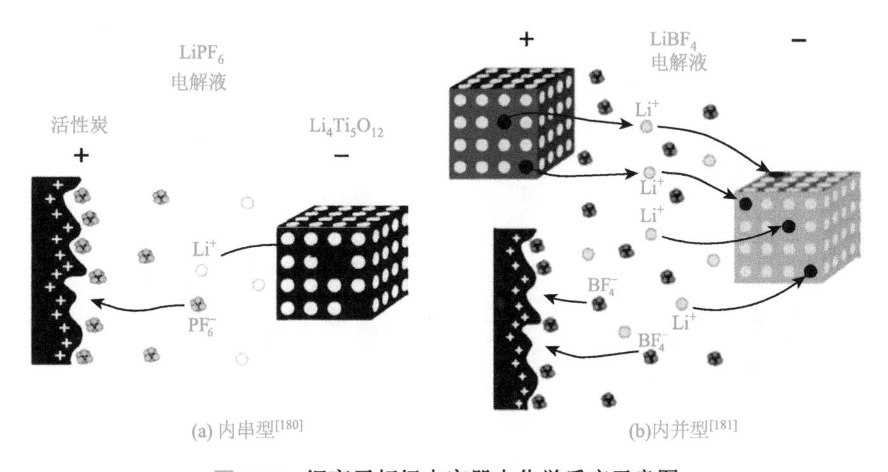

图 5.17　锂离子超级电容器电化学反应示意图

2. 内并型锂离子超级电容器

内并型锂离子超级电容器是在内串型锂离子超级电容器基础上，每个电极兼具 2 种或 2 种以上的材料，如正极为钴酸锂和活性炭的混合物，负极为钛酸锂或钛酸锂和活性炭的混合物［图 5.17（b）］；由于该锂离子超级电容器的正极也添加了可以发生法拉第反应的钴酸锂电极材料，能量密度进一步提高，最高可达 40W·h/kg，功率密度最高可达 4kW/kg，同时该器件循环 9000 次充放电后，仍能保持 80%的容量[181]。

5.3.2 锂离子超级电容器用碳材料

锂离子超级电容器的电极材料是影响其电化学性能的重要因素之一。作为锂离子超级电容器电极材料，首要解决的核心问题就是如何在充放电过程中更好、更快地实现锂离子的嵌入与脱嵌。

石墨材料非常适合作锂离子电池负极材料，其主要的储锂机制为形成石墨层间化合物。亦即，由于石墨的层间结合力较弱，且层间距较大，锂离子很容易嵌入到石墨的片层间形成石墨插层化合物，如图 5.18 所示。随着锂离子嵌入量的增加，依次形成 4 阶、3 阶、2 阶，直至 1 阶层间化合物，此时石墨的每一层间都嵌入了饱和的锂离子，该状态下石墨所具有的比容量为 372mA·h/g（石墨晶体的理论比容量）。

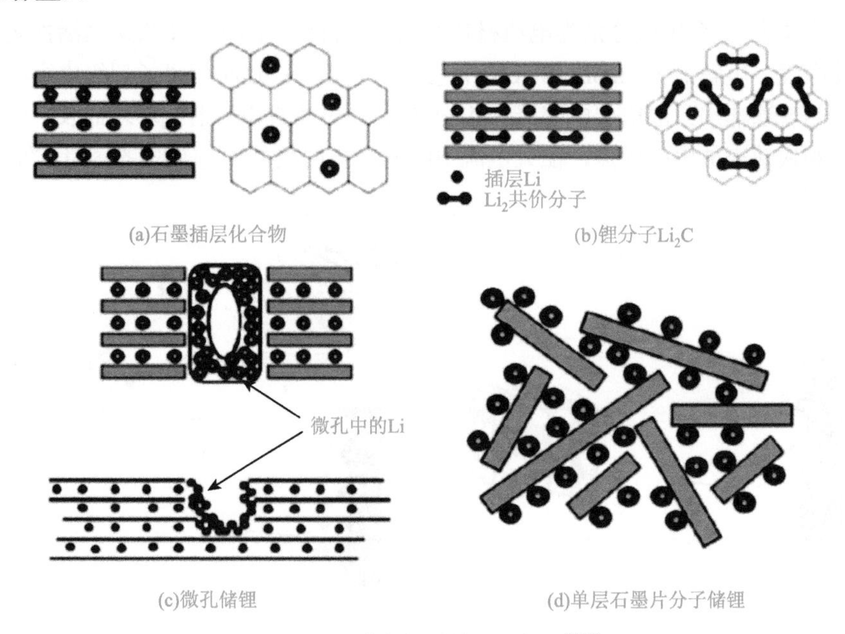

图 5.18 碳负极材料储锂机制[182]

无定形碳也可作为锂离子电池的负极，可逆比容量很高，甚至可达 900mA·h/g，但是循环性能不理想，可逆比容量会随着循环的进行快速衰减。目前无定形碳储锂的机理有很多，如锂离子 Li_2C 机理、微孔储锂机理、单层石墨片分子机理等[182]。

碳电极超级电容器的储能原理为双电层储能，如图 5.19 所示，当正负极板加上外电压后，电解液中的阴阳离子分别向两极移动，当极板累积的电荷形成的电场与电解液离子形成的内电场平衡时，电极材料和电解液的接触面上便会形成以极短间隙排列的电荷分布层，即双电层。因此，一般用于超级电容器的电极材料需要具备以下要求：高比表面积、良好导电性、与电解液良好接触。多孔炭是最为常见的超级电容器电极材料，可以通过不同制备方法制备出具有一定孔结构和较大的比表面积（＞1000m^2/g）的多孔炭，加之碳材料自身的导电性使其成为超级电容器的优选电极材料。

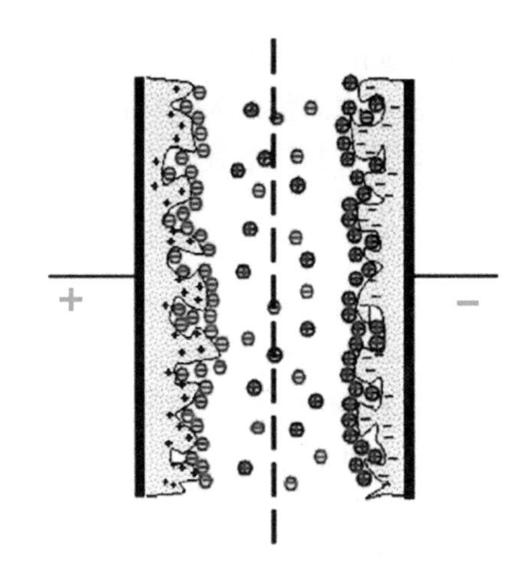

图 5.19　碳电极双电层示意图[152]

石墨质多孔炭（porous graphitic carbon，PGC）兼具石墨层片结构与多孔结构[183]，其中多孔结构及其较大的比表面积可提供大量的反应活性位点，而部分石墨化的结构则使得其具有良好的导电性[184]。这类碳材料常用作燃料电池催化剂的载体、固相萃取材料[185]以及电化学储能器件中的电极材料，也是锂离子超级电容器的首选[71, 186]。显然，基于锂离子超级电容器电极材料用石墨质多孔炭的研发，制备出具有一定孔结构和石墨化度的石墨质多孔炭，有望实现储能过程中电极材料同时发生双电层效应和锂离子的嵌插反应，在器件内部实现二次电池和电容的串并联。

5.3.3　石墨质多孔炭的制备与表征

石墨质多孔炭的制备包括两个工艺：活化工艺和石墨化工艺。传统的活化工艺有物理活化法和化学活化法[187]。物理活化法是指通过使用 CO_2、水蒸气等在高温下刻蚀碳材料造孔。化学活化法则是利用 NaOH、KOH、$ZnCl_2$ 等活化剂在高温下对碳进行刻蚀，实现造孔并提高其比表面积。由于化学活化剂在高温下熔融形成坚实的骨架结构，所以化学活化法制备的活性炭的体积收缩较物理活化法制备的低[188]。传统的石墨化需要极高的温度（超过 2500℃），在这样的高温下，碳原子定向排列形成规则的层片结构[189, 190]，这一过程会大大降低材料的比表面积和孔结构。相比于高温石墨化，催化石墨化仅需相对低的温度，可以在低于 1000℃的温度下进行，碳在催化剂（Fe、Co、Ni 等）颗粒表面的渗入和渗出，以此实现局部石墨化[190]。由于较低的温度不足以提供足够的能量实现整体石墨化，所以一般催化石墨化的效果是局部的，石墨微晶的尺寸也相对较小，而较小微晶的相互堆叠则有利于形成空隙[189, 191]。

笔者实验室[192-195]将催化石墨化和化学活化法相结合，分别以中间相炭微球

（mesocarbon micro-bead，MCMB）和石油焦（petroleum coke）为原料，采用一步法合成高比表面积、高石墨化度的石墨质多孔炭。利用 SEM、TEM、XRD、Raman 光谱等表征产物的形貌与结构，通过氮吸附曲线计算产物的比表面积和孔分布。

1. MCMB 基石墨质多孔炭的制备及性能表征

1）MCMB 基石墨质多孔炭的制备

（1）工艺流程简述。

将原料 MCMB、活化剂 NaOH 和催化剂 $FeCl_3$ 按一定的质量比混合，并置于管式炉（图 5.20）中，在氩气保护下以 5℃/min 的速率加热至设定的温度，恒温 1h，冷却至室温后取出，使用盐酸和去离子水洗涤至 pH 值为 7，再经 100℃烘干，获得最终产物 MCMB 基石墨质多孔炭（MCMB-PGC）。

图 5.20　活化、催化石墨化管式炉示意图

这里石墨质多孔炭的最佳合成工艺条件拟定采用正交实验法，实验产物 MCMB-PGC 样品的命名为“PGC+正交实验序号”，如 PGC1、PGC2、PGC3 等。

（2）最佳工艺条件的拟定。

（a）正交实验设计与分析

MCMB-PGC 合成工艺的正交实验[196, 197]设计如表 5.2 所示，采用三因素三水平正交表 L9（3^4），其中 3 个因素为反应温度、活化剂含量和催化剂含量。每个因素包含 3 个水平，分别是反应温度：800℃、700℃和 600℃；活化剂含量（相对于 MCMB 的质量比）：4∶1、2∶1 和 1∶1；催化剂含量（相对于 MCMB 的质量分数）：15%、10%和 5%。反应产物性能的极差分析列入表 5.3。

表 5.2　MCMB-PGC 合成工艺的正交实验设计及其产物 PGC 的基本性能[192, 193]

PGC	反应温度	活化剂含量	催化剂含量	$S_{BET}/(m^2/g)$	D/nm	V_{mic}/V_{mes}
PGC1	800（1）	4∶1（1）	15%（1）	592	2.74	1.05
PGC2	800（1）	2∶1（2）	10%（2）	862	2.45	1.52
PGC3	800（1）	1∶1（3）	5%（3）	143	3.41	0.50
PGC4	700（2）	4∶1（1）	10%（2）	986	2.11	2.25
PGC5	700（2）	2∶1（2）	5%（3）	737	2.23	2.07
PGC6	700（2）	1∶1（3）	15%（1）	333	2.28	1.17

续表

PGC	反应温度	活化剂含量	催化剂含量	$S_{BET}/(m^2/g)$	D/nm	V_{mic}/V_{mes}
PGC7	600（3）	4∶1（1）	5%（3）	1332	2.10	3.00
PGC8	600（3）	2∶1（2）	15%（1）	785	2.13	2.14
PGC9	600（3）	1∶1（3）	10%（2）	311	2.21	1.22

注：V_{mic} 代表微孔体积；V_{mes} 代表中孔体积

表 5.3　正交实验设计产物 MCMB-PGC 基本性能的极差分析[192, 193]

因素	反应温度	活化剂含量	催化剂含量
$S_{BET}/(m^2/g)$			
K_1	532	970	570
K_2	685	975	720
K_3	809	262	737
R	277	708	167
D/nm			
K_1	2.87	2.32	2.38
K_2	2.21	2.27	2.26
K_3	2.15	2.63	2.58
R	0.72	0.36	0.32
V_{mic}/V_{mes}			
K_1	1.02	2.10	1.63
K_2	2.01	1.91	1.67
K_3	2.12	1.51	1.86
R	1.10	0.95	0.23

由表 5.3 可知，影响 MCMB-PGC 比表面积因素的主次关系序列为：活化剂含量＞反应温度＞催化剂含量；影响平均孔径因素的主次关系序列为：反应温度＞活化剂含量≈催化剂含量；影响微孔孔体积因素的主次关系序列为：反应温度＞活化剂含量＞催化剂含量。

通过统计软件 SPSS.19 计算出的 MCMB-PGC 比表面积回归方程示于式(5.7)，其回归系数为 0.847。

$$y = -1.4x_1 + 214.7x_2 - 1673.3x_3 + 1311.5 \tag{5.7}$$

其中，y 为比表面积；x_1 为反应温度；x_2 为活化剂比例；x_3 为催化剂比例。

由式（5.7）可知，反应温度越高，产物 MCMB-PGC 的比表面积越小；活化剂含量和比表面积呈正相关，即活化剂含量越高，比表面积越大；而催化剂含量的增加则会大大降低产物比表面积。这一结果和表 5.3 极差分析结果相符。

（b）正交实验设计产物的表征与分析

正交实验设计产物 PGC1～PGC9 的 XRD 和 Raman 光谱表征结果分别示于图 5.21 和图 5.22。

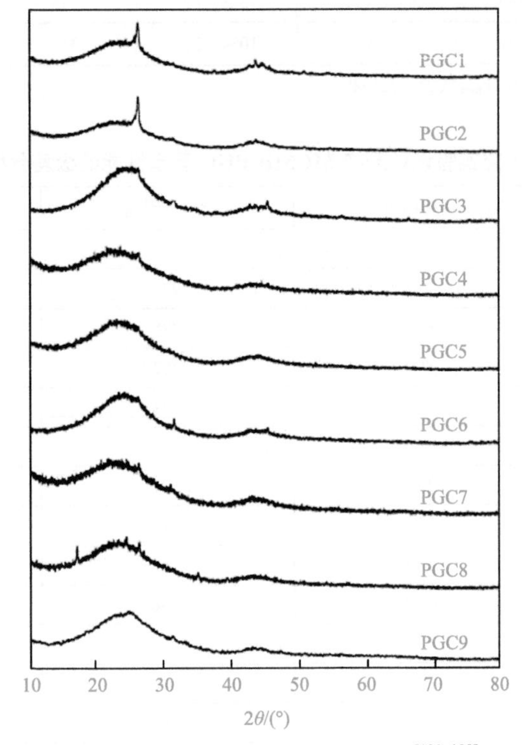

图 5.21 MCMB-PGC 的 XRD 图谱[192, 193]

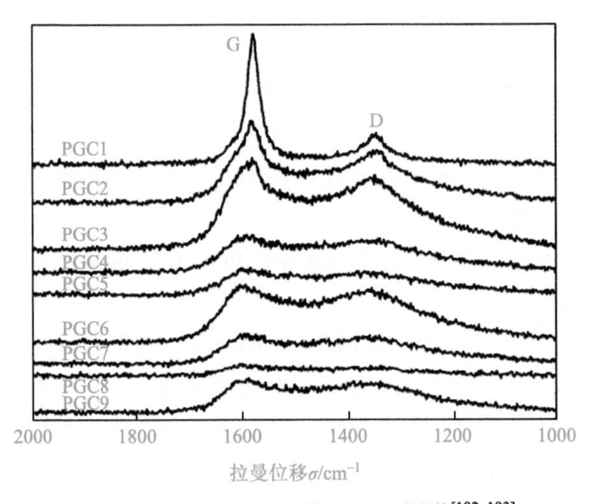

图 5.22 MCMB-PGC 的 Raman 图谱[192, 193]

从图5.21看到：只有PGC1和PGC2分别在26.5°处出现了明显的d_{002}石墨特征峰，而PGC3～PGC9均为馒头峰，表明PGC3～PGC9的石墨化效果不明显，仍然以无定形碳为主。这是由于PGC4～PGC9的反应温度均低于800℃，在相对较低的温度下，催化剂铁离子没有足够的能量被还原成铁颗粒，阻止了碳在铁颗粒表面的渗入渗出反应，使得催化石墨化反应无法有效进行，以致PGC4～PGC9仍然以无定形碳为主。尽管PGC3的反应温度为800℃，但因催化剂含量仅为5%，过少的催化剂不足以促使MCMB石墨化反应的进行。因此，对于无定形碳材料的催化石墨化而言，既须保证反应温度大于800℃，又须有足够量催化剂。

由图5.22可知：PGC1～PGC9的Raman图谱主要有2个特征峰，分别是位于1580cm^{-1}的G峰和位于1360cm^{-1}的D峰，前者为石墨化碳的特征峰，后者为无定形碳的特征峰，通过对比G峰和D峰强度（I_G/I_D）可以判断PGC1～PGC9中石墨结构的有序程度。显然，PGC1～PGC3的I_G/I_D最大，PGC4～PGC6的I_G/I_D次大，而PGC7～PGC9的I_G/I_D最小，这说明PGC1～PGC3中石墨化碳的含量最高。关联表5.2和图5.22，PGC1～PGC3反应温度为800℃，高于PGC4～PGC6（700℃）和PGC7～PGC9（600℃）的反应温度；再次佐证虽然催化石墨化并不需要像传统石墨化那么高的反应温度，但是也应达到足够高的反应温度（800℃）才能激活催化石墨化反应。对于反应温度相同的PGC1～PGC3，催化剂含量的不同，PGC1催化剂含量最高（15%），PGC2次之（10%），PGC3最低（5%），也会造成产物中石墨结构有序程度的差异；亦即，在相同反应温度下，适当提高催化剂的含量，有益于催化石墨化反应的进行。

（c）最佳工艺条件

关联表5.2、表5.3、图5.21和图5.22，设反应温度为800℃，催化剂含量在10%～15%之间进行选择。依据回归方程式（5.7），得出优化实验参数：

反应温度x_1=800℃，活化剂含量x_2=4∶1，催化剂含量x_3=10%。

2）MCMB基石墨质多孔炭的形貌与结构

在最佳合成条件下制备的MCMB-PGC形貌与结构的表征结果分别示于图5.23～图5.25。

纵观图5.23～图5.25，可以认为：MCMB-PGC基本保持了MCMB的球状形貌，球径为10～20μm［图5.23（a)］，具有多组不同取向石墨层片（层数为10～20层）相互搭接的网络结构，网络周围的石墨层片结构模糊，以无定形碳为主［图5.23（c)］。其中，球形颗粒外表面包覆取向度较好的石墨片层［图5.23（d)］，I_G/I_D=1.091（图5.24）；颗粒边缘处存在较多的没有统一取向的石墨层片和大量的无定形碳［图5.23（d)］，I_G/I_D=0.818（图5.24）；芯部则是典型的无定形碳结构［图5.23（e)］，I_G/I_D=0.549（图5.24）。也就是说，多孔碳颗粒表面的有序碳含量最高，边缘处

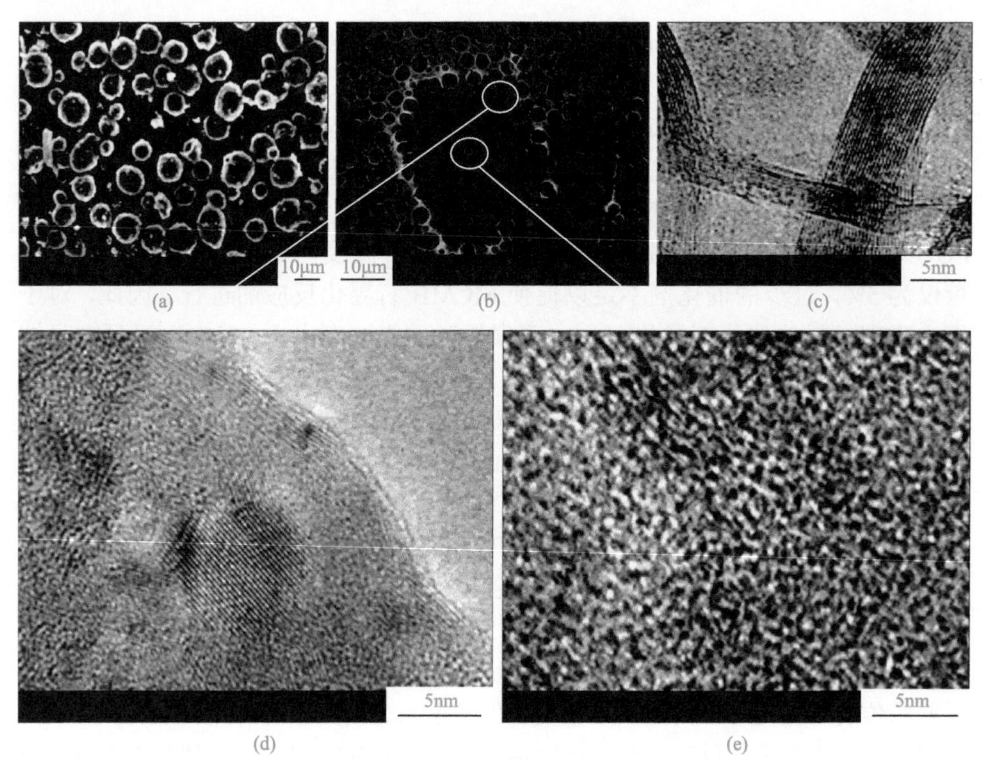

图 5.23 MCMB-PGC 的形貌及结构分析[192, 195]

(a) 宏观形貌 SEM 图；(b) 切片的 SEM 图；(c) 微观结构的 HRTEM 图；

(d)、(e) 分别为 (b) 图白圈内的 HRTEM 图

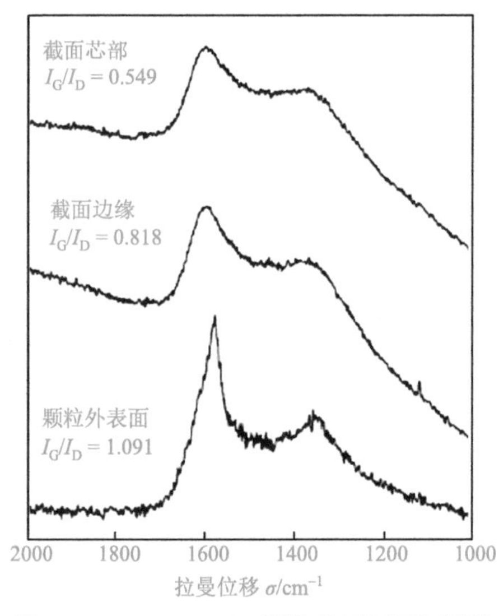

图 5.24 MCMB-PGC 颗粒截面不同区域的 Raman 图谱[192, 195]

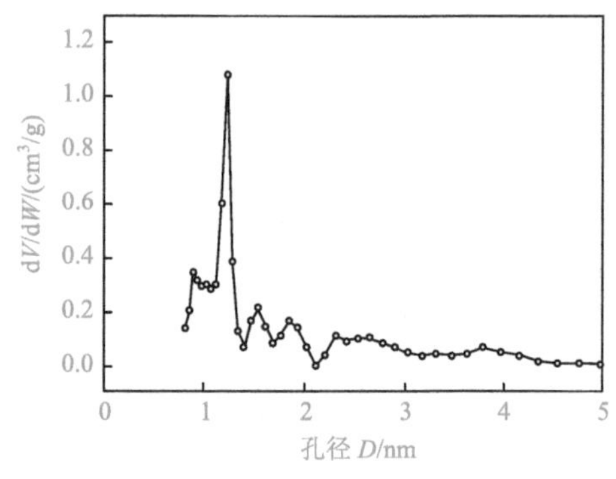

图 5.25 MCMB-PGC 的孔分布曲线[192, 193]

次之，芯部最低（无定形碳）。这说明 MCMB-PGC 的催化石墨化反应主要发生在其颗粒的表层。

关联图 5.25，MCMB-PGC 的孔径主要集中在 1～4nm，以微孔为主，含有少量中孔。显然，MCMB-PGC 是一种石墨化程度较高的碳材料表层包裹多孔无定形碳的球形颗粒，具有特殊的壳核结构。

正是 MCMB-PGC 的这种兼具石墨层片结构与多孔结构的特殊壳核结构，将有利于导电通路的形成（图 5.26），同时其内部的多孔结构又能提高能量密度，可以作为高功率储能器件的电极材料。

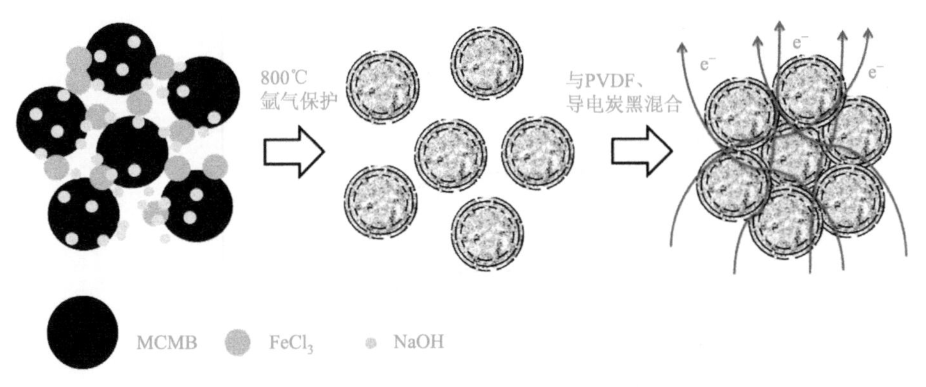

图 5.26　MCMB-PGC 电极片制备示意图[192, 195]

2. 石油焦基石墨质多孔炭的制备及性能表征

1）石油焦基石墨质多孔炭的制备

除了 MCMB 以外，石油焦也是一种更常用于制备多孔炭的原材料[198]。笔者实验室[192, 194]选用宝山钢铁股份有限公司石油焦为原料，以 MCMB-PGC 制备的优化工艺［800℃，NaOH：原料（质量比）=4：1，$FeCl_3$/原料=10%］为基础，活化剂和催化剂仍采用 NaOH 和 $FeCl_3$，仅对各个工艺参数进行微调（表 5.4），实验结果分别示于表 5.5 和图 5.27，进而拟定适用于石油焦基 PGC 的优化参数。

表 5.4　石油焦基 PGC 的工艺参数微调方案设计[192]

PGC	反应温度 T/℃	反应时间 t/h	活化剂比例*	催化剂比例** w/%
PGC-1	800	1	4：1	10
PGC-2	800		2：1	10
PGC-3	800		2：1	15
PGC-4	900		1：1	10

*活化剂与石油焦的质量比；**催化剂与石油焦的质量百分比

表 5.5 工艺参数微调设计产物石油焦基 PGC 的比表面积及孔结构数据[192]

PGC	$S_{BET}/(m^2/g)$	$S_{mic}/(m^2/g)$	S_{mic}/S_{BET}	D/nm
PGC-1	1040	955	0.92	2.6
PGC-2	1073	1006	0.94	2.3
PGC-3	1119	972	0.87	2.5
PGC-4	118	72	0.61	4.7

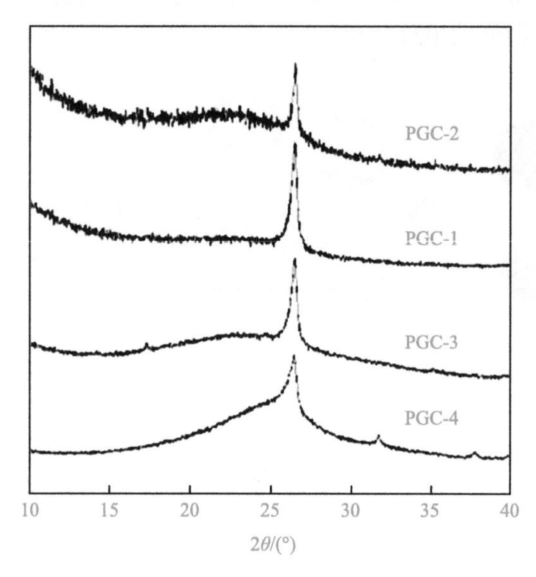

图 5.27 石油焦基 PGC 的 XRD 图谱[192]

由表 5.5 可知，反应温度 800℃获得石油焦基 PGC-1～PGC-3 均具有大的比表面积（1000m^2/g 以上），较小的孔径（2.3～2.6nm）；而反应温度 900℃所得石油焦基 PGC-4 比表面积只有 118m^2/g，孔径却增大至 4.7nm，是 PGC-2 的 2 倍。从图 5.27 看到，所有样品 PGC-1～PGC-4 都出现了明显的 d_{002} 石墨特征尖峰和低角度所反映的无定形碳特点；相比之下，800℃获得石油焦基 PGC-1～PGC-3 的 d_{002} 峰强度高于 900℃所得石油焦基 PGC-4；而对于 PGC-1～PGC-3，PGC-1 和 PGC-3 又优于 PGC-2，且 PGC-1 和 PGC-3 的 XRD 谱线比较平滑，杂质较少。

关联表 5.4、表 5.5 和图 5.27，可以认为：在 800℃和 900℃下，$FeCl_3$ 催化石墨化的效果都很明显；但因在高温 900℃时体系中活化与石墨化的协同作用，会引起 PGC-4 中部分微孔发生坍塌，形成大孔，造成比表面积降低；加之 900℃下 $FeCl_3$ 的挥发相较 800℃多，使得实际参与催化石墨化的 $FeCl_3$ 量减少，因此其石墨化效果较800℃差[199]。另外从PGC-4的XRD图谱还可发现，在31.6°和37.5°[200, 201]附近出现杂质峰，这也意味着在高温 900℃下体系中有铁碳化合物等杂质的形成，而这些铁碳化合物的形成往往发生于活化能较高的微孔边缘处，会使得微孔堵塞，也会造成比表面积减小。

依据 XRD 与比表面积的分析结果，不难发现 PGC-3 兼具最大比表面积（1119m^2/g）和较高的石墨化度（图 5.27）。由此得出：石油焦基 PGC 的最佳工艺参数为反应温度 800℃，活化剂∶石油焦（质量比）=2∶1，催化剂/石油焦（质量比）=15%。

2）石油焦基石墨质多孔炭的形貌与结构

在最佳合成条件下制备的石油焦基 PGC 形貌与结构的表征结果示于图 5.28。

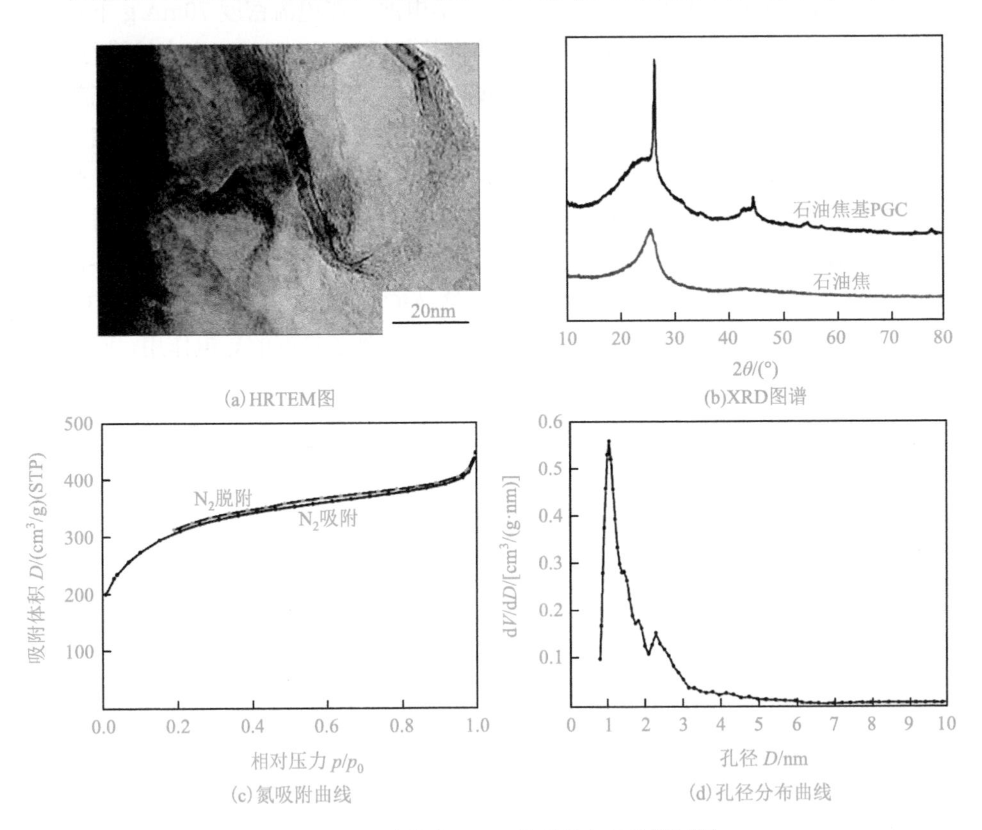

图 5.28 石油焦基 PGC 的形貌与结构[192, 194]

STP 代表吸附体积是在标准温度和压力下测试的

从图 5.28（a）和（b）可以看出，石油焦基 PGC 具有与 MCMB-PGC（图 5.23 和图 5.24）相似的结构，即兼具不同取向的层数（10～20 层）的石墨层结构和大量的无定形碳结构；其氮吸附曲线［图 5.28（c）］与 I 型曲线较为相似，但是在相对压力 p/p_0 为 0.4～0.8 处具有一个较小的回滞环，说明石油焦基 PGC 是拥有少量中孔的微孔炭材料，与孔径分布曲线相一致［图 5.28（d）］。正是这种部分石墨化的结构使得石油焦基 PGC 的导电性高于普通商用活性炭，适于用作大功率的电化学储能器件。

5.3.4 石墨质多孔炭在锂离子超级电容器中的应用

1. MCMB-PGC 内串型混合器件

在锂离子超级电容器的应用研究中所用 MCMB-PGC 的比表面积为 929m^2/g，形貌与结构见图 5.23～图 5.25。

1）MCMB-PGC 的半电池性能

以 MCMB-PGC 作正极，组装成锂离子半电池，在电流密度 70mA/g 下测试其 2.0～4.5V(*vs.* Li/Li^+)的恒流充放电性能，并将其与活性炭 YP-17D 半电池进行对比，测试结果示于图 5.29。可以看到：MCMB-PGC 与 YP-17D 半电池的恒流充放电曲线在 2.0～4.5V(*vs.* Li/Li^+)电压范围内，均无明显充放电平台；说明二者在该条件下主要发生双电层吸附反应。同时 MCMB-PGC 的放电时间长于 YP-17D，意味着 MCMB-PGC 的充放电容量高于 YP-17D。除此以外，还可大致判断出两种材料的电压降（*IR*-drop，图中双箭头所指 ΔU），其中 YP-17D 的电压降远大于 MCMB-PGC，即 YP-17D 的电压降约为 MCMB-PGC 的 14 倍，MCMB-PGC 的内阻远小于 YP-17D，由此可以证明 MCMB-PGC 颗粒表面的石墨化碳起到了良好的导电作用，使其内阻远低于未经过石墨化处理的普通活性炭。

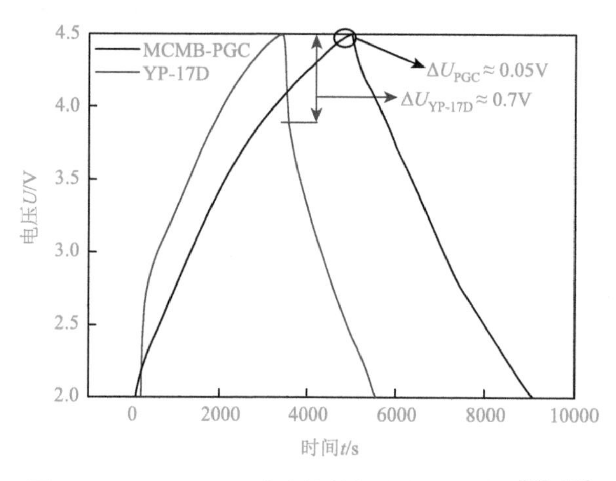

图 5.29 MCMB-PGC 半电池的恒流充放电曲线[192, 195]

2）MCMB-PGC 基内串型器件的电化学性能

对于 MCMB-PGC 基内串型锂离子超级电容器电化学性能的研究，以 MCMB-PGC 作为正极，钛酸锂（$Li_4Ti_5O_{12}$，LTO）作为负极，电解液为六氟磷酸锂($LiPF_6$)[碳酸乙烯酯（EC）∶碳酸二甲酯（DMC）=1∶1（质量比）]。作为对比，同时研究了正极为商用活性炭 YP-17D 基内串型器件，分别记作(MCMB-PGC)/LTO 和(YP-17D)/LTO，正极活性物质的质量约为负极的 1.5 倍。

（1）充放电特性。

如图 5.30 所示，(MCMB-PGC)/LTO 在不同电流密度下的恒流充放电曲线具有类似的特征，即在放电过程中，2～3V 区域内电压随时间的增加而缓慢减小，1～2V 区域内电压随时间增加而迅速减小，曲线形状的差异意味着在不同的电压区域具有不同的储能机制。亦即，(MCMB-PGC)/LTO 在充放电过程中，其中的多孔炭材料会因电压的变化而形成双电层电容，从而产生线性的充放电曲线，但由这一部分而产生的容量相对较小；与此同时，钛酸锂电极发生锂离子嵌插反应，该反应会在 2V 左右形成一个稳定的充放电平台，贡献绝大部分的容量。正是这两种反应的同时发生，协同作用的结果导致了充放电曲线走向[180, 202]，说明这种在形成双电层的同时发生锂离子嵌插反应，有利于提高器件的能量密度。

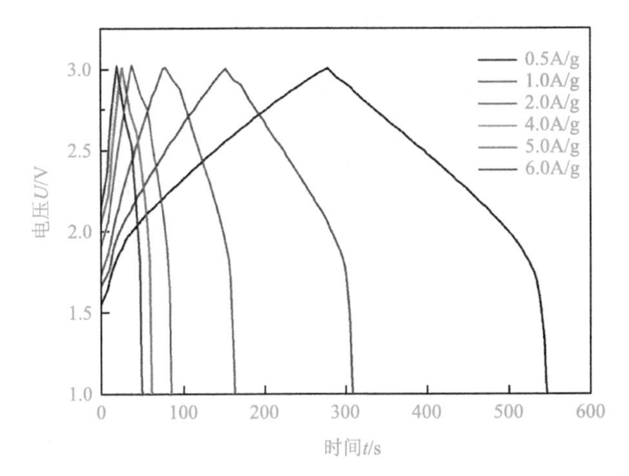

图 5.30　(MCMB-PGC)/LTO 在不同电流密度下的充放电曲线[192, 195]

（2）电化学阻抗谱。

(MCMB-PGC)/LTO 和(YP-17D)/LTO 器件的电化学阻抗谱（EIS）曲线的特征类同（图 5.30）。曲线分为两部分，在高频区为两个部分重叠的半圆，其中较高频的半圆对应电极的表面阻抗 R_{sf}，较低频的半圆对应电荷转移阻抗 R_{ct}；低频区则是一条斜线，对应的是离子的扩散阻抗。图内的电路图为该类锂离子超级电容器的等效电路，其中：R_E 为器件的体电阻，包含电池壳、隔膜等组分的阻抗；R_{sf} 为表面阻抗；C_{sf} 为表面电容；R_{ct} 为电荷转移阻抗；C_{dl} 为双电层电容；W 为与离子扩散相关的 Warburg 阻抗[203, 204]。

依据等效电路拟合 EIS 曲线（图 5.31 中实线）计算出两个器件的各种阻值，结果列入表 5.6。由表 5.6 可以看出：两种器件的 R_{ct} 值相差最大，其中(MCMB-PGC)/LTO 的 R_{ct} 仅为 0.05Ω，而(YP-17D)/LTO 则是其 100 多倍；说明 MCMB-PGC 的导电性明显优于 YP-17D，这和二者的电压降的分析结果一致（图 5.29），再次佐证 MCMB-PGC

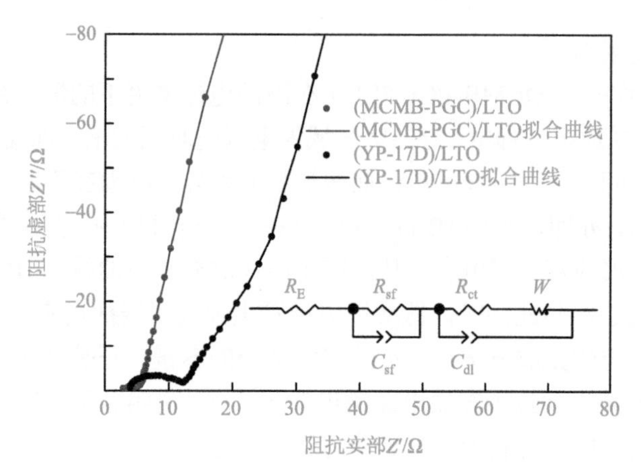

图 5.31 (MCMB-PGC)/LTO 和(YP-17D)/LTO 的 EIS 曲线[192, 195]

部分石墨化对于导电性的贡献，即 MCMB-PGC 表面的石墨化壳有效地提高了电极材料的导电性[205, 206]。

表 5.6 (MCMB-PGC)/LTO 和(YP-17D)/LTO 的 EIS 拟合结果[192]

器件	R_E/Ω	R_{sf}/Ω	R_{ct}/Ω
(MCMB-PGC)/LTO	2.7	1.5	0.05
(YP-17D)/LTO	4.0	1.2	5.30

（3）Ragone 曲线。

Ragone 曲线是评价储能器件的有效手段，优异的导电性会使器件在大电流下具有优异的倍率性能。在电流密度分别为 0.5A/g、1A/g、2A/g、4A/g、5A/g 和 6A/g 条件下，(MCMB-PGC)/LTO 和(YP-17D)/LTO 器件的 Ragone 曲线示于图 5.32。可

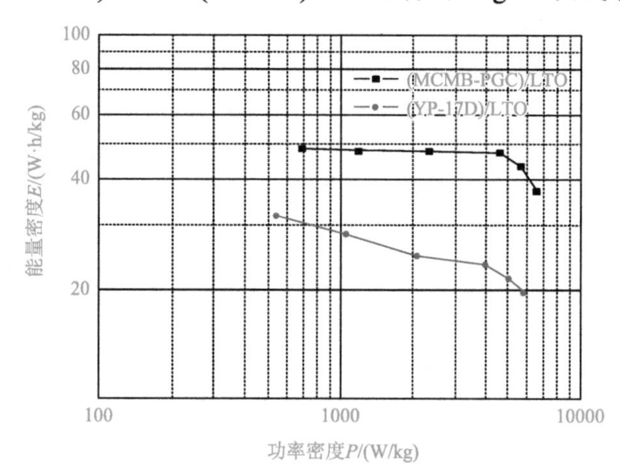

图 5.32 (MCMB-PGC)/LTO 和(YP-17D)/LTO 的 Ragone 曲线[192]

以看到：功率密度较低（低于 1000W/kg）时，(MCMB-PGC)/LTO 的能量密度约为 50W·h/kg，约为(YP-17D)/LTO（33W·h/kg）的 1.5 倍。随着电流密度增加至 4A/g，(MCMB-PGC)/LTO 的能量密度几乎没有变化，仍然具有 0.5A/g 时能量密度的 96.8%，但此时的功率密度却由 0.5A/g 时的 686.9W/kg 增加至 4A/g 的 4572.9W/kg。当电流密度进一步增加至 6A/g 时，功率密度增加至 6500W/kg，而此时能量密度仍有 37W·h/kg。与之相反，(YP-17D)/LTO 则随着电流密度的增加，能量密度的衰减较为严重，在 6A/g 时的能量密度仅为(MCMB-PGC)/LTO 的一半。

2. 石油焦基 PGC 内并型混合器件

在锂离子超级电容器的应用研究中所用石油焦基 PGC 的比表面积高达 1119m²/g，形貌与结构见图 5.28。

1）石油焦基 PGC 在水系超级电容器中的电化学性能

石油焦基 PGC 在水系超级电容器中的电化学性能主要包括循环伏安（CV）曲线、恒流充放电性能和循环次数-比电容的关系，相应的表征结果示于图 5.33。

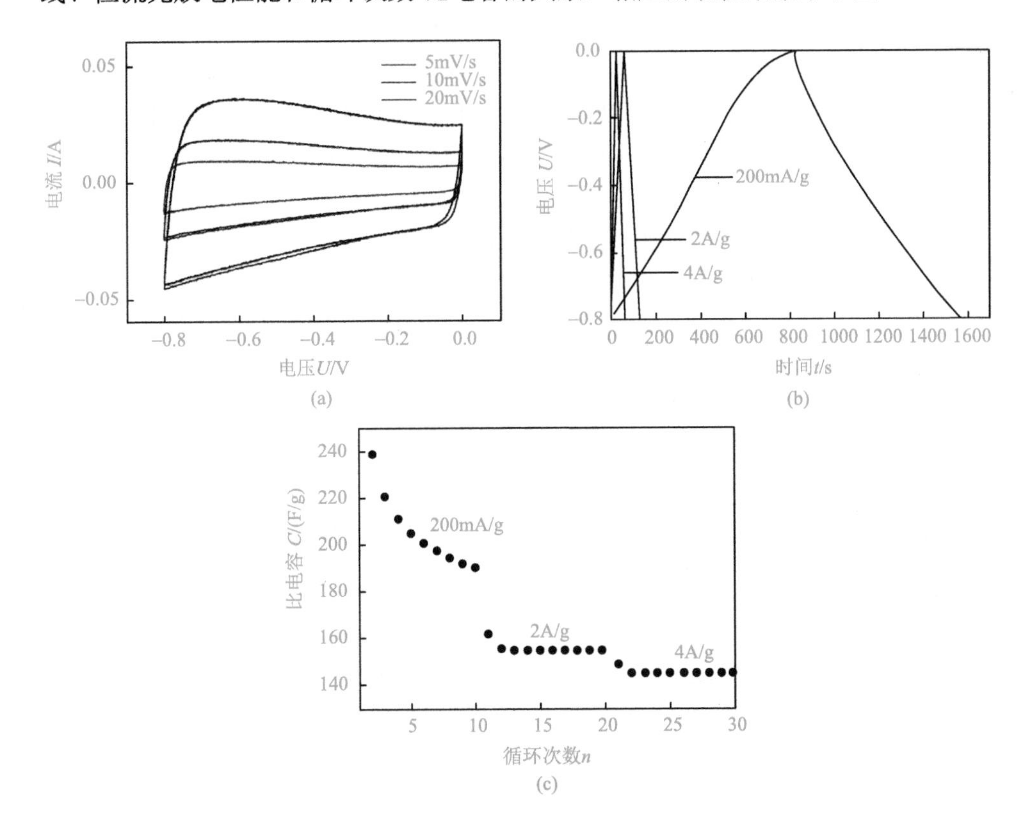

图 5.33　石油焦基 PGC 在水系超级电容器中的电化学性能[192, 194]

(a) 在不同扫描速率下的 CV 曲线；(b) 不同电流密度下的恒流充放电曲线；(c) 不同电流密度下的循环性能

从图 5.33（a）发现：①在 5mV/s、10mV/s 和 20mV/s 的扫描速率下，石油焦基 PGC 的 CV 曲线基本保持典型的矩形形状，均未出现明显的法拉第反应峰，这说明石油焦基 PGC 在水系超级电容器中主要发生双电层吸附反应。②在扫描速率 20mV/s 时，CV 曲线仍可保持一定的矩形，意味着石油焦基 PGC 具有良好的倍率性能。③三种扫描速率下的 CV 曲线在电压窗口两端基本接近 90°，尤其是在 0V 附近，这表明石油焦基 PGC 的时间常数 τ 较小，具有较好的大功率充放电性能[207, 208]。

由图 5.33（b）得知：①不同电流密度下的充放电曲线均呈现对称三角形，无明显的充放电平台，这说明石油焦基 PGC 在水系超级电容器中具有典型的双电层电容储能特征。②不同电流密度下的充放电曲线皆无明显的电压降，则表明石油焦基 PGC 内阻较小，具有优良的导电性，这也印证了部分石墨化的效果。

从图 5.33（c）看到：当电流密度为 200mA/g 时，石油焦基 PGC 的首次循环比容量值为 239F/g，但循环至第 10 次后，比容量值降至 190F/g，造成这一现象的原因是石油焦基 PGC 中拥有的大量微孔，而电解液离子在微孔中难以自由移动，使得在每一次循环过程中均有部分离子无法脱出，从而导致了比容量值的逐渐下降[209]。分别增加电流密度至 2A/g 和 4A/g 时，相应的比容量值降至 155F/g 和 145F/g，这说明石油焦基 PGC 中的微孔也会导致材料在大电流下循环性能变差。

纵观图 5.33（a）～（c），可以认为：石油焦基 PGC 独特的部分石墨化结构及大比表面积，使其具有优良的导电性及丰富的孔结构，正是这些特性使得石油焦基 PGC 在水系超级电容器中拥有较高的电容值及良好的倍率性能。

2）石油焦基 PGC 基电极在锂离子电池中的电化学性能

（1）石油焦基 PGC 的半电池性能。

石油焦基 PGC 半电池在大电流密度 3A/g 下的电化学性能示于图 5.34，其中，图 5.34（a）为石油焦基 PGC 的恒流充放电曲线，图 5.34（b）为石油焦基 PGC

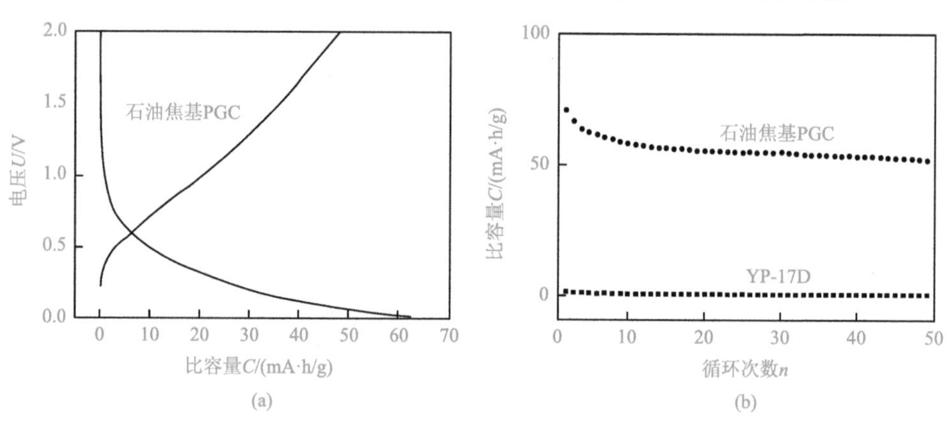

图 5.34 石油焦基 PGC 半电池的电化学性能[192, 194]

（a）恒流充放电曲线；（b）石油焦基 PGC 半电池和 YP-17D 半电池的循环性能

半电池和普通商用活性炭 YP-17D 半电池的循环性能。

从图 5.34（a）可以看出：石油焦基 PGC 的恒流充放电曲线不同于石墨，在 0.2V 处没有稳定的充放电平台，而是在 0～0.5V 存在一个充电斜坡。这归因于石油焦基 PGC 中无定形碳的作用[210]。相比于 0～0.5V，0.5～2.0V 的充电曲线则基本保持线性，该阶段容量主要由石油焦基 PGC 中孔结构表面所发生的双电层反应所提供，容量值较低，与锂离子嵌插反应相差较大。由于在混合器件中，石油焦基 PGC 作为负极材料之一，故此处主要研究的电压范围为 0.02～2.0V。

由图 5.34（b）不难发现：在 3A/g 电流密度下，50 次循环后的石油焦基 PGC 仍具有 50mA·h/g 的比容量，而 YP-17D 的比容量基本为 0。这是因为在大电流密度下，电子传输的快慢主要由电子电导率及电荷转移位点所决定[211, 212]，由于石油焦基 PGC 具有大量的微孔结构可以提供足够的电荷转移位点，同时这些微孔之间交错着不同取向的石墨层片会形成良好的导电通路，因而其具有优良的导电性；而 YP-17D 虽然也具有类似的比表面积及孔结构，但其导电性较差，因此石油焦基 PGC 在大电流下的充放电性能优于活性炭 YP-17D。换言之，石油焦基 PGC 既具有较高的石墨化度又含有大量微孔结构的复合结构，可使大电流下的充放电性能大幅提高，有利于其在较大功率储能器件（如混合器件）中的应用。

（2）石油焦基 PGC 复合电极半电池的循环稳定性。

石油焦基 PGC/LTO 复合电极（负极）半电池，在不同电流密度下的循环稳定性如图 5.35 所示。其中，复合电极各材料的配比见表 5.7。

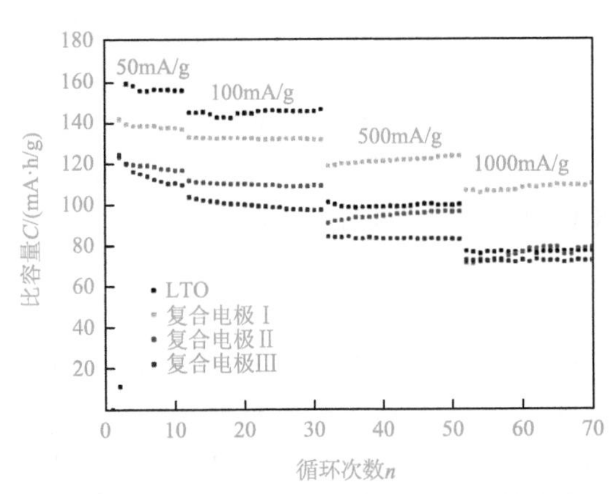

图 5.35　不同电流密度下石油焦基 PGC/LTO 复合电极半电池的循环性能[192, 194]

表 5.7　石油焦基 PGC 复合电极半电池的组分表[192]

电极	负极		正极
	LTO 含量 w/%	PGC 含量 w/%	
LTO	100	0	Li

续表

电极	负极		电极
	LTO 含量 w/%	PGC 含量 w/%	
复合电极Ⅰ	75	25	Li
复合电极Ⅱ	50	50	
复合电极Ⅲ	25	75	

从图 5.35 可以看出：随着电流密度和循环次数的增加，所有复合电极的比容量降低。其中，当电流密度较小时，如 50mA/g 和 100mA/g，石油焦基 PGC/LTO 复合电极中的 LTO 含量越大比容量越高，即 $C_{LTO电极} > C_{复合电极Ⅰ} > C_{复合电极Ⅱ} > C_{复合电极Ⅲ}$，LTO 电极的比容量最高，高于所有复合电极；增加电流密度至 500mA/g 后，LTO 电极的比容量迅速下降，且低于复合电极Ⅰ（LTO 质量分数为 75%），而复合电极Ⅱ的比容量仍高于复合电极Ⅲ；继续增加电流密度至 1000mA/g 时，LTO 电极的比容量由最初的约 160mA·h/g 降至约 80mA·h/g，与复合电极Ⅱ（LTO 质量分数为 50%）基本持平，但此时的复合电极Ⅰ仍具有 110mA·h/g 的比容量。仔细观察图 5.35 中各组电极随电流密度增大、循环次数增加，比容量的变化趋势，还可发现：随复合电极中石油焦基 PGC 含量的提高，虽然比容量逐渐降低，但是电流密度增大时造成的容量衰减程度逐渐减小。分析其原因，可以认为：由于 LTO 具有较低的离子扩散系数及电导率[213, 214]，会限制其在大电流下的充放电性能，而 LTO 与部分石墨化的石油焦基 PGC 以适宜的比例混合制备复合电极，会使电极材料的导电性得到一定的改善，进而可缓解电流密度增大所带来的容量损失，因此复合电极Ⅰ（LTO∶石油焦基 PGC=25∶75）在大电流（＞500mA/g）下具有优异的电化学性能。亦即，石油焦基 PGC/LTO 复合电极具有优良的倍率性能，适用于大功率储能器件。

3）石油焦基 PGC 内并型混合器件的电化学性能

石油焦基 PGC 内并型混合器件的电化学性能的研究，以磷酸亚铁锂（$LiFePO_4$）为正极，负极采用石油焦基 PGC 与 LTO 的混合（复合）物，电解液为 1mol/L 的 $LiPF_6$（EC∶DMC=1∶1）。该器件相当于一个电池（$LiFePO_4$/LTO）与一个内串型混合器件（$LiFePO_4$/石油焦基 PGC）相互并联。研究所用石油焦基 PGC 内并型混合器件的电极组成同表 5.7，选用 LTO 电极和(YP-17D)/LTO 复合电极（YP-17D∶LTO=75∶25）为参比电极。研究结果示于图 5.36。

图 5.36（a）展示了石油焦基 PGC 内并型系列混合器件复合电极与参比电极 LTO 在小电流密度（50mA/g）下的充放电过程，充放电的电压范围为 1～3V。如复合电极Ⅲ的充放电曲线所示，充电过程大致分为 3 个阶段[215]：*A-B*、*B-C*、*C-D*。其中，*A-B* 阶段呈线性，比容量随电压增加而缓慢增加，未出现明显充电平台；说明该阶段主要是石油焦基 PGC 表面的多孔结构吸附电解液中的电荷与离子，实现

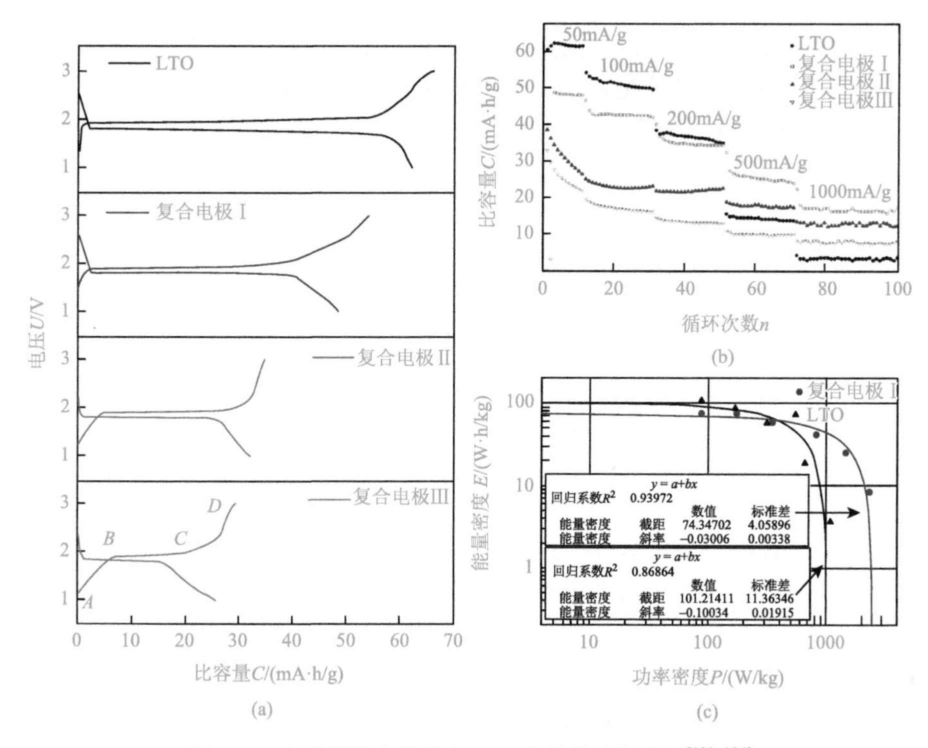

图 5.36　内并型混合器件和 LTO 电化学性能表征[192, 194]

（a）电流密度为 50mA/g 时电极的充放电过程；（b）不同电流密度下电极的循环性能；（c）电极的 Ragone 曲线

双电层吸附进行储能[216]。虽然石油焦基 PGC 自身含有部分石墨化度较高的碳，这部分碳在此时也会发生嵌锂反应，但由于这部分石墨化碳的取向及结构不统一，因而无法产生较为平坦的充电平台[210]。不同于 *A-B* 阶段的线性增加，*B-C* 阶段呈现了较为平坦的充电平台，意味着在 2V 电压下主要发生锂离子的嵌插反应，即锂离子从磷酸亚铁锂及电解液中脱出嵌入钛酸锂中。*C-D* 阶段是与 *A-B* 阶段相似的线型曲线，说明该阶段也是以双电层吸附为主。放电过程作为充电过程的逆反应，其曲线具有与充电曲线类似的规律。由充放电曲线特征可以获悉，这种混合器件中主要存在两种储能机理：双电层吸附与锂离子嵌插反应，前者虽然没有稳定的电压平台，但可提高电极导电性，加强器件在大电流下的性能；而后者会提供稳定的电压平台，贡献主要的容量。从图 5.36（a）还可以看出电极中随着石油焦基 PGC 含量的增加，由锂离子嵌插反应（*B-C* 阶段）产生的容量降低，同时总体的容量也逐渐降低。这是因为锂离子嵌插反应速率较小，小电流（50mA/g）下充放电有利于其反应更加充分，而双电层反应速率较大，其优势主要体现在大电流下，所以在该电流密度下器件的容量主要由锂离子嵌插反应所决定，故随着钛酸锂含量增加，器件容量也随之增加。

不同含量石油焦基 PGC 的复合电极与 LTO 在不同电流密度下的循环性能如图 5.36（b）所示：电流密度较小（<200mA/g）时，LTO 放电比容量高于其他器件；但是随着电流密度增加，LTO 的容量衰减也高于其他复合电极，如在电流密度增加至 500mA/g 时，其放电比容量由电流密度 50mA/g 时的 60mA·h/g 降至 15mA·h/g，进一步提高电流密度至 1000mA/g，其比容量仅为 3mA·h/g。而对于复合电极Ⅰ～复合电极Ⅲ，虽然在小电流密度（<200mA/g）下比容量低于 LTO，但是随着电流密度的增加，其容量衰减较 LTO 大大降低。其中，复合电极Ⅰ虽然在小电流密度（<200mA/g）下容量不及 LTO，但是当电流密度增加至 500mA/g 时其容量高于 LTO，当电流密度高达 1000mA/g 时，其比容量仍可达 18mA·h/g，远高于 LTO 的 3mA·h/g。尽管复合电极Ⅲ在各个电流密度下的容量最小，但是由电流密度增大造成的容量衰减也是最小的，当电流密度为 1000mA/g 时，其容量也高于 LTO。显然，随着复合电极中石油焦基 PGC 含量的增加，器件的倍率性能得到提高。这说明石油焦基 PGC 的加入对于器件主要有两种影响：①石油焦基 PGC 含量的增加使得 LTO 含量减少，亦即，锂离子嵌插反应的反应物减少，故会降低器件在小电流下的容量；②由于石油焦基 PGC 的加入有利于负极电导率的提高，因此会降低器件随电流密度增加而产生的容量损失[217]。

复合电极Ⅰ与 LTO 的 Ragone 曲线示于图 5.36（c），可以看到：复合电极Ⅰ的最大功率密度可达 2500W/kg，是 LTO 的 2 倍，同时复合电极Ⅰ的最大能量密度也可达 75W·h/kg。再次佐证：与 LTO 相比，石油焦基 PGC 内并型混合器件（复合电极Ⅰ）在显著提高负极材料功率密度的同时，还可以保持良好的能量密度。图中各个器件的能量密度与功率密度的关系曲线（实线部分）通过线性拟合获得，将该线外延至坐标轴，可得到器件可达的最大能量密度与功率密度[181]。

复合电极Ⅰ与参比电极(YP-17D)/LTO 在不同电流密度下的循环性能见图 5.37。可以看出：在任何一个电流密度下，复合电极Ⅰ（石油焦基 PGC/LTO）的比容量均

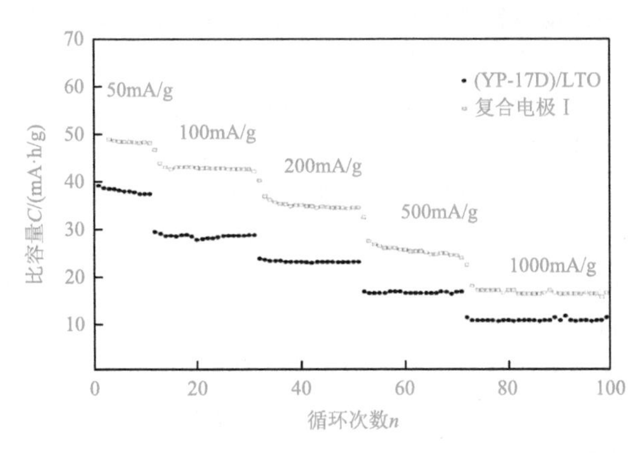

图 5.37 复合电极Ⅰ与参比电极(YP-17D)/LTO 在不同电流密度下的循环性能[192, 194]

高于(YP-17D)/LTO，说明前者的倍率性能优于后者。这是由于石油焦基 PGC 除了具有类似于 YP-17D 的比表面积及孔结构外，还含有部分石墨化度较高的碳。因此石油焦基 PGC/LTO 复合电极不仅具有较高的导电性，同时这些石墨化碳还能起到类似于钛酸锂的储锂作用。

复合电极 I 的大电流循环稳定性如图 5.38 所示：在充放电电流密度为 1A/g 时，循环 500 次后功率密度基本不变（99%），能量密度的保持率也高达 87%。

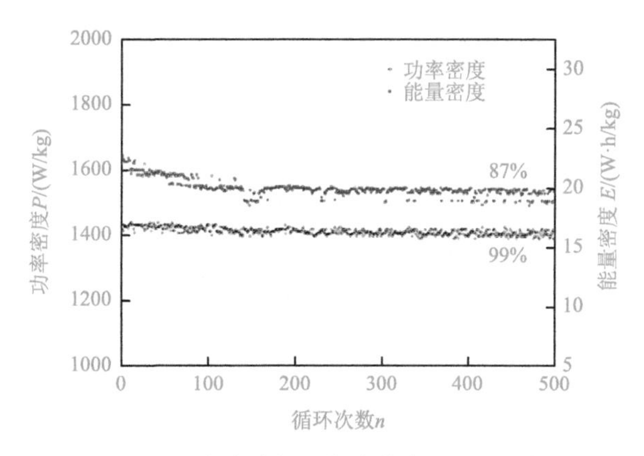

图 5.38 复合电极 I 的大电流循环稳定性

纵观图 5.36 与图 5.38 即可发现：石油焦基 PGC/LTO 复合电极 I 具有优异的倍率性能，其功率密度高于 LTO，在大电流下充放电性能优于 LTO 和(YP-17D)/LTO，并具有大电流循环稳定性。亦即，石油焦基 PGC 凭借其部分石墨化结构与部分多孔结构的特殊构造，使得含有部分石油焦基 PGC 的内并型混合器件性能优于含有商用活性炭的器件。

参 考 文 献

[1] Nishino A. Capacitors：Operating principles，current market and technical trends[J]. Journal of Power Sources，1996，60（2）：137-147.

[2] Burke A. Ultracapacitors：Why，how，and where is the technology[J]. Journal of Power Sources，2000，91（1）：37-50.

[3] Conway B E. Electrochemical Supercapacitors：Scientific Fundamentals and Technological Applications[M]. New York：Kluwer Academic/Plenum Publishers，1999.

[4] Kotz R，Carlen M. Principles and applications of electrochemical capacitors[J]. Electrochimica Acta，2000，45（15-16）：2483-2498.

[5] Huggins R A. Supercapacitors and electrochemical pulse sources[J]. Solid State Ion，2000，134（1-2）：179-195.

[6] Nomoto S，Nakata H，Yoshioka K，Yoshida A，Yoneda H. Advanced capacitors and their application[J]. 2001，97-8：807-811.

[7] Miller R J，Burke A F. Electrochemical capacitors：Challenges and opportunities for real-world applications[J].

Electrochemical Society Interface，2008，17（1）：53-57.
[8] 程立文，汪继强，谭玲生. 超级电容器的技术与应用市场发展简评[J]. 电源技术，2007，31（11）：921-925.
[9] Chang S K，Zainal Z，Tan K B，Yusof N A，Yusoff W M D W，Prabaharan S R S. Recent development in spinel cobaltites for supercapacitor application[J]. Ceramics International，2015，41（1）：1-14.
[10] Mitani S，Lee S I，Yoon S H，Korai Y，Mochida I. Activation of raw pitch coke with alkali hydroxide to prepare high performance carbon for electric double layer capacitor[J]. Journal of Power Sources，2004，133（2）：298-301.
[11] Lee J G，Kim J Y，Kim S H. Effects of microporosity on the specific capacitance of polyacrylonitrile-based activated carbon fiber[J]. Journal of Power Sources，2006，160（2）：1495-1500.
[12] Simon P，Gogotsi Y. Materials for electrochemical capacitors[J]. Nature Materials，2008，7（11）：845-854.
[13] Schmidt M，Schwertfeger F. Applications for silica aerogel products[J]. Journal of Non-Crystalling，1998，225（1）：364-368.
[14] Hwang S W，Hyun S H. Capacitance control of carbon aerogel electrodes[J]. Journal of Non-Crystalling Solids，2004，347（1-3）：238-245.
[15] Zhu Y D，Hu H Q，Li W C，Zhang X Y. Cresol-formaldehyde based carbon aerogel as electrode material for electrochemical capacitor[J]. Journal of Power Sources，2006，162（1）：738-742.
[16] Pekala R W，Farmer J C，Alviso C T，Tran T D，Mayer S T，Miller J M，Dunn B. Carbon aerogels for electrochemical applications[J]. Journal of Non-Crystalling Solids，1998，225（1）：74-80.
[17] Wei Y Z，Fang B，Iwasa S，Kumagai M. A novel electrode material for electric double-layer capacitors[J]. Journal of Power Sources，2005，141（2）：386-391.
[18] Bleda-Martinez M J，Macia-Agullo J A，Lozano-Castello D，Morallon E，Cazorla-Amoros D，Linares-Solano A. Role of surface chemistry on electric double layer capacitance of carbon materials[J]. Carbon，2005，43（13）：2677-2684.
[19] Zhao H X，Zhu Y D，Li W C，Hu H Q. Pore structure modification and electrochemical performance of carbon aerogels from resorcinol and formaldehyde[J]. New Carbon Materials，2008，23（4）：361-366.
[20] 孟庆函，刘玲，宋怀河，张睿，凌立成. 炭气凝胶为电极的超级电容器电化学性能的研究[J]. 无机材料学报，2004，19（3）：593-598.
[21] 陈日雄. 水系碳基超级电容器的制备与性能研究[D]. 衡阳：南华大学，2012.
[22] Tamon H，Ishizaka H，Yamamoto T，Suzuki T. Influence of freeze-drying conditions on the mesoporosity of organic gels as carbon precursors[J]. Carbon，2000，38（7）：1099-1105.
[23] 郭艳芝，沈军，王珏. 常压干燥法制备炭气凝胶[J]. 新型炭材料，2001，16（3）：55-57.
[24] Tamai H，Ikeuchi M，Kojima S，Yasuda H. Extremely large mesoporous carbon fibers synthesized by the addition of rare earth metal complexes and their unique adsorption behaviors[J]. Advanced Materials，1997，9（1）：55-58.
[25] Frackowiak E，Beguin F. Carbon materials for the electrochemical storage of energy in capacitors[J]. Carbon，2001，39（6）：937-950.
[26] Salitra G，Soffer A，Eliad L，Cohen Y，Aurbach D. Carbon electrodes for double-layer capacitors-I. Relations between ion and pore dimensions[J]. Journal of the Electrochemical Society，2000，147（7）：2486-2493.
[27] Eliad L，Salitra G，Soffer A，Aurbach D. Ion sieving effects in the electrical double layer of porous carbon electrodes：Estimating effective ion size in electrolytic solutions[J]. Journal of Physical Chemistry B，2001，105（29）：6880-6887.
[28] Eliad L，Salitra G，Soffer A，Aurbach D. Proton-selective environment in the pores of activated molecular sieving carbon electrodes. Journal of Physical Chemistry B，2002，106（39）：10128-10134.
[29] Shi H. Activated carbons and double layer capacitance[J]. Electrochimica Acta，1996，41：1633-1639.

[30] Chmiola J，Yushin G，Gogotsi Y，Portet C，Simon P，Taberna P L. Anomalous increase in carbon capacitance at pore sizes less than 1 nanometer[J]. Science，2006，313（5794）：1760-1763.

[31] Gamby J，Taberna P L，Simon P，Fauvarque J F，Chesneau M. Studies and characterisations of various activated carbons used for carbon/carbon supercapacitors[J]. Journal Power Sources，2001，101（1）：109-116.

[32] Vix-Guterl C，Frackowiak E，Jurewicz K，Friebe M，Parmentier J，Béguin F. Electrochemical energy storage in ordered porous carbon materials[J]. Carbon，2005，43（6）：1293-1302.

[33] Huang J S，Sumpter B G，Meunier V. A universal model for nanoporous carbon supercapacitors applicable to diverse pore regimes，carbon materials，and electrolytes[J]. Chemistry-A European Journal，2008，14（22）：6614-6626.

[34] Huang J S，Sumpter B G，Meunier V. Theoretical model for nanoporous carbon supercapacitors[J]. Angewandte Chemie-International Edition，2008，47（3）：520-524.

[35] Li H Q，Luo J Y，Zhou X F，Yu C Z，Xia Y Y. An ordered mesoporous carbon with short pore length and its electrochemical performances in supercapacitor applications[J]. Journal of the Electrochemical Society，2007，154（8）：A731-A736.

[36] Qu D Y，Shi H. Studies of activated carbons used in double-layer capacitors[J]. Journal Power Sources，1998，74（1）：99-107.

[37] Yang Y S，Cao G P. Adjustment to properties of porous carbon for electrochemical capacitors[J]. Battery Bimonthly，2006，36（1）：34-36.

[38] Qu D Y. Studies of the activated carbons used in double-layer supercapacitors[J]. Journal Power Sources，2002，109（2）：403-411.

[39] Rychagov A Y，Urisson N A，Vol'fkovich Y M. Electrochemical characteristics and properties of the surface of activated carbon electrodes in a double-layer capacitor[J]. Russian Journal of Electrochemistry，2001，37（11）：1172-1179.

[40] Kim C H，Pyun S I，Shin H C. Kinetics of double-layer charging/discharging of activated carbon electrodes—Role of surface acidic functional groups[J]. Journal of the Electrochemical Society，2002，149（2）：A93-A98.

[41] 刘亚菲，胡中华，许琨，郑祥伟，高强. 活性炭电极材料的表面改性和性能[J]. 物理化学学报，2008，24（7）：1143-1148.

[42] Ruiz V，Blanco C，Raymundo-Pinero E，Khomenko V，Beguin F，Santamaria R. Effects of thermal treatment of activated carbon on the electrochemical behaviour in supercapacitors[J]. Electrochimica Acta，2007，52（15）：4969-4973.

[43] Hsieh C T，Teng H. Influence of oxygen treatment on electric double-layer capacitance of activated carbon fabrics. Carbon，2002；40（5）：667-674.

[44] Oda H，Yamashita A，Minoura S，Okamoto M，Morimoto T. Modification of the oxygen-containing functional group on activated carbon fiber in electrodes of an electric double-layer capacitor[J]. Journal Power Sources，2006，158（2）：1510-1516.

[45] Kodama M，Yamashita J，Soneda Y，Hatori H，Kamegawa K. Preparation and electrochemical characteristics of N-enriched carbon foam[J]. Carbon，2007，45（5）：1105-1107.

[46] Kodama M，Yamashita J，Soneda Y，Hatori H，Nishimura S，Kamegawa K. Structural characterization and electric double layer capacitance of template carbons[J]. Materials Science and Engineering B：Solid State Materials for Advanced Technology，2004，108（1-2）：156-161.

[47] Jurewicz K，Pietrzak R，Nowicki P，Wachowsk H. Capacitance behaviour of brown coal based active carbon

modified through chemical reaction with urea[J]. Electrochimica Acta，2008，53（16）：5469-5475.

[48] Hulicova D，Kodama M，Hatori H. Electrochemical performance of nitrogen-enriched carbons in aqueous and non-aqueous supercapacitors[J]. Chemistry of Materials，2006，18（9）：2318-2326.

[49] 文越华，曹高萍，程杰，杨裕生. 纳米孔玻态炭——超级电容器的新型电极材料 I．固化温度对其结构和电容性能的影响[J]. 新型炭材料，2003，18（3）：219-224.

[50] Nian Y R，Teng H S. Nitric acid modification of activated carbon electrodes for improvement of electrochemical capacitance[J]. Journal of the Electrochemical Society，2002，149（8）：A1008-A1014.

[51] Nian Y R，Teng H S. Influence of surface oxides on the impedance behavior of carbonbased electrochemical capacitors[J]. Journal of Electroanalytical Chemistry，2003，540：119-127.

[52] Nakamura M，Nakanishi M，Yamamoto K. Influence of physical properties of activated carbons on characteristics of electric double-layer capacitors[J]. Journal Power Sources，1996，60（2）：225-231.

[53] Yoshida A，Tanahashi I，Nishino A. Effect of concentration of surface acidic functional-groups on electric double-layer properties of activated carbon-fibers[J]. Carbon，1990，28（5）：611-615.

[54] Kastening B，Hahn M，Rabanus B，Heins M，zum Felde U. Electronic properties and double layer of activated carbon[J]. Electrochimica Acta，1997，42（18）：2789-2799.

[55] Kastening B. A model of the electronic properties of activated carbon[J]. Berichte der Bunsen-Gesellschaft für Physikalische Chemie，1998，102（2）：229-237.

[56] Wu F C，Tseng R L，Hu C C，Wang C C. Physical and electrochemical characterization of activated carbons prepared from firwoods for supercapacitors[J]. Journal Power Sources，2004，138（1-2）：351-359.

[57] Gryglewicz G，Machnikowski J，Lorenc-Grabowska E，Lota G，Frackowiak E. Effect of pore size distribution of coal-based activated carbons on double layer capacitance[J]. Electrochimica Acta，2005，50（5）：1197-1206.

[58] Teng H S，Chang Y J，Hsieh C T. Performance of electric double-layer capacitors using carbons prepared from phenol-formaldehyde resins by KOH etching[J]. Carbon，2001，39（13）：1981-1987.

[59] Kierzek K，Frackowiak E，Lota G，Gryglewicz G，Machnikowski J. Electrochemical capacitors based on highly porous carbons prepared by KOH activation[J]. Electrochimica Acta，2004，49（4）：515-523.

[60] Zhu Y D，Hu H Q，Li W C，Zhang X Y. Resorcinol-formaldehyde based porous carbon as an electrode material for supercapacitors[J]. Carbon，2007，45（1）：160-165.

[61] 张琳，刘洪波，李步广，何月德，周应和. 双电层电容器用酚醛树脂基活性炭的制备[J]. 电子元件与材料，2005，24（11）：35-38.

[62] Kim C. Electrochemical characterization of electrospun activated carbon nanofibres as an electrode in supercapacitors[J]. Journal Power Sources，2005，142（1-2）：382-388.

[63] Leitner K，Lerf A，Winter M，Besenhard O，Villar-Rodil S，Suarez-Garcia F，Martinez-Alonso A，Tascon J M D. Nomex-derived activated carbon fibers as electrode materials in carbon based supercapacitors[J]. Journal Power Sources，2006，153（2）：419-423.

[64] Xu B，Wu F，Chen S，Zhang C Z，Cao G P，Yang Y S. Activated carbon fiber cloths as electrodes for high performance electric double layer capacitors[J]. Electrochimica Acta，2007，52（13）：4595-4598.

[65] Álvarez S，Blanco-Lopez M C，Miranda-Ordieres A J，Fuertes A B，Centeno T A. Electrochemical capacitor performance of mesoporous carbons obtained by templating technique[J]. Carbon，2005，43（4）：866-870.

[66] Liu H Y，Wang K P，Teng H. A simplified preparation of mesoporous carbon and the examination of the carbon aceessibility for electric double layer formation[J]. Carbon，2005，43（3）：559-566.

[67] Fuertes A B，Lota G，Centeno T A，Frackowiak E. Templated mesoporous carbons for supercapacitor application[J].

Electrochimica Acta，2005，50（14）：2799-2805.

[68] Yoon S，Oh S M，Lee C W，Ryu J H. Pore structure tuning of mesoporous carbon prepared by direct templating method for application to high rate supercapacitor electrodes[J]. Journal of Electroanalytical Chemistry，2011，650（2）：187-195.

[69] Xia Y D，Yang Z X，Mokaya R. Templated nanoscale porous carbons[J]. Nanoscale，2010，2（5）：639-659.

[70] Liang C D，Li Z J，Dai S. Mesoporous carbon materials：Synthesis and modification[J]. Angewandte Chemie-International Edition，2008，47（20）：3696-3717.

[71] Lee J，Kim J，Hyeon T. Recent progress in the synthesis of porous carbon materials[J]. Advanced Materials，2006；18（16）：2073-2094.

[72] Zhang F Q，Meng Y，Gu D，Yan Y，Yu C Z，Tu B，Zhao D Y. A facile aqueous route to synthesize highly ordered mesoporous polymers and carbon frameworks with $Ib\overline{3}d$ bicontinuous cubic structure[J]. Journal of the American Chemical Society，2005，127（39）：13508-13509.

[73] Meng Y，Gu D，Zhang F Q，Shi Y F，Cheng L，Feng D，Wu Z X，Chen Z X，Wan Y，Stein A，Zhao D Y. A family of highly ordered mesoporous polymer resin and carbon structures from organic-organic self-assembly [J]. Chemistry of Materials，2006，18（18）：4447-4464.

[74] Liang C D，Dai S. Synthesis of mesoporous carbon materials via enhanced hydrogen-bonding interaction[J]. Journal of the American Chemical Society，2006，128（16）：5316-5317.

[75] Li W R，Chen D H，Li Z，Shi Y F，Wan Y，Wang G，Jiang Z Y，Zhao D Y. Nitrogen-containing carbon spheres with very large uniform mesopores：The superior electrode materials for EDLC in organic electrolyte[J]. Carbon，2007，45（9）：1757-1763.

[76] Baughman R H，Zakhidov A A，De Heer W A. Carbon nanotubes-the route toward applications[J]. Science，2002，297（5582）：787-792.

[77] Niu C M，Sichel E K，Hoch R，Moy D，Tennent H. High power electrochemical capacitors based on carbon nanotube electrodes[J]. Applied Physics Letters，1997，70（11）：1480-1482.

[78] 吴锋，徐斌. 碳纳米管在超级电容器中的应用研究进展[J]. 新型炭材料，2006，21（2）：177-184.

[79] 章仁毅，张小燕，樊华军，何品刚，方禹之. 基于碳纳米管的超级电容器研究进展[J]. 应用化学，2011，28（5）：489-499.

[80] Frackowiak E，Metenier K，Bertagna V，Beguin F. Supercapacitor electrodes from multiwalled carbon nanotubes[J]. Applied Physics Letters，2000，77（15）：2421-2423.

[81] An K H，Jeon K K，Heo J K，Lim S C，Bae D J，Lee Y H. High-capacitance supercapacitor using a nanocomposite electrode of single-walled carbon nanotube and polypyrrole[J]. Journal of the Electrochemical Society，2002，149（8）：A1058-A1062.

[82] 马仁志，魏秉庆，徐才录，梁吉，吴德海. 应用于超级电容器的碳纳米管电极的几个特点[J]. 清华大学学报（自然科学版），2000，40（8）：7-10.

[83] Jurewicz K，Babel K，Pietrzak R，Delpeux S，Wachowska H. Capacitance properties of multi-walled carbon nanotubes modified by activation and ammoxidation[J]. Carbon，2006，44（12）：2368-2375.

[84] Brownson D A C，Kampouris K D，Banks C E. An overview of graphene in energy production and storage applications[J]. Journal Power Sources，2011，196：4873-4885.

[85] Stoller M D，Park S，Zhu Y，An J，Ruoff R S. Graphene-based ultracapacitors[J]. Nano Letters，2008，8（10）：3498-3502.

[86] Wang Y，Shi Z Q，Huang Y，Ma Y F，Wang C Y，Chen M M，Chen Y S. Supercapacitor devices based on graphene materials[J]. Journal of Physical Chemistry C，2009，113（30）：13103-13107.

[87] Vivekchand S R C，Rout C S，Subrahmanyam K S，Govindaraj A，Rao C N R. Graphene-based electrochemical supercapacitors[J]. Journal of Chemical Sciences，2008，120（1）：9-13.

[88] Dash R K，Nikitin A，Gogotsi Y. Microporous carbon derived from boron carbide[J]. Microporous and Mesoporous Materials，2004，72（1-3）：203-208.

[89] Avila-Brande D，Katch N A，Urones-Garrote E，Gómez-Herrero A，Landa-Cánovas A R，Otero-Díaz L C. Nano-structured carbon obtained by chlorination of NbC[J]. Carbon，2006，44（4）：753-761.

[90] Smorgonskaya E A，Kyut R N，Danishevskii A M，Gordeev S K. Ultra-small angle X-ray scattering from bulk nanoporous carbon produced from silicon carbide[J]. Carbon，2004，42（2）：405-413.

[91] Jänes A，Thomberg T，Lust E. Synthesis and characterisation of nanoporous carbide-derived carbon by chlorination of vanadium carbide[J]. Carbon，2007，45（14）：2717-2722.

[92] Dash R，Chmiola J，Yushin G，Gogotsi Y，Laudisio G，Singer J，Fischer J，Kucheyev S. Titanium carbide derived nanoporous carbon for energy-related applications[J]. Carbon，2006，44（12）：2489-2497.

[93] Leis J，Arulepp M，Kuura A，Lätt M，Lust E. Electrical double-layer characteristics of novel carbide-derived carbon materials[J]. Carbon，2006，44（11）：2122-2129.

[94] Jänes A，Lust E. Electrochemical characteristics of nanoporous carbide-derived carbon materials in various nonaqueous electrolyte solutions[J]. Journal of the Electrochemical Society，2006，153（1）：A113-A116.

[95] Chmiola J，Yushin G，Dash R，Gogotsi Y. Effect of pore size and surface area of carbide derived carbons on specific capacitance[J]. Journal of Power Sources，2006，158（1）：765-772.

[96] Arulepp M，Leis J，Kuura A. Proceedings of the 15th international seminar on double layer capacitors and hybrid energy storage devices[C]. Florida Educational Seminar，2005：12-21.

[97] Zheng J P，Cygan P J，Jow T R. Hydrous ruthenium oxide as an electrode material for electrochemical capacitors[J]. Journal of the Electrochemical Society，1995，142（8）：2699-2703.

[98] Zheng J P，Jow T R，Jia Q X，Wu X D. Proton insertion into ruthenium oxide film prepared by pulsed laser deposition[J]. Journal of the Electrochemical Society，1996，143（3）：1068-1070.

[99] Jow T R，Zheng J P. Electrochemical capacitors using hydrous ruthenium oxide and hydrogen inserted ruthenium oxide[J]. Journal of the Electrochemical Society，1998，145（1）：49-52.

[100] Liu X R，Pickup P G. Ru oxide supercapacitors with high loadings and high power and energy densities[J]. Journal of Power Sources，2008，176（1）：410-416.

[101] Takasu Y，Nakamura T，Ohkawauchi H，Murakami Y. Dip-coated Ru-V oxide electrodes for electrochemical capacitors[J]. Journal of the Electrochemical Society，1997，144（8）：2601-2606.

[102] Jeong Y U，Manthiram A. Amorphous ruthenium-chromium oxides for electrochemical capacitors[J]. Electrochemical and Solid State Letters，2000，3（5）：205-208.

[103] Goodenough J B，Lee H Y，Manivannan V. Supercapacitors and batteries[C]//Nazri G A，Julien C，Rougier A. Solid State Ionics V. Symposium. Warrendale：Materials Research Society，1999：655-665.

[104] Huang J H，Lai Q Y，Song J M，Chen L M，Ji X Y. Capacitive performance of amorphous V_2O_5 for supercapacitor[J]. Chinese Journal of Inorganic Chemistry，2007，23（2）：237-242.

[105] 闪星，张密林. 纳米氧化镍在超大容量电容器中的应用[J]. 功能材料与器件学报，2002，8（1）：35-39.

[106] Pang S C，Anderson M A，Chapman T W. Novel electrode materials for thin-film ultracapacitors：Comparison of electrochemical properties of sol-gel-derived and electrodeposited manganese dioxide[J]. Journal of the Electrochemical Society，2000，147（2）：444-450.

[107] Xu C J，Li B H，Du H D，Kang F Y，Zeng Y Q. Supercapacitive studies on amorphous MnO_2 in mild solutions[J].

Journal of Power Sources，2008，184（2）：691-694.

[108] Lee K，Wang Y，Cao G H. Dependence of electrochemical properties of vanadium oxide films on their nano- and microstructures[J]. Journal of Physical Chemistry B，2005，109（35）：16700-16704.

[109] Takahashi K，Wang Y，Lee K，Cao G Z. Solution synthesis and electrochemical properties of V_2O_5 nanostructures[M]//Knauth P，Masquelier C，Traversa E，Wachsman E D. Solid State Ionics，2005，835：327-332.

[110] Cheng J，Cao G P，Yang Y S. Characterization of sol-gel-derived NiO_x xerogels as supercapacitors[J]. Journal of Power Sources，2006，159（1）：734-741.

[111] Wan C Y，Wang L J，Shen S D，Zhu X. Effect of synthesis routes on the performances of MnO_2 for electrochemical capacitors[J]. Acta Chimica Sinica，2009，67（14）：1559-1565.

[112] Chen Z D，Gao L，Cao J Y，Wang W C，Xu J A. Preparation and properties of γ-MnO_2 nanotubes as electrode materials of supercapacitor[J]. Acta Chimica Sinica，2011，69（5）：503-507.

[113] Zhang Z A，Yang B C，Deng M G，Hu Y D，Wang B H. Synthesis and characterization of nanostructured MnO_2 for supercapacitor[J]. Acta Chimica Sinica，2004，62（17）：1617-1620.

[114] Zhang Y，Liu K Y，Zhang W，Wang H E. Electrochemical performance of electrodes in MnO_2 supercapacitor[J]. Acta Chimica Sinica，2008，66（8）：909-913.

[115] Zhang B H，Zhang N. Research on nanophase MnO_2 for electrochemical supercapacitor[J]. Acta Physico-Chimica Sinica，2003，19（3）：286-288.

[116] Dubal D P，Dhawale D S，Gujar T P，Lokhande C D. Effect of different modes of electrodeposition on supercapacitive properties of MnO_2 thin films[J]. Applied Surface Science，2011，257（8）：3378-3382.

[117] Reddy R N，Reddy R G. MnO_2 as electrode material for electrochemical capacitors[C]//Brodd R J，Doughty D H，Kim J H，Morita M，Naoi K，Nagasubramanian G，Nanjundiah C. Electrochemical Capacitor and Hybrid Power Sources. Pennington：Electrochemical Society Inc，2002：97-204.

[118] Reddy R N，Reddy R G. Sol-gel MnO_2 as an electrode material for electrochemical capacitors[J]. Journal of Power Sources，2003，124（1）：330-337.

[119] Chen X Y，Li X X，Jiang Y，Shi C W，Li X L. Rational synthesis of α-MnO_2 and γ-Mn_2O_3 nanowires with the electrochemical characterization of α-MnO_2 nanowires for supercapacitor[J]. Solid State Communications，2005，136（2）：94-96.

[120] Wang X Y，Huang W G，Sebastian P J，Gamboa S. Sol-gel template synthesis of highly ordered MnO_2 nanowire arrays[J]. Journal of Power Sources，2005，140（1）：211-215.

[121] 王易，霍旺晨，袁小亚，张育新. 二氧化锰与二维材料复合应用于超级电容器[J]. 物理化学学报，2020，36（2），1904007.

[122] Wang H Q，Yang G F，Li Q Y，Zhong X X，Wang F P，Li Z S，Li Y H. Porous nano-MnO_2：Large scale synthesis via a facile quick-redox procedure and application in a supercapacitor[J]. New Journal of Chemistry，2011，35(2)：469-475.

[123] Xia H，Feng J K，Wang H L，Lai M O，Lu L. MnO_2 nanotube and nanowire arrays by electrochemical deposition for supercapacitors[J]. Journal of Power Sources，2010，195（13）：4410-4413.

[124] Li G R，Feng Z P，Ou Y N，Wu D C，Fu R W，Tong Y X. Mesoporous MnO_2/carbon aerogel composites as promising electrode materials for high-performance supercapacitors[J]. Langmuir，2010，26（4）：2209-2213.

[125] Wang Y T，Lu A H，Zhang H L，Li W C. Synthesis of nanostructured mesoporous manganese oxides with three-dimensional frameworks and their application in supercapacitors[J]. Journal of Physical Chemistry C，2011，115（13）：5413-5421.

[126] Xia H，Lai M O，Lu L. Nanoporous MnO_x thin-film electrodes synthesized by electrochemical lithiation/delithiation for supercapacitors[J]. Journal of Power Sources，2011，196（4）：2398-2402.

[127] Cheong M，Zhitomirsky I. Electrophoretic deposition of manganese oxide films[J]. Surface Engineering，2009，25（5）：346-352.

[128] Zolfaghari A，Ataherian F，Ghaemi M，Gholami A. Capacitive behavior of nanostructured MnO_2 prepared by sonochemistry method[J]. Electrochimica Acta，2007，52（8）：2806-2814.

[129] Yang X H，Wang Y G，Xiong H M，Xia Y Y. Interfacial synthesis of porous MnO_2 and its application in electrochemical capacitor[J]. Electrochimica Acta，2007，53（2）：752-757.

[130] Li Y，Xie H Q. Mechanochemical-synthesized Al-doped manganese dioxides for electrochemical supercapacitors[J]. Ionics，2010，16（1）：21-25.

[131] Deng J J，Deng J C，Liu Z L，Deng H R，Liu B. Capacitive characteristics of Ni-Co oxide nano-composite via coordination homogeneous co-precipitation method[J]. Journal of Materials Science，2009，44（11）：2828-2835.

[132] Zhang Z A，Lai Y Q，Li J，Liu Y X. Preparation and electrochemical characterization of Mn/Pb composite oxides for supercapacitors[C]//Pan W，Gong J H. High-Performance Ceramics Ⅳ，Pts 1-3. Stafa-Zurich：Trans Tech Publications Ltd，2007，336-338：470-473.

[133] Pang X，Ma Z Q，Zuo L. Sn doped MnO_2 electrode material for supercapacitors[J]. Acta Physico-Chimica Sinica，2009，25（12）：2433-2437.

[134] Athouel L，Moser F，Dugas R，Crosnier O，Belanger D，Brousse T. Variation of the MnO_2 birnessite structure upon charge/discharge in an electrochemical supercapacitor electrode in aqueous Na_2SO_4 electrolyte[J]. Journal of Physical Chemistry C，2008，112（18）：7270-7277.

[135] Xie X Y，Liu W W，Zhao L Y，Huang C D. Structural and electrochemical behavior of Mn-V oxide synthesized by a novel precipitation method[J]. Journal of Solid State Electrochemistry，2010，14（9）：1585-1594.

[136] Lee H Y，Goodenoug J B. Supercapacitor behavior with KCl electrolyte[J]. Journal of Solid State Electrochemistry，1999，144（1）：220-223.

[137] Wang X L，Yuan A B，Wang Y Q. Supercapacitive behaviors and their temperature dependence of sol-gel synthesized nanostructured manganese dioxide in lithium hydroxide electrolyte[J]. Journal of Power Sources，2007，172（2）：1007-1011.

[138] 万厚钊，缪灵，徐葵，亓同，江建军. MnO_2超级电容器电极材料[J]. 化工学报，2013，64（3）：801-812.

[139] Chin S F, Pang S C, Anderson M A. Material and electrochemical characterization of tetrapropylammonium manganese oxide thin films as novel electrode materials for electrochemical capacitors [J]. Journal of the Electrochemical Society，2002，149（4）：A379-A384.

[140] Hu C C，Tsou T W. Ideal capacitive behavior of hydrous manganese oxide prepared by anodic deposition[J]. Electrochemistry Communications，2002，4（2）：105-109.

[141] Wu M S. Electrochemical capacitance from manganese oxide nanowire structure synthesized by cyclic voltammetric electrodeposition[J]. Applied Physics Letters，2005，87（15）：153102-153104.

[142] Zhitomirsky I，Cheong M，Wei J. The cathodic electrodeposition of manganese oxide films for electrochemical supercapacitors[J]. Jom，2007，59（7）：66-69.

[143] Chen C Y，Lyu Y R，Su C Y，Lin H M，Lin C K. Characterization of spray pyrolyzed manganese oxide powders deposited by electrophoretic deposition technique[J]. Surface & Coatings Technology，2007，202（4-7）：1277-1281.

[144] Snook G A，Kao P，Best A S. Conducting-polymer-based supercapacitor devices and electrodes[J]. Journal of Power Sources，2011，196（1）：1-12.

[145] Zhan C X，Yu G Q，LuY，Wang L Y，Wujcik E，Wei S Y. Conductive polymer nanocomposites：A critical review of modern advanced devices[J]. Journal of Materials Chemistry C，2017，5（7）：1569-1585.

[146] Yang J，Liu Y，Liu S L，Li L，Zhang C，Liu T X. Conducting polymer composites：Material synthesis and applications in electrochemical capacitive energy storage[J]. Materials Chemistry Frontiers，2017，1（2）：251-268.

[147] Wang J G，Yang Y，Huang Z H，Kang F Y. A high-performance asymmetric supercapacitor based on carbon and carbon-MnO_2 nanofiber electrodes[J]. Carbon，2013，61：190-199.

[148] Wang J G，Yang Y，Huang Z H，Kang F Y. Effect of temperature on the pseudo-capacitive behavior of freestanding MnO_2@carbon nanofibers composites electrodes in mild electrolyte[J]. Journal of Power Sources，2013，224：86-92.

[149] Wang J G，Yang Y，Huang Z H，Kang F Y. Synthesis and electrochemical performance of MnO_2/CNTs-embedded carbon nanofibers nanocomposites for supercapacitors[J]. Electrochimica Acta，2012，75：213-219.

[150] Wang J G，Yang Y，Huang Z H，Kang F Y. Coaxial carbon nanofibers/MnO_2 nanocomposites as freestanding electrodes for high-performance electrochemical capacitors[J]. Electrochimica Acta，2011，56：9240-9247.

[151] Yan J，Fan Z J，Wei T，Cheng J，ShaoB，Wang K，Song L P，Zhang M L. Carbon nanotube/MnO_2 composites synthesized by microwave-assisted method for supercapacitors with high power and energy densities[J]. Journal of Power Sources，2009，194（2）：1202-1207.

[152] 王建淦. 纳米二氧化锰基复合材料的制备及其电化学特性研究[D]. 北京：清华大学，2013.

[153] Wang J G，Yang Y，Huang Z H，Kang F Y. Rational synthesis of MnO_2-conducting polypyrrole@carbon nanofibers triaxial nano-cables for high-performance supercapacitor[J]. Journal of Materials Chemistry，2012，22（33）：16943-16949.

[154] Wang J G，Yang Y，Huang Z H，Kang F Y. Interfacial synthesis of mesoporous MnO_2/polyaniline hollow spheres and their application in electrochemical capacitors[J]. Journal of Power Sources，2012，204：236-243.

[155] Wang J G，Yang Y，Huang Z H，Kang F Y. Incorporation of nanostructured manganese dioxide into carbon nanofibers and its electrochemical performance[J]. Materials Letters，2012，72：18-21.

[156] Wang J G，Yang Y，Huang Z H，Kang F Y. Shape-controlled synthesis of hierarchical hollow urchin-shape α-MnO_2 nanostructures and their electrochemical properties[J]. Materials Chemistry and Physics，2013，140：643-650.

[157] Wang J G，Yang Y，Huang Z H，Kang F Y. Effect of Fe^{3+} on the synthesis and electrochemical performance of nanostructured MnO_2[J]. Materials Chemistry and Physics，2012，133：437-444.

[158] Wang J G，Wang J X. Shape memory effect of TiNi-based springs trained by constraint annealing[J]. Metals and Materials International，2013，19（2）：295-301.

[159] Wang J G. Facile design and fabrication of TiNi two-way shape memory spring with narrow hysteresis[J]. Journal of Materials Engineering and Performance，2012，21：1214-1219.

[160] Nan D，Wang J G，Huang Z H，Wang L，Shen W C，Kang F Y. Highly porous carbon nanofibers from electrospunpolyimide/SiO_2 hybrids as an improved anode for lithium-ion batteries[J]. Electrochemistry Communications，2013，34：52-55.

[161] Shen C W，Wang X H，Li S W，Wang J G，Zhang W，Kang F Y. A high-energy-density micro supercapacitor of asymmetric MnO_2-carbon configuration by using micro-fabrication technologies[J]. Journal of Power Sources，2013，234：302-309.

[162] Li S W，Wang X H，Shen C W，Wang J G，Kang F Y. Nanostructured manganese dioxides as active materials for micro-supercapacitors[J]. Micro & Nano Letters，2012，7（8）：744-748.

[163] Zhai D Y，Li B H，Xu C J，Du H D，He Y B，Wei C G，Kang F Y. A study on charge storage mechanism of α-MnO_2 by

occupying tunnels with metal cations(Ba^{2+}, K^{+})[J]. Journal of Power Sources，2011，196：7860-7867.

[164] 王建淦，杨颖，黄正宏，康飞宇. 超级电容器用高导电碳纳米纤维@MnO_2复合物的研究[C]. 第二届无机新能源材料研讨会，北京，2012-10-19.

[165] 王建淦，杨颖，黄正宏，康飞宇. 同轴二氧化锰/碳纳米纤维复合材料的制备及其电化学性能[C]. 第23届炭石墨材料学术会论文集，2012.

[166] Wang J G，Yang Y，Huang Z H，Kang F Y. *In-situ* synthesis and electrochemical performance of manganese dioxide/carbon nanofiber composites[C]. CESEP，Vichy，France，Sep. 25-29，2011.

[167] Wang J G，Yang Y，Huang Z H，Kang F Y. Hydrothermal synthesis of carbon nanofibers/γ-MnO_2 nanowires composites for electrochemical application[C]. Extended Abstracts for Carbon'2011，Shanghai，China，Jul. 24-30，2011.

[168] 康飞宇，王建淦，黄正宏，杨颖. 一种具有纳米结构的聚吡咯的制备方法：CN102924718A[P/OL]. 2013-02-13[2019-06-14].

[169] 杨颖，王建淦，黄正宏，康飞宇. 一种自支撑超级电容器电极材料及其制备方法：CN102087921A[P/OL]. 2011-06-08[2019-06-14].

[170] Ma S B，Ahn K Y，Lee E S，Oh K H，Kim K B. Synthesis and characterization of manganese dioxide spontaneously coated on carbon nanotube[J]. Carbon，2007，45（2）：375-382.

[171] Toupin M，Brousse T，Belanger D. Influence of microstucture on the charge storage properties of chemically synthesized manganese dioxide[J]. Chemistry of Materials，2002，14（9）：3946-3952.

[172] Toupin M，Brousse T，Belanger D. Charge storage mechanism of MnO_2 electrode used in aqueous electrochemical capacitor[J]. Chemistry of Materials，2004，16（16）：3184-3190.

[173] Hou H，Ge J J，Zeng J，Li Q，Reneker D H，Greiner A，Cheng S Z D. Electrospun polyacrylonitrile nanofibers containing a high concentration of well-aligned multiwall carbon nanotubes[J]. Chemistry of Materials，2005，17（5）：967-973.

[174] Ge J J，Hou H，Li Q，Graham M J，Greiner A，Reneker D H，Harris F W，Cheng S Z D. Assembly of well-aligned multiwalled carbon nanotubes in confined polyacrylonitrile environments：Electrospun composite nanofiber sheets[J]. Journal of the American Chemical Society，2004，126（48）：15755-15761.

[175] Fan L Z，Maier J. High-performance polypyrrole electrode materials for redox supercapacitors[J]. Electrochemistry Communications，2006，8（6）：937-940.

[176] Wu Q F，He K X，Mi H Y，Zhang X G. Electrochemical capacitance of polypyrrole nanowire prepared by using cetyltrimethylammonium bromide（CTAB）as soft template[J]. Materials Chemistry and Physics，2007，101（2-3）：367-373.

[177] Li Z S，Wang H Q，Huang Y G，Li Q Y，Wang X Y. Manganese dioxide-coated activated mesocarbon microbeads for supercapacitors in organic electrolyte[J]. Colloids and Surfaces A：Physicochemical and Engineering Aspects，2010，366（1-3）：104-109.

[178] Zhang J，Zhao X S. On the configuration of supercapacitors for maximizing electrochemical performance[J]. ChemSusChem，2012，5（5）：818-841.

[179] Fan Z，Yan J，Wei T，Zhi L J，Ning G Q，Li T Y，Wei F. Asymmetric supercapacitors based on graphene/MnO_2 and activated carbon nanofiber electrodes with high power and energy density[J]. Advanced Functional Materials，2011，21（12），2366-2375.

[180] Amatucci G G，Badway F，Du Pasquier A，Zheng T. An asymmetric hybrid nonaqueous energy storage cell[J]. Journal of the Electrochemical Society，2001，148（8）：A930-A939.

[181] Du Pasquier A，Plitz I，Gural J，Badway F，Amatucci G G. Power-ion battery：Bridging the gap between Li-ion and supercapacitor chemistries[J]. Journal of Power Sources，2004，136（1）：160-170.
[182] Sato K，Noguchi M，Demachi A，Oki N，Endo M. A mechanism of lithium storage in disordered carbons[J]. Science，1994，264（5158）：556-558.
[183] Sevilla M，Sanchís C，Valdés-Solís T，Morallon E，Fuertes A B. Synthesis of graphitic carbon nanostructures from sawdust and their application as electrocatalyst supports[J]. Journal of Physical Chemistry C，2007，111（27）：9749-9756.
[184] Shen K，Huang Z H，Gan L，Kang F Y. Graphitic porous carbons prepared by a modified template method[J]. Chemistry Letters，2009，38（1）：90-91.
[185] West C，Elfakir C，Lafosse M. Porous graphitic carbon：A versatile stationary phase for liquid chromatography[J]. Journal of Chromatography A，2010，1217（19）：3201-3216.
[186] Fuertes A B，Alvarez S. Graphitic mesoporous carbons synthesised through mesostructured silica templates[J]. Carbon，2004，42（15）：3049-3055.
[187] Ahmadpour A，Do D D. The preparation of active carbons from coal by chemical and physical activation[J]. Carbon，1996，34（4）：471-479.
[188] Kopac T，Toprak A. Preparation of activated carbons from Zonguldak region coals by physical and chemical activations for hydrogen sorption[J]. International Journal of Hydrogen Energy，2007，32（18）：5005-5014.
[189] Franklin R E. Homogeneous and heterogeneous graphitization of carbon[J]. Nature，1956，177（4501）：238-239.
[190] Oya A，Marsh H. Phenomena of catalytic graphitization[J]. Journal of Materials Science，1982，17（2）：309-322.
[191] Franklin R E. Crystallite growth in graphitizing and non-graphitizing carbons[J]. Proceedings of the Royal Society of London Series A：Mathematical and Physical Sciences，1951，209（1097）：196-218.
[192] 雷钰. 石墨质多孔碳的制备及其在电容/电池混合器件中的应用[D]. 北京：清华大学，2013.
[193] Lei Y，Huang Z H，Shen W C，Zheng Y P，Kang F Y. Synthesis of graphitic porous carbon from mesocarbon microbeads by one-step route[J]. Journal of Porous Materials，2013，20（5）：1323-1328.
[194] Lei Y，Huang Z H，Shen W C，Kang F Y，Zheng Y P. Bi-material anode based on porous graphitic carbon for $Li_4Ti_5O_{12}$-PGC/$LiFePO_4$ hybrid battery capacitor[J]. Electrochimica Acta，2013，107：413-418.
[195] Lei Y，Huang Z H，Yang Y，Shen W C，Zheng Y P，Sun H Y，Kang F Y. Porous mesocarbon microbeads with graphitic shells：Constructing a high-rate，high-capacity cathode for hybrid supercapacitor[J]. Scientific Reports，2013，3：2477.
[196] Cui W G，Li X H，Zhou S B，Weng J. Investigation on process parameters of electrospinning system through orthogonal experimental design[J]. Journal of Applied Polymer Science，2007，103（5）：3105-3112.
[197] 方开泰. 正交与均匀试验设计[M]. 北京：科学出版社，2001.
[198] 杜亚平，张德祥，毛清龙，高晋生. 石油焦原料性质及炭化工艺对活性炭性能的影响[J]. 石油炼制与化工，2002，33（11）：36-40.
[199] 肖绍懿. 酚醛树脂炭的催化石墨化及其在C/C复合材料中的应用[D]. 长沙：湖南大学，2010.
[200] 张勋高，江明，刘英，郝广明，徐知三，朱绫，盛蓉生. 交流碳弧法合成碳包碳化铁纳米晶[J]. 高等学校化学学报，2001，22（1）：91-94.
[201] 靳权，刘应亮，武拥建，谢春林，肖勇. 低温催化法制备石墨化碳空心球[J].化学进展，2012，24（1）：39-46.
[202] Choi H S，Kim T，Im J H，Park C R. Preparation and electrochemical performance of hyper-networked $Li_4Ti_5O_{12}$/carbon hybrid nanofiber sheets for a battery-supercapacitor hybrid system. Nanotechnology，2011，22（40）：405402.
[203] Zhang S S，Xu K，Jow T R. EIS study on the formation of solid electrolyte interface in Li-ion battery[J]. Electrochimca

Acta，2006，51（8-9）：1636-1640.

[204] Cheng L，Li X L，Liu H J，Xiong H M，Zhang P W，Xia Y Y. Carbon-coated $Li_4Ti_5O_{12}$ as a high rate electrode material for Li-ion intercalation[J]. Journal of the Electrochemical Society，2007，154（7）：A692-A697.

[205] Wu N L，Wang S Y. Conductivity percolation in carbon-carbon supercapacitor electrodes[J]. Journal of Power Sources，2002，110（1）：233-236.

[206] Zhu N，Liu W，Xue M Q，Xie Z，Zhao D，Zhang M N，Chen J T，Cao T B. Graphene as a conductive additive to enhance the high-rate capabilities of electrospun $Li_4Ti_5O_{12}$ for lithium-ion batteries[J]. Electrochimca Acta，2010，55（20）：5813-5818.

[207] Li H Q，Wang Y G，Wang C X，Xia Y Y. A competitive candidate material for aqueous supercapacitors：High surface-area graphite[J]. Journal of Power Sources，2008，185（2）：1557-1562.

[208] Zhang W F，Huang Z H，Cao G P，Kang F Y，Yang Y S. A novel mesoporous carbon with straight tunnel-like pore structure for high rate electrochemical capacitors[J]. Journal of Power Sources，2012，204：230-235.

[209] Pandolfo A G，Hollenkamp A F. Carbon properties and their role in supercapacitors[J]. Journal of Power Sources，2006，157（1）：11-27.

[210] Yoo E，Kim J，Hosono E，Zhou H S，Kudo T，Honma I. Large reversible Li storage of graphene nanosheet families for use in rechargeable lithium ion batteries[J]. Nano Letters，2008，8（8）：2277-2282.

[211] Kubiak P，Garcia A，Womes M，Aldon L，Olivier-Fourcade J，Lippens P E，Jumas J C. Phase transition in the spinel $Li_4Ti_5O_{12}$ induced by lithium insertion：Influence of the substitutions Ti/V，Ti/Mn，Ti/Fe [J]. Journal of Power Sources，2003，119：626-630.

[212] Kim S S，Kadoma Y，Ikuta H，Uchimoto Y，Wakihara M. Electrochemical performance of natural graphite by surface modification using aluminum[J]. Electrochemical and Solid State Letters，2001，4（8）：A109-A112.

[213] Takai S，Kamata M，Fujine S，Yoneda K，Kanda K，Esaka T. Diffusion coefficient measurement of lithium ion in sintered $Li_{1.33}Ti_{1.67}O_4$ by means of neutron radiography[J]. Solid State Ionics，1999，123（1-4）：165-172.

[214] Chen C H，Vaughey J T，Jansen A N，Dees D W，Kahaian A J，Goacher T，Hackeray M M. Studies of Mg-substituted $Li_{4-x}Mg_xTi_5O_{12}$ spinel electrodes（$0\leqslant x\leqslant 1$）for lithium batteries[J]. Journal of the Electrochemical Society，2001，148（1）：A102-A104.

[215] Hu X，Huai Y，Lin Z，Suo J，Deng Z. A($LiFePO_4$-AC)/$Li_4Ti_5O_{12}$ hybrid battery capacitor[J]. Journal of the Electrochemical Society，2007，154（11）：A1026-A1030.

[216] Hu X B，Deng Z H，Suo J S，Pan Z L. A high rate，high capacity and long life($LiMn_2O_4$||AC)/$Li_4Ti_5O_{12}$ hybrid battery-supercapacitor[J]. Journal of Power Sources，2009，187（2）：635-639.

[217] Boumlckenfeld N，Kuumlhnel R S，Passerini S，Winter M，Balducci A. Composite $LiFePO_4$/AC high rate performance electrodes for Li-ion capacitors[J]. Journal of Power Sources，2011，196（8）：4136-4142.

第6章 气体储存

气体储存研究对于发展清洁能源和保护环境非常重要。气体储存方法主要有高压法、液化法和吸附法。高压法是将气体进行“高压力压缩”储存，该法具有储气量大、储气瓶寿命长等优点，但投资费用高、安全性差。液化法是通过“低温液化气体”进行储存，如液化天然气的体积仅是原气态体积的 1/625，密度则为高压法的两倍多[1]；然而液化法需低温制冷，能耗高，维护保养较困难，且液化设施建设投资巨大，经济性差。吸附法通常在中高压（3.5MPa 左右）条件下，利用吸附剂（如沸石、多孔炭等）对所存储气体（如天然气等）高的吸附容量来增加气体的储存密度；与高压法相比，吸附法不仅储存压力较低、安全性能好，同时投资费用和操作费用低，日常维护方便。当然，对于不同气体的吸附存储，需采用不同的专用吸附剂。

目前，在气体储存领域研究比较热门的气体主要有 CH_4、H_2、CO_2、N_2、SO_2 和 NO，其中 CH_4 和 H_2 是两种重要的清洁能源，其他几种气体在催化、食品、环保及生物领域均具有重要应用价值。由于每种气体特点的不同，吸附储存的原理和方法也不太一样，可以通过气体与吸附剂之间的反应成键进行可逆储存，也可以通过物理或者化学吸附进行储存。显然，根据不同气体的物理化学特性选择与合成适宜的吸附剂材料，是发展低成本、实现高效优异的气体储存的关键。

吸附法“气体储存”通常指的是将气体稳定地保存在吸附剂（固体）中，而且能在一定条件下从固体中释放出来被利用。换言之，吸附剂材料对气体的储存是一个可恢复的过程。研究者通常对吸附材料进行吸脱附实验来测试材料的总吸附量、比表面积和孔体积等信息。但实验给出的最大吸附量并不等于可用体积，这是由于气体与吸附材料之间一般都存在着相互作用，而且吸脱附过程在动力学上也并非完全可逆，存在“滞后”，一般而言脱附过程比吸附过程更复杂[2]。因此，一个优秀的气体储存材料不仅应具有大的吸附容量，还应具有比较强的气体输运能力、稳定性及长的气体储存寿命。

固体吸附材料主要有金属有机骨架（MOF）、共价有机骨架（COF）、沸石、二氧化硅气凝胶、多孔炭材料等。相比之下，多孔炭材料具有高的比表面积（可达 3500m^2/g)、质量轻、来源广泛、孔径和孔结构易于调控、化学性质稳定，并能以整块、粉末或者膜等多种形式存在，因此在很多领域都具有重要的应用价值。同时，炭材料的来源广泛，通过各种物理或者化学活化方法均可以制备出具有不同孔径和孔结构的多孔炭材料。而且，多孔炭材料的碳壁表面一般都是电中性的，只能通过碳与吸附分子之间的弥散相互作用来起到吸附的作用。另外，碳材料还具有憎水特点[3]。

本章主要介绍用于 CH_4、H_2、CO_2、NO 和 SO_2 等气体储存的碳材料。

6.1 用于甲烷储存的碳材料

随着化石能源的消耗所带来的资源枯竭和环境污染问题日益加剧，人们对于清洁可再生能源的需求也日益迫切。天然气是一类重要的可再生能源，不仅在深海中有丰富的储量，而且在农作物和动物粪便发酵过程中也能产生（一般称为沼气），如果能将这部分能源加以利用，不仅可实现生产中的废物利用，而且能大大缓解了化石能源危机。

天然气和沼气的主要成分均为甲烷（分子式为 CH_4），由一个 C 原子和四个 H 原子通过 sp^3 杂化形成。CH_4 在碳氢化合物中具有最高的 H/C 原子比，相比于石油等其他碳氢化合物，燃烧时释放出的 CO 和 CO_2 较少，对环境比较友好。但因常温下 CH_4 为气体，体积能量密度较低，这就给室温下 CH_4 的储存和输运以及商业化应用带来了很多挑战，其中如何实现 CH_4 气体的室温储存和输运是目前急需解决的重要难题。

天然气的储存通常采用三种方式：低温液化储存——液化天然气（liquefied natural gas，LNG），高压力压缩储存——压缩天然气（compressed natural gas，CNG）和吸附储存——吸附天然气（adsorbed natural gas，ANG）。其中，LNG 一般用于洲际运输；由于 LNG 的储存需要高压气瓶等装置，质量较大，不利于电动交通工具的长程续航。CNG 通常需要在大于 20MPa 的压力下将室温下的 CH_4 气体压缩存储在气瓶中，耗能较高。而 ANG 储存不仅对容器和压力的要求低（通常为 3～4MPa），而且能达到和压缩方式同等的能量密度，既显著降低了成本，同时又提高了安全性。因此，“室温条件（常温常压）下吸附储存天然气（ANG）”是天然气储存的重要研究方向，ANG 技术有望成为未来天然气交通工具中的主要储存气体方法。

CH_4 具有高度对称性，是球状分子，不存在偶极矩和四极矩。CH_4 分子和吸附剂材料之间的相互作用力是通过瞬时极化产生的。用于 CH_4 储存的吸附剂主要要求如下：高吸附/脱附率以达到高的吸附容量和传送能力；显著的微孔的特征，孔径不小于两层 CH_4 分子的厚度；吸脱附过程中容器温度改变最小；极度憎水。研究表明[4]，狭缝性的孔具有最大的体积容量，0.8～1.5nm 被认为是最有效的 CH_4

吸附孔宽度。亦即，作为 CH_4 储存的吸附剂须拥有大量的微孔和丰富的比表面积，其中一定程度的介孔和大孔的存在对于提高甲烷的传送能力十分必要，能为 CH_4 分子的扩散提供通道，提高装载/卸载率。另外，为了满足商用器件对体积和质量能量密度的要求，用于 CH_4 气体吸附储存材料还应具有一定的可压缩性，进而使其具有相对较小的宏观体积。表面活性剂处理通常能改善活性炭材料的可压缩性，减小压实所需压力，但往往会对孔结构造成一定程度的破坏，影响对 CH_4 的吸附和储存性能[4]。

6.1.1 多孔炭

多孔炭对 CH_4 的等容吸附热为 16～20kJ/mol[5]，体积吸附量可达 140～160[6]。Prasetyo 等[7]采用酚醛树脂作为前驱体制备的多孔炭材料，在 3.5MPa 和 298K 的条件下对 CH_4 的吸附容量达到 8.98mmol/g。这里高的 CH_4 吸附容量来源于高的比表面积（2248m^2/g）和微孔比表面积（1862m^2/g），其中微孔体积为 0.723cm^3/g，占孔总体积的 60.32%，吸附焓为 27kJ/mol。Qiu 等[8]采用高温 KOH 活化制备出芳香结构的多孔炭，这种多孔炭在比较宽的压力范围内都具有比较高的吸附容量和传送能力，在 3.5MPa 和 298K 条件下对 CH_4 的吸附容量达到 12.5mmol/g。原因在于这种多孔炭的孔呈现“双峰”分布，分别位于 0.6～0.8nm 和 1.2nm 以上。

除传统多孔炭材料外，其他纳米活性炭材料，如支柱型石墨烯、单壁碳纳米角和沸石模板炭等也可用于气体的储存。

6.1.2 支柱型石墨烯

支柱型石墨烯[9]具有质量轻、结构稳定及高气体吸附容量的特点。支柱型石墨烯由两层平行的石墨烯和中间垂直支撑的单壁碳纳米管组成（图 6.1），石墨烯作为一种二维单层的碳结构，具有优异的热力学和机械性能，中等长度的单壁碳纳米管由于直径小、曲率高及表面位阻小因而对 CH_4 具有好的渗透性，将石墨烯和碳纳米管结合可能会获得更优的性能。

Ozkan 等[10]利用表面催化和原位气-液-固机制成功合成了支柱型石墨烯，石墨烯和碳纳米管之间高度结晶的界面证明了这两组碳同素异形体之间的无缝连接。但这种方法合成的支柱型石墨烯只有生长在基体上才能保持良好的三维结构，且产率比较低，因而其吸附性能和其他方面的应用还需进一步探索。

Farhadian 等[11]通过分子动力学和蒙特卡洛方法等理论计算工具模拟了纯支柱型石墨烯以及 N、B、Li 等元素掺杂的支柱型石墨烯的 CH_4 储存性能。理论研究表明掺杂有利于提高支柱型石墨烯的 CH_4 储存性能，其中 Li 掺杂相比于其他元素掺杂具有更高的性能提升，而 B 掺杂的影响很小，提高掺杂量有利于提高 CH_4 吸附性能，Li 和 N 的最佳掺杂量分别为 4.2%和 18.5%。

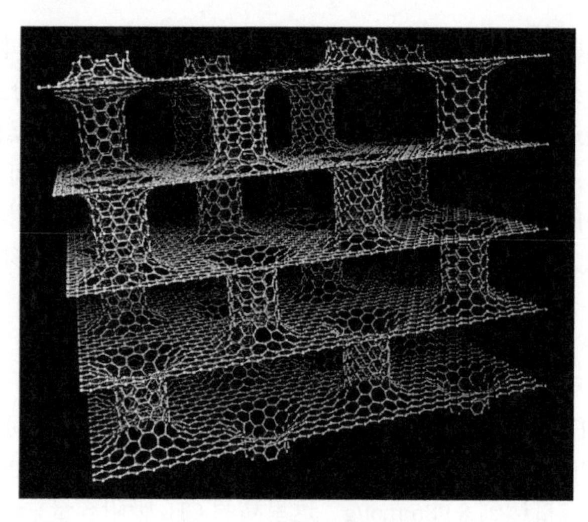

图 6.1 支柱型石墨烯[10]

6.1.3 单壁碳纳米角

单壁碳纳米角（single-walled carbon nanohorn，SWCNH）是一种类似于单壁碳纳米管的角形的管状新型活性炭材料，通常由激光切割纯石墨制备。由于制备过程不需要金属催化剂，因此所得 SWCNH 纯度非常高，不需要进一步的纯化，对环境很友好。气体分子不仅可以储存在 SWCNH 的圆柱形隧道中，还能储存在隧道之间的缝隙中，因而 SWCNH 在气体储存领域也具有广泛的应用[12-14]。例如，压缩的 SWCNH 具有高的 CH_4 储存容量，在 3.5MPa 和 303K 的条件下可达 $160cm^3/cm^3$[13]，超过了美国能源部（US Department of Energy）的目标 $150cm^3/cm^3$[14]。在低压下压缩 SWCNH 就能表现出与 SWCNT 方形阵列相当的 CH_4 吸附性能；当压力大于 4MPa 时，SWCNH 对 CH_4 的吸附容量可以达到 SWCNT 三角形阵列的水平[13]。研究还发现，在压缩 SWCNH 中引入硝酸镧可以通过电荷转移效应提高 CH_4 的吸附容量[14]。

Kaneko 等[15]通过 HNO_3 插层以及后续热处理制备出了超微孔结构的 SWCNH 组装体，获得了超高的 CH_4 吸附容量。HNO_3 的插层不仅增加了 SWCNH 隧道的孔体积，还增加了隧道间隙的孔体积，孔体积的增加是提高 CH_4 吸附容量的关键因素。

6.1.4 沸石模板炭

沸石模板炭（zeolite-templated carbon，ZTC）是一类新型的活性炭材料，具有与沸石类似的有序的三维微孔结构，拥有大的比表面积（＞$2800m^2/g$）和微孔体积（＞$1.0cm^3/g$）以及窄的孔径分布[16, 17]，在气体储存和能源转换领域也具有比较多的应用。研究表明，ZTC 中均一有序的微孔结构与 CH_4 分子的横向相互作

用可以增加 CH_4 吸附的等容焓，这一特性可以增加 ZTC 对 CH_4 的吸附容量。

Choi 等[17]利用 BEA 和 FAU 沸石作为模板并辅以一定的热处理条件制备出微孔尺寸在 1.1～1.5nm 范围的 ZTC。在热处理过程中，ZTC 的微孔结构会发生一定程度的收缩，其收缩程度与 ZTC 的初始结构及热处理的温度有关。这是由于 ZTC 含有高浓度的 H（比普通活性炭高一个数量级），在后期的模板去除及热处理过程中会发生脱氢反应引起结构的收缩。通过优化实验条件得到的 ZTC 样品在 5～65bar 压力范围内可获得超高的 CH_4 吸附容量（$210cm^3{}_{STP}/cm^3$），同时工作容量也可达到 $175cm^3{}_{STP}/cm^3$。优异的吸附性能源于优化的孔结构，1.3nm 以下的孔会增加 CH_4 的等容吸附热，增加 CH_4 的覆盖率，这同时也证明了 CH_4 与 ZTC 之间存在着横向相互作用。

6.1.5 活性炭材料对甲烷吸附容量的预测

Colavita 等[18]比较归纳了系列商业和实验报道的活性炭材料结构特征，得出活性炭材料的体积密度、比表面积和孔体积是影响 CH_4 吸附容量的三大因素；并根据文献中报道的相关数据分别绘制出“活性炭材料比表面积与微孔体积的关系”和“活性炭材料对 CH_4 的吸附容量与其基本性质之间关系”的散点图（图 6.2），然后通过系列的线性拟合和关系式推导得出其间的定量关系。

图 6.2（a）为活性炭材料比表面积（A_{SSA}）与微孔体积（V_{mic}）的关系图，可以看出比表面积和微孔体积之间存在明显的线性关系，拟合出的线性关系式如下：

$$A_{SSA}=3244.3\times V_{mic}-353.14,\quad R^2=0.975 \tag{6.1}$$

根据活性炭材料的微孔体积可以估算出其比表面积。

活性炭材料对 CH_4 的吸附容量（C_{ads}）与其比表面积及表观密度（ρ）的关系分别示于图 6.2（b）和图 6.2（c），也可发现活性炭材料对 CH_4 的吸附容量与其比表面积及表观密度之间也存在线性关系。其中，活性炭材料对 CH_4 的吸附容量与其比表面积的线性关系式为

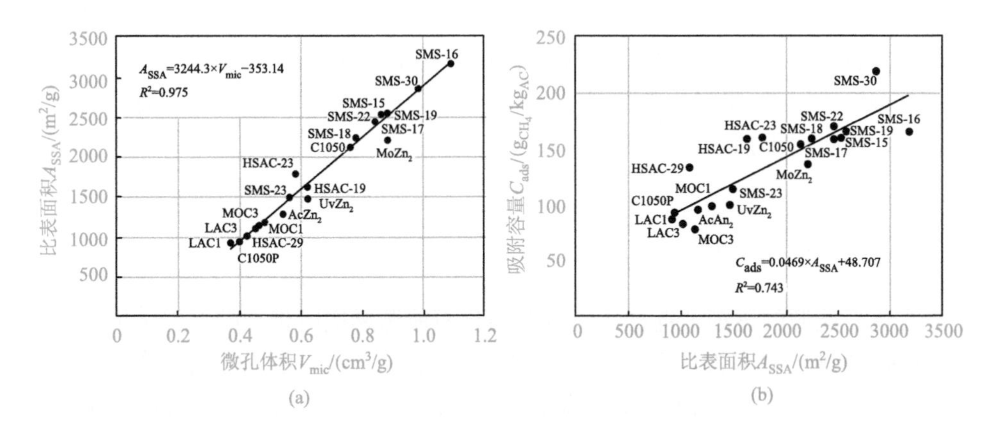

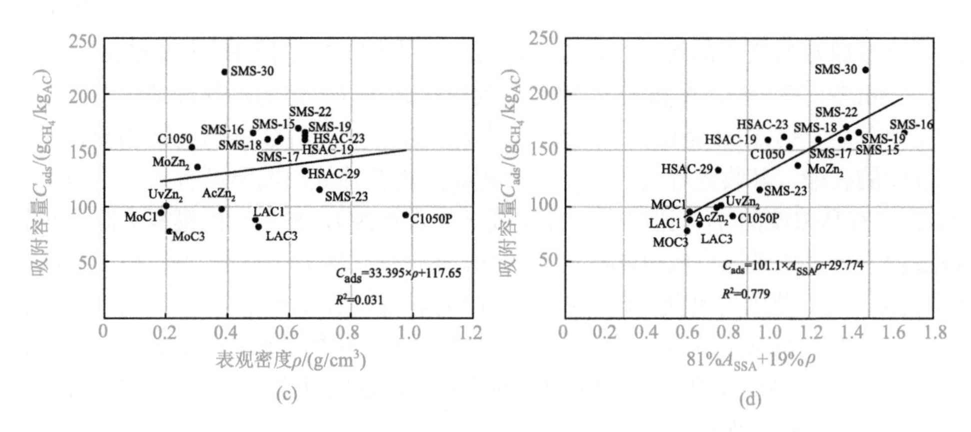

图 6.2 活性炭材料对 CH_4 的吸附容量与其基本性质之间的关系[18]

(a) 活性炭材料的比表面积与微孔体积的关系；(b) CH_4 的吸附容量与活性炭材料比表面积的关系；(c) CH_4 的吸附容量与活性炭材料表观密度的关系；(d) CH_4 的吸附容量与"活性炭材料比表面积和表观密度加权组合项"的关系

$$C_{ads}=0.0469\times A_{SSA}+48.707,\quad R^2=0.743 \tag{6.2}$$

活性炭材料对 CH_4 的吸附容量与其表观密度的线性关系式为

$$C_{ads}=33.395\times\rho+117.65,\quad R^2=0.031 \tag{6.3}$$

比较式(6.2)和式(6.3)，前者($R^2=0.743$)的线性关系明显强于后者($R^2=0.031$)。

如对活性炭材料的比表面积 A_{SSA} 和表观密度 ρ 参数进行加权组合，可获得更好的线性拟合关系［图 6.2（d）］，其线性关系式为

$$C_{ads}=101.1\times A_{SSA}\rho+29.774,\quad R^2=0.779 \tag{6.4}$$

其中，$A_{SSA}\rho$ 为活性炭材料的比表面积与表观密度的线性结合项（归一化比表面积与归一化表观密度的线性组合），关系式为

$$A_{SSA}\rho=81\%(A_{SSA}/\langle A_{SSA}\rangle)+19\%(\rho/\langle\rho\rangle) \tag{6.5}$$

其中，$\langle A_{SSA}\rangle$ 和 $\langle\rho\rangle$ 分别为活性炭材料的平均比表面积(m^2/g)和平均表观密度(g/cm^3)。

纵观图 6.2（a）～（d），可以看到：活性炭材料对 CH_4 的吸附容量随着其比表面积、微孔体积及表观密度的增加而增加。但因文献[18]中各种活性炭材料采用的吸附测试方法和标准存在差别，材料的孔结构和孔形貌也存在差别，因此图 6.2（a）～（d）推导出的线性关系式（6.1）～式（6.4）通常只具有一定的参考意义，仅可用于预测趋势。

6.2 用于氢气储存的碳材料

在化石能源的逐渐消耗枯竭，以及由化石能源燃烧所带来的严重环境污染问题的时代背景下，H_2 被认为是最清洁的一类可再生资源，因为它的燃烧产物只有水。另外，H_2 也具有高的理论能量密度，几乎是石油的三倍，并且燃料电池中

H_2 的转换效率也高于内燃机。由于游离态 H_2 不会大量地存在于自然界中，而且室温下的 H_2 为气体，因此关于 H_2 的大量获取和有效储存是个待解决的技术难题。理论上，H_2 也能像 CH_4 一样采用高压气态储存、低温液态储存或以氢化物固态的方式存储。但高压气态储存对高压气瓶及压力的要求很高，且高压钢瓶储氢的能量密度一般都比较低；而低温液态储存，液氢储存容器必须使用超低温用的特殊容器（高度绝热的储氢容器），储存成本高，安全技术也比较复杂；至于氢化物固态法储存，则对氢化物自身的化学性质如热力学、动力学及可逆性能也有比较严格的要求。显然，研发高效室温氢气吸附储存材料是氢气储存的技术瓶颈。

6.2.1 储氢机制

研究表明[19, 20]：基于化学吸附的多孔材料，主要通过氢化物与吸附剂之间形成化学键实现强有力的吸附，但这种吸附的可逆性不高。而基于物理吸附原理的多孔材料，则是通过非极性的 H_2 与吸附剂之间弱相互作用实现吸附，具有比较高的吸脱附可逆性；但因这种吸附作用比较弱，且通常在低温下才能达到比较好的吸附效果，因此在室温下 H_2 的高效吸附仍是个难题。

由于 H—H 键的键能高（436kJ/mol），使得 H_2 在室温下非常稳定，又因 H_2 的 σ 轨道电子能级非常低（10.36eV），使其 HOMO（highest occupied molecular orbital，最高占据分子轨道）-LUMO（lower unoccupied molecular orbital，最低未据分子轨道）之间的带隙高达 12.6eV[21]。因此，在室温下很难发生 H_2 的化学吸附，只有在高温下 H_2 中的电子才能跃迁过费米能级和其他原子（如 Ni）发生反应进行化学吸附，并且这样化学吸附的 H_2 也很难在室温下发生脱附。例如，MgH_2 是研究最为广泛的金属氢化物之一，具有低成本和储量丰富的优点，氢气储存量高达 7.6%（质量分数），但因其吸附的氢必须加热到 300℃才能脱附，严重制约了其作为潜在储氢材料的应用前景[19]。因此，对于 H_2 的吸附储存，只有物理吸附才有可能获得大规模应用。

H_2 分子只有两个电子，因而它的瞬时偶极矩和色散力都比较小，同时四极矩也很小，使得 H_2 与吸附材料之间的物理吸附作用力也很弱。研究表明[20, 21]，H_2 在临界温度以上时，在材料中只能发生单层吸附，因此 H_2 的吸附容量与其吸附材料的比表面积近似呈线性关系，很容易通过材料的物理性质预测其对 H_2 的吸附性能。例如，具有高的比表面积（2800m^2/g）和孔体积（1.6mL/g，其中微孔体积为 1mL/g，介孔体积为 0.6mL/g）的商业活性炭材料 AX-21，在 77K 和 35bar 的条件下对 H_2 的吸附容量达到 5.2%。这里高的 H_2 吸附容量来源于 AX-21 表面暴露的大量 H_2 吸附位点，微孔结构中碳原子产生的势场可以重叠，进而增强了对 H_2 的吸附。

图 6.3 展示了不同孔径对应的势场强度和 H_2 密度曲线，可以看出：当孔径小于 0.8nm 时，原本分立的势场曲线开始向中部集中，势能的增强也增加了 H_2 的吸附。

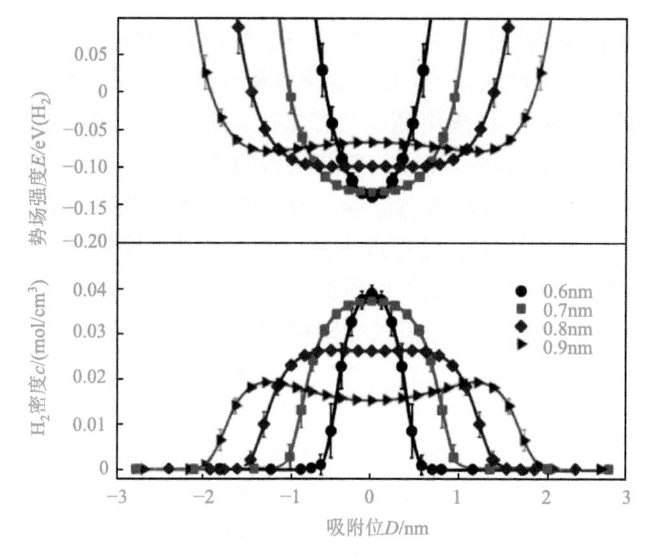

图 6.3 不同孔径对应的势场强度和 H_2 密度曲线[20, 21]

MSC-30 具有与 AX-21 接近的比表面积（2680m^2/g）和介孔体积，对 H_2 的吸附容量为 4.8%[19]。这是由于在 MSC-30 的介孔中，相邻碳原子壁的势场的重叠较弱，因此对 H_2 的吸附作用较 AX-21 差。

由于 H_2 的吸附焓太小不足以引起键的断裂，因而 H_2 均以分子形式吸附；如施加低温条件则可增大 H_2 的吸附容量，这一点已经被许多理论和实验研究证明。理想的 H_2 吸附材料应该具有高的比表面积、低的体积密度及高的 H_2 吸附焓[21, 22]。前两点一般与材料本身有关，而吸附焓通常与温度有关。

6.2.2 储氢用碳材料的优化

各种各样的碳材料[23-26]，包括活性炭、炭气凝胶、模板炭、CNT、纳米碳纤维和石墨烯等都可用于 H_2 的储存。为了实现高的 H_2 吸附储存性能，通常采用优化孔径和孔结构方法，使多孔炭材料获得大的比表面积，增加吸附位点。

Gao 等[27]通过 CO_2 和 KOH 活化得到了超高比表面积（3190m^2/g）的活性炭材料，在 77K 和 20bar 条件下对 H_2 的吸附容量达到 7.08%（质量分数），KOH 活化主要增加了微孔体积，对 H_2 吸附具有比较大的贡献。

Masika 和 Mokaya[28]采用 13X 沸石作为模板，通过液相注入和化学气相沉积两步结合的方法合成了具有超高比表面积（3332m^2/g）的多孔炭材料（孔体积为 1.66cm^3/g），在 20bar 和 77K 条件下对 H_2 的吸附容量达到了 7.3%（质量分数）。

Srinivas 等[29]通过还原氧化石墨悬浮液得到了类石墨烯纳米片，这种纳米片处于高度团聚的状态，表面还有很多褶皱，77K 下 N_2 吸附测试比表面积为 640m^2/g。

在 77K 和 1bar 条件下的 H_2 吸附容量为 0.64%（质量分数），吸附热为 4.0～5.9kJ/mol。这说明 H_2 与石墨烯表面具有一定的相互作用。

金属修饰的 CNT 比未修饰的 CNT 具有更好的 H_2 吸附性能，其因在于金属元素会与 CNT 之间发生电荷转移，增强与 H_2 的相互作用。Yildirim 和 Ciraci[30]理论模拟了 Ti 掺杂的 SWCNT 与 H_2 之间的相互作用，表明 Ti 与 H_2 之间的结合不需要跨越能垒。一个附着在 SWCNT 上的 Ti 原子可以与四个 H_2 分子结合。在高钛覆盖下，SWCNT 可吸附 8%（质量分数）的 H_2。

通过功能化或者轻质元素掺杂诱导碳结构框架中产生电子缺陷增加极化[31]，也可增强 H_2 与吸附剂材料之间的相互作用，提高 H_2 吸附储存性能。

Sethia 和 Sayari[32]采用 KOH 活化富氮碳源的方法合成一系列含氮多孔炭材料，用于研究孔体积和氮含量对 77K 下 H_2 吸附性能的影响。研究表明：增加孔隙率可以明显增强 H_2 的吸附。具有高的氮含量［22.3%（质量分数）］和大超微孔体积（孔径约 0.59nm）的 NAC-1.5-600，在 77K 和 1bar 条件下对 H_2 的吸附容量达到 2.94%。同时发现：吸附容量与超微孔（0.5～0.7nm）的体积呈线性关系，但与总的比表面积和总的孔体积无线性关系；大孔的表面有益于在高分压下提高 H_2 的吸附，含 N、O 及 H 元素组分对 77K 下 H_2 的吸附几乎没有影响。

Zhao 等[33]采用柠檬酸和尿素/硫脲作为掺杂源，通过微波辅助法合成了 O/N/S 共掺杂的分级多孔炭，该多孔炭具有高的比表面积（3073m^2/g）和大的孔体积（1.779cm^3/g），在 77K 和 1atm（1atm = 1.01325×10^{5}Pa）条件下对 H_2 的吸附量达到 267.3cm^3/g，其中 O、N 和 S 的掺杂量分别为 7.19at%（原子分数，后同）、4.15at% 和 1.01at%。高的 H_2 吸附容量主要源于微孔的贡献，而高的吸附热（9kJ/mol）说明掺杂元素能有效提高低压下 H_2 的吸附。原子分析表明磺酰基具有最高的 H_2 吸附势能，同时也进一步证明 H_2 与吸附载体之间的相互作用为范德瓦耳斯力。

理论研究表明，纯的支柱型石墨烯与 H_2 的相互作用比较弱，即使在高温和高压条件下对 H_2 的吸附容量也远远达不到美国能源部的标准，但如果引入 Li 掺杂就可以明显增强 H_2 的吸附性能[8]。在氧化石墨烯（GO）中引入 Li 掺杂同样可以增强 H_2 吸附，这是由于 GO 中的—OH 官能团被 Li 取代后可以形成—OLi 官能团，而—OLi 官能团可以通过偶极矩相互作用增强与 H_2 的相互作用。模拟研究表明这种材料在 77K 和 100bar 的条件下，H_2 的吸附容量可以达到 10%（质量分数）以上[34]。

6.3 用于其他气体储存的碳材料

CH_4 和 H_2 的储存主要用于能源领域，其他气体如 CO_2、NO、SO_2 等的储存则在催化、食品、环保及生物等领域有着重要应用价值。

6.3.1 用于二氧化碳储存的碳材料

随着科技发展、人口猛增，人类活动导致 CO_2 的排放量大大增加，人们一方面要寻找 H_2、太阳能清洁替代能源，另一方面就是开发高效的 CO_2 储存材料降低产业排气中 CO_2 的含量和大气中 CO_2 含量，缓解温室效应。

与 CH_4 和 H_2 等气体储存材料类似，材料的孔结构和孔分布对吸附速率和吸附容量影响很大，研究表明具有窄分布的微孔结构有利于 CO_2 的吸附储存。略有不同的是，CH_4 和 H_2 都呈现无极化的电中性状态，因此材料中的杂原子掺杂对吸附性能的影响不是很大，但 CO_2 呈现酸性，在储存材料中引入杂原子尤其是含碱性的氮原子可以有效提高 CO_2 吸附容量。

常用的含氮的碳源主要有：三聚氰胺、聚吡咯、聚吡啶、聚丙烯腈、聚苯胺（PANI）等。例如，Ramaprabhu 等[35]以葡萄糖、$NaHCO_3$、三聚氰胺和 $MgCO_3$ 为原料，采用热解法合成了 MgO 修饰的氮掺杂多孔炭材料，该材料不仅对 CH_4 具有比较好的吸附性能，在 30bar 和 25℃条件下的吸附容量为 12mmol/g；而且具有高的 CO_2 吸附效果，在 20bar 和 25℃条件下的吸附容量为 30mmol/g。这是由于 MgO 纳米颗粒的存在，以及丰富的孔结构提供了气体吸附的活性位点，增强了气体分子与吸附剂材料之间的相互作用。Giannelis 等[36]以葡萄糖、硅胶为前驱体，采用冰模板-物理活化法合成了孔径可调的多孔炭材料，该材料具有超高的孔体积（$11.4cm^3/g$），对 CO_2 的吸附容量达到 4.2mmol/g。Jaroniec 等[37]采用酚醛树脂作为前驱体，通过 KOH 活化的方法制备出介孔结构的多孔炭，在 760mmHg（$1mmHg = 1.33322\times10^2Pa$）的压力下，25℃时的 CO_2 吸附容量达到 4.4mmol/g，0℃时的吸附容量高达 7mmol/g。

另外，虽然 N_2 与 CO_2 都是非极性线型分子，但它们的极化率和四极矩差异明显，导致它们的吸附行为也有明显区别，因此可以实现气体的选择性吸附和气体分离。例如，极化率和四极矩强的 CO_2 分子与吸附材料的缺陷和极性官能团具有比较强的相互作用，从而使得具有这些特征的吸附材料对 CO_2 相比于 N_2 具有更高的吸附容量和吸附速率。Bao 等[38]利用聚吡咯为前驱体采用低温炭化和 KOH 活化的方法制备了具有多级孔结构的氮掺杂的多孔炭材料作为 CO_2 吸附剂，在室温下具有高的 CO_2 选择性吸附能力，对 CO_2/N_2 的选择性吸附比例达到 124∶1，丰富的超微孔结构和与 CO_2 具有强相互作用的氮掺杂位点大大增强了对 CO_2 的选择性吸附能力。

6.3.2 用于一氧化氮储存的碳材料

NO 是一类重要的抗菌剂，在血栓阻隔包覆及局部药物输送等医疗领域具有重要应用。目前，对 NO 储存的研究主要采用沸石或金属有机骨架化合物。这类材料中 NO 的储存主要通过化学吸附发挥作用，吸附能高达 90kJ/mol[2]；而将其暴露在水分中时就能触发 NO 释放。由于纯碳材料对 NO 的储存是通过物理吸附实现的，因此吸附容量不是很高。

Kaneko 等[39-41]报道，活性炭在 30℃、13kPa 的条件下只能吸附 15～17mg/g 的 NO[39, 41]；而采用金属氧化物或者氢氧化物修饰后则能大大提高 NO 的吸附容量，例如，FeOOH 掺杂活性碳纤维，在 1℃和 30℃下的 NO 吸附容量分别可达 320mg/g 和 235mg/g[40, 41]。将碳纳米管暴露在$(1\times10^{-3}NO+5\%O_2)/He$ 的环境中 120min，NO_x 的吸附容量可达 78mg/g；停留 12h 后，平衡吸附容量达到 90mg/g[41]。

6.3.3 用于吸附脱除二氧化硫的碳材料

SO_2 是煤炭燃烧产物中的重要成分，对空气质量有很大的危害。活性炭由于丰富的孔隙结构和表面官能团，具有吸附能力强、化学稳定性好、可再生回收等优点，被广泛应用于烟气脱硫技术。使用活性炭吸附脱除烟气中 SO_2 的工艺始于 20 世纪 60 年代，主要是利用活性炭表面的氧化物作为活性位，对烟气中的 SO_2 进行吸附、脱除，回收、再利用[42, 43]。

活性炭吸附 SO_2 的反应：

$$\left.\begin{array}{ll} (SO_2)_{\text{气体}} & (SO_2)_{\text{活性炭吸附}} \\ & + \\ 1/2(H_2O)_{\text{气体}} & (O)_{\text{活性炭吸附}} \\ & + \\ (H_2O)_{\text{气体}} & (H_2O)_{\text{活性炭吸附}} \end{array}\right\} \longrightarrow (H_2SO_4)_{\text{活性炭吸附}}$$

活性炭再生反应：

$$2H_2SO_4 + C \longrightarrow 2SO_2 + 2H_2O + CO_2$$

再生反应生成的高浓度 SO_2 可以用于制备硫酸。

朱晓帆等[44]将稻草秸秆在空气和 CO_2 气氛下炭化活化所得生物炭，经四乙烯五胺浸渍负载后，对低浓度 SO_2 的吸附效果显著，在 25℃、烟气流量为 400mL/min、吸附剂含水率为 100%时 SO_2 的吸附容量可达 288.6mg/g。

气体储存是一个重要的研究领域，研究成本低并且高效的气体储存材料对很多领域都具有重要意义。碳材料来源广泛、成本低廉，将在气体储存领域发挥重要的作用。由于不同气体分子具有不同的极性、极矩、形状及反应活性等性质，适用于不同气体储存的材料也需要具有不同的性质。由于气体分子一般都比较小，因此 2nm 以下的微孔结构才是贡献气体吸附容量的主要部分，但适当的中孔和大孔对提高吸附速率也是必要的。因此，首先要发展多种方法合成以微孔结构为主的具有层次孔结构及超大比表面积的碳材料，在此基础上再发展多种功能团化或者元素掺杂等方法修饰碳材料，增强气体分子与碳材料之间的相互作用力，从而进一步提高吸附储存性能。或者设计新型的炭结构（如支柱型石墨烯、碳纳米角等）并探索它们在气体储存领域的应用。

参考文献

[1] 章春笋，樊栓狮，郭彦坤，郑新. 一种新型天然气储存技术及其应用前景[J]. 能源工程，2002（5）：9-11.

[2] Morris R E，Wheatley P S. Gas storage in nanoporous materials[J]. Angewandte Chemie-International Edition，2008，47（27）：4966-4981.

[3] Tsivadze A Y，Aksyutin O E，Ishkov A G，Men'shchikov I E，Fomkin A A，Shkolin A V，Khozina El V，Grachev V A. Porous carbon-based adsorption systems for natural gas（methane）storage[J]. Russian Chemical Reviews，2018，87（10）：950-983.

[4] Rubel A M，Stencel J M. CH_4 storage on compressed carbons[J]. Fuel，2000，79（9）：1095-1100.

[5] Himeno S，Komatsu T，Fujita S. High-pressure adsorption equilibria of methane and carbon dioxide on several activated carbons[J]. Journal of Chemical & Engineering Data，2005，50（2）：369-376.

[6] Lozano-Castello D，Cazorla-Amoros D，Linares-Solano A. Powdered activated carbons and activated carbon fibers for methane storage：A comparative study[J]. Energy & Fuels，2002，16（5）：1321-1328.

[7] Prasetyo I，Teguh Ariyanto R，Yunanto R. Simple method to produce nanoporous carbon for various applications by pyrolysi of specially synthesized phenolic resin[J]. Indonesia Journal of Chemistry，2013，13（2）：95-100.

[8] Li Y Q，Ben T，Zhang B Y，Fu Y，Qiu S L. Ultrahigh gas storage both at low and high pressures in KOH-activated carbonized porous aromatic frameworks[J]. Scientific Reports，2013，3：2420.

[9] Dimitrakakis G K，Tylianakis E，Froudakis G E. Pillared graphene：A new 3-D network nanostructure for enhanced hydrogen storage[J]. Nano Letters，2008，8（10）：3166-3170.

[10] Paul R K，Ghazinejad M，Penchev M，Lin J，Ozkan M，Ozkan C S. Synthesis of a pillared graphene nanostructure：A counterpart of three-dimensional carbon architectures[J]. Small，2010，6（20）：2309-2313.

[11] Hassani A，Mosavian M T H，Ahmadpour A，Farhadian N. Improvement of methane storage in nitrogen，boron and lithium doped pillared graphene：A hybrid molecular simulation[J]. Journal of Natural Gas Science and Engineering，2017，46：265-274.

[12] Zhu S Y，Xu G B. Single-walled carbon nanohorns and their applications[J]. Nanoscale，2010，2（12）：2538-2549.

[13] Bekyarova E，Murata K，Yudasaka M，Kasuya D，Iijima S，Tanaka H，Kahoh H，Kaneko K. Single-wall nanostructured carbon form methane storage[J]. The Journal of Physical Chemistry B，2003，107（20）：4681-4684.

[14] Murata K，Hashimoto A，Yudasaka M，Kasuya D，Kaneko K，Iijima S. The use of charge transfer to enhance the methane-storage capacity of single-walled，nanostructured carbon[J]. Advanced Materials，2004，16（17）：1520-1522.

[15] Yang C M，Noguchi H，Murata K，Yudasaka M，Hashimoto A，Iijima S，Kaneko K. Highly ultramicroporous single-walled carbon nanohorn assemblies[J]. Advanced Materials，2005，17（7）：866-870.

[16] Kyotani T，Nagai T，Inoue S，Tomita A. Formation of new type of porous carbon by carbonization in zeolite nanochannels[J]. Chemistry of Materials，1997，9（2）：609-615.

[17] Seokin C，Alkhabbaz M A，Wang Y G，Othman R M，Choi M. Unique thermal contraction of zeolite-templated carbons enabling micropore size tailoring and its effects on methane storage[J]. Carbon，2019，141：143-153.

[18] Policicchio A，Filosa R，Abate S，Desiderio G，Colavita E. Activated carbon and metal organic framework as

adsorbent for low-pressure methane storage applications：An overview[J]. Journal of Porous Materials，2017，24（4）：905-922.

[19] Dornheim M，Doppiu S，Barkhordarian G，Boesenberg U，Klassen T，Gutfleisch O，Bormann R. Hydrogen storage in magnesium-based hydrides and hydride composites[J]. Scripta Materialia，2007，56（10）：841-846.

[20] Ihm Y，Cooper V R，Peng L J，Morris J R. The influence of dispersion interactions on the hydrogen adsorption properties of expanded graphite[J]. Journal of Physics：Condensed Matter，2012，24（42）：424205-424211.

[21] Liu J，Zou R Q，Zhao Y L. Recent developments in porous materials for H_2 and CH_4 storage[J]. Tetrahedron Letters，2016，57（44）：4873-4881.

[22] Zhao W，Fierro V，Zlotea C，Aylon E，Izquierdo M T，Latroche M，Celzard A. Activated carbons with appropriate micropore size distribution for hydrogen adsorption[J]. International Journal of Hydrogen Energy，2011，36（9）：5431-5434.

[23] Yang S J，Jung H，Kim T，Park C R. Recent advances in hydrogen storage technologies based on nanoporous carbon materials[J]. Progress in Natural Science：Materials International，2012，22（6）：631-638.

[24] Yürüm Y，Taralp A，Veziroglu T N. Storage of hydrogen in nanostructured carbon materials[J]. International Journal of Hydrogen Energy，2009，34（9）：3784-3798.

[25] Oriňáková R，Oriňák A. Recent applications of carbon nanotubes in hydrogen production and storage[J]. Fuel，2011，90（11）：3123-3140.

[26] Spyrou K，Gournis D，Rudolf P. Hydrogen storage in graphene-based materials：Efforts towards enhanced hydrogen absorption[J]. ECS Journal of Solid State Science and Technology，2013，2（10）：M3160-M3169.

[27] Wang H L，Gao Q M，Hu J. High hydrogen storage capacity of porous carbons prepared by using activated carbon[J]. Journal of the American Chemical Society，2009，131（20）：7016-7022.

[28] Masika E，Mokaya R. Preparation of ultrahigh surface area porous carbons templated using zeolite 13X for enhanced hydrogen storage[J]. Progress in Natural Science：Materials International，2013，23（3）：308-316.

[29] Srinivas G，Zhu Y W，Piner R，Skipper N，Ellerby M，Ruoff R. Synthesis of graphene-like nanosheets and their hydrogen adsorption capacity[J]. Carbon，2010，48（3）：630-635.

[30] Yildirim T，Ciraci S. Titanium-decorated carbon nanotubes as a potential high-capacity hydrogen storage medium[J]. Physical Review Letters，2005，94（17）：175501-175504.

[31] Xia Y D，Yang Z X，Zhu Y Q. Porous carbon-based materials for hydrogen storage：Advancement and challenges[J]. Journal of Materials Chemistry A，2013，1（33）：9365-9381.

[32] Sethia G，Sayari A. Activated carbon with optimum pore size distribution for hydrogen storage[J]. Carbon，2016，99：289-294.

[33] Wang D D，Shen Y L，Chen Y L，Liu L Li，Zhao Y F. Microwave-assistant preparation of N/S co-doped hierarchical porous carbons for hydrogen adsorption[J]. Chemical Engineering Journal，2019，367：260-268.

[34] Tylianakis E，Psofogiannakis G M，Froudakis G E. Li-doped pillared graphene oxide：A graphene-based nanostructured material for hydrogen storage[J]. The Journal of Physical Chemistry Letters，2010，1（16）：2459-2464.

[35] Ghosh S，Sarathi R，Ramaprabhu S. Magnesium oxide modified nitrogen-doped porous carbon composite as an efficient candidate for high pressure carbon dioxide capture and methane storage[J]. Journal of Colloid and Interface Science，2019，539：245-256.

[36] Estevez L，Dua R，Bhandari N，Ramanujapuram A，Wang P，Giannelis E P. A facile approach for the synthesis of monolithic hierarchical porous carbons—high performance materials for amine based CO_2 capture and

supercapacitor electrode[J]. Energy & Environmental Science，2013，6（6）：1785-1790.

[37] De Souza L K C，Wickramaratne N P，Ello A S，Costa M J F，Da Costa C E F，Jaroniec M. Enhancement of CO_2 adsorption on phenolic resin-based mesoporous carbons by KOH activation[J]. Carbon，2013，65：334-340.

[38] To J W F，He J J，Mei J G，Haghpanah R，Chen Z，Kurosawa T，Chen S C，Bae W G，Pan L J，Tok J B H，Wilcox J，Bao Z N. Hierarchical N-doped carbon as CO_2 adsorbent with high CO_2 selectivity from rationally designed polypyrrole precursor[J]. Journal of the American Chemical Society，2016，138（3）：1001-1009.

[39] Kaneko K. Control of supercritical gases with solid nanospace-environmental aspects[J]. Studies in Surface Science and Catalysis，1999，120：635-657.

[40] Kaneko K. Anomalous micropore filling of NO on α-FeOOH-dispersed activated carbon fibers[J]. Langmuir，1987，3（3）：357-363.

[41] Long R Q，Yang R T. Carbon nanotubes as a superior sorbent for nitrogen oxides[J]. Industrial & Engineering Chemistry Research，2001，40（20）：4288-4291.

[42] 刘少俊. 活性炭及其负载金属氧化物脱除的基础研究[D]. 杭州：浙江大学，2011.

[43] Knoblauch K，Richter E，Juntgen H. Application of active coke in processes of SO_2-removal and NO_x-removal from flue-gases[J]. Fuel，1981，60（9）：832-838.

[44] 朱晓帆，黄恋涵，夏维清，陈佳丽. 胺基稻草秸秆生物炭对 SO_2 气体吸附研究[J]. 环境工程，2019，37（增刊）：225-228.

第7章

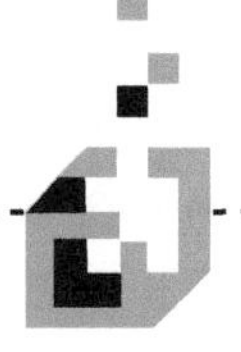

蓄能蓄热

7.1 用于相变储能的碳材料

7.1.1 相变储能原理

21 世纪以来，大量使用化石燃料带来的能源危机与环境污染日益严重，要解决人类对于能源需求的爆炸式增长，必须“开源节流”；“开源”即是开发核能、氢能、太阳能、风能等能源，“节流”则为开发新的储能与节能技术，提高能量转换效率，减少能源浪费，最大限度地利用当前的能源。相变储能技术在应对能源供求空间和时间不平衡、提高能源利用效率方面具有重要作用，广泛应用于废热回收利用、建筑节能、太阳热存储利用、电子元件散热等领域，是能源领域的研究热点[1]。

相变储能的基本原理是利用相变材料在物相变化过程中吸收或者释放的巨大潜热来进行热量存储或温度调控，这种方式具有储能密度高、系统温度变化小的优势[2]。其吸收和存储的热量可以用式（7.1）进行计算：

$$Q=\int_{T_i}^{T_m} mC_p\mathrm{d}T + ma_m\Delta H_m + \int_{T_m}^{T_f} mC_p\mathrm{d}T \qquad (7.1)$$

其中，Q 为热量，J；T_i为初始温度，℃；T_m为相变温度，℃；T_f为终点温度，℃；m为材料质量，kg；C_p为比热容，J/(kg·K)；a_m为相变部分的百分比；ΔH_m为相变焓，J/kg。该公式可以计算材料升温-相变-升温全过程的热能变化。

相变储能材料种类丰富，主要分为无机和有机相变材料。无机相变材料主要包括无机盐、结晶水合物、氢氧化物、合金等，具有高的潜热储存容量、成本低、材料易获得等优点。有机相变材料包括烷烃类、脂肪酸、脂肪醇、脂肪酸酯、聚乙二醇、聚氨酯、聚丁二烯等，具有无过冷和相分离、化学性质稳定、腐蚀性小、可回收等优点[3]。其中石蜡作为一种直链烷烃混合物，是目前使用最为广泛的固-液相变材料，其相变温度为室温（300～350K），属于中低温相变材料，相变潜热较大（140～280J/g），且均可以通过改变分子量进行调控。同时，石蜡物理化学性能稳定、无过冷和相分离现象、无毒、无腐蚀性、资源丰富、价格低廉、可反复使用，具有大规模应用的潜质。

7.1.2　用于相变储能碳材料的概况

相变材料在热能存储和缓释、调节能量供需矛盾中有重要作用，而种类众多的相变储能材料，无论无机还是有机，在实际应用中都面临两个难题：①相变材料的热导率普遍偏低，一般在 1W/(m·K)左右，使得储热和放热过程中热量难以快速地在相变材料和热源之间转换，系统中热量分布不均，热量积累效应显著，能量转换效率低；②相变材料结构不稳定，多次循环后，结构破坏，会造成相变潜热损失，尤其是固-液相变过程中，由于液体流动性，还具有渗漏风险。因此需要开发新型复合相变材料，克服单一材料的性能缺陷，既保持相变材料的高相变潜热，又大幅提高热导性能，还能保持材料在循环储能过程中的结构和物相稳定。在各类复合材料的选择上，碳材料因为导热性能优异、机械性能良好、质量轻、种类多、功能多样化而受到广泛关注和应用实践。

碳材料按照存在形态可以分为宏观和微观两种，宏观主要有膨胀石墨、泡沫炭、气凝胶等块体，微观主要有石墨烯、碳纳米管、纳米碳纤维、石墨粉、纳米炭粉、中间相炭微球等微纳结构碳材料。碳材料与相变材料的复合是目前相变储能领域的研究热点[4]。由于尺度上的差异，各类碳材料在相变储能技术中的应用形式也不尽相同。

7.1.3　微观碳材料与相变材料复合

各类微纳米碳材料与相变材料进行复合时，主要作为增强体掺入相变材料基体中，在分散剂的作用下，通过强力搅拌或超声处理，在液态相变材料中掺入粉末或者纤维状碳材料，再通过加热、烘干等程序，制备出相应的固态复合材料。

潜热容的变化和热导率的提高是评估复合相变材料性能的两个重要指标。事实上在相变材料中加入碳材料，会造成相变储能材料本身质量分数有所下降，引起整个体系的潜热容有不同程度的降低（约 10%），但可以通过导热性能的提高进行补偿；即热导率增加和潜热容合理波动的综合作用可以提高复合相变材料的储能性能[5]。热物性的变化很大程度上取决于碳材料的形貌、尺寸、负载量和分散程度，碳材料分散到相变材料基体中可形成较强的均匀分布的分子间作用力，使得相变材料的物化性能稳定、界面热阻减小、储能效率提高。

纳米碳材料的制备与应用是当前科学界的研究热点和难点。用于相变储能的纳米碳材料主要包括：石墨烯、石墨烯纳米片层、碳纳米管和纳米碳纤维等。

1. 石墨烯与相变材料复合

石墨烯作为低维材料的典型代表，以其量子限域效应引发的各类独特理化性质引人关注，其中高热导率、高导电性、高强度、高透明度、超大比表面积，在光电、储能、半导体电子器件领域具有广泛的应用。例如，石墨烯的面内超高热导率［约 4000W/(m·K)］就在相变储能领域发挥了重要作用。即，通过石墨烯与各类相变材料复合，可极大地改善相变材料的传热性质。

由于单片层石墨烯难以制备，因此在实际应用中多使用湿化学法大规模制备的氧化石墨烯作为增强剂掺入相变材料基体中。氧化石墨烯基面和边缘含有大量羟基、羧基、环氧基等氧化物官能团，可形成 sp^2 和 sp^3 杂化共存的混合价态，使得其易与相变材料形成较强的分子间作用力，进而增强复合材料的结构稳定性，后期再通过抗坏血酸还原等方式，将氧化石墨烯还原成石墨烯，以提高材料的导热性能[6, 7]。

石墨烯/石蜡复合相变材料在建筑储能中应用广泛。Amin 等[7]制备的石墨烯/石蜡复合相变材料，热导率及潜热容均有提高，热导率随石墨烯添加量的变化趋势为先增加达到最佳值，之后进一步添加填料，纳米颗粒会产生团聚，抑制材料整体的导热性能。其中，0.3%（质量分数）石墨烯/石蜡复合相变材料的热导率为 2.89W/(m·K)，大约是纯蜂蜡的 11 倍。

2. 石墨烯纳米片层与相变材料复合

GNP 是石墨烯的一种衍生物，由块体石墨机械剥离产生，在微观上由多层石墨烯堆叠而成；从制备工艺上讲，GNP 比石墨烯更容易制备，而且保留了完整的石墨烯二维平面结构，具有较大的展弦比和界面接触面积，可大幅度减小填料与基底之间的热阻，对复合相变材料热性质的改善更加显著；同时由于其独特的尺寸和形貌，也能够增强相变材料的机械性能（刚度、强度、表面硬度等），有利于相变材料成型、封装[8]。

GNP 与相变材料复合的实验成果非常丰富，早在 2009 年，Kim 和 Drzal[9]利用 GNP 与石蜡制备了一种高导热导电性的相变材料，其热导率随 GNP 负载量的增加而增加，当 GNP 的质量分数达到 7.0%时，热导率提高了 200%，而其体系的潜热容却没有明显增加；这得益于 GNP 纳米颗粒比表面积较大，在石蜡中的分散性较好。除石蜡外，脂肪酸或脂肪醇的结晶性和分子间结合作用更强，适合用作固-固相变材料。Yavari 等[10]的实验表明：在 1-十八烷醇中添加不同质量分数（1.0%、2.0%、3.0%和 4.0%）的 GNP，可以显著提高体系的热导率，且不会降低其潜热容。当 GNP 的质量分数达到 4.0%时，体系的热导率提高了 140%。这是由于 GNP 提供了一条低阻抗的声子传输路径网络，且 GNP 与相变材料之间的强界面也有助于提高复合材料整体的热性能。

3. 碳纳米管与相变材料复合

CNT 是碳的另一种同素异形体，具有直径小至 1nm 的圆柱形纳米结构，由石墨烯二维平面结构卷曲形成一维结构，轴向一维热导率高达 2000～3000W/(m·K)，密度接近有机物的密度，易与有机体形成稳定的混合物[5, 11]。

CNT 分为 SWCNT、DWCNT 和 MWCNT 三类，在实际相变储能应用中 MWCNT 的使用较多。Ye 等[12]以 Na_2CO_3 作为相变材料，MgO 作为支撑基底，分别添加质量分数为0.1%、0.2%、0.3%和0.5%的MWCNT，所得复合材料的热导率随MWCNT质量分数的增加和温度的上升而增大；在 120℃时，添加 0.5%（质量分数）MWCNT的复合材料热导率比添加前提高了 69%。与此类似，Xu 和 Li[13]利用 MWCNT 作为添加剂，将石蜡/硅藻土相变材料的热导率提高了 42.45%。

完整的 CNT 由 sp^2 杂化碳原子构成，管壁表面几乎没有悬挂键。为了防止CNT 在相变材料基体中形成团聚和沉淀，实验中常对 CNT 进行改性以获得更良好的分散性。Li 等[14]将酸化后的 CNT 与三种多元醇进行研磨，得到了分别含有辛醇、十四醇和硬脂醇的 CNT，接枝率分别为 11%、32%和 38%。研究发现，与原始 CNT 相比，多元醇接枝的 CNT 具有更好的分散性，更利于提高石蜡的导热性；在三种接枝的 CNT 中，硬脂醇接枝的 CNT 对石蜡导热性增强效果最好，添加质量分数为 4.0%CNT 的石蜡相变材料，热导率提高了 72.9%。

4. 纳米碳纤维与相变材料复合

CNF 也具有一维结构，直径为 50～200nm，其微观结构由石墨烯片层堆叠而成，与 CNT 由石墨烯卷曲而成具有本质区别。CNF 的耐腐蚀性强，密度小（约 2260kg/m^3），可与大多数相变材料相容，轴向热导率高达 4000W/(m·K)，是一种易制备、性能优异的相变材料增强剂[15, 16]。Lafdi 等[17, 18]分别将不同质量分数（1.0%、2.0%、3.0%和 4.0%）的 CNF 分散到石蜡中，当 CNF 的分散量为 4.0%时，改性后石蜡相变材料的导热性能显著增加（45%）。随着 CNF 比值的增加，石蜡相变材料的潜热略有下降。这意味着相变材料的能量存储力下降，但其导热能力增强，两种效应相互竞争，综合影响了相变材料的储热/散热性能。由于 CNF 容易团聚，因此其在相变材料中的分散程度是提高导热性能的关键因素，延长分散时间和表面改性也可使得 CNF 在相变材料中分散得更加均匀。

7.1.4 宏观碳材料块体与相变材料复合

宏观块体作为基体骨架材料，成为相变材料的容器和封装体，相变材料以浸渗吸附的方法进行均匀填充，这种复合方法非常适合有机固-液相变材料的制备，且可同时解决相变材料应用中“能量转换效率较低”和“相变材料结构不稳定”的两大难点，是目前研究的重点。

炭宏观体可以改善材料的传热性能，减小相变材料与封装容器的界面热阻；同时通过其中大量均匀分布的微结构改进相变材料内部的热分布，提高相变材料存储和释放热量的效率；加之碳材料骨架的极好支撑作用，实现对相变材料的定型封装，既可克服相变材料受热结构不稳定的问题，又能减少相变材料的渗漏损失，进而极大地提高相变材料的循环性能[5, 19, 20]。这种碳基相变材料正是相变材料应用于实际生产生活的基础。本节介绍几个具有代表性的碳基相变材料实例。

1. 膨胀石墨基相变材料

膨胀石墨（expanded graphite，EG）是由天然鳞片石墨经过插层、水洗、干燥、高温膨化之后得到的疏松多孔的蠕虫状物质，具有超大比表面积。膨胀石墨兼具了天然石墨良好的自润滑性、低摩擦系数、抗高温腐蚀性、高导热性［300W/(m·K)］，同时蠕虫状石墨之间可自行嵌合，增加了其塑性和弹性，解决了天然石墨的高脆性和抗冲击性能差的问题。用膨胀石墨作为相变材料填充的骨架，一方面可以极大地改善相变材料的传热性质，减小材料内部的温差，提高能量存储/释放的效率；另一方面由于膨胀石墨具有优良的机械和理化性质，作为定型封装材料，可以稳定相变材料的宏观形态，吸收、释放热量过程中体积变化减小，减少高温下液态相变材料的渗漏[21-23]。

Gao 等[24]采用搅拌吸附法将石蜡浸渗至膨胀石墨中，所得复合材料的热导率约为 1.74W/(m·K)，是纯石蜡［0.36W/(m·K)］的 4 倍以上。Xu 等[25]制备了 D-甘露醇/膨胀石墨复合相变材料，主要用于太阳热能存储和建筑废热利用，当膨胀石墨负载量达到 15%（质量分数）时，复合相变材料的压缩密度为 1.83g/cm^3，热导率为 7.31W/(m·K)，为纯 D-甘露醇［0.6W/(m·K)］的 12 倍。

2. 石墨烯气凝胶基相变材料

石墨烯气凝胶（graphene aerogel，GAG）又称海绵碳，是一种石墨烯通过水热等方法制备的宏观尺度上的自组装体，具有高弹性、强吸附、密度极小、多孔、超大比表面积、高导电性、高导热性等优点，广泛应用于吸附、催化、传感、储能、生物医药等领域[26]。

基于其中的石墨烯二维片层结构和宏观胶体的三维网络结构可同时作用于复合相变材料体系，提高复合相变材料的导热性能和热稳定性[19]。Ye 等[27]采用改进后的水热法，将氧化石墨烯还原自组装形成三维石墨烯气凝胶。这种三维石墨烯气凝胶含有大量的中空石墨烯晶胞，可使石蜡以微米级液滴的形式包裹在晶胞内，进而获得具有核壳结构、封装率高、潜热容大的石墨烯气凝胶/石蜡复合相变材料。另外，在水热过程中有效去除了氧化石墨烯中的含氧基团，使得石墨片层内的共轭结构得到部分恢复，也在一定程度上提高了复合相变材料的导电性和导热性。因此，相比于未与石墨烯气凝胶复合的石蜡相变材料，热导率增加了 32%。

近年来，由氧化石墨烯和石墨烯纳米片形成的混合石墨烯气凝胶也引起了研究者广泛的关注。这种混合气凝胶含有更少的含氧官能团和更完整的石墨烯二维共轭结构，同时兼具三维网状骨架结构，无疑能大幅度提高复合相变材料的性能。实验表明：在纤维素/石墨烯气凝胶构成的相变材料中，热导率由0.31W/(m·K)提高到了1.43W/(m·K)，提高了360%，远高于石墨烯或石墨纳米片层与相变材料熔融共混的改善结果[28]。在碳材料和储能领域科研工作者的共同努力下，近年来碳材料复合相变储能材料的研究成果非常显著。表7.1整理汇总了近年来碳基相变材料研究成果。

表7.1 碳基相变材料的性质汇总

相变材料	碳材料	碳材料负载量 w/%	潜热容改变量 ΔC/%	热导率增加量 $\Delta\lambda$/%	参考文献
石蜡	多壁碳纳米管	0.6*	熔化：−2.0 降温：5.0	40～45	[29]
	单壁碳纳米管 多壁碳纳米管 纳米碳纤维	1.0	13 10 6.8		[18]
	石墨纳米片	7.0	无变化	200	[9]
	短多壁碳纳米管 长多壁碳纳米管	5.0	−15	30 15	[6]
	纳米碳纤维 石墨烯纳米片		−10	15 170	
	单壁碳纳米管 纳米碳纤维 石墨烯纳米片	4.0		20 20 93	[30]
	纳米碳纤维 碳纳米管	10.0		40 24	[31]
	多壁碳纳米管	2.0	−1	40	[32]
	纳米碳纤维	4.0		45	[17]
	膨胀石墨	25.0	−26	2000～6000	[33]
十八烷醇	石墨烯	4.0	−15	140	[10]
十六烷醇	碳纳米管 石墨烯纳米片	3.0		40.6 114.8	[34]
N-十八烷	石墨烯 碳纳米管	4.0 5.0		52～87 48～66	[35]
正二十烷	石墨烯纳米片	10.0	−16	400	[36]
棕榈酸	多壁碳纳米管	1.0		24～50	[37]
硬脂酸	多壁碳纳米管	1.0*	−2	10	[38]
生物基相变材料	石墨烯纳米片 碳纳米管	5.0	−2.2 −11.3	336 248	[39]
棕榈酸-硬脂酸复合物	石墨烯纳米片 膨胀石墨	8.0	−20.9 −25.2	373 1580	[40]

* 表示体积分数

纵观表 7.1 可以发现：无论是宏观块体还是微纳结构，目前大多数针对碳材料应用于相变储能均聚焦于热性能提升量的定量描述，忽略了碳基复合相变材料性能提升的原因，这也是未来一段时期内碳基复合相变材料的研究方向。理论的研究将进一步加深我们对于复合相变材料作用机理的认识，也便于设计和制备性能更为优异的碳基复合相变材料。

7.2 用于热管理的碳材料

热能是生命的起源，恒温与散热是生命进化过程中保持绵延不息的重要手段。在手机、计算机等电子产品和内燃机、电动机等机械产品的使用过程中都会产生大量热，破坏材料的结构、降低产品的可靠性、增加故障发生概率，因此需要高效稳定的散热方式防止废热在器件内部积聚。虽然传统的风冷、水冷提供了有效的解决方案，但因光学、电学、机械器件的微型化、纳米化已成为不可逆转的趋势，智能手机、平板计算机、电动汽车、高功率发光二极管（light emitting diode，LED）、智能可穿戴设备都集成了大量复杂且微小的元件，器件尺寸和质量的限制使得传统热管理方式无法施展作用，而需要使用最少的空间有效地传递和分散热量，因此急需开发出具有低膨胀系数、高热导率的新型热管理材料[41]。

碳材料具有高热导率［石墨片层约 3000W/(m·K)、碳纤维轴向方向约 1000W/(m·K)］、低膨胀系数、低密度、高机械强度等特性，且可以改变加工方法使其成为各向异性或各向同性导热，显然碳材料是一种理想的热管理材料。

7.2.1 热界面材料

集成电路、高功率 LED、动力电池等元件产热量巨大，严重影响了器件的使用可靠性，需要快速地将热量从发热元件散发到环境中。在固体接触界面上，如产热元件和散热器之间，热量传导不仅受到两种器件热导率的限制，而且在很大程度上取决于界面上导热性质的限制。由于形貌上的粗糙性，两个实体表面之间连接时实际接触有限，低至表面积的 1%～2%；通常选用具有高导热、低热接触电阻的材料作为热界面材料（thermal interfacial material，TIM），填充空隙，以降低两表面之间的热阻，使得热量能够有效地进行传递和扩散，防止过热产生的器件失效。

TIM 的选择，除了本征的导热性质之外，材料的柔性、韧性、成型性等加工性能也是重点考虑的因素[42]。碳材料是一种导热性和化学稳定性高、热膨胀系数小、密度低的综合性能优异的导热材料，尤其是以石墨和石墨烯、碳纳米管制备的薄膜导热材料，机械性能良好、高柔性、易成型，能有效贴合发热元件，改善器件热量分布，实现对热量的高效率传递。同时碳材料之间、碳材料与金属、碳材料与高分子等之间还可以进行多种复合，实现多功能的热管理需求[43]。

1. 石墨烯

石墨烯是研究最多的二维碳材料，仅由一层排列在蜂窝状晶格中的共轭原子构成，键合性强，晶体结构简单，具有优异的导热性能［5300W/(m·K)］。其中，单层结构使得石墨烯在实际应用中具有较强的灵活性，制成的石墨烯薄膜（graphene film，GF）、无纺布等石墨烯基宏观材料在超柔性电子器件中具有广阔的应用前景。这些薄膜在极高温下退火，可以减少石墨烯表面晶格缺陷、杂质原子等对声子的散射，增强其导热性能[44, 45]。例如，Shen 等[46]通过加热氧化石墨烯悬浮液，使其直接蒸发制备出热导率为 1100W/(m·K)的石墨烯薄膜。Xin 等[47]采用氧化石墨烯静电喷雾的方式制备出的石墨烯薄膜，热导率达 1400W/(m·K)。

目前也有许多致力于制备大型石墨烯片以降低石墨烯边缘效应的研究。例如，Xin 等[48]通过组装大、小氧化石墨烯片层制备出热导率为 1300W/(m·K)的石墨烯纤维。石墨烯片层的高度有序排列和致密的结构为传热奠定了坚实的基础，但也牺牲了纤维的柔韧性（拉伸应变＜2%），材料的脆性增加。尽管单个石墨烯薄片具有优异的性能，但是对于平衡组装的宏观材料而言，其热导率和柔韧性则是一个巨大的挑战。Peng 等[49]将大片层的石墨烯折叠成具有微褶皱的宏观自组装体（图 7.1），在具有高热导率［1940W/(m·K)］的同时还具有良好的机械性能，断裂伸长率高达 16%，可以进行超过 10 万次的 180°弯曲和 6000 次折叠循环。这种材料中的微褶皱由类似于微气囊的半富勒烯机械压制而成，形成了大面积多功能的石墨烯薄膜，可以很容易地用于航空航天工业乃至智能手机的柔性电子设备中，实现高效的热管理。

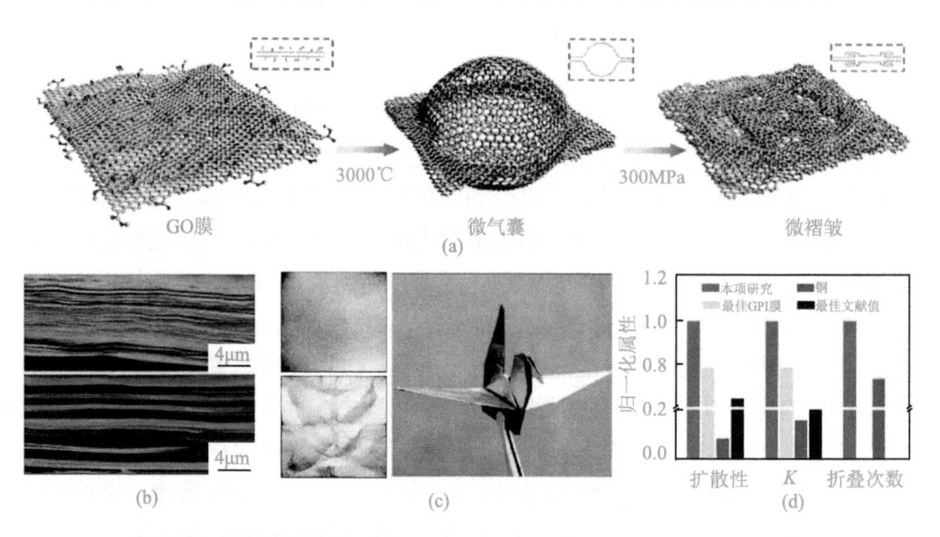

图 7.1 （a）高柔性石墨烯薄膜制备过程；（b）机械压制后石墨烯薄膜截面的 SEM 图；（c）石墨烯薄膜的超柔性；（d）石墨烯薄膜与文献报道材料的热扩散系数、热导率和折叠次数对比[49]

2. 碳纳米管

碳的另一种同素异形体 CNT 也是一种广泛研究的热传导材料，SWCNT 或 MWCNT 的轴向热导率都超过了 3000W/(m·K)，但因 CNT 具有一维结构特征，改善器件散热性能的作用非常有限。究其原因主要是 CNT 之间热阻较大，无序排布导致了热量无法有效传递，因此常将 CNT 制成垂直阵列，填充基底与散热器的空隙，从而使热量能快速沿 CNT 一维轴向传导。显然，这种方法是一种利用 CNT 高导热性的有效方式[50, 51]。

CNT 垂直阵列一般采用 CVD 方法生长，控制温度、气流等参数，直接影响 CNT 的缺陷密度、直径等特性，进而影响 CNT 本征的导热性能，以及在 CNT 热导率和排列紧密程度中取得平衡。为了降低 CNT 自由端与基底和冷端散热层之间的界面热阻，以及将 CNT 垂直阵列从生长基板上转移，各种键合技术，如金属基焊接键合和自扩散、聚合物涂层键合等被应用于改善界面热阻[52]。研究发现，将 CNT 垂直阵列制备成自支撑结构更具有工业应用价值，如将聚合物渗透到 CNT 阵列中或在金属箔上生长双面 CNT 阵列，制备出的薄膜可以作为热垫。虽然其垂直方向热导率只有约 10W/(m·K)，但是其具有超高柔性和自支撑性能，导热性能也大大优于目前使用的复合材料，是一种极具工业化前景的热界面材料[53]。

3. 石墨烯/碳纳米管复合材料

石墨烯和 CNT 是两种理想的导热材料，但是局限于各自的低维效应，CNT 接触面积小，石墨烯导热呈现各向异性，无法完全发挥其优良的热性质。因此常将二者进行复合，制备出三维网络结构，石墨烯提供较强的平面热传输能力，CNT 则提供超高的纵向热传导性质，既解决热传导的问题，又可以获得材料结构稳定性。

Chen 等[54]通过理论计算提出了一种共价键结合的石墨烯/碳纳米管（G/CNT）复合结构，如图 7.2 所示。通过 CNT 的平行排列将 CNT 的轴向传热能力增加了两倍以上，同时为热量转移提供了较大的接触面积，其界面热阻比目前最先进的热界面材料低三个数量级。实际上，CNT 与石墨烯很难达到如此程度的复合，更为常见的是将其制备成 G/CNT 宏观体，如气凝胶、泡沫炭等。

Lv 等[55]采用水热法制备了超弹性 G/CNT 气凝胶，三维结构的气凝胶由石墨烯薄片和缠绕的 CNT 构成（图 7.3）。缠结的 CNT 将石墨烯薄片黏合在一起，避免了石墨烯片层之间的位移，提高了材料的刚度和强度，从而使得气凝胶不仅具有良好的导热性能，还具备优异的机械性能，在保持连续传热路径的同时，还能承受较高的压缩。G/CNT 气凝胶三维各向同性热导率可高达 88.5W/(m·K)，界面热阻低至 13.6mm^2·K/W。显然，超弹性 G/CNT 气凝胶是一种极具应用前景的热界面材料。

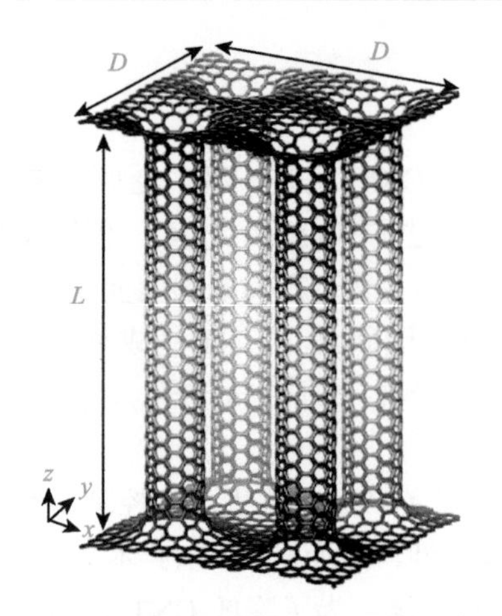

图 7.2 石墨烯/碳纳米管复合结构示意图[54]

L 代表碳纳米管长度；*D* 代表石墨烯片边长

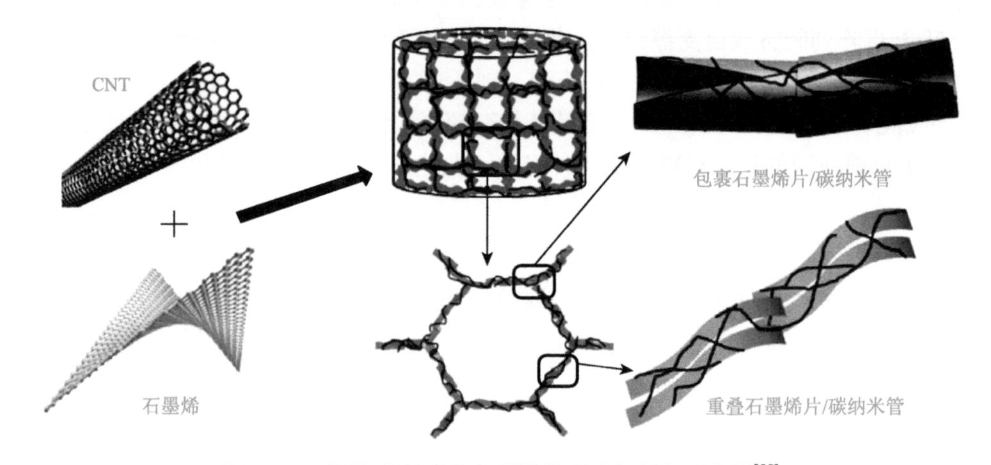

图 7.3 石墨烯/碳纳米管气凝胶的形成与结构示意图[55]

7.2.2 各向异性导热

热管理领域并非只单纯追求超高热导率，各向异性导热也并非全都无益。根据应用场景的不同，需要研制具有不同导热效应的热管理材料，其中热防护就是研究重点之一。

要保证热量的吸收和耗散，关键在于隔热材料的选择和防热结构的设计。因此有必要开发高各向异性导热的材料，提高平面和垂直方向热导率比值，以达到去除多余热量和屏蔽余热的功能。亦即，热量在平面内能快速转移到冷端，防止过热点的产生，避免器件受相邻热源的影响；而在垂直方向上导热性差，可以防止热量向外扩散烧毁外部元件。同时，材料还应具有良好的力学性能，能适应多种封装结构。

多层石墨烯具有超高的各向异性导热性能，是一种理想的多功能热管理材料，但其微纳结构难以在实际工业生产中应用。为充分挖掘石墨烯超高各向异性导热的潜力，使其应用于实际工业生产，关键在于通过沿一定方向合理组装石墨烯纳米片，使其形成宏观复合材料，充分提高平面内和垂直方向的热导率比值。

Song 等[56]在柔性纳米纤化纤维素（nanofibrillated cellulose，NFC）基底上，将 GO 与 NFC 通过氢键作用逐层组装（layer by layer，LBL），然后进行化学还原，获得 NFC/还原氧化石墨烯（reduced graphene oxide，rGO）杂化膜。这种 NFC/rGO 杂化膜呈现有序分层结构，其中 rGO 纳米片沿平面方向高度定向［图 7.4（a）］；在 rGO 纳米片沉积层数为 40 时，平面方向的热导率（λ_x）高达 12.6W/(m·K)，垂直方向的热导率（λ_z）只有 0.042W/(m·K)，具有很强的各向异性比值［图 7.4（b）］；同时拥有良好的柔韧性和抗拉强度。亦即，NFC/rGO 杂化膜是一种微观结构和宏观性能均呈现各向异性的导热薄膜，既具有优异的各向异性导热特点，又拥有良好机械性能，非常适合作为热管理材料用于热管理领域。

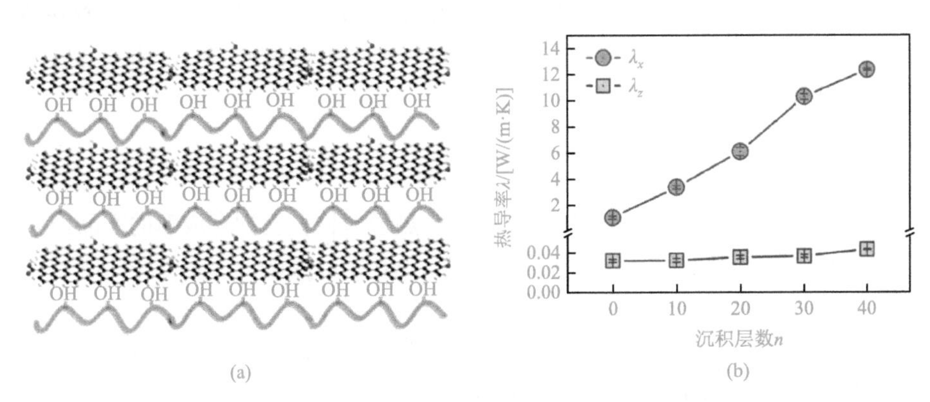

图 7.4 （a）NFC/rGO 杂化膜结构示意图；（b）NFC/rGO 杂化膜的 λ_x 与 λ_z 随沉积层数的变化规律[56]

高定向导热材料在航空航天工业中有重要作用，可将器件中高温区的热流导向低温区，进而防止不同部位热量不均匀产生的热烧蚀。例如，高定向热解石墨具有高的各向异性导热，可以直接制成具有一定形状的定向疏导结构。对于细长型的碳材料（如中间相沥青基碳纤维、纳米碳纤维等），将这些材料制成纤维管束，再利用它们的集束制成板材，可防止热量从垂直于纤维管束的方向传输，而使其定向将热流导向冷端，从而实现热量流动的定向管理。

7.2.3 碳材料复合相变储能电池散热

新能源电动车快速发展，但因电池使用不当造成的热失控已成为重大安全隐患，电动车自燃、爆炸的安全事故时有发生，因此，电池热管理已成为当前的研究热点和难点。

由于碳基复合相变材料可利用潜热释放与吸收减缓电池内部的温度升高，在电池内部创建均匀分布的温度场，通常采用碳材料增强其导热性[50, 57, 58]。亦即，锂离子电池是碳基热管理材料的重要应用方向。

Babapoor 等[59]使用 2mm 长的碳纤维复合相变材料，并采用锂离子电池进行热管理模拟，研究了碳纤维的长度和质量分数对传热性能的影响。在实验中发现碳纤维的存在可显著提高相变材料的有效热导率。例如，采用 0.46%（质量分数）的碳纤维（*L*=2mm）复合相变材料可以获得最佳的热性能，说明这种碳纤维复合相变材料非常适合电池的热管理。但较长的碳纤维难以在相变材料基体中均匀分散，而电池组与相变材料之间的最大温差是碳纤维质量分数和长度的函数。

Alshaer 等[60]用泡沫炭复合相变材料也进行了电池热管理实验，并对比了纯泡沫炭、泡沫炭/石蜡（RT65）、泡沫炭/石蜡/多壁碳纳米管三种碳基热管理材料的性能。实验所用泡沫炭分别为低热导率［3.1W/(m·K)］的 CF-20 和高热导率［40W/(m·K)］的 KL1-250，测试了在不同功率密度下电池的温度分布，结果显示 KL1-250/RT65/MWCNT 组合具有最优的延缓温度过热和控制高功率负载的能力，电池热管理具有最优的效果。

7.2.4 热管理材料在工业上的成功应用

在长期的研究和工业实践中，碳材料用作热管理材料已拥有成熟的产品。例如，松下电器株式会社开发的高定向热解石墨片（pyrolytic graphite sheet，PGS）已成功在手机、计算机等电子产品中投入使用。

PGS 是由聚合物薄膜（常用聚酰亚胺薄膜）热解制备的一种接近单晶的石墨薄膜材料，石墨的六角形晶体结构均匀地排列在水平二维结构中，沿平面方向均匀导热，片层状结构可以与任何表面兼容，起到屏蔽热源和组件的作用。PGS 是一种超薄高导热材料，厚度可从 10μm 至 100μm 不等；随着厚度减小，热导率在 700～1950W/(m·K)变化，热导率是金属铜的 2～5 倍，金属铝的 7 倍以上。PGS 也是一种良好的柔性材料，便于切割和折叠成各种复杂的形状。实验表明在弯曲半径为 2mm、弯曲角度为 180°时，弯曲次数可达 3000 次以上，不影响石墨片的导热性能。PGS 兼具良好的结构稳定性和耐疲劳损伤性能。

PGS 最重要的应用就是热传导和热扩散，避免器件内部过热烧蚀各元件。PGS 作为高效的热界面材料，连接热源和冷却层，电子器件产生的热量可快速而均匀地导向冷端。与传统的硅散热片和其他石墨制品相比，PGS 具有更低的热阻，更规模化和标准化的制备工艺；相比于传统的有机硅润滑脂，具有更高的耐热性，且不会随时间的推移而失效。PGS 不仅可以作为单一薄膜型散热界面层，还可以与多种高耐热胶黏剂组合使用。PGS 还是一种多功能材料，不仅可以用于热界面材料，还具有电磁屏蔽的作用，在微电子工业中能有效抑制噪声，增加信噪比，提高器件的性能。

碳材料在热管理方面的应用受到两方面的限制，首先是材料本身的结构与性能。碳材料种类丰富，三维、二维、一维均有，其物理化学性质也有较大差异，如何平衡导热的各向异性、机械性能、化学稳定性等各方面的要求还需进一步探索。其次是热管理的场景在不断变化，如电子产品尺寸不断减小，并且可穿戴设备的发展对柔性电子有巨大需求，这也要求热管理手段不断进步。宏观碳材料与纳米碳材料相互补充，各有利弊，也需要不断开发新的碳基复合材料和碳材料组装体。

参考文献

[1] Amaral C，Vicente R，Marques P A A P，Barros-Timmons A. Phase change materials and carbon nanostructures for thermal energy storage：A literature review[J]. Renewable and Sustainable Energy Reviews，2017，79：1212-1228.

[2] Lin Y X，Jia Y T，Alva G，Fang G Y. Review on thermal conductivity enhancement，thermal properties and applications of phase change materials in thermal energy storage[J]. Renewable and Sustainable Energy Reviews，2018，82：2730-2742.

[3] Motahar S，Alemrajabi A A，Khodabandeh R. Enhanced thermal conductivity of *n*-octadecane containing carbon-based nanomaterials[J]. Heat and Mass Transfer，2016，52（8）：1621-1631.

[4] Liu Z P，Yang R. Synergistically-enhanced thermal conductivity of shape-stabilized phase change materials by expanded graphite and carbon nanotube[J]. Applied Sciences，2017，7（6）：574.

[5] Yang H B，Memon S A，Bao X H，Cui H Z，Li D X. Design and preparation of carbon based composite phase change material for energy piles[J]. Materials，2017，10（4）：391.

[6] Fan L W，Fang X，Wang X，Zeng Y，Xiao Y Q，Yu Z T，Xu X，Hu Y C，Cen K F. Effects of various carbon nanofillers on the thermal conductivity and energy storage properties of paraffin-based nanocomposite phase change materials[J]. Applied Energy，2013，110：163-172.

[7] Amin M，Putra N，Kosasih E A，Prawiro E，Luanto R A，Mahlia T M I. Thermal properties of beeswax/graphene phase change material as energy storage for building applications[J]. Applied Thermal Engineering，2017，112：273-280.

[8] Nieto A，Lahiri D，Agarwal A. Synthesis and properties of bulk graphene nanoplatelets consolidated by spark plasma sintering[J]. Carbon，2012，50（11）：4068-4077.

[9] Kim S，Drzal L T. High latent heat storage and high thermal conductive phase change materials using exfoliated graphite nanoplatelets[J]. Solar Energy Materials & Solar Cells，2009，93（1）：136-142.

[10] Yavari F，Fard H R，Pashayi K，Rafiee M A，Zamiri A，Yu Z Z，Ozisik R，Borca-Tasciuc T，Koratkar N. Enhanced thermal conductivity in a nanostructured phase change composite due to low concentration graphene additives[J]. The Journal of Physical Chemistry C，2011，115（17）：8753-8758.

[11] Karaipekli A，Biçer A，Sari A，Tyagi V V. Thermal characteristics of expanded perlite/paraffin composite phase change material with enhanced thermal conductivity using carbon nanotubes[J]. Energy Conversion and Management，2017，134：373-381.

[12] Ye F，Ge Z W，Ding Y L，Yang J. Multi-walled carbon nanotubes added to Na_2CO_3/MgO composites for thermal energy storage[J]. Particuology，2014，15：56-60.

[13] Xu B W，Li Z J. Paraffin/diatomite/multi-wall carbon nanotubes composite phase change material tailor-made for thermal energy storage cement-based composites[J]. Energy，2014，72：371-380.

[14] Li M，Chen M R，Wu Z S，Liu J X. Carbon nanotube grafted with polyalcohol and its influence on the thermal conductivity of phase change material[J]. Energy Conversion and Management，2014，83：325-329.

[15] Zhang Q，Luo Z L，Guo Q L，Wu G H. Preparation and thermal properties of short carbon fibers/erythritol phase change materials[J]. Energy Conversion and Management，2017，136：220-228.

[16] Warzoha R J，Weigand R M，Fleischer A S. Temperature-dependent thermal properties of a paraffin phase change material embedded with herringbone style graphite nanofibers[J]. Applied Energy，2015，137：716-725.

[17] Elgafy A，Lafdi K. Effect of carbon nanofiber additives on thermal behavior of phase change materials[J]. Carbon，2005，43（15）：3067-3074.

[18] Shaikh S，Lafdi K，Hallinan K. Carbon nanoadditives to enhance latent energy storage of phase change materials[J]. Journal of Applied Physics，2008，103（9）：094302.

[19] Qian T T，Li J H，Min X，Guan W M，Deng Y，Ning L. Enhanced thermal conductivity of PEG/diatomite shape-stabilized phase change materials with Ag nanoparticles for thermal energy storage[J]. Journal of Materials Chemistry A，2015，3（16）：8526-8536.

[20] Min X，Fang M H，Huang Z H，Liu Y G，Huang Y T，Wen R L，Qian T T，Wu X W. Enhanced thermal properties of novel shape-stabilized PEG composite phase change materials with radial mesoporous silica sphere for thermal energy storage[J]. Scientific Reports，2015，5：12964.

[21] Wu Y，Wang T. Hydrated salts/expanded graphite composite with high thermal conductivity as a shape-stabilized phase change material for thermal energy storage[J]. Energy Conversion and Management，2015，101：164-171.

[22] Zhang Z G，Zhang N，Peng J，Fang X M，Gao X N，Fang Y T. Preparation and thermal energy storage properties of paraffin/expanded graphite composite phase change material[J]. Applied Energy，2012，91（1）：426-431.

[23] Deng Y，Li J H，Qian T T，Guan W M，Li Y L，Yin X P. Thermal conductivity enhancement of polyethylene glycol/expanded vermiculite shape-stabilized composite phase change materials with silver nanowire for thermal energy storage[J]. Chemical Engineering Journal，2016，295：427-435.

[24] Ling Z Y，Chen J J，Xu T，Fang X M，Gao X N，Zhang Z G. Thermal conductivity of an organic phase change material/expanded graphite composite across the phase change temperature range and a novel thermal conductivity model[J]. Energy Conversion and Management，2015，102：202-208.

[25] Xu T，Chen Q L，Huang G S，Zhang Z G，Gao X N，Lu S S. Preparation and thermal energy storage properties of d-Mannitol/expanded graphite composite phase change material[J]. Solar Energy Materials & Solar Cells，2016，155：141-146.

[26] Yang J，Zhang E W，Li X F，Zhang Y T，Qu J，Yu Z Z. Cellulose/graphene aerogel supported phase change composites with high thermal conductivity and good shape stability for thermal energy storage[J]. Carbon，2016，98：50-57.

[27] Ye S B，Zhang Q L，Hu D D，Feng J C. Core-shell-like structured graphene aerogel encapsulating paraffin：Shape-stable phase change material for thermal energy storage[J]. Journal of Materials Chemistry A，2015，3（7）：4018-4025.

[28] Yang J，Qi G Q，Liu Y，Bao R Y，Liu Z Y，Yang W，Xie B H，Yang M B. Hybrid graphene aerogels/phase change material composites：Thermal conductivity，shape-stabilization and light-to-thermal energy storage[J]. Carbon，2016，100：693-702.

[29] Kumaresan V，Velraj R，Das S K. The effect of carbon nanotubes in enhancing the thermal transport properties of

PCM during solidification[J]. Heat Mass Transfer，2012，48：1345-1355.

[30] Yu Z T，Fang X，Fan L W，Wang X，Xiao Y Q，Zeng Y，Xu X，Hu Y C，Cen K F. Increased thermal conductivity of liquid paraffin-based suspensions in the presence of carbon nano-additives of various sizes and shapes[J]. Carbon，2013，53：277-285.

[31] Cui Y B，Liu C H，Hu S，Yu X. The experimental exploration of carbon nanofiber and carbon nanotube additives on thermal behavior of phase change materials[J]. Solar Energy Materials & Solar Cells，2011，95：1208-1212.

[32] Wang J F，Xie H Q，Xin Z. Thermal properties of paraffin based composites containing multi-walled carbon nanotubes[J]. Thermochimica Acta，2009，488：39-42.

[33] Ling Z Y，Chen J J，Fang X M，Zhang Z G，Xu T，Gao X N，Wang S F. Experimental and numerical investigation of the application of phase change materials in a simulative power batteries thermal management system[J]. Applied Energy，2014，121：104-113.

[34] Fan L W，Zhu Z Q，Zeng Y，Xiao Y Q，Liu X L，Wu Y Y，Ding Q，Yu Z T，Cen K F. Transient performance of a PCM-based heat sink with high aspect-ratio carbon nanofillers[J]. Applied Thermal Engineering，2015，75：532-540.

[35] Babaei H，Keblinski P，Khodadadi J M. Thermal conductivity enhancement of paraffins by increasing the alignment of molecules through adding CNT/graphene[J]. International Journal of Heat and Mass Transfer，2013，58：209-216.

[36] Fang X，Fan L W，Ding Q，Wang X，Yao X L，Hou J F，Yu Z T，Cheng G H，Hu Y C，Cen K F. Increased thermal conductivity of eicosane-based composite phase change materials in the presence of graphene nanoplatelets[J]. Energy Fuels，2013，27：4041-4047.

[37] Wang J F，Xie H Q，Xin Z，Li Y. Increasing the thermal conductivity of palmitic acid by the addition of carbon nanotubes[J]. Carbon，2010，48：3979-3986.

[38] Li T X，Lee J H，Wang R Z，Kang Y T. Enhancement of heat transfer for thermal energy storage applicationusing stearic acid nanocomposite with multi-walled carbon nanotubes[J]. Energy，2013，55：752-761.

[39] Yu S，Jeong S G，Chung O，Kim S. Bio-based PCM/carbon nanomaterials composites with enhanced thermal conductivity[J]. Solar Energy Materials & Solar Cells，2014，120：549-554.

[40] Yuan Y P，Zhang N，Li T Y，Cao X L，Long W Y. Thermal performance enhancement of palmitic-stearic acid by adding graphene nanoplatelets and expanded graphite for thermal energy storage：A comparative study[J]. Energy，2016，97：488-497.

[41] Nguyen M H，Bui H T，Pham V T，Phan N H，Nguyen T H，Nguyen V C，Le D Q，Phan H K，Phan N M. Thermo-mechanical properties of carbon nanotubes and applications in thermal management[J]. Advances in Natural Sciences：Nanoscience and Nanotechnology，2016，7（2）：25017.

[42] Zhang Y H，Heo Y J，Son Y R，In I，An K H，Kim B J，Park S J. Recent advanced thermal interfacial materials：A review of conducting mechanisms and parameters of carbon materials[J]. Carbon，2019，142：445-460.

[43] Hansson J，Nilsson T M J，Ye L L，Liu J. Novel nanostructured thermal interface materials：A review[J]. International Materials Reviews，2018，63（1）：22-45.

[44] Shtein M，Nadiv R，Buzaglo M，Regev O. Graphene-based hybrid composites for efficient thermal management of electronic devices[J]. ACS Applied Materials & Interfaces，2015，7（42）：23725-23730.

[45] Cho E C，Huang J H，Li C P，Chang-Jian C W，Lee K C，Hsiao Y S，Huang J H. Graphene-based thermoplastic composites and their application for LED thermal management[J]. Carbon，2016，102：66-73.

[46] Shen B，Zhai W T，Zheng W G. Ultrathin flexible graphene film：An excellent thermal conducting material with

efficient EMI shielding[J]. Advanced Functional Materials，2014，24（28）：4542-4548.

[47] Xin G Q，Sun H T，Hu T，Fard H R，Sun X，Koratkar N，Borca-Tasciuc T，Lian J. Large-area freestanding graphene paper for superior thermal management[J]. Advanced Materials，2014，26（26）：4521-4526.

[48] Xin G Q，Yao T K，Sun H T，Scott S M，Shao D L，Wang G K，Lian J. Highly thermally conductive and mechanically strong graphene fibers[J]. Science，2015，349（6252）：1083-1087.

[49] Peng L，Xu Z，Liu Z，Guo Y，Li P，Gao C. Ultrahigh thermal conductive yet superflexible graphene films[J]. Advanced Materials，2017，29（27）：1700589.

[50] Nada S A，Alshaer W G. Comprehensive parametric study of using carbon foam structures saturated with PCMs in thermal management of electronic systems[J]. Energy Conversion and Management，2015，105：93-102.

[51] Kholmanov I，Kim J，Ou E，Ruoff R S，Shi L. Continuous carbon nanotube-ultrathin graphite hybrid foams for increased thermal conductivity and suppressed subcooling in composite phase change materials[J]. ACS Nano，2015，9（12）：11699-11707.

[52] Burger N，Laachachi A，Ferriol M，Lutz M，Toniazzo V，Ruch D. Review of thermal conductivity in composites：Mechanisms，parameters and theory[J]. Progress in Polymer Science，2016，61：1-28.

[53] Ji T X，Feng Y Y，Qin M M，Feng W. Thermal conducting properties of aligned carbon nanotubes and their polymer composites[J]. Composites Part A：Applied Science and Manufacturing，2016，91：351-369.

[54] Chen J，Walther J H，Koumoutsakos P. Covalently bonded graphene-carbon nanotube hybrid for high-performance thermal interfaces[J]. Advanced Functional Materials，2015，25（48）：7539-7545.

[55] Lv P，Tan X W，Yu K H，Zheng R L，Zheng J J，Wei W. Super-elastic graphene/carbon nanotube aerogel：A novel thermal interface material with highly thermal transport properties[J]. Carbon，2016，99：222-228.

[56] Song N，Jiao D J，Cui S Q，Hou X S，Ding P，Shi L Y. Highly anisotropic thermal conductivity of layer-by-layer assembled nanofibrillated cellulose/graphenen nanosheets hybrid films for thermal management[J]. ACS Applied Materials & Interfaces，2017，9（3）：2924-2932.

[57] Mortazavi B，Yang H L，Mohebbi F，Cuniberti G，Rabczuk T. Graphene or *h*-BN paraffin composite structures for the thermal management of Li-ion batteries：A multiscale investigation[J]. Applied Energy，2017，202：323-334.

[58] Malik M，Dincer I，Rosen M A. Review on use of phase change materials in battery thermal management for electric and hybrid electric vehicles[J]. International Journal of Energy Research，2016，40（8）：1011-1031.

[59] Babapoor A，Azizi M，Karimi G. Thermal management of a Li-ion battery using carbon fiber-PCM composites[J]. Applied Thermal Engineering，2015，82：281-290.

[60] Alshaer W G，Nada S A，Rady M A，Del Barrio E P，Sommier A. Thermal management of electronic devices using carbon foam and PCM/nano-composite[J]. International Journal of Thermal Sciences，2015，89：79-86.

第8章 太阳能应用

8.1 石墨烯透明导电膜

透明导电膜是许多光电器件、显示器、光伏设备的重要组成部分，通常在可见光区具有大于 80%的透光率，电阻率低于 $10^{-5}\Omega\cdot m$。目前常用的透明导电膜包括金属膜、氧化物膜［如铟锡氧化物（indium tin oxide，ITO）、氟氧化锡（fluorine tin oxide，FTO）等］、有机高分子膜等，它们在传统器件或者未来的柔性器件中的应用都存在一些无法克服的缺点，如金属膜虽然导电性高，但透光率低；ITO 等虽然能兼顾导电性和透光性，但含有稀有元素、制备方法要求高导致成本很高，脆性和不耐酸腐蚀影响使用寿命；有机高分子膜的导电性和透光性都比较低。石墨烯同时具有的高透光性和高导电性以及柔性和耐腐蚀性，使其成为应用于透明导电膜的理想材料。具体来说，石墨烯的优势特性包括：①电导率高；②可见光和红外光的透过率高；③力学、化学、热性能稳定；④柔性且表面光滑；⑤质量轻且机械强度高；⑥润湿性可调；⑦制备工艺较简单，有望低成本大规模生产；⑧转移方法多，可转移至各类基底上。

8.1.1 石墨烯的光电性质

石墨烯是单层石墨，具有六方对称的晶格结构，碳原子层内通过 sp^2 杂化与周围的碳原子以共价键形式结合，碳-碳键长约为 0.142nm，每个晶格内有三个 σ 键，将碳原子牢固地连接成六边形，多出的一个轨道电子在层外形成离域的 π 键，是石墨烯高导电性的来源[1]。通过紧束缚模型计算得到的石墨烯能带结构[2]如图 8.1 所示，在动量空间中，线性分散的价带和导带在狄拉克点处相遇，也是费米能级所在的位置，所以石墨烯是典型的零带隙半金属材料。石墨烯的理论电子迁移率达 $2\times10^5cm^2/(V\cdot s)$，沉积在 SiO_2 上时测得的值超过 $10^4cm^2/(V\cdot s)$，比硅的电子迁移率高出 1～2 个数量级[3]，载流子浓度约为 $10^{13}cm^{-2}$[4]。石墨烯薄膜的电导率可达 $10^6S/m$，面电阻约为 $31\Omega/sq$[5, 6]。同时，在双层和多层石墨烯结构中，由于层间 π 轨道的耦合，单层石墨烯的带隙能够被打开，其费米能级（E_F）能够通过施加外场或掺杂等方式进行调控，从而表现出 p 型或 n 型半导体性质[7, 8]。

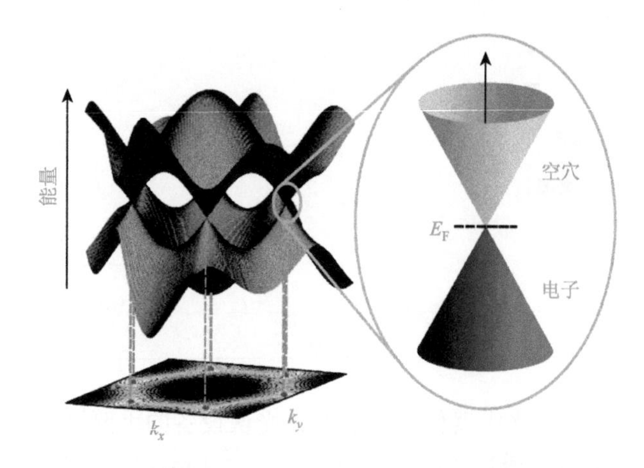

图 8.1　石墨烯的能带结构示意图（紧束缚模型计算）[2]

石墨烯具有优异的光学性能，理论和实验结果表明：单层石墨烯可吸 2.3%从近红外到紫外范围的入射光[9]，即透光率为 97.7%，是一种高度透明的材料；并且不同层数的石墨烯透光率依次相差 2.3%，如图 8.2 所示。因此，可以通过石墨烯的透光率估算石墨烯的层数。对于大面积的石墨烯薄膜也具有同样的光学性能，并随石墨烯的厚度发生变化。此外，石墨烯高度柔性的特点使其成为柔性和可卷曲电子应用领域最具潜力的候选材料[10]。

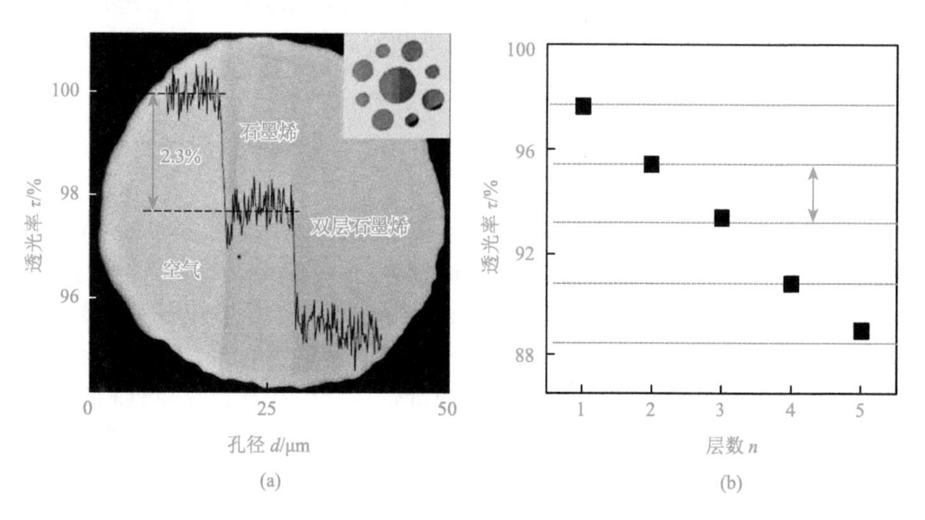

图 8.2　（a）单层和双层石墨烯的可见光透光率；（b）石墨烯的可见光透光率与层数的关系[9]

8.1.2　大面积石墨烯透明电极

能够批量制备大面积、低成本的石墨烯薄膜是将石墨烯实际应用于透明电极的前提条件。不同的制备方法所获得的石墨烯薄膜的尺寸、质量、成本都有所不同，因而也适用于不同的应用领域[11]，如图 8.3 所示。其中，CVD 法和液相剥离法可以低成本、大批量制备石墨烯薄膜，但 CVD 法制备的石墨烯的质量明显高于液相剥离法制备的石墨烯。所以，应用于透明电极的石墨烯薄膜通常采用 CVD 法制备[12, 13]。在实际应用中，完整无损地将制得的石墨烯转移至所需的任意基底上也是非常重要的环节，通常采用高分子材料［如聚二甲硅氧硅（polydimethylsiloxane，PDMS）[14]、PMMA[15]］辅助转移法将 CVD 法生长在 Cu 或 Ni 基底上的石墨烯薄膜转移至不同基底上。

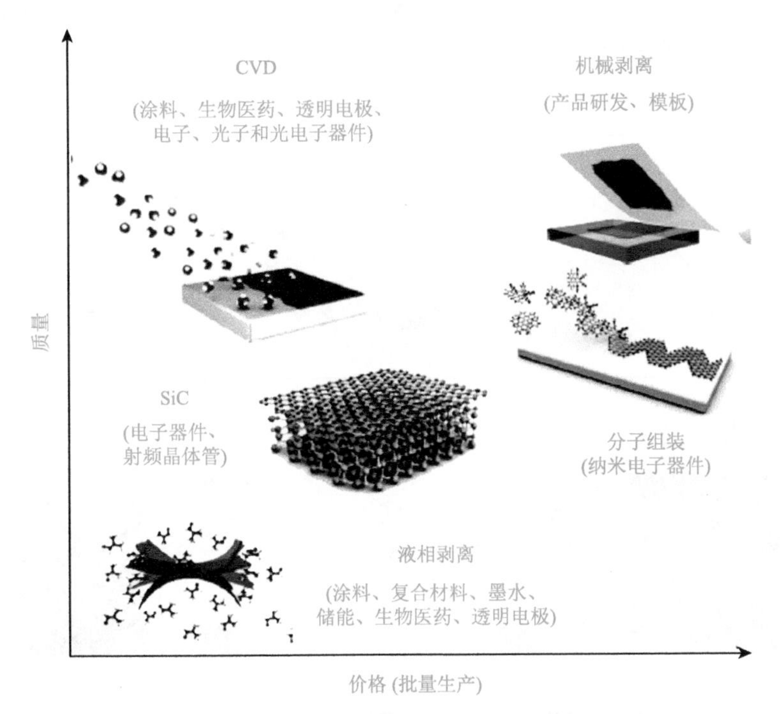

图 8.3　石墨烯的不同制备方法与相应的适用领域[11]

近几年研究人员已经能够利用 CVD 法批量制备，并转移出 30in（1in=2.54cm）的石墨烯薄膜[10]，如图 8.4 所示。为了保证石墨烯在铜箔上能够均匀生长，首先将超大面积铜箔包裹在 7.5in 直径的石英管上，然后放进 8in 直径的 CVD 管式炉［图 8.4（b）］中。转移时［图 8.4（a）］，首先通过两个辊子施加的压力（约 0.2MPa），将长有石墨烯的铜箔与热释放胶带黏附在一起，然后通过刻蚀池去除铜箔基底，将石墨烯转移至热释放胶带上，最后进行清洗去除刻蚀剂残留。这时获得的石墨烯就可以通过加热去除热释放胶带（90～120℃）转移至目标基底。与刻蚀步骤类似，还可以对石墨烯进行湿化学掺杂。此外，重复上述步骤可以在目标基底上转移多层的石墨烯薄膜。图 8.4（c）为转移至 35in 聚对苯二甲酸乙二酯（PET）基底上的两层超大面积石墨烯薄膜，图 8.4（d）为利用石墨烯薄膜组装的柔性触摸屏。通过上述方法获得的单层石墨烯薄膜具有 97.4%的透光率和低至约 125Ω/sq 的面电阻，而且显示出半整数的量子霍尔效应，室温霍尔迁移率约为 $5100cm^2/(V·s)$，说明这种石墨烯薄膜的品质很高。层层堆叠得到的 4 层石墨烯薄膜具有约 90%的透光率和约 30Ω/sq 的面电阻，透明导电性能已经超过商用 ITO 电极。如果结合 CVD 法和卷对卷方法能够实现工业上批量制备、加工和转移柔性、透明的石墨烯薄膜，那么石墨烯在商用领域代替 ITO 作为透明电极将指日可待。石墨烯的发现者 Novoselov 也认为[11]，基于石墨烯的透明电极最有可能首先投入实际应用领域（2020 年之前），而且只需要中等质量的石墨烯薄膜即可。

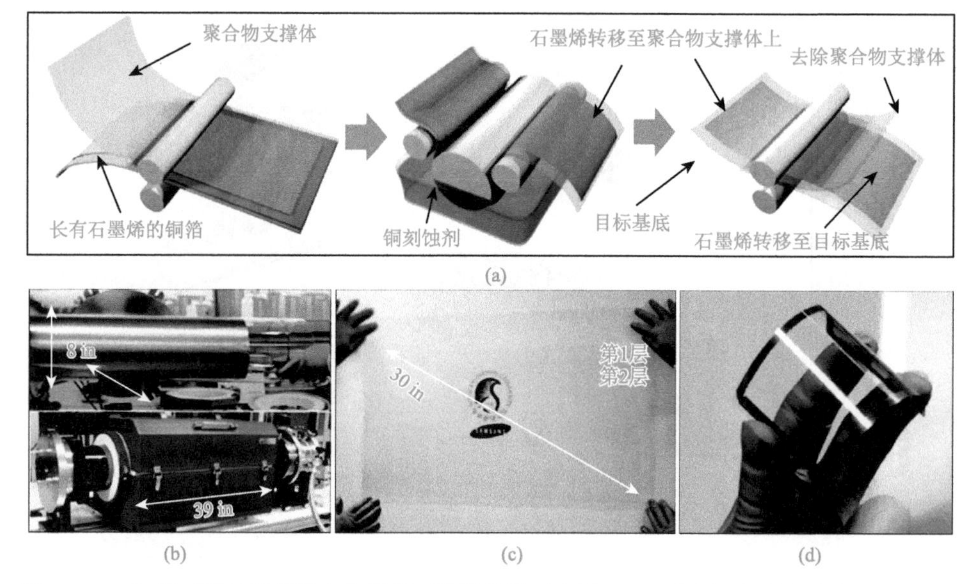

图 8.4　（a）卷对卷转移铜基底大面积石墨烯薄膜示意图；（b）上图：铜箔包裹在 7.5in 直径的石英管上置入 8in 直径的管式炉中，下图：铜箔在 CH_4 和 H_2 气氛中的高温反应阶段（CVD 法制备石墨烯）；（c）超大面积透明石墨烯薄膜转移至 35in PET 膜上；（d）石墨烯/PET 柔性触摸屏[10]

8.1.3　太阳能电池透明电极

近年来，在有机太阳能电池和染料敏化太阳能电池中，用石墨烯薄膜替代 ITO

层作为透明电极材料受到人们的关注[16-20]。人们尝试利用 CVD 石墨烯、还原氧化石墨烯以及各种掺杂的石墨烯薄膜作为有机太阳能电池的透明导电正极[21-34]、负极[34-37]，或者染料敏化太阳能电池的透明窗口层[38-41]，部分石墨烯基有机太阳能电池的性能已经达到相应 ITO 基器件的水平。

Wang 等[30]利用自下而上的化学方法合成的透明石墨烯薄膜直接应用于体异质结有机太阳能电池的正极，电池结构为 G/P3HT：PCBM/Ag［G：石墨烯；P3HT：聚（3-己基噻吩）；PCBM：苯基-C_{61}-丁酸甲酯］。他们尝试了不同厚度的薄膜，其中厚度 30nm 石墨烯薄膜的面电阻为 1.6kΩ/sq，电导率为 206S/cm，500nm 波长的可见光透过率为 85%，组装的太阳能电池能量转换效率为 0.29%，约为 ITO 参照器件效率（1.17%）的 1/4。虽然效率偏低，但在最简单的结构和工艺条件下还是显示出了石墨烯作为太阳能电池窗口层的可行性，如果进一步优化石墨烯薄膜的质量，使其在保持高透光率的同时降低薄膜电阻，器件性能就一定能够得到提高。例如，使用 CVD 法制备的大面积、低缺陷的少数层石墨烯薄膜，厚度为 6～30nm，面电阻为 210～1350Ω/sq，透光率为 72%～91%，如图 8.5 所示[22]。

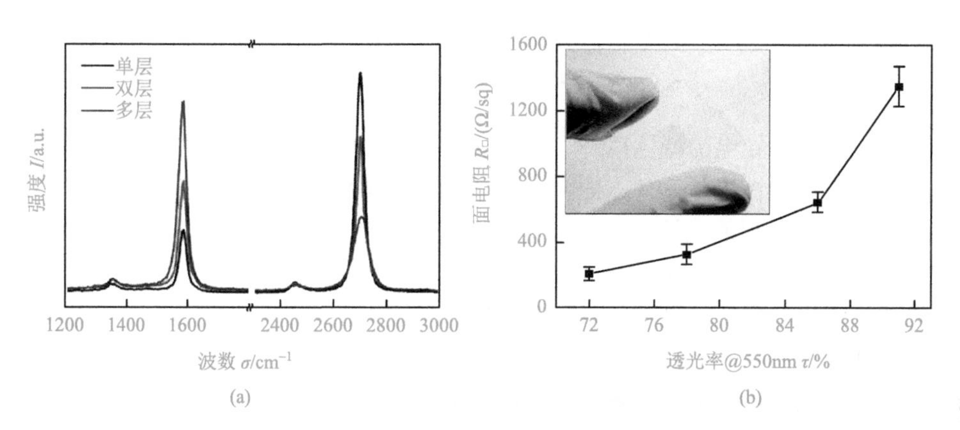

图 8.5 CVD 法制备的大面积、少数层石墨烯薄膜的拉曼光谱（a）和透光率-面电阻关系（b）；插图为玻璃基底上透光率为 86%的石墨烯薄膜照片[22]

组装有机太阳能电池时引入空穴和电子传输层（图 8.6），初始效率只有 0.21%[22]。这是石墨烯的疏水性导致空穴传输层材料 PEDOT：PSS[PEDOT：聚13, 4-乙烯二氧基噻吩；PSS：聚（苯乙酸磺酸盐）］不能均匀成膜，所以电池效率很低。通过紫外照射处理引入—OH 和 C═O 基团后，能够使石墨烯薄膜表面亲水，从而提高电池效率到 0.74%。为了进一步提高石墨烯薄膜的导电性，Wang 等[22]采用一种非共价功能化溶剂 PBASE（芘丁烷酸酯）修饰石墨烯薄膜，增大了本征石墨烯的功函数，将电池效率提高至 1.71%，约为 ITO 基器件的 1/2（ITO 对照器件效率为 3.10%）。可见，通过提高石墨烯薄膜的质量和性能，能够明显提高太阳能电池的效率，接近相应ITO器件的水平；同时说明石墨烯具有代替ITO的潜力。类似，Kong等[29]也尝试了在小分子双层有机太阳能电池中用CVD石墨烯（CVD-G）代替ITO作为透明导电正极，通过对石墨烯进行p型掺杂（$AuCl_3$），可以将电池效率提高至接近ITO基电池的水平。

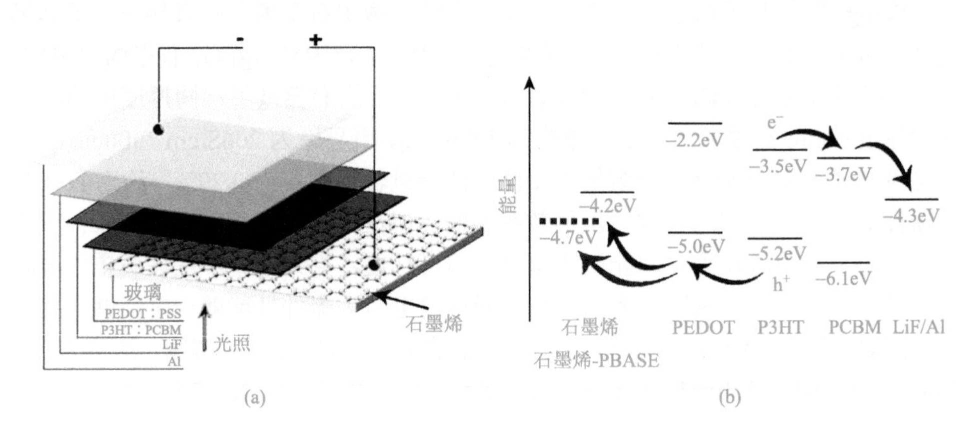

图8.6 有机太阳能电池（CVD-G/PEDOT：PSS/P3HT：PCBM/LiF/Al）的结构（a）与能带示图（b）[22]

除了透明、导电的特性以外，石墨烯薄膜的柔性也是超越脆性ITO的另一个优势，尤其在柔性光伏器件方面[23, 25, 27, 28]。如将CVD石墨烯转移至柔性PET基底上作为有机太阳能电池的透明导电正极[23]［图8.7（a）、（b）］，组装的柔性太阳能电池器件［图8.7（c）］在弯曲不同程度进行太阳能电池性能测试之后发现，石墨烯器件仍然保持原有的电导，并且薄膜形貌不发生明显变化；而ITO器件经弯曲后电导剧烈下降，器件断路，薄膜表面出现明显裂纹，如图8.8所示。从柔性器件的角度看，石墨烯的表现已经超过ITO。

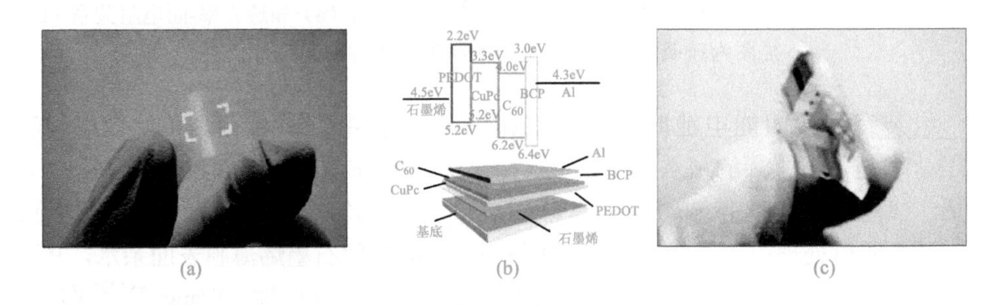

图8.7 （a）柔性CVD-G/PET透明基底；（b）有机光伏器件（CVD-G/PEDOT/CuPc/C_{60}/BCP/Al）的结构与能带示图；（c）有机光伏器件实物照片[23]

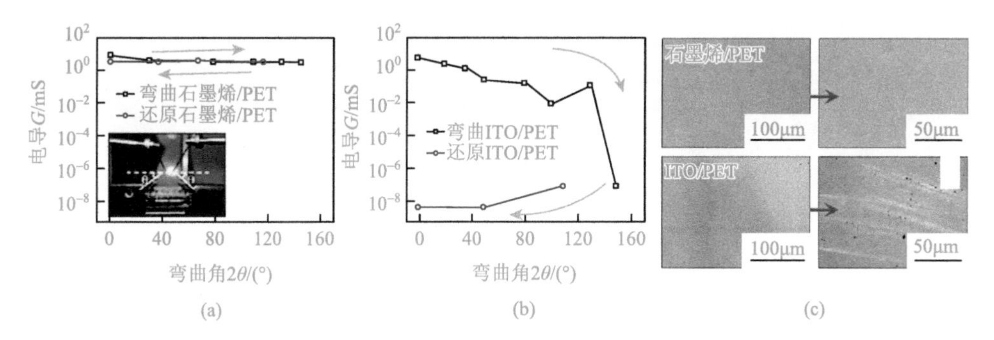

图 8.8　分别用 CVD-G（a）和 ITO（b）为正极的有机光伏器件在弯曲测试前后电导的变化；（c）弯曲测试前后的石墨烯和 ITO 薄膜表面的 SEM 照片[23]

能够利用湿化学法批量、低成本制备的还原氧化石墨烯也是一类能够应用于柔性透明电极的石墨烯材料[24]，不足之处是其本征结构由大量微米级石墨烯层片搭接成膜，透光率和导电性都低于 CVD-G，以致组装的器件性能也较低。但是，还原氧化石墨烯低成本的制备工艺是一大优势，如果未来能够提高其产物的质量，在柔性光伏领域也具有很大的应用前景。

有机太阳能电池的负极通常采用 Au、Ag、Al 等金属材料，存在成本较高、反光率高的缺点。石墨烯薄膜也可以作为透明导电负极应用，若其透明度较高，还能组装成半透明器件，扩大其应用范围（如可发电窗户、建筑物集成光伏等）。近年来，能量转换效率最高的石墨烯负极有机太阳能电池结构[34]见图 8.9。电池结构为 G/ZnO/PTB7∶$PC_{71}BM/MoO_3$/Ag，总厚度小于 400nm。以石英玻璃为基底的电池效率分别为 6.9%（石墨烯）、7.6%（ITO），以 PEN（聚萘二甲酸乙二醇酯）柔性塑料为基底的电池效率为 7.1%（石墨烯）。同时，在类似的电池结构中，用石墨烯作为正极也获得了目前最高的柔性电池效率（6.1%）。可见，利用石墨烯作为透明电极的有机太阳能电池效率已经非常接近同类 ITO 基太阳能电池，并且在柔性器件中，性能已经超过 ITO 基器件。根据美国国家可再生能源实验室（NREL）的最新数据[42]，传统有机太阳能电池的最高效率为 11.5%，石墨烯基有机太阳能电池的效率已经达到了它的 60%，还有很大的提升空间。

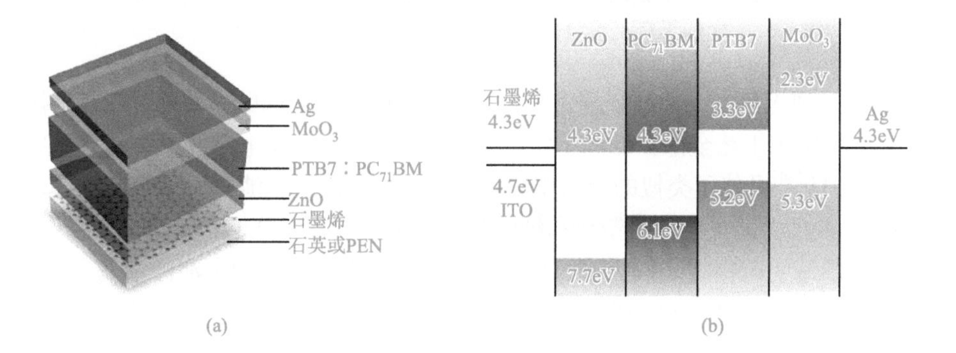

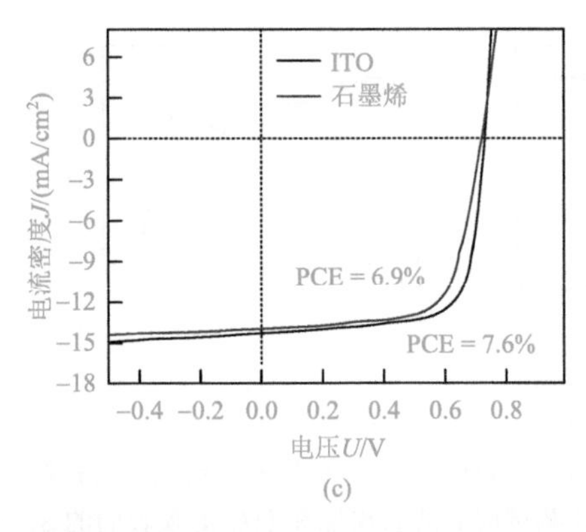

图 8.9 石墨烯负极有机太阳能电池的结构（a）及其能带（b）示意图；（c）石墨烯基和 ITO 基有机太阳能电池的特性曲线（AM1.5G 光照条件）[34]

构建全石墨烯电极的太阳能电池具有潜在的低成本、高效率、环境友好等优势。Yan 等[43]采用 CVD 石墨烯组装了全石墨烯电极的有机太阳能电池，如图 8.10 所示。

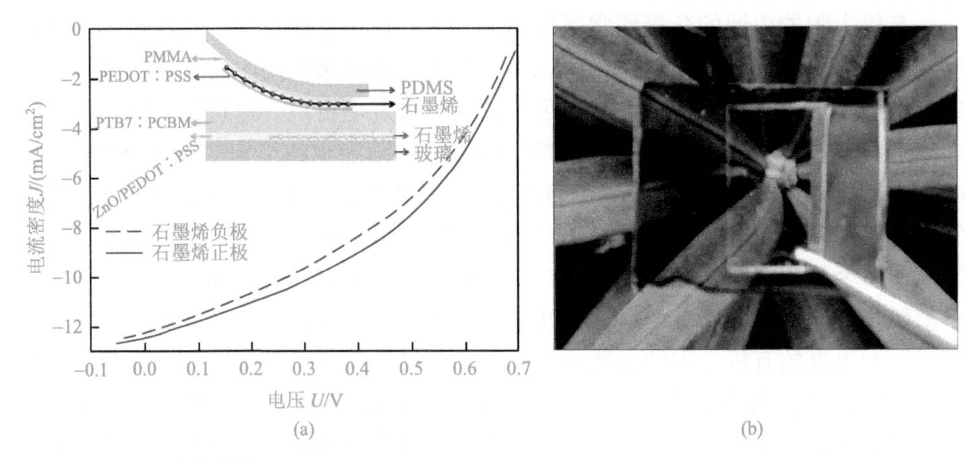

图 8.10 （a）电池结构为 PDMS/PMMA/G/PEDOT：PSS/PTB7：PCBM/ZnO/PEDOT：PSS/G/玻璃的全石墨烯电极有机太阳能电池的电流密度-电压特性曲线（虚线为从负极照光，实线为从正极照光）；（b）半透明电池实物照片[43]

电池呈现无色半透明状，透光率约为 40%，能够从两面照光发电，效率都接近 3.4%。由于组装工艺全部在低温下实现，也对其他碳基的光电器件组装具有借鉴意义。Kong 等[44]组装了类似的全石墨烯电极的有机太阳能电池，可见光透过率达到了 61%；并且尝试了柔性的塑料和纸的基底，电池效率为 2.8%～4.1%，进一步证实了石墨烯透明电极组装低成本、可集成、便携式有机太阳能电池的潜力。

此外，石墨烯还可以用作染料敏化太阳能电池的透明导电光阳极[40, 41]。采用溶液法制备的石墨烯纳米层片可以与电池中的介孔 TiO_2 层紧密接触，有效促进电子的快速导出。Tan 等[41]报道，以溶剂热法石墨烯/TiO_2 为窗口层的固态染料敏化太阳能电池效率为 7.25%，达到了 NREL 报道的效率（11.9%，2012 年）[42]的 60%。作为全固态染料敏化太阳能电池的发展，2012 年，Park 与 Grätzel 使用钙钛矿型吸光材料 MA PbI_3 作为染料敏化剂制备出钙钛矿太阳能电池，效率高速刷新，截止到 2016 年，钙钛矿太阳能电池效率已经达到 22.1%[42]。与染料敏化太阳能电池类似，其传统窗口层电极为 FTO 玻璃，背电极为贵金属（Au、Ag）。采用 CVD 石墨烯取代金属电极，制备的半透明、两面照光太阳能电池［图 8.11（a）］，效率为 12.37%，接近 Au 电极的电池效率（14.35%）[45]。用转移至 PEN 塑料基底上的石墨烯电极取代 FTO 电极，也可以制备出效率为 16.8% 的柔性器件［图 8.11（b）］，与 ITO/PEN 电池效率（17.3%）相当。但在 1000 个弯折循环之后，ITO/PEN 电池的效率快速衰减至低于初始值的 40%，而石墨烯/PEN 电池的效率仍然保持在初始值的 90%以上［图 8.11（c）］，显示出石墨烯柔性电极良好的柔韧性[46]。

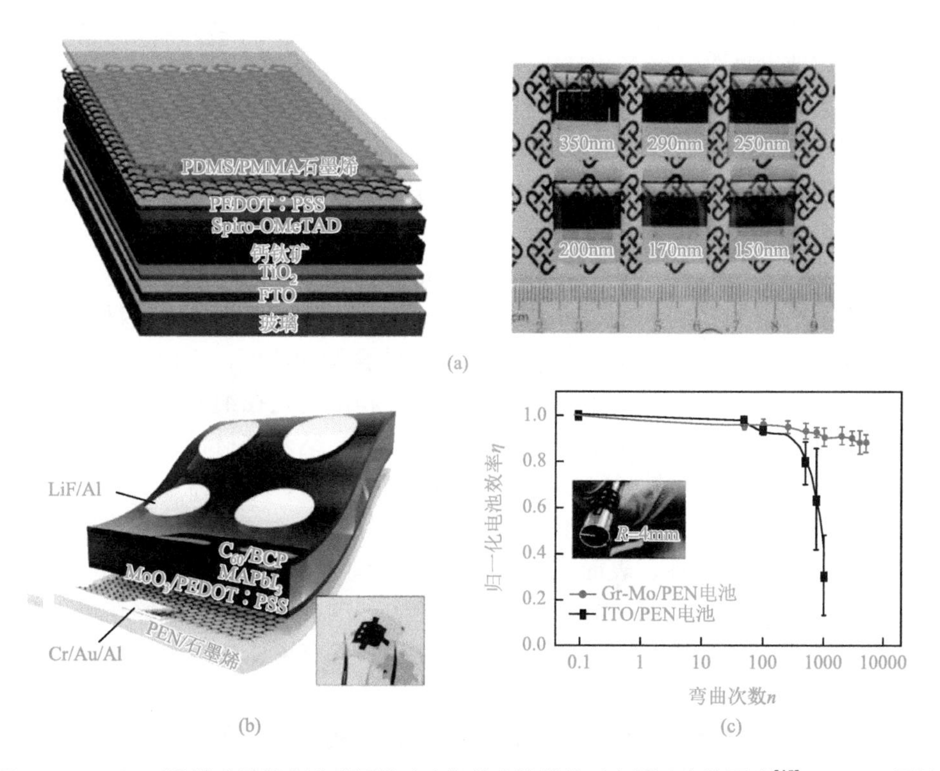

图 8.11 （a）石墨烯正极的半透明钙钛矿太阳能电池结构示意图及实物照片[45]；（b）石墨烯基柔性钙钛矿太阳能电池结构示意图及照片（插图）[46]；（c）归一化电池效率与弯曲次数的关系（插图为弯曲半径为 4mm 的电池照片）[46]

总体看来，石墨烯作为透明电极的有机太阳能电池的效率已经接近相应ITO基器件的水平，在可弯曲的柔性光伏器件方面，石墨烯基器件的性能已经达到一定水平，未来可提升空间还很大。目前存在的主要问题是石墨烯电极的面电阻还较高，需要进一步优化降低；其次，石墨烯具有一定的疏水性（接触角约90°），在组装器件时不利于优质界面的形成，导致器件性能良莠不齐。此外，大面积、高质量的石墨烯柔性电极的制备也是充满挑战的一个研究领域[16]。

8.2 碳-硅异质结太阳能电池

8.2.1 C/Si异质结太阳能电池的研究背景及现状

在利用太阳能的科学和技术方面，最重要的问题就是提高太阳能的能量转换效率。在众多的转换技术中，太阳能电池（或光伏电池）受到了最广泛的关注，并获得了高速发展[47]，如商用硅太阳能电池基于p-n结的光伏效应，效率就比较高。评价太阳能电池系统的指标包括能量转换效率、材料、组装工艺、成本等。通常采用15%作为最低效率来判断太阳能电池是否具有应用潜力。近年来，纳米材料和纳米技术的发展使得人们能够在纳米尺度上对材料进行设计和调节，对开发新型太阳能电池产生了极大推动作用。

与硅类似，碳也是地球上储量丰富的元素。基于碳的结构、种类、性质、用途的多样性，对碳材料的研究基本伴随着整个人类的发展史。碳材料的晶体结构和电子性质主要依赖sp/sp^2/sp^3杂化类型的含量和比例，不同于传统碳材料（如炭黑、活性炭、石墨），纳米碳材料的尺寸和结构是在纳米尺度上可控的，这就使其成为目前世界上最活跃的研究领域之一。纳米碳材料具有多种稳定的同素异形体结构，如富勒烯（C_{60}）、碳纳米管（CNT）、石墨烯（G）、无定形碳（a-C）、纳米碳纤维（CNF）、纳米多孔炭（NPC）等。对于光伏设备而言，纳米碳材料的优势在于柔性、表面积、载流子迁移率、化学稳定性、光电性质等方面，这些恰好都能满足基于异质结的太阳能电池的要求。如果能够在原子层面调控纳米碳材料的性质，使其具有半导体特性，那就有可能与硅构建碳-硅（C/Si）异质结太阳能电池。

近年来，基于C/Si异质结的太阳能电池已经获得了极大关注，如图8.12所示。特别是石墨烯和碳纳米管被发现以后，C/Si异质结太阳能电池以及C/Si异质结构的理论燃起了人们的研究热情。在不到十年的时间里，C/Si异质结太阳能电池的能量转换效率已经达到15%～17%（图8.13）[47]。

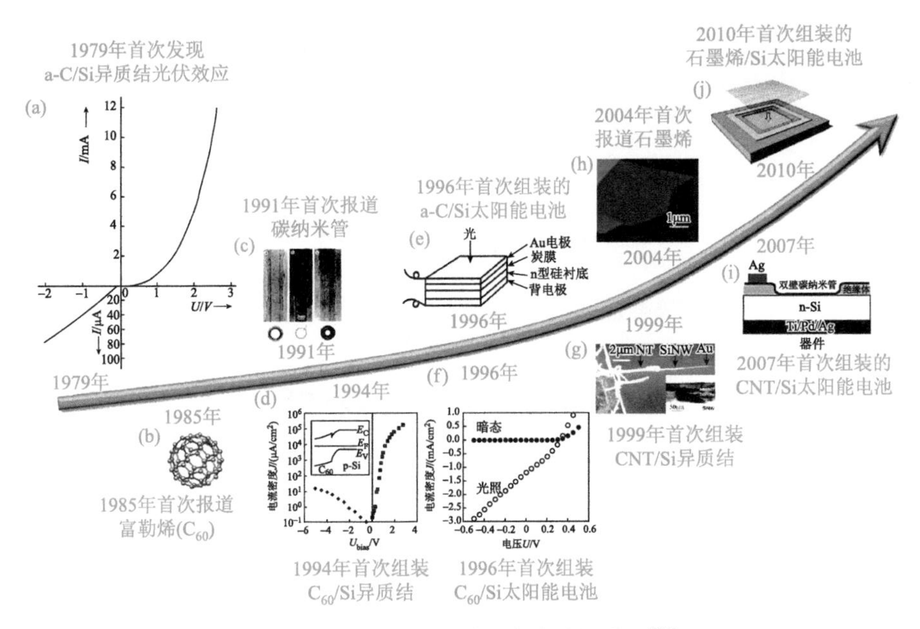

图 8.12　C/Si 异质结太阳能电池的发展[47]

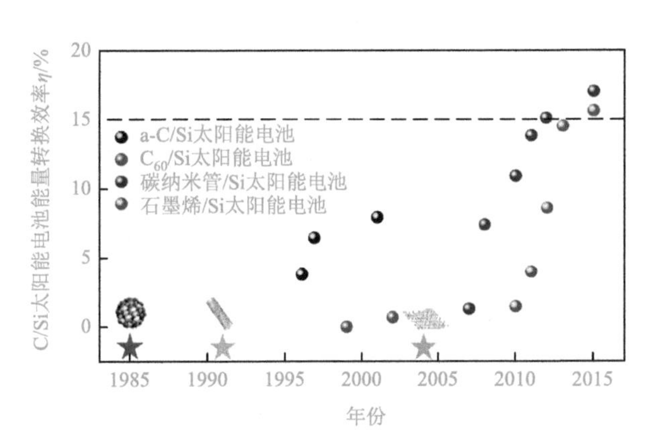

图 8.13　实验室级 C/Si 异质结太阳能电池的能量转换效率[47]

8.2.2　C/Si 异质结原理

理论上，不同类型的碳与 Si 接触形成的界面类型不同，如 C_{60}、碳纳米管与 Si 接触形成有限区域的界面，而 a-C、石墨烯薄膜与 Si 接触形成面-面界面；实际上，由于材料本身缺陷和褶皱的存在，不可能形成完美的面接触。因此，在讨论 C/Si 异质结构时，通常假定 C、Si 形成理想界面。C/Si 异质结太阳能电池的典型结构如图 8.14 所示，碳材料具有多种功能，包括透明电极、减反射层、空穴收集层等。

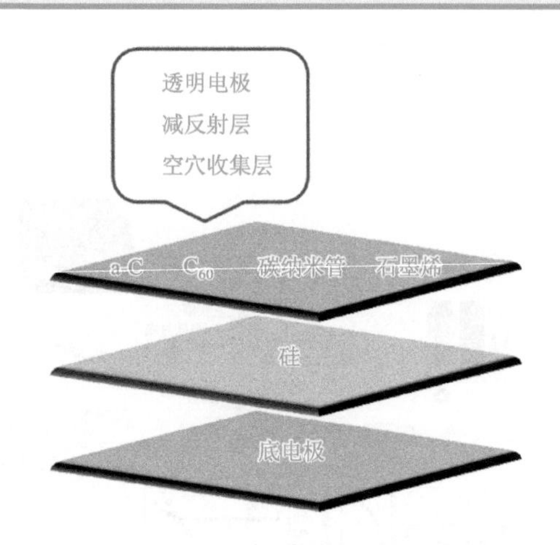

图 8.14 典型的 C/Si 异质结太阳能电池结构示意图

C/Si 异质结产生、传输、分离载流子的原理符合经典半导体物理理论。当碳材料具有半导体性质时，C/Si 构成 p-n 结［图 8.15（a)］；在碳材料为本征金属或半金属性质时，C/Si 则构成 Schottky（m-s）结［图 8.15（b)］[47]。物理过程为，C 与 Si 接触形成界面后，半导体 Si 中电子、空穴浓度的差别引起载流子扩散过程，扩散达到热平衡状态后，在 C/Si 界面处形成内建电场，阻止载流子继续扩散。这个过程反映在能带结构的变化为，C 与 Si 的能带向二者费米能级（E_F）相同的方向弯曲，在界面处形成一定高度的势垒。当有入射光照射时，这种平衡被打破，半导体 Si 吸收入射光子（能量大于半导体带隙 E_g）后，激发价带中的电子向导带跃迁，在价带中对应的位置留下空穴，由于界面处势垒的存在，跃迁电子无法跳回与空穴复合，继续向半导体方向移动，同时，价带中的空穴向碳材料方向移动，从而导致光生载流子被分离、导出，完成光电转换过程。

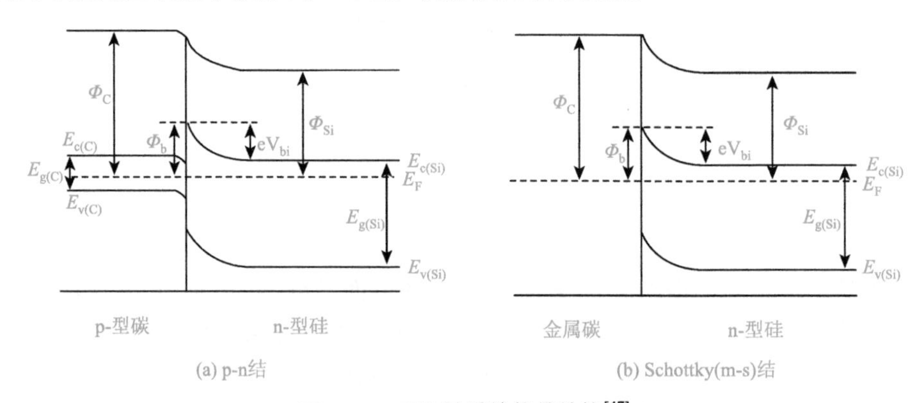

图 8.15 C/Si 异质结能带结构[47]

Φ_C、Φ_{Si} 分别为 C、Si 的功函数；$E_{g(C)}$、$E_{g(Si)}$ 分别为 C、Si 的带隙；$E_{c(C)}$、$E_{c(Si)}$ 分别为 C、Si 的导带；$E_{v(C)}$、$E_{v(Si)}$ 分别为 C、Si 的价带；E_F 为费米能级；Φ_b 为理想势垒；eV_{bi} 为内建势垒高度

8.2.3 基于 C/Si 异质结的光伏电池

1. a-C/Si 异质结太阳能电池

a-C 的电子性质依赖 sp^2/sp^3 混合结构，大多数的本征 a-C 是 p 型，通过掺杂改性能够进行调节，使其带隙控制在 0.2～3.0eV[48]，B 掺杂为 p 型[49]，N 掺杂为 n 型[50]。

1979 年，C/Si 异质结问世[51]，将纯石墨用电弧蒸发的方法沉积到 n-Si 上，厚度约为 50nm，得到的光电压为 280mV（光照条件 AM1.0G），光电流约 10mA/W。1996 年，Yu 等[52]报道了第一个 a-C/Si 太阳能电池，采用 CVD 法 a-C 膜（厚度 40nm），带隙为 0.25eV，沉积在 n-Si 上，开路电压（V_{OC}）为 325mV，短路电流密度（J_{SC}）为 $2.73mA/cm^2$，填充因子（FF）为 0.65，电池效率为 3.8%（光照条件：$15mW/cm^2$，400～800nm）。而且电池中因载流子复合而引起的电流很小，证实了 a-C 膜与 Si 能够形成很完美的界面。2001 年，Ma 等[49]采用等离子增强 CVD 法 a-C 膜，进行 B 原子掺杂，制备的 a-C/Si 太阳能电池最高效率达到 7.9%。

但由于 a-C 膜的本征缺陷偏多，较难实现均匀地异质原子掺杂，以致其电池效率较低。

2. C_{60}/Si 异质结太阳能电池

C_{60} 是典型的零维材料，呈 n 型半导体类型，直接带隙为 1.4～2.3eV，适合应用于太阳能电池。1994 年，Chen 等[53]报道了 C_{60}/Si 异质结构，将 C_{60} 粉末蒸发至 Si 基底上，其暗特性表现出整流特性。1996 年，Kita 等[54]将 C_{60} 与轻掺杂的 n-Si 构成太阳能电池，FF 约为 0.3，电池效率低于 0.1%，表面光电压谱分析显示，C_{60} 起到活性层的作用，能够吸收短波长光（$<$700nm）。

C_{60} 的本征电阻太大导致电池效率很低，于是研究者通过掺杂对其进行改性，如 P 为 n 型掺杂[55]，B 为 p 型掺杂[56]，但结果表明掺杂改性对其导电性的改善并不明显。2002 年，Narayanan 等[57]通过激光辐照处理 C_{60} 薄膜，使 C_{60}/Si 异质结太阳能电池效率达到 0.7%。虽然报道的是最高效率，但依然非常低。对激光辐照后的 C_{60} 薄膜进行表征显示，激光辐照可使部分 C_{60} 转变为 a-C；显然，电池效率的提高源于部分 C_{60} 转变为 a-C，而不是 C_{60} 本征的导电性质被优化。

在后续的太阳能电池应用研究中，C_{60} 的作用更多集中在作为有机/无机活性层的添加剂，促进电荷传输[58]。

3. 碳纳米管/Si 异质结太阳能电池

1991 年，Iijima 首次报道了多壁碳纳米管[59]，紧接着单壁碳纳米管也被合成出来（1993 年）[60]。这些碳纳米管可以看作是单层或者多层的石墨层卷曲成管状，闭口端由部分富勒烯构成。

碳纳米管具有非常大的长径比，是典型的一维纳米材料。通过管束间的范德瓦耳斯力相互作用，碳纳米管能够组装成任意的网络、团簇、定向阵列等结构。同时，通过各种不同的制备方法，可以获得从微观到宏观的粉体、纤维、薄膜、三维块体等碳纳米管材料。多壁碳纳米管是典型的金属材料，载流高达 $10^9 A/cm^2$[61]。单壁碳纳米管因手性不同而表现出不同程度的金属和半导体性质，带隙为 0.4～2.0eV[62, 63]。碳纳米管对空气中的 O_2 非常敏感，O_2 分子的吸附会使其产生 p 型掺杂[64]。

1999 年，第一个“碳纳米管/Si 异质结”构建。直接将碳纳米管和 Si 纳米线交接，这种金属-半导体结表现出了整流特性[65]。同时，人们还观察到了碳纳米管/n-Si 异质结在中红外区有光电流响应[66]，说明碳纳米管的功函数和带隙能够与 Si 匹配，从而分离光生载流子。2007 年，Wei 等[67]报道基于碳纳米管/n-Si 异质结的太阳能电池（图 8.16），双壁碳纳米管蛛网结构薄膜沉积在 n-Si 表面，碳纳米管可起到产生和分离光生载流子的作用，电池效率为 1.3%。

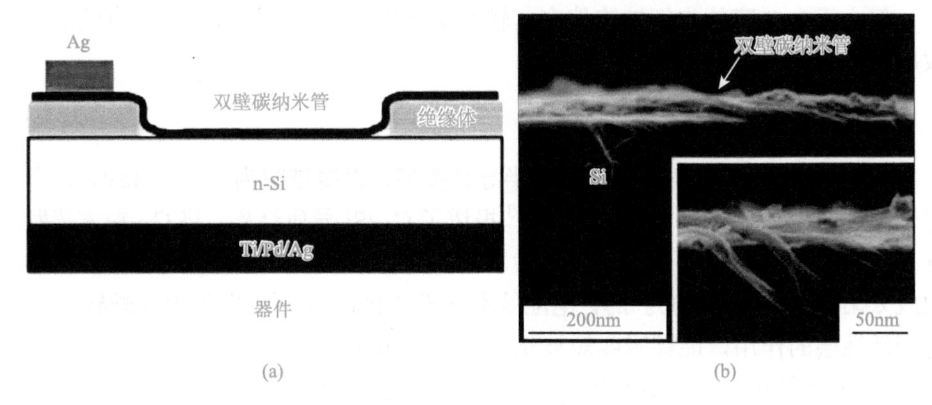

图 8.16 （a）碳纳米管/Si 异质结太阳能电池结构示意图；（b）碳纳米管/Si 界面 SEM 照片（侧面）[67]

通过纯化碳纳米管提高导电性，减薄 Si 的氧化层优化界面等手段，电池效率大幅提高至 7.4%，V_{OC} 为 540mV，J_{SC} 为 $26mA/cm^2$，FF 为 0.53[68]。为了进一步提高碳纳米管/n-Si 异质结太阳能电池的效率，人们应用大量电学和光学方面的优化技术。例如，采用 CVD 法制备纯度较高的单壁碳纳米管[69]或定向排列的碳纳米管薄膜[70]，提高导电性、改善结效应；通过化学掺杂（如酸[71]、聚合物[72]、离子电解质[73]、Au[74]、Ag[75]等）提高碳纳米管导电性；覆盖减反射层（如聚合物 PMMA[69]、金属氧化物 TiO_2[76]等），增加吸光率，提高光电流密度。通过上述优化，截至 2015 年，碳纳米管/n-Si 异质结太阳能电池的效率从 1.3%提高至 17%[77]（图 8.13）。

4. 石墨烯/Si 异质结太阳能电池

石墨烯具有优异的光电性质，石墨烯/Si 异质结太阳能电池的发展很快。2010 年，Li 等[78]首次报道了石墨烯/Si 异质结太阳能电池（图 8.17），石墨烯薄膜与 n-Si 形成的 Schottky 异质结可以有效分离光生电子-空穴对。在此结构中，石墨烯不仅具有透明电极的作用，还可起到分离光生电子-空穴对、传导空穴的作用，电池效率为 1.65%。

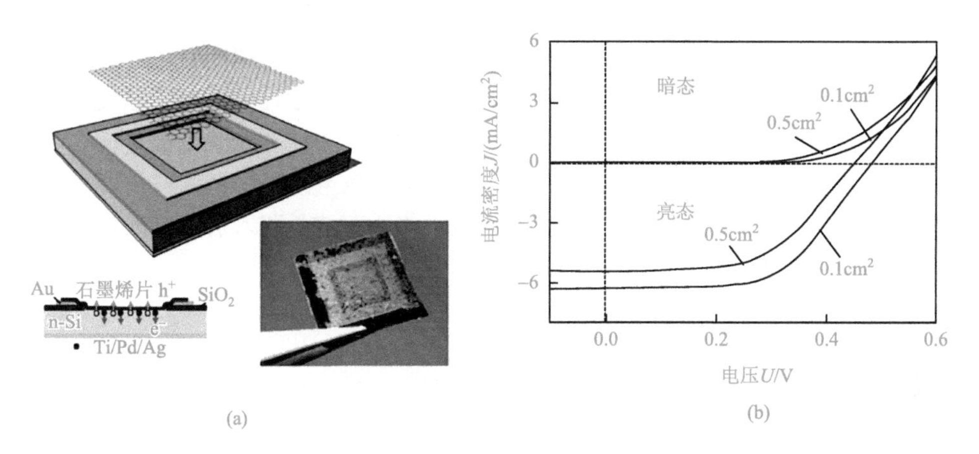

图 8.17　(a) 石墨烯/n-Si 异质结太阳能电池结构示意图及实物照片；(b) 不同面积石墨烯/n-Si 异质结太阳能电池的亮态与暗态 U-J 曲线[78]

石墨烯的功函数、透光率、面电阻等都与其层数相关，可以通过调节层数优化电池性能[79]。与碳纳米管/Si 异质结太阳能电池类似，石墨烯/Si 异质结太阳能电池也可通过化学掺杂、界面钝化、增强吸光等一系列手段提高其能量转换效率。

化学掺杂主要类型如酸[80]、聚合物[81]、Au[82]、Ag[83]、B[84]等，实现对石墨烯的 p 型掺杂，一方面改变石墨烯的功函数，优化石墨烯/Si 异质结；另一方面增加石墨烯导电性，促进电荷传导。

界面钝化方法是在石墨烯与 Si 之间引入一个界面层，增加内建势垒高度，阻止空穴与电子复合，从而增加开路电压，提高电池效率。界面层材料包括有机物如 P3HT[85]、无机物如氧化石墨烯[86]、本征氧化层 SiO_2[87]等。

增强吸光是指设计硅片的陷光结构，如将平面的硅片刻蚀出纳米线[88]、纳米洞[89]等微结构，从而增加入射光在硅表面的光程，达到增强吸光的目的。通过控制最优氧化层 SiO_2 的厚度（1.5nm），同时附加 TiO_2 减反射层，可以将电池效率提高至 15.6%[87]。仅 5 年时间，石墨烯/Si 异质结太阳能电池的效率就由 1.65%提高至 15.6%（图 8.13）。

8.2.4 C/Si 异质结太阳能电池效率提高策略

高效率的太阳能电池具有最少的载流子复合和最大的光吸收率。太阳能电池效率提高方法通常着眼于从电学方面改善“结”质量，促进载流子分离和传导，而从光学方面的改进手段较少。实际上，在 C/Si 异质结太阳能电池结构中，Si 主要吸收长波长的光，C 主要吸收短波长的光，平面硅的可见光反射率通常为 30%～40%。因此，通过对两类材料和“结”的设计增加光吸收，才是提高短路电流密度的主要手段。一方面根据薄膜对不同波长光的反射和折射定律，选取不同厚度的碳基材料，最大限度地减少反射光；另一方面通过引入不同厚度、不同折射率的抗反射层，进一步增加入射光在电池表面和“结”处的光程，最大限度地增加光吸收，如图 8.18（a）所示[47]。理想状态是全波长和全入射角度范围的零反射，目前的研究主要集中于如何实现最小化所有波长和入射角度的反射，与理想状态还存在很大差距，需进行更加深入细致的研究。

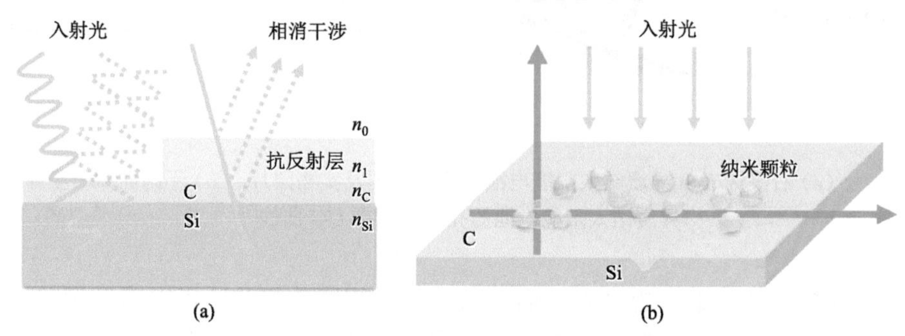

图 8.18 提高 C/Si 异质结太阳能电池效率的光学设计[47]

（a）抗反射层的设计，图中 n_0、n_1、n_c 和 n_{Si} 分别表示空气、抗反射层、C 和 Si 的折射率；（b）局域化表面等离子体的应用

利用局域化表面等离子体是增加 C/Si 异质结太阳能电池光吸收的另一种手段［图 8.18（b）］[47]，这种方法借鉴于硅太阳能电池。通常采用粒子尺寸远小于入射光波长的金属纳米颗粒。这些等离子体的存在能够促进光吸收的原因是，纳米颗粒能够在“结”区域附近形成增强的电场，促进光生载流子的分离，从而提高光生电流；同时，在表面等离子共振作用下，使入射光能够与极化颗粒具有更大的相互作用区域，进而实现更大程度的光吸收。对表面等离子体的优化主要通过调节等离子体的特征尺寸和分布区域，如特定的尺寸能够对特定波长的光具有吸收峰，设计具有多尺度的颗粒，能够实现不同波长光的最大程度吸收[90]。

8.2.5 C/Si 异质结太阳能电池的挑战与展望

尽管在过去的短短几十年内，C/Si 异质结已经从基础到应用研究都获得了快速的发展，但在太阳能电池领域的实际应用方面仍然面临很多挑战。

首先，虽然 C/Si 异质结太阳能电池报道的能量转换效率已经达到 15%～17%，但电池面积都非常小（＜$0.1cm^2$），增大面积后，电池效率会明显下降。例如，Shi 等报道的石墨烯/Si 异质结太阳能电池，当电池面积从 $0.047cm^2$ 增大到 $0.145cm^2$ 后，电池效率就会从 14.5%下降至 10.6%[91]。目前，大面积 C/Si 异质结太阳能电池的最高效率报道为 $0.49cm^2$ 的碳纳米管/Si 异质结太阳能电池，效率约 10%[92]。这是碳(膜)层在面积增大的同时缺陷也随之增多，导致面电阻增加，从而使电池效率降低。显然，在电池面积与最佳效率之间存在一个平衡，为了公平地比较不同报道的电池性能，电池活性区域的面积通常＞$0.1cm^2$。可见，批量制备大面积的电池器件本身就是挑战之一。

其次，在实际应用中，太阳能电池需要在特定环境中能够长时间稳定工作，而 C/Si 异质结太阳能电池暴露在空气中的稳定性却不很理想[93]。虽然碳材料在耐化学腐蚀方面有突出的优势，但其电池器件在不同温度、湿度、辐射等条件下的稳定性还有待进一步探究。

最后，在制造实际应用的电池器件时，成品率是非常关键的指标，能够批量组装质量稳定、一致的器件，才能最终应用到生产建设中。而目前报道的 C/Si 异质结太阳能电池效率均分布在一定范围内[80, 84]，其误差范围还需要控制到更小。

C/Si 异质结太阳能电池的瓶颈在于碳材料的质量，稳定地控制碳材料的晶化程度、尺寸、结构等是亟待解决的问题。硅太阳能电池从 1941 年小于 1%的效率到 2014 年效率达到 25.6%，经历了 73 年的发展。与之相比，C/Si 异质结太阳能电池的历程才刚刚开始，虽然面临种种挑战，商业化之路也难以预测，但坚信随着新技术和结构设计手段的发展，C/Si 异质结太阳能电池会一步步朝着实际应用的方向前进，更轻薄、更廉价、更高效的新一代太阳能电池是可以期待的。

8.3 全碳太阳能电池

随着近年来碳族多维度、多层次材料的新应用及新特性的发现，人们开始尝试利用全碳基材料组装器件，如全碳结构的晶体管[94-96]、全碳纳米异质结[97]、全碳结构光电探测器[98, 99]、全碳太阳能电池[100-102]等。在全碳太阳能电池方面，碳材料的应用研究从透明电极、活性层到全部功能层逐步展开。

Zou 等[103]利用碳纤维和炭墨水作为纤维状染料敏化太阳能电池的光阳极和对电极，构建了全碳电极的染料敏化太阳能电池，获得了 1.9%的能量转换效率。碳材料的柔韧性和生物相容性使得这种纤维状器件可以应用于可编制电子领域。Chen 等[104]利用二维氧化石墨烯和一维 C_{60} 衍生物（PCBM）的混合物作为空穴传输层，一维 SWCNT 作为透明电极，构建了以纳米碳为平台的有机太阳能电池，电池效率为 3.1%。这种通过溶液法制备的碳基 SWCNT/GO 正极是取代传统 ITO/PEDOT：PSS 正极的良好候选，也为发展廉价、柔性光伏器件提供了参考。

构建全碳活性层是实现全碳太阳能电池的关键点。Ren 等[105]采用半导体型碳纳米管和富勒烯衍生物（$PC_{60}BM$ 或 $PC_{70}BM$）混合物作为全碳体异质结活性层，利用传统方法组装太阳能电池，分别得到了 0.17%和 0.42%的效率；进一步采用还原氧化石墨烯作为添加相，可将电池效率优化至 1.3%。Strano 等[106]利用 C_{60} 和（6, 5）手性的半导体型碳纳米管构建了双层膜式全碳活性层，ITO 和 Ag 分别作为正、负电极，电池效率为 0.1%。虽然该电池的效率不高，但发掘了构建“全碳”太阳能电池的可行性。

按照有机太阳能电池的发展思路，体异质结活性层的本征光电转换能力高于双层膜异质结，同时，通过溶液法组装电池具有工艺上的优势。但是，溶液法制备具有光活性的全碳复合物较为困难，因为能够溶解和分散碳纳米材料的溶剂非常有限。例如，C_{60} 只能溶于有限的几种有毒的有机溶剂（甲苯、二硫化碳、1-氯萘等），而在一般的溶剂中则容易集束和团聚。为了开发一种环境友好、无溶剂残留的水溶液处理方法，Huang 等[101]提出了利用具有双亲性质（表面疏水、边缘亲水）的氧化石墨烯水溶液为溶剂，分散 SWCNT 和 C_{60} 混合物的思路，实验表明分散效果很好（图 8.19），成功构建了 C_{60}/SWCNT/rGO 全碳水溶液活性层。

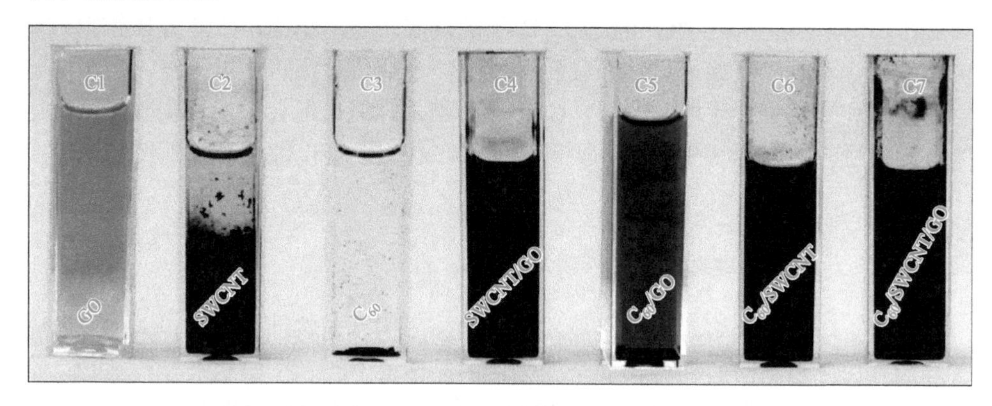

图 8.19 不同碳基纳米材料的水性分散液（超声分散后静置 30min）[101]

C1：1mg/mL GO；C2：1mg/mL SWCNT；C3：0.5mg/mL C_{60}；C4：C2+C1，SWCNT/GO；C5：C3+C1，C_{60}/GO；C6：C3+C2，C_{60}/SWCNT；C7：C3+C2+C1，C_{60}/SWCNT/GO

分别用 ITO 和 Al 作为正、负极，并蒸镀 C_{60} 作为电子传输层，组装的太阳能电池能量转换效率为 0.21%。如果使用具有更好光吸收能力的 C_{70} 代替 C_{60} 作为电子传输层，电池效率能够提高至 0.85%。可见，制备全碳光活性层在实验上已经可行，如果进一步使用碳基材料作为界面层和电极，理论上就可以实现“全碳”太阳能电池器件的组装（图 8.20）[102]。

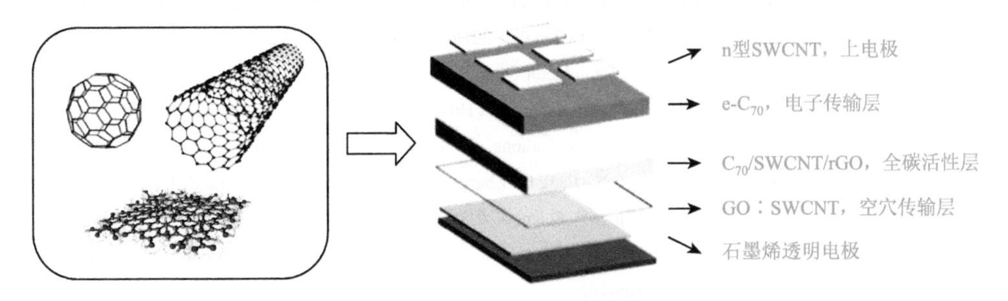

图 8.20　全碳太阳能电池“概念”结构示意图[102]

所有功能层由石墨基碳材料构成

Bao 等[100]尝试构建了真正的全碳双层膜异质结太阳能电池，正极、活性层、负极全部使用碳材料，如图 8.21 所示，以半导体型 SWCNT 为光吸收层和电子施体，C_{60} 为电子受体，溶液法制备的 rGO 为导电正极，n 型掺杂的 SWCNT 为透明导电负极。以 SWCNT/C_{60} 为活性层，采用 ITO 和 Ag 为电极时，电池效率为 0.46%；而采用碳材料为电极的全碳太阳能电池的效率仍然低于 0.1%。分析其缘由主要存在两方面问题：其一为活性层的吸光范围窄，其二为碳基电极的平滑度和导电性差。如果能够在这两方面有进一步的改进，电池的效率还有很大提升空间。

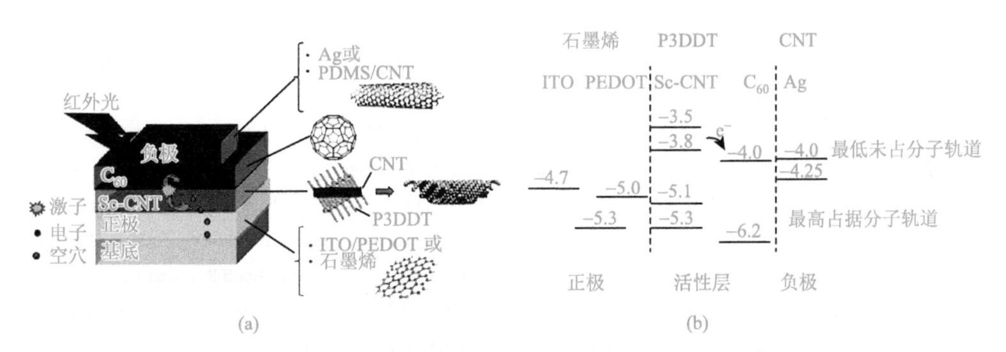

图 8.21　全碳双层膜异质结太阳能电池结构示意图（a）及能带图（b）[100]

研究结果显示了溶液法组装新一代全碳太阳能电池的可能性，在这种电池结构中，所有功能层都由碳材料构成。目前，全碳太阳能电池的研究仅仅处在初始阶段，还面临着大量挑战，但这些研究实现了全碳太阳能电池“概念”器件的构建，展开了一条实现全碳太阳能电池的可行性道路。

参考文献

[1] Zhu Y W，Murali S，Cai W W，Li X S，Suk J W，Potts J R，Ruoff R S. Graphene and graphene oxide：Synthesis，properties，and applications[J]. Advanced Materials，2010，22（35）：3906-3924.

[2] Li X M，Zhu H W. The graphene—semiconductor Schottky junction[J]. Physics Today，2016，69（9）：46-51.

[3] Bolotin K I，Sikes K J，Jiang Z，Klima M，Fudenberg G，Hone J，Kim P，Stormer H L. Ultrahigh electron mobility in suspended graphene[J]. Solid State Communications，2008，146（9-10）：351-355.

[4] Novoselov K S，Geim A K，Morozov S V，Jiang D，Zhang Y，Dubonos S V，Grigorieva I V，Firsov A A. Electric field effect in atomically thin carbon films[J]. Science，2004，306（5696）：666-669.

[5] Castro Neto A H，Peres N M R，Novoselov K S，Geim A K. The electronic properties of graphene[J]. Reviews of Modern Physics，2009，81（1）：109-162.

[6] Li X L，Zhang G Y，Bai X D，Sun X M，Wang X，Wang E，Dai H J. Highly conducting graphene sheets and Langmuir Blodgett films[J]. Nature Nanotech，2008，3（9）：538-542.

[7] Oostinga J B，Heersche H B，Liu X，Morpurgo A F，Vandersypen L M K. Gate-induced insulating state in bilayer graphene devices[J]. Nature Materials，2007，7（2）：151-157.

[8] Geim A K，Novoselov K S. The rise of graphene[J]. Nature Materials，2007，6（3）：183-191.

[9] Nair R R，Blake P，Grigorenko A N，Novoselov K S，Booth T J，Stauber T，Peres N M，Geim A K. Fine structure constant defines visual transparency of graphene[J]. Science，2008，320（5881）：1308.

[10] Bae S，Kim H，Lee Y，Xu X，Park J S，Zheng Y，Balakrishnan J，Lei T，Ri Kim H，Song Y I，Kim Y J，Kim K S，Özyilmaz B，Ahn J H，Hong B H，Iijima S. Roll-to-roll production of 30-inch graphene films for transparent electrodes[J]. Nature Nanotechnology，2010，5（8）：574-578.

[11] Novoselov K S，Fal'ko V I，Colombo L，Gellert P R，Schwab M G，Kim K. A roadmap for graphene[J]. Nature，2012，490（7419）：192-200.

[12] Li X S，Cai W W，An J H，Kim S，Nah J，Yang D X，Piner R，Velamakanni A，Jung I，Tutuc E，Banerjee S K，Colombo L，Ruoff R S. Large-area synthesis of high-quality and uniform graphene films on copper foils[J]. Science，2009，324（5932）：1312-1314.

[13] Reina A，Jia X，Ho J，Nezich D，Son H，Bulovic V，Dresselhaus M S，Kong J. Large area, few-layer graphene films on arbitrary substrates by chemical vapor deposition[J]. Nano Letters，2009，9（1）：30-35.

[14] Kim K S，Zhao Y，Jang H，Lee S Y，Kim J M，Kim K S，Ahn J H，Kim P，Choi J Y，Hong B H. Large-scale pattern growth of graphene films for stretchable transparent electrodes[J]. Nature，2009，457（7230）：706-710.

[15] Li X S，Zhu Y W，Cai W W，Borysiak M，Han B Y，Chen D，Piner R D，Colombo L，Ruoff R S. Transfer of large-area graphene films for high-performance transparent conductive electrodes[J]. Nano Letters，2009，9（12）：4359-4363.

[16] Garg R，Elmas S，Nann T，Andersson M R. Deposition methods of graphene as electrode material for organic solar cells[J]. Advanced Energy Materials，2016：1601393.

[17] Hecht D S，Hu L，Irvin G. Emerging transparent electrodes based on thin films of carbon nanotubes，graphene，and metallic nanostructures[J]. Advanced Materials，2011，23（13）：1482-1513.

[18] Pang S，Hernandez Y，Feng X，Mullen K. Graphene as transparent electrode material for organic electronics[J]. Advanced Materials，2011，23（25）：2779-2795.

[19] Wan X J，Long G K，Huang L，Chen Y S. Graphene-a promising material for organic photovoltaic cells[J]. Advaned Materials，2011，23（45）：5342-5358.

[20] Yin Z Y，Zhu J X，He Q Y，Cao X H，Tan C L，Chen H Y，Yan Q Y，Zhang H. Graphene-based materials for

solar cell applications[J]. Advanced Energy Materials，2014，4（1）：1300574.

[21] Liu Z K，Li J H，Sun Z H，Tai G A，Lau S P，Yan F. The application of highly doped single-layer graphene as the top electrodes of semitransparent organic solar cells[J]. ACS Nano，2012，6（1）：810-818.

[22] Wang Y，Chen X H，Zhong Y L，Zhu F R，Loh K P. Large area，continuous，few-layered graphene as anodes in organic photovoltaic devices[J]. Applied Physics Letters，2009，95（6）：063302.

[23] Gomez De Arco L，Zhang Y，Schlenker C W，Ryu K，Thompson M E，Zhou C. Continuous，highly flexible，and transparent graphene films by chemical vapor deposition for organic photovoltaics[J]. ACS Nano，2010，4（5）：2865-2873.

[24] Yin Z Y，Sun S Y，Salim T，Wu S X，Huang X A，He Q Y，Lam Y M，Zhang H. Organic photovoltaic devices using highly flexible reduced graphene oxide films as transparent electrodes[J]. ACS Nano，2010，4（9）：5263-5268.

[25] An C J，Kim S J，Choi H O，Kim D W，Jang S W，Jin M L，Park J M，Choi J K，Jung H T. Ultraclean transfer of CVD-grown graphene and its application to flexible organic photovoltaic cells[J]. Journal of Materials Chemistry A，2014，2（48）：20474-20480.

[26] Choe M，Lee B H，Jo G，Park J，Park W，Lee S，Hong W K，Seong M J，Kahng Y H，Lee K. Efficient bulk-heterojunction photovoltaic cells with transparent multi-layer graphene electrodes[J]. Organic Electronics，2010，11（11）：1864-1869.

[27] Du J H，Jin H，Zhang Z K，Zhang D D，Jia S，Ma L P，Ren W C，Cheng H M，Burn P L. Efficient organic photovoltaic cells on a single layer graphene transparent conductive electrode using MoO_x as an interfacial layer[J]. Nanoscale，2017，9（1）：251-257.

[28] Liu Z K，Li J H，Yan F. Package-free flexible organic solar cells with graphene top electrodes[J]. Advanced Materials，2013，25（31）：4296-4301.

[29] Park H，Rowehl J A，Kim K K，Bulovic V，Kong J. Doped graphene electrodes for organic solar cells[J]. Nanotechnology，2010，21（50）：505204.

[30] Wang X，Zhi L J，Tsao N，Tomović Ž，Li J L，Müllen K. Transparent carbon films as electrodes in organic solar cells[J]. Angewandte Chemie-International Edition，2008，120（16）：3032-3034.

[31] Wang Y，Tong S W，Xu X F，Ozyilmaz B，Loh K P. Interface engineering of layer-by-layer stacked graphene anodes for high-performance organic solar cells[J]. Advanced Materials，2011，23（13）：1514-1518.

[32] Wu J B，Becerril H A，Bao Z N，Liu Z F，Chen Y S，Peumans P. Organic solar cells with solution-processed graphene transparent electrodes[J]. Applied Physics Letters，2008，92（26）：263302.

[33] Zhang D，Choy W C H，Wang C C D，Li X，Fan L L，Wang K L，Zhu H W. Polymer solar cells with gold nanoclusters decorated multi-layer graphene as transparent electrode[J]. Applied Physics Letters，2011，99（22）：223302.

[34] Park H，Chang S，Zhou X，Kong J，Palacios T，Gradecak S. Flexible graphene electrode-based organic photovoltaics with record-high efficiency[J]. Nano Letters，2014，14（9）：5148-5154.

[35] Kymakis E，Savva K，Stylianakis M M，Fotakis C，Stratakis E. Flexible organic photovoltaic cells with *in situ* nonthermal photoreduction of spin-coated graphene oxide electrodes[J]. Advanced Functional Materials，2013，23（21）：2742-2749.

[36] Park H，Chang S，Jean J，Araujo P T，Wang M，Bawendi M G，Dresselhaus M S，Bulovic V，Kong J，Gradecak S. Graphene cathode-based ZnO nanowire hybrid solar cells[J]. Nano Letters，2013，13（1）：233-239.

[37] Yin Z Y，Wu S X，Zhou X Z，Huang X，Zhang Q C，Boey F，Zhang H. Electrochemical deposition of ZnO nanorods on transparent reduced graphene oxide electrodes for hybrid solar cells[J]. Small，2010，6（2）：307-312.

[38] Li H L，Yu K，Li C，Tang Z，Guo B J，Lei X，Fu H，Zhu Z Q. Charge-transfer induced high efficient hydrogen evolution of MoS_2/graphene cocatalyst[J]. Scientific Reports，2015，5：18730.

[39] Ju M J，Kim J C，Choi H J，Choi I T，Kim S G，Lim K，Ko J，Lee J J，Jeon I Y，Baek J B，Kim H K. N-doped graphene nanoplatelets as superior metal-free counter electrodes for organic dye-sensitized solar cells[J]. ACS Nano，2013，7（6）：5243-5250.

[40] Wang X，Zhi L J，Mullen K. Transparent，conductive graphene electrodes for dye-sensitized solar cells[J]. Nano Letters，2008，8（1）：323-327.

[41] He Z M，Guai G H，Liu J，Guo C X，Loo J S C，Li C M，Tan T T Y. Nanostructure control of graphene-composited TiO_2 by a one-step solvothermal approach for high performance dye-sensitized solar cells[J]. Nanoscale，2011，3（11）：4613-4616.

[42] NRE（National Renewable Energy Laboratory）. Best Research-Cell Efficiencies[R/OL]. 2017. https://www.nrel.gov/pv/assets/images/efficiency-chart.png.

[43] Liu Z K，You P，Liu S H，Yan F. Neutral-color semitransparent organic solar cells with all-graphene electrodes[J]. ACS Nano，2015，9（12）：12026-12034.

[44] Song Y，Chang S，Gradecak S，Kong J. Visibly-transparent organic solar cells on flexible substrates with all-graphene electrodes[J]. Advanced Energy Materials，2016，6（20）：1600847.

[45] You P，Liu Z K，Tai Q D，Liu S H，Yan F. Efficient semitransparent perovskite solar cells with graphene electrodes[J]. Advanced Materials，2015，27（24）：3632-3638.

[46] Yoon J，Sung H，Lee G，Cho W，Ahn N，Jung H S，Choi M. Superflexible，high-efficiency perovskite solar cells utilizing graphene electrodes：Towards future foldable power sources[J]. Energy & Environmental Science，2017，10（1）：337-345.

[47] Li X M，Lv Z，Zhu H W. Carbon/silicon heterojunction solar cells：State of the art and prospects[J]. Advanced Materials，2015，27（42）：6549-6574.

[48] Zhu H W，Wei J Q，Wang K L，Wu D H. Applications of carbon materials in photovoltaic solar cells[J]. Solar Energy Materials & Solar Cells，2009，93（9）：1461-1470.

[49] Ma Z Q，Liu B X. Boron-doped diamond-like amorphous carbon as photovoltaic films in solar cell[J]. Solar Energy Materials & Solar Cells，2001，69（4）：339-344.

[50] Veerasamy V S，Amaratunga G A J，Davis C A，Timbs A E，Milne W I，Mckenzie D R. n-Type doping of highly tetrahedral diamond-like amorphous-carbon[J]. Journal of Physics: Condensed Matter，1993，5（13）：L169-L174.

[51] Bhagavat G K，Nayak K D. Semiconducting amorphous carbon films and carbon-single-crystal silicon heterojunctions[J]. Thin Solid Films，1979，64（1）：57-62.

[52] Yu H A，Kaneko Y，Yoshimura S，Otani S. Photovoltaic cell of carbonaceous film/n-type silicon[J]. Applied Physics Letters，1996，68（4）：547-549.

[53] Chen K M，Jia Y Q，Jin S X，Wu K，Zhang X D，Zhao W B，Li C Y，Gu Z N. The bias-temperature effect in a rectifying Nb/C_{60}/p-Si structure-evidence for mobile negative charges in the solid C_{60} film[J]. Journal of Physics: Condensed Matter，1994，6（27）：L367-L372.

[54] Kita K，Wen C，Ihara M，Yamada K. Photovoltage generation of Si/C_{60} heterojunction[J]. Journal of Applied Physics，1996，79（5）：2798-2800.

[55] Narayanan K L，Yamaguchi M. Phosphorous ion implantation in C_{60} for the photovoltaic applications[J]. Journal of Applied Physics，2001，89（12）：8331-8335.

[56] Narayanan K L，Yamaguchi M. Boron ion-implanted C_{60} heterojunction photovoltaic devices[J]. Applied Physics

Letters，1999，75（14）：2106-2107.

[57] Narayanan K L，Yamaguchi M，Azuma H. Excimer-laser-irradiation-induced effects in C_{60} films for photovoltaic applications[J]. Applied Physics Letters，2002，80（7）：1285-1287.

[58] Kim T，Kim H，Park J，Kim H，Yoon Y，Kim S M，Shin C，Jung H，Kim I，Jeong D S，Kim H，Kim J Y，Kim B，Ko M J，Son H J，Kim C，Yi J，Han S，Lee D K. Triple-junction hybrid tandem solar cells with amorphous silicon and polymer-fullerene blends[J]. Scientific Reports，2014，4：7154.

[59] Iijima S. Helical microtubules of graphitic carbon[J]. Nature，1991，354（6348）：56-58.

[60] Iijima S，Ichihashi T. Single-shell carbon nanotubes of 1 nm diameter[J]. Nature，1993，363（6430）：603-605.

[61] Wei B Q，Vajtai R，Ajayan P M. Reliability and current carrying capacity of carbon nanotubes[J]. Applied Physics Letters，2001，79（8）：1172-1174.

[62] Hamada N，Sawada S，Oshiyama A. New one-dimensional conductors：Graphitic microtubules[J]. Physical Review Letters，1992，68（10）：1579-1581.

[63] Wilder J W G，Venema L C，Rinzler A G，Smalley R E，Dekker C. Electronic structure of atomically resolved carbon nanotubes[J]. Nature，1998，391（6662）：59-62.

[64] Collins P G，Bradley K，Ishigami M，Zettl A. Extreme oxygen sensitivity of electronic properties of carbon nanotubes[J]. Science，2000，287（5459）：1801-1804.

[65] Hu J T，Ouyang M，Yang P D，Lieber C M. Controlled growth and electrical properties of heterojunctions of carbon nanotubes and silicon nanowires[J]. Nature，1999，399（6731）：48-51.

[66] Tzolov M B，Kuo T F，Straus D A，Yin A J，Xu J. Carbon nanotube-silicon heterojunction arrays and infrared photocurrent responses[J]. Journal of Physical Chemistry C，2007，111（15）：5800-5804.

[67] Wei J Q，Jia Y，Shu Q K，Gu Z Y，Wang K L，Zhuang D M，Zhang G，Wang Z C，Luo J B，Cao A Y，Wu D H. Double-walled carbon nanotube solar cells[J]. Nano Letters，2007，7（8）：2317-2321.

[68] Jia Y，Wei J Q，Wang K L，Cao A Y，Shu Q K，Gui X C，Zhu Y Q，Zhuang D M，Zhang G，Ma B B，Wang L D，Liu W J，Wang Z C，Luo J B，Wu D H. Nanotube-silicon heterojunction solar cells[J]. Advanced Materials，2008，20（23）：4594-4598.

[69] Li R，Di J T，Yong Z Z，Sun B Q，Li Q W. Polymethylmethacrylate coating on aligned carbon nanotube-silicon solar cells for performance improvement[J]. Journal of Materials Chemistry A，2014，2（12）：4140-4143.

[70] Di J T，Yong Z Z，Zheng X H，Sun B Q，Li Q W. Aligned carbon nanotubes for high-efficiency Schottky solar cells[J]. Small，2013，9（8）：1367-1372.

[71] Jia Y，Cao A Y，Bai X，Li Z，Zhang L H，Guo N，Wei J Q，Wang K L，Zhu H W，Wu D H，Ajayan P M. Achieving high efficiency silicon-carbon nanotube heterojunction solar cells by acid doping[J]. Nano Letters，2011，11（5）：1901-1905.

[72] Li X K，Guard L M，Jiang J，Sakimoto K，Huang J S，Wu J G，Li J Y，Yu L Q，Pokhrel R，Brudvig G W，Ismail-Beigi S，Hazari N，Taylor A D. Controlled doping of carbon nanotubes with metallocenes for application in hybrid carbon nanotube/Si solar cells[J]. Nano Letters，2014，14（6）：3388-3394.

[73] Wadhwa P，Seol G，Petterson M K，Guo J，Rinzler A G. Electrolyte-induced inversion layer Schottky junction solar cells[J]. Nano Letters，2011，11（6）：2419-2423.

[74] Jung Y，Li X K，Rajan N K，Taylor A D，Reed M A. Record high efficiency single-walled carbon nanotube/silicon p-n junction solar cells[J]. Nano Letters，2013，13（1）：95-99.

[75] Li X K，Huang J S，Nejati S，McMillon L，Huang S，Osuji C O，Hazari N，Taylor A D. Role of HF in oxygen removal from carbon nanotubes：Implications for high performance carbon electronics[J]. Nano Letters，2014，14（11）：6179-6184.

[76] Shi E Z，Zhang L H，Li Z，Li P X，Shang Y Y，Jia Y，Wei J Q，Wang K L，Zhu H W，Wu D H，Zhang S，Cao A Y. TiO_2-coated carbon nanotube-silicon solar cells with efficiency of 15%[J]. Scientific Reports，2012，2：884.

[77] Wang F J，Kozawa D，Miyauchi Y，Hiraoka K，Mouri S，Ohno Y，Matsuda K. Considerably improved photovoltaic performance of carbon nanotube-based solar cells using metal oxide layers[J]. Nature Communications，2015，6：6305.

[78] Li X M，Zhu H W，Wang K L，Cao A Y，Wei J Q，Li C Y，Jia Y，Li Z，Li X，Wu D H. Graphene-on-silicon Schottky junction solar cells[J]. Advanced Materials，2010，22（25）：2743-2748.

[79] Lin Y X，Li X M，Xie D，Feng T T，Chen Y，Song R，Tian H，Ren T L，Zhong M L，Wang K L，Zhu H W. Graphene/semiconductor heterojunction solar cells with modulated antireflection and graphene work function[J]. Energy & Environmental Science，2013，6（1）：108-115.

[80] Li X M，Xie D，Park H，Zeng T H，Wang K L，Wei J Q，Zhong M L，Wu D H，Kong J，Zhu H W. Anomalous behaviors of graphene transparent conductors in graphene-silicon heterojunction solar cells[J]. Advanced Energy Materials，2013，3（8）：1029-1034.

[81] Miao X C，Tongay S，Petterson M K，Berke K，Rinzler A G，Appleton B R，Hebard A F. High efficiency graphene solar cells by chemical doping[J]. Nano Letters，2012，12（6）：2745-2750.

[82] Ho P H，Liou Y T，Chuang C H，Lin S W，Tseng C Y，Wang D Y，Chen C C，Hung W Y，Wen C Y，Chen C W. Self-crack-filled graphene films by metallic nanoparticles for high-performance graphene heterojunction solar cells[J]. Advanced Materials，2015，27（10）：1724-1729.

[83] Ayhan M E，Kalita G，Kondo M，Tanemura M. Photoresponsivity of silver nanoparticles decorated graphene-silicon Schottky junction[J]. RSC Advances，2014，4（51）：26866.

[84] Li X，Fan L L，Li Z，Wang K L，Zhong M L，Wei J Q，Wu D H，Zhu H W. Boron doping of graphene for graphene-silicon p-n junction solar cells[J]. Advanced Energy Materials，2012，2（4）：425-429.

[85] Xie C，Zhang X Z，Wu Y M，Zhang X J，Zhang X W，Wang Y，Zhang W J，Gao P，Han Y Y，Jie J S. Surface passivation and band engineering：A way toward high efficiency graphene-planar Si solar cells[J]. Journal of Materials Chemistry A，2013，1（30）：8567.

[86] Jiao K J，Wang X L，Wang Y，Chen Y F. Graphene oxide as an effective interfacial layer for enhanced graphene/silicon solar cell performance[J]. Journal of Materials Chemistry C，2014，2（37）：7715-7721.

[87] Song Y，Li X M，Mackin C，Zhang X，Fang W J，Palacios T，Zhu H W，Kong J. Role of interfacial oxide in high-efficiency graphene-silicon Schottky barrier solar cells[J]. Nano Letters，2015，15（3）：2104-2110.

[88] Fan G F，Zhu H W，Wang K L，Wei J Q，Li X M，Shu Q K，Guo N，Wu D H. Graphene/silicon nanowire Schottky junction for enhanced light harvesting[J]. ACS Applied Materials & Interfaces，2011，3（3）：721-725.

[89] Xie C，Zhang X J，Ruan K Q，Shao Z B，Dhaliwal S S，Wang L，Zhang Q，Zhang X W，Jie J S. High-efficiency, air stable graphene/Si micro-hole array Schottky junction solar cells[J]. Journal of Materials Chemistry A，2013，1（48）：15348-15354.

[90] Mayer K M，Hafner J H. Localized surface plasmon resonance sensors[J]. Chemical Reviews，2011，111（6）：3828-3857.

[91] Shi E Z，Li H B，Yang L，Zhang L H，Li Z，Li P X，Shang Y Y，Wu S T，Li X M，Wei J Q，Wang K L，Zhu H W，Wu D H，Fang Y Y，Cao A Y. Colloidal antireflection coating improves graphene-silicon solar cells[J]. Nano Letters，2013，13（4）：1776-1781.

[92] Xu W J，Wu S T，Li X M，Zou M C，Yang L S，Zhang Z L，Wei J Q，Hu S，Li Y H，Cao A Y. High-efficiency large-area carbon nanotube-silicon solar cells[J]. Advanced Energy Materials，2016，6（12）：1600095.

[93] Cui T X，Lv R T，Huang Z H，Chen S X，Zhang Z X，Gan X，Jia Y，Li X M，Wang K L，Wu D H，Kang F Y.

Enhanced efficiency of graphene/silicon heterojunction solar cells by molecular doping[J]. Journal of Materials Chemistry A，2013，1（18）：5736-5740.

[94] Aikawa S，Einarsson E，Thurakitseree T，Chiashi S，Nishikawa E，Maruyama S. Deformable transparent all-carbon-nanotube transistors[J]. Applied Physics Letters，2012，100（6）：063502.

[95] Li B，Cao X H，Ong H G，Cheah J W，Zhou X Z，Yin Z Y，Li H，Wang J L，Boey F，Huang W，Zhang H. All-carbon electronic devices fabricated by directly grown single-walled carbon nanotubes on reduced graphene oxide electrodes[J]. Advanced Materials，2010，22（28）：3058-3061.

[96] Pei T，Xu H T，Zhang Z Y，Wang Z X，Liu Y，Li Y，Wang S，Peng L M. Electronic transport in single-walled carbon nanotube/graphene junction[J]. Applied Physics Letters，2011，99（11）：113102.

[97] Bindl D J，Ferguson A J，Wu M Y，Kopidakis N，Blackburn J L，Arnold M S. Free carrier generation and recombination in polymer-wrapped semiconducting carbon nanotube films and heterojunctions[J]. Journal of Physical Chemistry Letters，2013，4（21）：3550-3559.

[98] Lu R T，Christianson C，Weintrub B，Wu J Z. High photoresponse in hybrid graphene-carbon nanotube infrared detectors[J]. ACS Applied Materials & Interfaces，2013，5（22）：11703-11707.

[99] Xie Y，Gong M G，Shastry T A，Lohrman J，Hersam M C，Ren S Q. Broad-spectral-response nanocarbon bulk-heterojunction excitonic photodetectors[J]. Advanced Materials，2013，25（25）：3433-3437.

[100] Ramuz M P，Vosgueritchian M，Wei P，Wang C G，Gao Y L，Wu Y P，Chen Y S，Bao Z N. Evaluation of solution-processable carbon-based electrodes for all-carbon solar cells[J]. ACS Nano，2012，6（11）：10384-10395.

[101] Tung V C，Huang J H，Tevis I，Kim F，Kim J，Chu C W，Stupp S I，Huang J X. Surfactant-free water-processable photoconductive all-carbon composite[J]. Journal of the American Chemical Society，2011，133（13）：4940-4947.

[102] Tung V C，Huang J H，Kim J，Smith A J，Chu C W，Huang J X. Towards solution processed all-carbon solar cells：A perspective[J]. Energy & Environmental Science，2012，5（7）：7810.

[103] Cai X，Hou S C，Wu H W，Lv Z B，Fu Y P，Wang D，Zhang C，Kafafy H，Chu Z Z，Zou D C. All-carbon electrode-based fiber-shaped dye-sensitized solar cells[J]. Physical Chemistry Chemical Physics，2012，14（1）：125-130.

[104] Tu K H，Li S S，Li W C，Wang D Y，Yang J R，Chen C W. Solution processable nanocarbon platform for polymer solar cells[J]. Energy & Environmental Science，2011，4（9）：3521.

[105] Bernardi M，Lohrman J，Kumar P V，Kirkeminde A，Ferralis N，Grossman J C，Ren S Q. Nanocarbon-based photovoltaics[J]. ACS Nano，2012，6（10）：8896-8903.

[106] Jain R M，Howden R，Tvrdy K，Shimizu S，Hilmer A J，McNicholas T P，Gleason K K，Strano M S. Polymer-free near-infrared photovoltaics with single chirality（6，5）semiconducting carbon nanotube active layers[J]. Advanced Materials，2012，24（32）：4436-4439.

第9章

其他新型储能电池

9.1 金属锂

金属锂作为化学电源材料很早就受到广泛关注。早在20世纪60年代，人们就开始了以金属锂作为电池负极的基础研究。金属锂作为负极材料具有体积能量密度和质量能量密度高，电极电势低的优势，在已知的负极材料中，金属锂的理论比容量（3860mA·h/g和2061mA·h/cm^3）最高，电极电势［–3.045V（*vs.*标准氢电极）］最低。但是，在充放电循环中的安全性问题、循环性能差的问题难以解决。所以，锂一次电池率先研发成功。1971年，日本松下电器率先推出了锂氟化碳电池；随后，锂碘电池、锂二氧化硫电池、锂亚硫酰氯电池、锂氧化铜电池、锂二氧化锰电池、锂硫化亚铁电池等相继推出，其中部分应用于心脏起搏器、照相机、无绳电动工具等小型电器设备中[1]。与此同时，锂二次电池（锂电池）的研究也进入热潮，一些未成熟的锂电池产品进入市场，其容量衰减快、容易起火爆炸等问题暴露出来。逐渐深入的研究工作揭示了金属锂负极上锂枝晶生长带来的循环寿命问题和安全性问题，但一直没有找到合适的解决方案。直到1990年，索尼公司推出以碳材料为负极的锂离子电池，虽然锂离子电池较锂电池能量密度低，但是循环寿命长、安全性好，使其成功商业化并占据了二次电池主要市场。从此，研究者把更多的热情投入到锂离子电池的研究中，而对锂电池的研究陷入低谷。

近年来，人们对于高能量密度二次电池的需求，尤其是以电动汽车为首的动力电池对高能量密度的需要，让研究者把注意力重新放到了金属锂负极上。与此同时，需要负极提供锂源的锂-氧气电池、锂-硫电池也得到了广泛研究。

9.1.1 金属锂负极

金属锂本身可以提供锂源，又具有能量密度高、电极电势低的优势，是锂-氧气电池、锂-硫电池的负极最佳候选；加之固态电解质飞跃式的发展，离子电导率接近甚至超过锂离子电池常用的液态电解液，这些均为锂电池的实现提供了新的可能性，以致对金属锂负极的研究重新进入了如火如荼的阶段。

金属锂作为负极的电极反应比较简单：

$$Li \xrightarrow{放电} Li^{+} + e^{-}$$

$$Li^{+} + e^{-} \xrightarrow{充电} Li$$

但在电池中实际使用时遇到的问题却尤为复杂。其一，金属锂电极电势低，具有很强的还原性，几乎所有可用的液态有机电解液都会在金属锂表面被还原（包括接触时自发的化学反应和电池运行中的电化学反应），生成不溶于电解液的还原产物沉积在锂表面，形成固态电解质界面（SEI）膜。SEI膜具有电子绝缘离子导通的特性，可以阻止电解液持续地得电子被还原分解；同时锂离子可以穿过SEI膜在其与金属锂界面得失电子，让金属锂作为负极持续工作。由于形成SEI膜的过程会消耗金属锂与电解液，因此形成一个稳定的SEI膜是锂电池具有高库仑效率和长循环寿命的基础。其二，锂电池充电时，锂离子的不均匀沉积往往会导致锂枝晶的形成。在锂负极表面不均匀和SEI膜破裂的情况下，锂离子通常优先在SEI膜破裂处沉积形成针状锂，而针状锂的形成会引发锂离子继续在针尖处和结点处沉积，造成大量苔藓状锂枝晶的形成。放电时，锂枝晶在结点处溶解脱落或折断，断开与金属锂基体的电接触，形成“死锂”。“死锂”的形成减少了金属锂的活性物质量，可使电池库仑效率降低。同时，大量“死锂”的堆积会阻碍电解液与活性金属锂的接触，减小实际交换电流面积，导致负极过电势升高，电池极化增大。还有，锂电池循环过程中形成的锂枝晶和“死锂”会消耗大量的活性物质和电解液，造成容量不断衰减。另外，“死锂”的不断堆积也会促使锂枝晶刺破隔膜形成短路，引起电池起火或爆炸。显然，抑制锂枝晶的生长是解决锂电池安全性问题、循环寿命问题的关键。

近几十年来，人们做了大量的工作对金属锂负极进行改性，主要的思路有两条：①改善SEI性能，提高电解液和金属锂的界面稳定性，从而抑制锂枝晶的产生；一个好的SEI膜应具有强电子绝缘性、高离子通过性、完整且机械性能好。②优化锂电极结构，抑制锂电极充放电时的体积变化、抑制锂枝晶产生。

9.1.2 金属锂负极改性

金属锂负极改性主要的技术方案包括：电解液调控、金属锂电极表面改性及其结构优化。

1. 电解液调控

电解液在电池中承担着运输离子的功能，同时与正极材料和负极材料接触。至今人们所研究的非水有机系溶剂的LUMO都低于金属锂电极的费米能级，在电解液与金属锂接触、锂电池充电时均会在金属锂负极表面形成SEI膜，而电解液的成分（溶剂、盐、添加剂）决定了SEI膜的性能。

在锂离子电池中，碳酸丙烯酯（PC）、碳酸乙烯酯（EC）、氟代碳酸乙烯酯（FEC）、碳酸二甲酯（DMC）、碳酸二乙酯（DEC）等多种碳酸酯类溶剂成功得到应用。与醚类电解液相比，碳酸酯类电解液与金属锂的反应更强烈，在金属锂表面的还原产物含有Li_2CO_3，是SEI膜中良好的钝化剂，也为锂电池研究的重点；而醚类电解液，由于与金属锂反应活性较低，可表现出更高的库仑效率，近年来在金属锂保护工作中也引起越来越多的关注。

在SEI膜中的LiF组分对金属锂具有良好的保护作用，其锂离子导电性高、电子绝缘性好、力学性能高。以此为例，下面主要探讨锂电池电解液的溶剂、盐、添加剂对金属锂负极改性的作用。

Markevich等[2]研究了FEC+DMC溶剂相对于EC+DMC溶剂对金属锂负极的电化学性能的影响，发现使用浓度为1mol/L的$LiPF_6$/FEC+DMC电解液可以使Li | Li对称电池相对于浓度为1mol/L的$LiPF_6$/EC+DMC电解液的循环寿命大大提高，在电流密度$2mA/cm^2$，容量$3.3mA·h/cm^2$的测试条件下，EC+DMC溶剂的对称电池循环只有200圈，而使用FEC+DMC溶剂的对称电池循环可以达到1100圈，如图9.1所示。

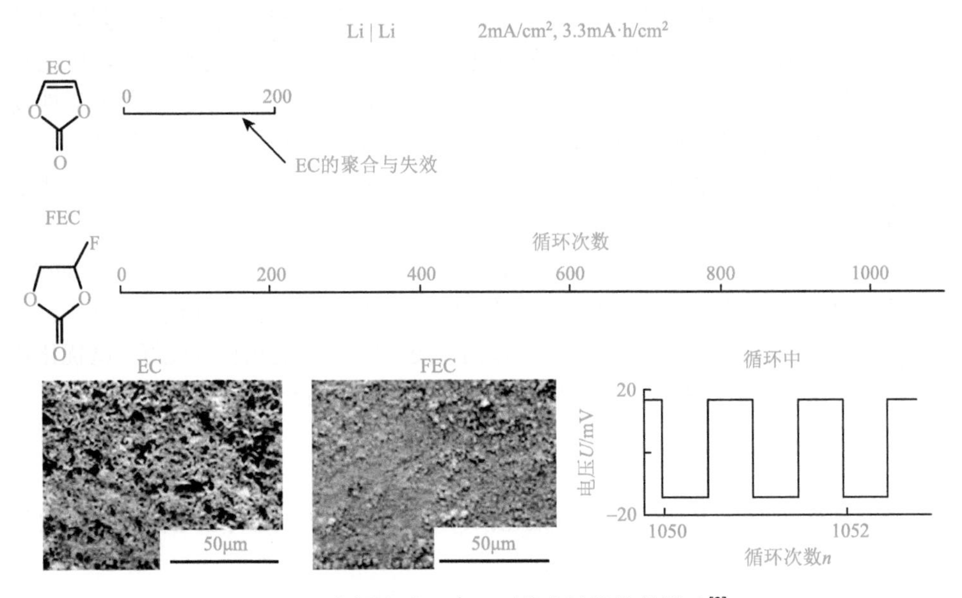

图9.1 电解液对Li | Li对称电池性能的影响[2]

Qian等[3]研究了不同浓度LiFSI［双（氟磺酰亚胺）锂］/DME乙二醇二甲醚电解液相对于$LiPF_6$/PC电解液对金属锂负极性能的改善作用。在LiFSI/DME电解液浓度为4mol/L时，采用$10mA/cm^2$的大电流密度，Li | Li对称电池可以

循环6000圈，且没有锂枝晶的产生；Li | Cu电池以98.4%的高库仑效率可以循环1000圈。与$LiPF_6$/PC电解液相比，金属锂负极的性能得到了极大的提升。之后他们又详细研究了不同浓度LiFSI/DME电解液对锂负极SEI膜形成的影响，发现：与低浓度的LiFSI/DME电解液相比，在高浓度的LiFSI/DME电解液中，锂负极形成的SEI膜中含有更多的LiF，SEI膜的性能更好[4]。最近，Suo等[5]同时采用提供F元素的LiFSI盐和FEC溶剂，配制出7mol/L的LiFSI/FEC超浓电解液，可极大抑制锂枝晶的产生。

FEC作为添加剂使用，最初在锂离子电池及硅负极保护中受到关注，后来用于锂电池中同样取得了好的效果。Zhang等[6]在1mol/L的$LiPF_6$/EC+DEC电解液中加入5%（体积分数）的FEC，使得金属锂表面的枝晶生长得到抑制［图9.2（f）］，Li | Cu电池性能提升［图9.2（a）～（d）］。在0.10mA/cm^2的电流密度下，加入5% FEC的Li | Cu电池相对于未添加的电池，库仑效率从92%提高到了98%［图9.2（a）］；升高电流密度到0.50mA/cm^2，加入FEC可使库仑效率从88%提高到95%［图9.2（b）］。

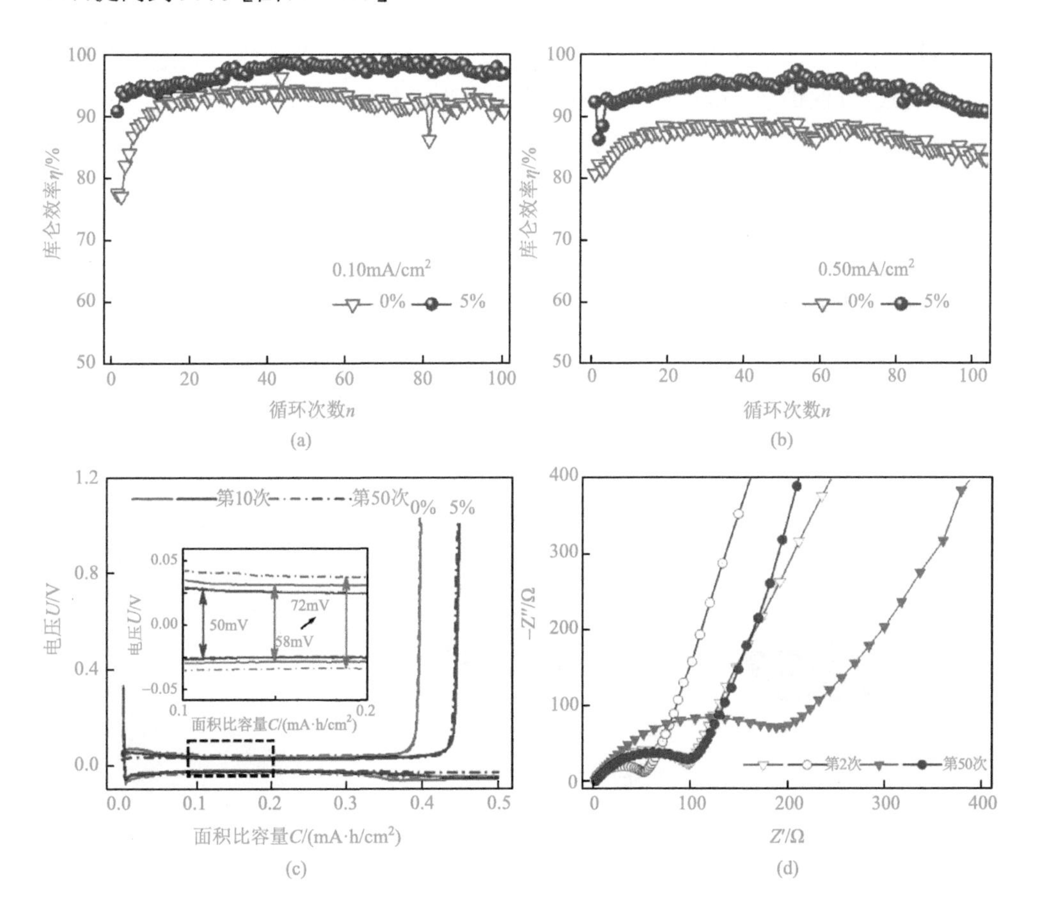

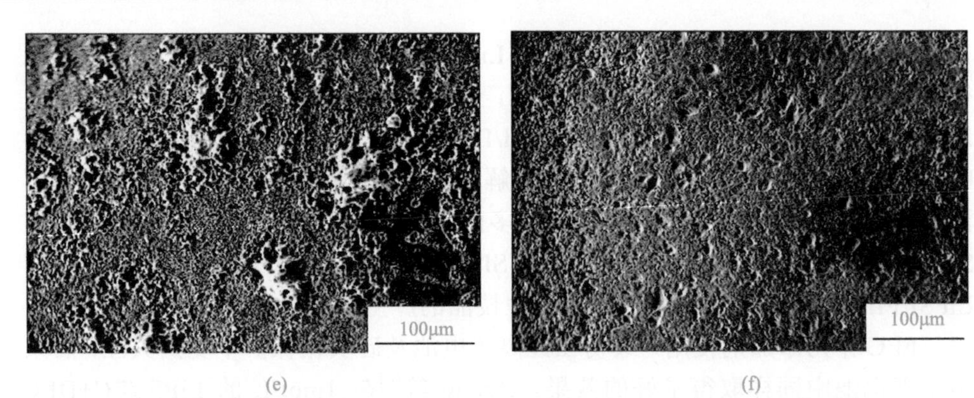

图 9.2 电解液中添加 FEC 前后 Li | Cu 电池的电化学性能与 SEM 图[6]

（a）、（b）在电流密度分别为 $0.10mA/cm^2$ 和 $0.50mA/cm^2$ 下的库仑效率；（c）充放电曲线；（d）阻抗曲线；（e）添加 FEC 前循环 50 圈后锂在铜箔上的沉积形态；（f）添加 5%FEC 前循环 50 圈后锂在铜箔上的沉积形态

2. 金属锂电极表面改性

为了解决锂枝晶带来的安全性、循环稳定性和循环寿命等问题，人们除了调控在电池中自发形成的 SEI 膜，还尝试着对金属锂表面进行改性，人造一个稳定的 SEI 膜或者保护层，得到一个无枝晶产生、循环寿命长的金属锂负极。人造 SEI 膜（或保护层）的主要技术方案可以分为电化学方法、化学方法和物理方法。

1）电化学方法

Cheng 等[7]使用电化学方法制备了金属锂的人造 SEI 膜。他们用一种三盐电解液——[LiTFSI（双三氟甲烷磺酰亚胺锂，1mol/L）+$LiNO_3$（质量分数 5%）+Li_2S_5（0.02mol/L）]/[DOL（二氧戊烷）+DME]，在金属锂电极上预先沉积，得到一层致密稳定的 SEI 膜，然后把金属锂电极取出作为 Li-S 电池、Li-NCM（$LiNi_{0.5}Co_{0.2}Mn_{0.3}O_2$）电池的负极，取得了良好的效果，锂枝晶得到了明显的抑制，如图 9.3 所示。

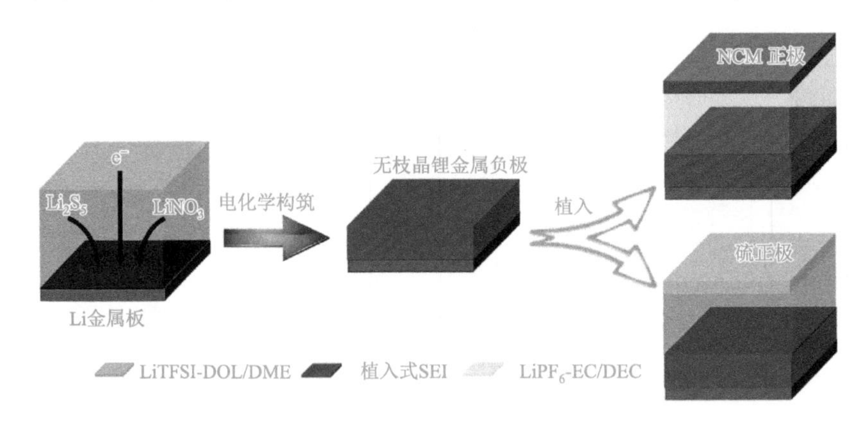

图 9.3 电化学方法制备人造 SEI 膜[7]

2）化学方法

Tu 等[8]使用化学方法，在金属锂表面制备了一层 Li-Sn 合金保护层（图 9.4）。他们使用一个非常简单的离子置换反应，将 10mmol/L 的三氟甲烷磺酰亚胺锡（SnTFSI）/EC+DMC 滴在金属锂表面，Sn^{2+}与金属锂发生置换反应，在金属锂表面形成 Sn 的保护层，而后将其作为电极用于对称电池和全电池。研究表明：形成的 Li-Sn 合金保护层具有高锂离子传导率、良好的机械性能，反应活性较金属锂低得多，可以有效地抑制锂枝晶的产生，使金属锂负极长时间稳定循环。未经 SnTFSI 化学改性处理的金属锂对称电池循环 55h 就会出现短路现象，而经 SnTFSI 化学改性处理的金属锂对称电池循环超过 500h 仍未发生短路。

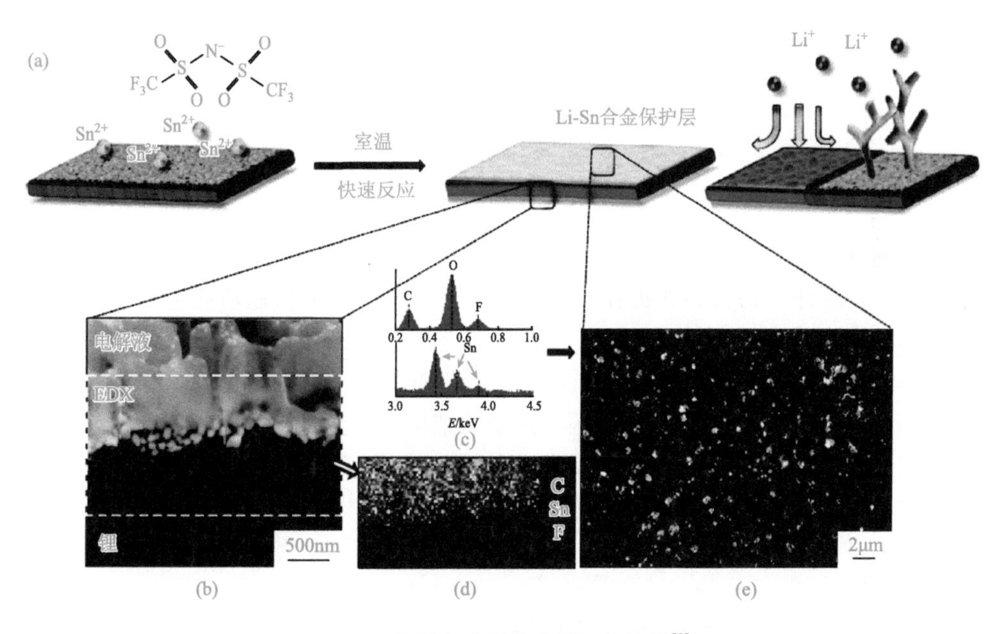

图 9.4　化学方法制备金属锂保护层[8]

（a）金属锂表面 Sn 保护层（Li-Sn 合金）的形成；（b）Li-Sn 合金保护层的横截面，虚线框内区域为能量色散 X 射线分析（EDX）表征部位；（c）Li-Sn 合金保护层的 EDX 图谱；（d）EDX 元素映像（F 为红色，Sn 为黄色，C 为蓝色）；（e）Li-Sn 合金保护层的表面形态

3）物理方法

Al_2O_3 和碳材料是采用物理方法在金属锂表面制备保护层的两种常用材料。Kazyak 等[9]使用原子层沉积（ALD）的技术，在金属锂表面制备了约 2nm 的 Al_2O_3 保护层，抑制了锂枝晶的产生，降低了电解液和电极的反应活性，极大地提高了金属锂负极的循环寿命。Al_2O_3 保护层使金属锂对称电池失效圈数从 700 圈提高到了 1200 多圈。

Zheng 等[10]在铜箔上制备了一层相互连接的非晶态空心炭纳米球结构的人造 SEI 膜（图 9.5）。

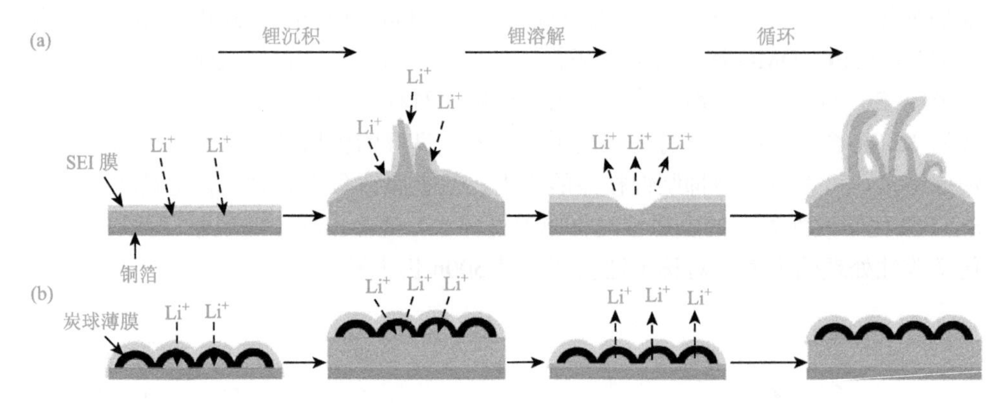

图 9.5 物理方法制备空心炭纳米球结构的 SEI 膜[10]

（a）在沉积锂（蓝色）表面形成 SEI 膜（黄色）；（b）用空心炭纳米球层（黑色）修饰 Cu 基底（橙色）形成稳定的支架式 SEI 膜

如图 9.5 所示，锂在沉积过程中的体积变化很容易破坏 SEI 层，特别是在高电流率下，这种行为会导致锂枝晶的分枝生长和电解质的快速消耗［图 9.5（a）］。而采用空心炭纳米球层修饰 Cu 基底形成的支架式 SEI 膜，可使锂在沉积过程产生的体积变化由柔性空心炭球涂层容纳；当锂在铜箔上沉积时，锂离子穿过碳层在铜箔上得电子，碳层本身也可保持完整的结构处于金属锂和电解液之间，抑制了锂枝晶穿过 SEI 膜与电解液的反应。在 Li | Cu 电池中，以 0.25mA/cm^2 的电流密度循环 150 次后，库仑效率依然保持在 99.5%以上[10]。

3. 改变金属锂电极结构

锂枝晶的生长与电极面电流密度相关，在面电流密度小的情况下，锂沉积面更加平整，在一定程度上抑制了枝晶的产生。因此，人们发展出了各种微纳结构的 3D 集流体，以增大实际交换电流面积、降低实际交换电流密度。其中，各种 3D 泡沫铜集流体和多孔炭材料被广泛应用于 3D 集流体的研究。Yang 等[11]制备了微纳结构的 3D 铜集流体（图 9.6），减小了实际交换电流密度，使得锂枝晶生长得到抑制，对称电池循环超过 600h 仍没有发生短路，而且电极的过电势相对于平面电极也有所降低。

近几十年来，研究者对锂枝晶形核生长、SEI 构成的理论研究和对金属锂电极的改性付出了大量的努力，得到了一些关于金属锂电极的深入认识，提出了数十个模型解释不同条件下锂枝晶的形核生长模式，SEI 膜的成分和结构组成方式。在这些理论的基础上，许多改性工作取得了卓有成效的进步，在一些条件下，

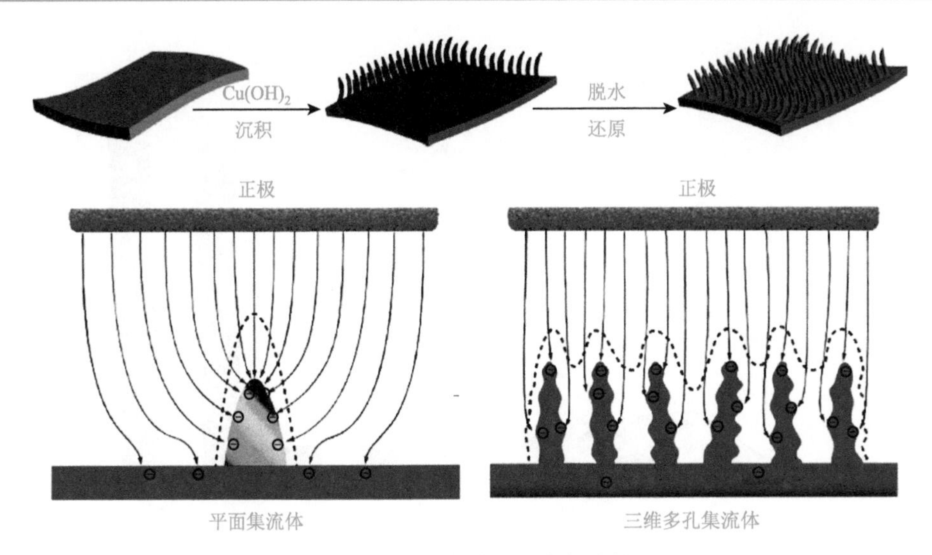

图 9.6 3D 铜集流体锂电极改性

金属锂电极可以无枝晶长循环地工作。但是，一个行之有效、经济适用、适合大规模应用的金属锂电极技术方案仍然没有出炉，在金属锂负极上仍然有大量工作要做。

9.2 碳基材料在锂-空气电池中的应用

9.2.1 锂-空气电池

锂-空气电池是一种用锂作负极，以空气中的氧气作为正极反应物的电池，比锂离子电池具有更高的能量密度。

锂-空气电池最大的特点是其极高的理论能量密度，它是一种能和传统汽油为燃料的内燃机能量相媲美的电池能源。锂-空气电池中的反应物源于空气中氧气，解决了电极中对反应原料的储存问题。鉴于现阶段研究中通常使用高纯氧气替代空气作为正极反应气，因此人们通常也称之为锂-氧气（$Li-O_2$）电池。近年来，锂-空气电池作为一种有可能在未来电动汽车中使用的能量储存与转化电化学体系，成为世界范围内的研究热点之一。

图 9.7 展示了各类可充电电池及汽油的质量能量密度[12]，可以看到：锂-空气电池的理论质量能量密度为 11680W·h/kg，接近于汽油的理论质量能量密度（13000W·h/kg）；而锂-空气电池的实际能量密度却远小于理论值。

锂-空气电池的实际能量密度很大程度上取决于正极材料的结构特点及电池电解质的稳定性。在非水系锂-空气电池中，储存于多孔正极中不溶于有机电解质的放电产物过氧化锂（Li_2O_2）的质量直接决定了电池的实际能量密度。而在基于水

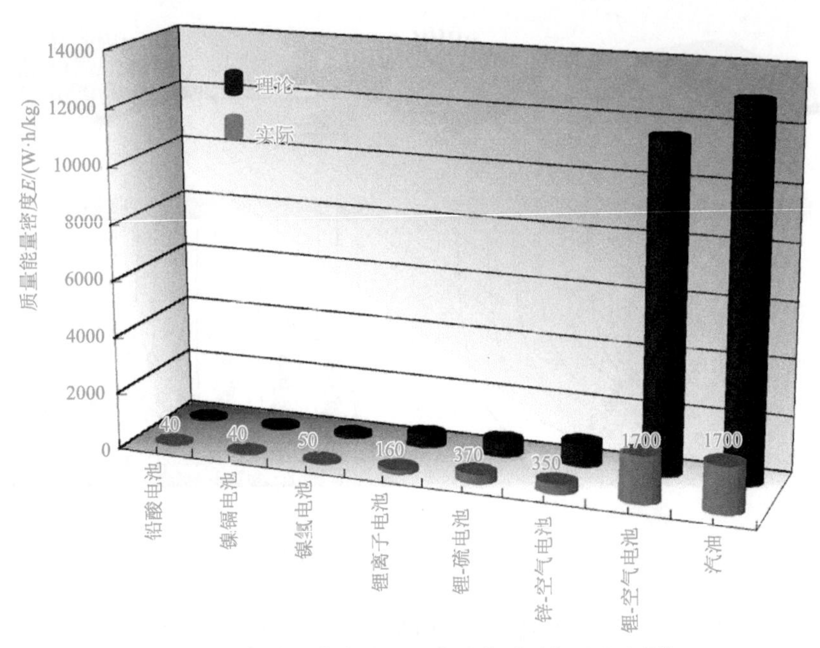

图 9.7 各类可充电电池及汽油的质量能量密度[12]

系电解质的锂-空气电池中，放电产物 LiOH 在电解质中的溶解度则是限制能量密度的关键所在[13]。根据充电平衡理论，Zheng[14]预言水系锂-空气电池的实际最大体积和质量能量密度都远小于在非水系锂-空气电池中的能量密度。需要注意的是，在汽车中使用汽油的实际能量密度约为 1700W·h/kg，其能量转换效率也仅为 12.6%，该能量密度值只对应着锂-空气电池理论能量密度的 14.5%，这为今后的研究和长期的发展奠定了基础。

9.2.2 锂–空气电池的分类

根据现阶段已有的研究报道，可以将锂-空气电池体系分为四种：非水系[15, 16]、水系[17]、全固态型[18]和水系/非水系混合型。

图 9.8 为四种锂-空气电池体系的结构示意图，其中：所有的体系均为有 O_2 参与的开放体系，金属锂作为负极为整个电池体系提供锂源。在非水系锂-空气电池中，通常使用多孔炭材料作为储存不溶于电解质的放电产物 Li_2O_2 的正极。大多数情况下，在充放电过程中需要电催化剂促进氧化和还原反应。而在水系和混合体系锂-空气电池中，负极金属锂保护是一个直接影响到电池安全性能的因素。

在不同的电解质体系中，充放电过程所发生的电化学反应也不尽相同。水系和混合体系的锂-空气电池反应机理类似，这主要源于空气电极一侧使用的水系电解质。固态体系中的化学反应与非水系相同，但其对具有良好锂离子传导率且化学稳定固态电解质的依赖，阻碍了全固态型锂-空气电池的发展。

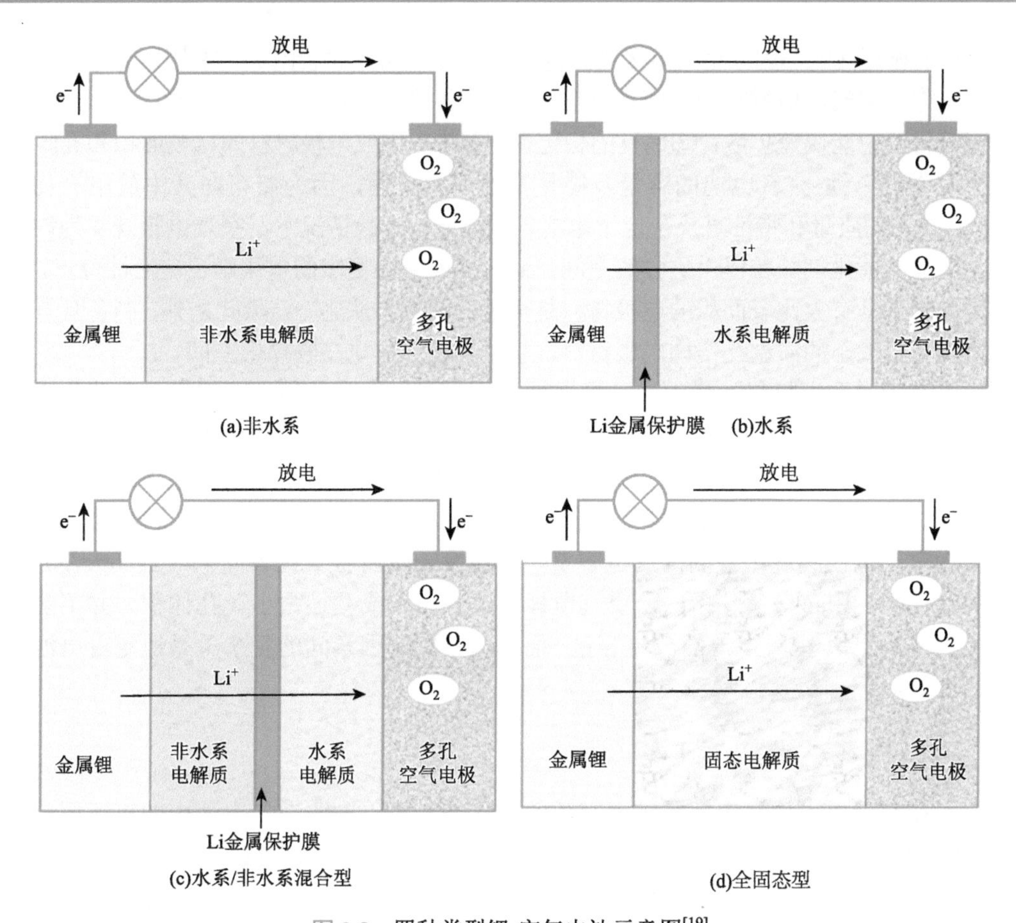

图 9.8　四种类型锂-空气电池示意图[19]

1996 年，Abraham 和 Jiang[15]报道了一种新型的可充电锂-空气电池，使用聚合物电解液/有机电解液，在实现负极锂金属保护的同时提供了一种可充电体系。非水系锂-空气电池自此开始受到广泛的关注。这种可充电锂-空气电池的空气电极为多孔炭，负极为金属锂片，隔膜使用聚合物电解质膜，电池的开路电压约 3.0V，放电电压为 2.0～2.8V，电池的总放电反应为：$2Li+O_2 \longrightarrow Li_2O_2$。

9.2.3　碳基空气电极

目前，碳基材料在非水系锂-空气电池中的应用研究主要集中于正极（空气电极），包括气体扩散电极和正极催化剂。

1. 空气电极材料

对可充电非水系锂-空气电池而言，空气电极的设计是主要的技术挑战。对空气电极（正极）材料研究的最终目的是使锂-空气电池获得更高的比容量和比功率以及更优的循环性能，因此空气电极主体材料的性质和微观性能至关重要[20-22]。

作为空气电极材料通常应具有三大特点：①良好的电子和离子传导能力；②氧气在材料中能快速扩散；③优良的稳定性。其中，空气电极材料的比表面积和孔隙率对于整个锂-空气电池的容量及能量密度非常关键，因为储存在其中放电产物（Li_2O_2）的质量和特性直接决定了电池各项性能。一般情况下，空气电极既要为均匀分散的催化剂颗粒提供更多的空间，同时又能获得更多的电化学反应活性位点，因此制备具有大比表面积的电极材料是重要的解决方法之一。除此之外，制备具有适当孔径大小的层次孔结构电极材料，也能为储存放电产物提供空间。

基于多孔炭材料的稳定性、导电性、比表面积、孔结构、微观形态和催化活性等特性，非常适宜作为空气电极材料。Kuboki 等[23]在研究中发现，决定电池放电容量的限制因素是孔径在 2～50nm 范围内的孔体积，而不是空气电极的比表面积。Cheng 和 Scott[24]研究表明，使用小比表面积（$62m^2/g$）的商业化炭黑 Super P 作为空气电极展现出最高的放电容量，甚至高于具有极大比表面积（$2100m^2/g$）的活性炭。Black 等[25]指出，空气电极的比表面积或孔径大小（孔体积）并不能单独地决定锂-空气电池的放电容量，而是这些影响因素间的复杂关系决定着电池的性能。

2. 空气电极催化剂

在空气电极构筑中往往需用有效的催化剂，以促进锂-空气电池中的氧还原反应（ORR）和析氧反应（OER）。在之前报道中，不做任何处理的原始碳基材料与相对稳定的电解质一起使用时，也能表现出一定的储存 Li_2O_2 的能力。这是由于碳基材料的本征特性，尤其是其中的缺陷，对电（正）极表面的 ORR 和 OER 也有一定的催化作用，而这两种催化作用均对电池的实际容量有显著的影响。亦即，碳基材料中的缺陷既可以作为 ORR 的催化剂，同时也能为产物 Li_2O_2 提供成核位点[22, 26]。

值得一提的是，早期关于催化剂对锂-空气电池中 ORR/OER 催化作用的研究均基于有机碳酸酯类电解质，而后续实验表明该类电解质在超氧基团存在时极不稳定，因为电池放电反应的最终产物是 Li_2CO_3 或羧酸锂，而并非 Li_2O_2。因此，对于可逆产物 Li_2O_2 催化机理的探究需要在更加稳定的电解质，如醚类或砜类电解质中进行。如果能开发出一种稳定的电解质，无疑对研究电解质的电催化性能有极大的帮助。亦即，电解质的稳定性是锂-空气电池重要的影响因素之一。鉴于 Li_2O_2 和 Li_2CO_3 反应的第一步相同，均为 O_2 还原成 O_2^- 的反应，因此对于锂-空气电池的放电反应，降低放电过电势乃是最主要的挑战。尽管目前对于“在碳酸酯类电解质中 Li_2CO_3 的分解机制与在醚类电解质中 Li_2O_2 的分解机制”还存在很大争议，但可以预言，在电化学电池充电过程中 Li_2CO_3 与 Li_2O_2 的分解过程是两个完全不同的过程。显然，以碳酸酯类为电解质的锂-空气电池在充电过程中发生的催化反应机制并不适用于醚类或是其他类型电解质，因为在锂-空气电池中反应产物是 Li_2O_2。

3. 空气电极催化剂载体

可充电锂-空气电池中最大的挑战源于充放电过程中，尤其是在充电过程中产生的较大的过电势，即使在低能量密度条件下明显存在的过电势也会直接影响电池的循环性能、功率性能及容量性能。锂-空气电池的电化学性能除与电解质的稳定性有关外，还与空气电极材料的本征性能及负载于电极表面的催化剂（金属氧化物、非贵金属及贵金属等）相关。研究发现，不同种类催化剂的放电平台基本均对应于 2.6～2.7V，与没有负载任何催化剂的多孔炭材料表现出的放电平台一致。这个现象意味着，在锂-空气电池中 ORR 动力主要受催化剂对氧气传输阻碍的限制；换言之，碳基材料本身就能够提供足够的 ORR 活性位点。因此，对于锂-空气电池中电化学反应的全面理解是研究设计能辅助 ORR 和 OER 的有效催化剂的基础，也是提高锂-空气电池性能的关键所在。

9.2.4　碳基空气电极结构与性能的关联

迄今为止，多孔炭材料仍然几乎是所有锂-空气电池中的空气电极材料。这是由于多孔炭材料既可以为电化学反应提供良好的电荷转移通道，同时又能为放电产物提供足够的储存空间。此外，基于碳基空气电极的密度小、质量轻，有望获得高的实际比容量。鉴于多孔炭电极表面缺陷位点的存在，还可在一定程度上表现出对于 ORR 的催化特性。

1. 炭黑空气电极

商业化炭黑，尤其是 Super P[27, 28]和科琴黑[29]已经广泛应用于现有的锂-空气电池中。例如，Jung 等[30, 31]报道用 Super P 作为空气电极活性材料，在 TEGDME（三甲醇甲酰胺）/$LiCF_3SO_3$ 为电解质的锂-空气电池中呈现出优异的容量性能和倍率性能。

2. 中空纳米碳纤维空气电极

新型碳基材料也能作为一种稳定的电极成功用于空气电极中。Mitchell 等[26]采用中空纳米碳纤维作为空气电极材料，制备出放电比容量高达 7200mA·h/g_C 的锂-空气电池，转化为质量能量密度为 2500W·h/kg_C，是现有锂层间化合物 $LiCoO_2$ 质量能量密度（600W·h/kg）的 4 倍多。分析获得如此高容量的原因，应归因于碳基材料低的振实密度、高效的利用以及为放电产物 Li_2O_2 提供的大孔体积。对于具有特殊结构的碳基材料，其本征特性也可控制 Li_2O_2 的形成过程。该研究报道了锂-空气电池放电过程中产物 Li_2O_2 形貌的变化，如图 9.9 所示。当放电比容量为 350mA·h/g_C 时，放电产物 Li_2O_2 颗粒（直径<100nm）首先在纳米碳纤维侧壁上形成；提高放电比容量为 1880mA·h/g_C，形成产物 Li_2O_2 的粒径增大至 400nm，形貌也由小颗粒发展为大的环形线圈状颗粒；但当放电比容量达到 7200mA·h/g_C 时，放电产物 Li_2O_2 又由离散的环形颗粒合并成为一整块具有低孔隙率的片体。显然，从放电和充电过程中产物 Li_2O_2 的可视化生长和消失现象，可以帮助理解限制锂-空气电池循环性能和倍率性能的原因。

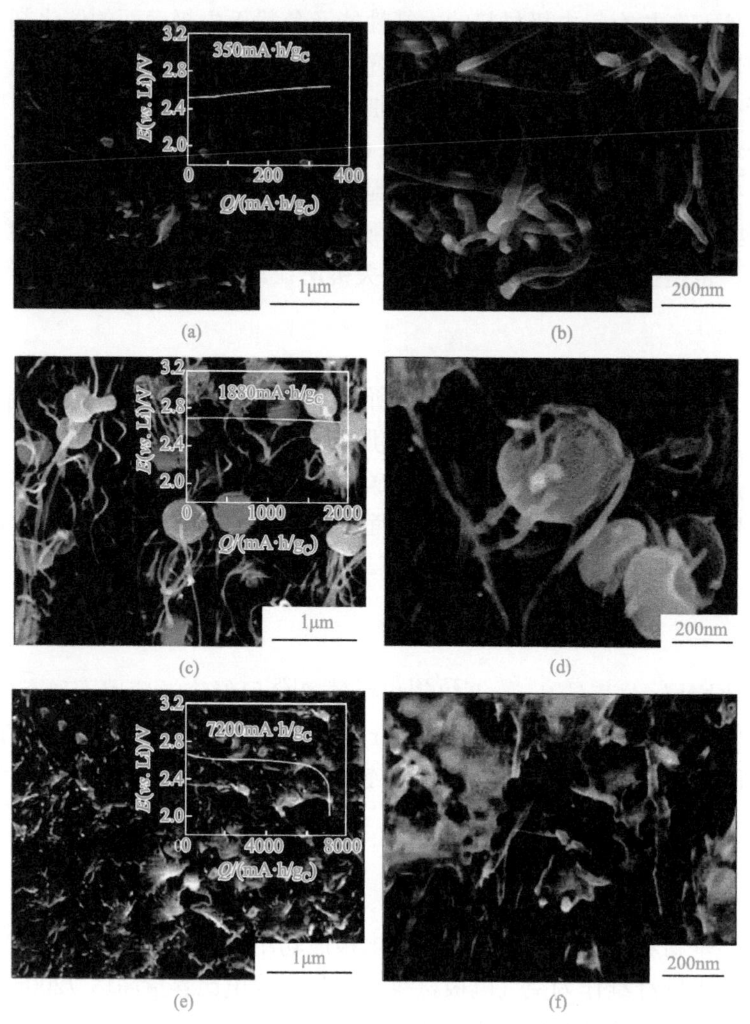

图 9.9 锂-空气电池放电过程中产物 Li_2O_2 的形貌变化[26]

（a）、（b）放电比容量 350mA·h/g_C；（c）、（d）放电比容量 1880mA·h/g_C；（e）、（f）放电比容量 7200mA·h/g_C，其中插图为相应的放电电压曲线

3. 碳纳米管空气电极

随后，Mitchell 等[32]又以自支撑的碳纳米管为空气电极材料，采用稳定的醚类有机电解液，研究了在电化学生长过程中 Li_2O_2 形貌变化（图 9.10）的详细机理。研究发现：在首次循环放电过程中，Li_2O_2 的形貌变化与放电倍率和放电容量有关。HRTEM 图显示，在放电过程初期 Li_2O_2 在少量的位点瞬时出现。在低放电电流密度下，少量的 Li_2O_2 颗粒首先在碳纳米管的侧壁上成核，形成堆叠的碟盘状，而后碟盘自发展开，形成二次成核的新盘，导致反应产物颗粒形貌呈盘状或是环形线圈状。随着放电倍率的增加，包覆于碳纳米管表面的无规则颗粒生成优先于大盘状和环形线圈状颗粒形貌的产生。在更高的放电倍率下，具有更高密度的无规则 Li_2O_2 颗粒在反应中生成，碳纳米管的侧壁被大量小颗粒所包覆。其中，在盘状和环形线圈状颗粒中具有大量[001]晶面的薄盘状 Li_2O_2 的结果，与通过理论计算模拟所得的结果相一致。因此，理解和控制在放电过程中 Li_2O_2 颗粒的成核

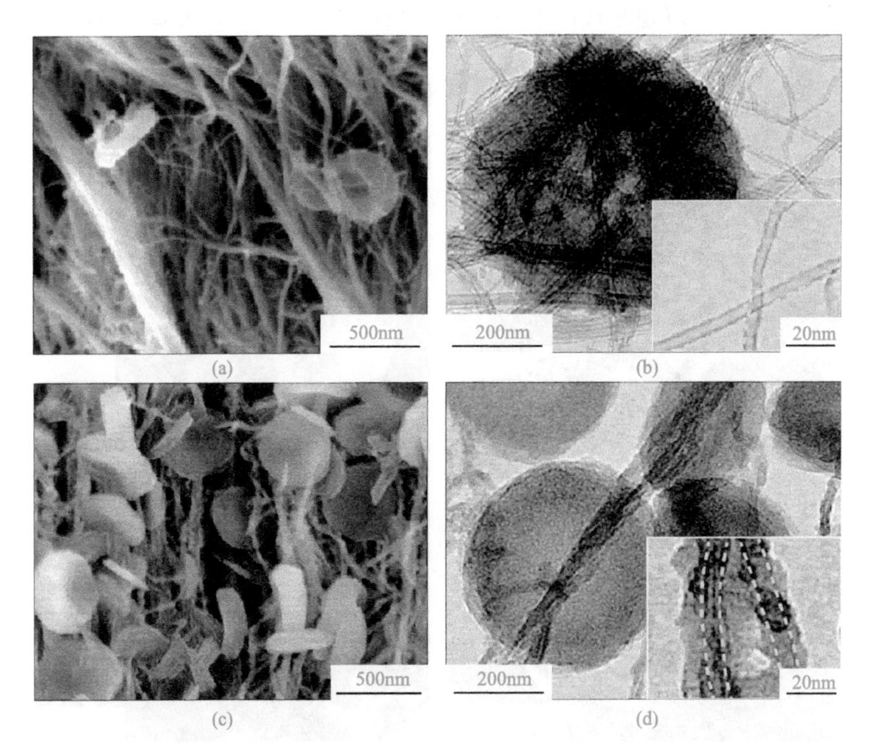

图 9.10　自支撑碳纳米管上沉积 Li_2O_2 颗粒的形貌[32]

（a）、（b）放电电流密度 10mA/g_C、放电比容量 200mA·h/g_C 时电极的 SEM 图和 TEM 图；（c）、（d）放电电流密度 90mA/g_C、放电比容量 13000mA·h/g_C 时电极的 SEM 图和 TEM 图；（b）、（d）内插图分别为沉积 Li_2O_2 颗粒前后碳纳米管侧壁（黄色虚线）的 HRTEM 图

及形貌转变是最终获得高体积能量密度的锂-空气电池的关键因素。许多研究者以不同的碳基材料为空气电极，在添加或未添加额外催化剂的条件下，同样也发现了具有环形线圈状放电产物 Li_2O_2 颗粒的存在。

4. 石墨烯基空气电极

石墨烯是一种由碳原子以 sp^2杂化轨道组成六角形呈蜂巢晶格的二维碳纳米材料，具有质量轻、传导性能好及比表面积大的特点，是一种能够用于锂-空气电池中的正极材料。Xiao 等[22]将含有层次孔的功能化石墨烯片（FGSs）应用于锂-空气电池中，表现出高达 15000mA·h/g_C 的质量比容量，再次证明了石墨烯在锂-空气电池中的应用前景。以石墨烯基空气电极的锂-空气电池之所以能展现出如此高的质量比容量，通常归因于石墨烯独特的正极形貌和 Li_2O_2 沉积机理。如图 9.11 所示，FGSs 正极不仅能够提供有利于氧气扩散的大孔结构，同时还能为氧还原反应给出良好三相界面的小孔，在 FGSs 正极上沉积的 Li_2O_2 具有相互分离的纳米岛状结构。这与 Mitchel 等所报道的放电产物 Li_2O_2 具有环形线圈状形貌[26, 32]（图 9.9）明显不同。

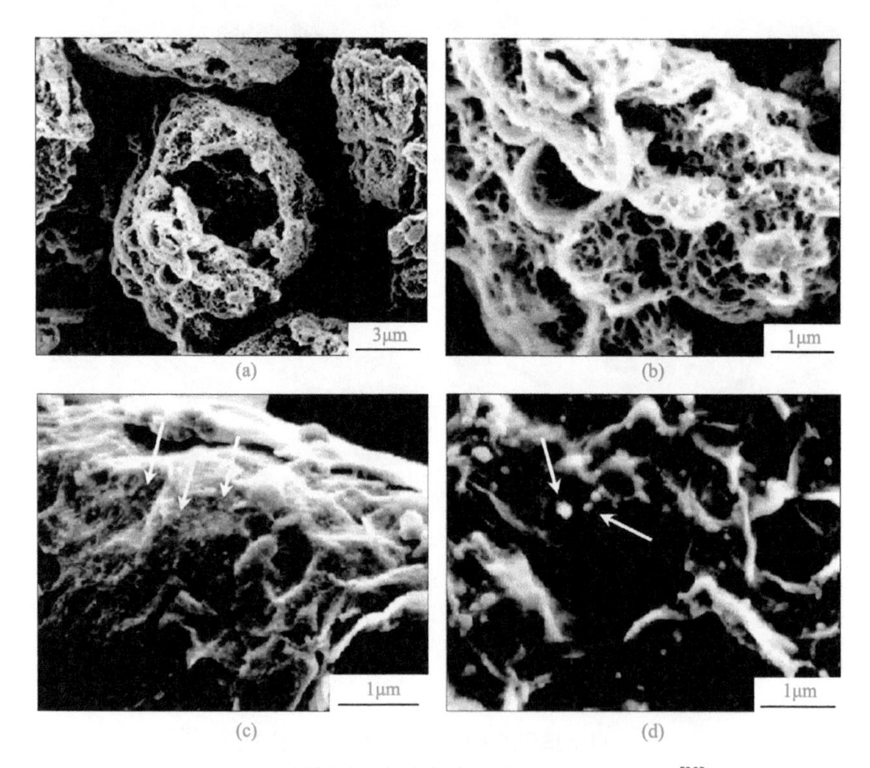

图 9.11 石墨烯基空气电极在充放电过程中的形貌[22]

（a）、（b）不同放大倍数 FGSs（C/O=14）空气电极的 SEM 图；不同碳氧原子比［（c）C/O=14、（d）C/O=100］FGSs 空气电极的 SEM 图

关联图 9.9～图 9.11，可发现：放电反应产物 Li_2O_2 的形貌特征（形状和厚薄等）及结构特征（结晶度和块体材料的比表面积等）是影响锂-空气电池放电容量、倍率性能及循环性能的重要因素，而放电反应产物 Li_2O_2 的形貌与结构特征却依赖于空气电极碳基材料的结构和性能。

9.2.5　碳基空气电极发展前景

随着现有各类碳基材料的深入研究，材料各项性能与结构之间的关系日益明确，性能优异的碳基材料作为锂-空气电池正极材料展现出巨大的潜力。而对于新型炭材料，如石墨烯、碳纳米管、炭气凝胶等，制备条件的研究开展为锂空电池正极材料提供了更多的选择。制备能同时实现反应产物储存和充放电反应催化的多功能一体化电极是今后研究的一个重点方向，这也对碳基材料的制备方法提出了极大的挑战。与此同时，明确正极碳基材料的本征性能与电池性能之间的关系是系统地进行正极材料合成的关键所在。迄今为止，虽有大量关于碳基材料性能与电池性能关联的报道，但都不胜全面，还有很多问题有待解决。因此，碳基材料作为锂-空气电池的正极涉及许多复杂的科学问题，目前的研究尚处于起步阶段，随着对锂-空气电池反应机理的进一步深入以及新型碳材料的不断探索与开发，碳基材料有望在将来助推高效、安全、低碳、绿色的锂-空气电池实现商业化。

9.3　碳基材料在锂-硫电池中的应用

9.3.1　锂–硫电池的基本特点

锂-硫电池是以硫单质为正极，金属锂为负极的一种锂电池。与锂离子电池的充放电过程“锂离子在正负极间的可逆嵌入和脱出”完全不同，在锂-硫电池充放电过程中伴随着一系列硫价态的转变（图 9.12）[33]，放电时负极锂失去电子变为锂离子，正极硫与锂离子及电子反应生成硫化物（Li_2S）；充电时，正极和负极反应逆向进行。根据单位质量的单质硫完全变为 S^{2-} 所能提供的电量可得出硫的理论质量比容量为 1675mA·h/g，理论能量密度可达 2600W·h/kg，是目前锂离子电池理论能量密度的 3～5 倍，被公认为是颇具前景的下一代锂二次电池[33, 34]。2009 年，Nazar 等[35]采用 CMK3 有序介孔炭为导电基体，与硫复合用作锂-硫电池正极取得了突破性的进展，这也使得锂-硫电池重新成为研究的热点。

9.3.2　锂–硫电池的工作原理

锂-硫电池是二电子反应体系，在放电过程中会形成各种价态的产物，这些

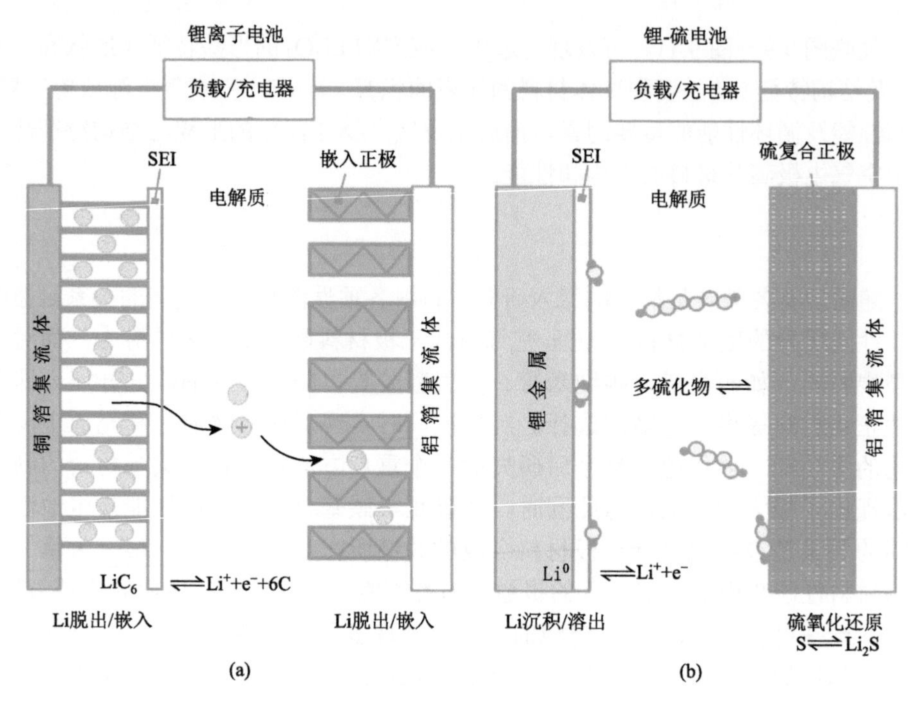

图 9.12 传统的锂离子电池（a）和锂-硫电池（b）结构示意图[33]

产物包括易溶于电解液的高价态多硫化物和导电性差的最终还原产物 Li_2S_2 和 Li_2S。锂-硫电池的放电过程大致可以分成三个阶段，并表现出两个明显的放电平台（图 9.13）[36]。

第一个放电阶段（约 2.4V）主要对应于环状 S_8 分子得到两个电子逐步被还原

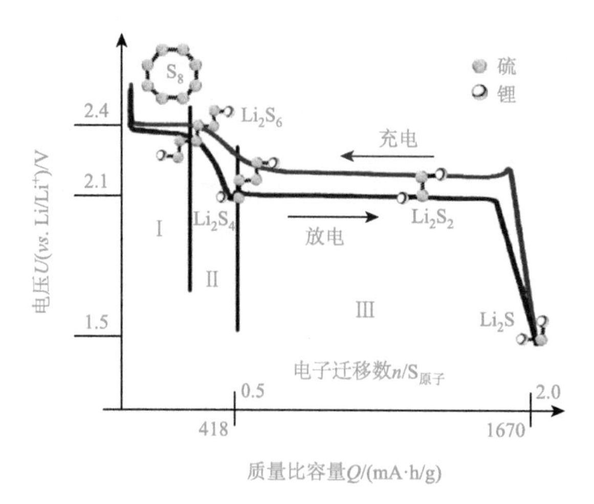

图 9.13 典型锂-硫电池的充放电曲线[36]

成 Li_2S_8 和 Li_2S_6，形成长链多硫化物，相应的反应方程式如下：

$$S_8 + 2e^- \longrightarrow S_8^{2-}$$

$$3S_8^{2-} + 2e^- \longrightarrow 4S_6^{2-}$$

第二个放电阶段（2.1～2.4V，电压快速降低）对应于 S_4^{2-} 的形成，相应的反应方程式如下：

$$2S_6^{2-} + 2e^- \longrightarrow 3S_4^{2-}$$

第三个放电阶段，在 2.1V 附近有一个很长的放电平台，对应于长链的多硫化物得到两个电子生成不溶产物 Li_2S_2 和 Li_2S，相应的反应方程式如下：

$$S_4^{2-} + 2e^- + 4Li^+ \longrightarrow 2Li_2S_2$$

$$Li_2S_2 + 2e^- + 2Li^+ \longrightarrow 2Li_2S$$

在充电过程中，这些硫化物的氧化过程是可逆的，有两个充电平台在 2.1V 和 2.4V 附近，分别对应于 Li_2S 被氧化生成 Li_2S_2 及高价态的多硫化物。

9.3.3　锂–硫电池存在的主要问题

锂-硫电池虽然具有很多优势，但是它的进一步发展仍然面临着许多挑战：

（1）硫单质差的离子和电子电导率（室温下硫的电导率为 5.0×10^{-30}S/cm），会导致电极中硫的电化学活性较差且使用率较低；

（2）放电过程中产生的中间产物多硫化物易溶于电解液中，且由于穿梭效应，其会穿过隔膜到达负极，与金属锂反应生成导电性差且不溶于电解液的产物，从而引起锂金属的腐蚀，并导致电池的活性物质损耗，循环性能变差；

（3）在充放电过程中，锂-硫电池中硫电极的体积形变高达 79%，容易导致硫与导电基体及电极材料与集流体之间发生脱离，最终加剧电池容量的损失；

（4）锂负极粉化及电解液对锂金属的腐蚀会导致电池安全性能降低[37]。

以上诸多问题的存在造成了低的硫利用率、短的循环寿命和差的倍率性能，制约了锂-硫电池的实用化。从文献报道分析，通过电极结构的设计、电解液的优化和锂负极保护等手段可以有效提高锂-硫电池的电化学性能。在这些方法中，锂-硫电池正极材料的制备及结构优化成为决定其性能及成本的关键因素，因此开发和制备具有高性能的硫正极材料显得尤为关键。

9.3.4　锂–硫电池碳/硫复合正极材料的研究进展

硫正极是锂-硫电池的核心组成部分，但因单质硫的电子和离子电导率非常差，不能直接用作正极材料。依据锂-硫电池的工作原理，理想的锂-硫电池正极材料应该具有以下特征[37]：

（1）能确保硫与导电基体间有良好的电接触，并具有快速的电子传输速度和较短的离子传输路径，以提高电池的倍率性能；

（2）具有足够大的比表面积和孔体积，以容纳足够的硫，同时拥有足够的空间和稳定的电极结构，能够承受充放电过程中引起的电极材料的体积变化；

（3）对反应生成的中间产物多硫化物具有很好的锚定限制作用，能够减弱穿梭效应，提高硫的利用率；

（4）具有较高的电化学稳定性，不与电解液发生副反应；

（5）制备工艺相对简单、价格相对低廉，以利于商业化应用。

针对锂-硫电池存在的问题和锂-硫电池正极材料要求，人们通常采用具有良好导电性的材料与硫复合，以提高正极材料的导电性、硫的利用率和循环寿命。由于碳基材料具有高比表面积、大孔体积、可调节的孔径分布、良好的导电性、质轻、易加工等优势，近年来被广泛应用于锂-硫电池体系中。

1.多孔炭/硫复合材料

根据孔径大小，一般将多孔炭分为微孔炭（＜2nm）、介孔炭（2～50nm）和大孔炭（＞50nm）三大类。

1）微孔炭

微孔炭因其具有较小的孔径可以有效地限制硫和多硫化物的溶解，从而提高电池的循环性能。Zhang 等[38]以蔗糖为原料制备出比表面积为 843.5m^2/g 的微孔炭球［图 9.14（a)］，孔径分布主要集中在 0.7nm，孔体积为 0.474cm^3/g。通过热处理的方法将硫渗入到微孔炭球的孔道中，硫含量为 42%（质量分数）。该微孔炭/硫复合材料的首次放电比容量高达 1183.5mA·h/g，经过 500 次循环后，比容量仍能达 650mA·h/g，表现出良好的长循环寿命。Guo 等[39, 40]通过理论计算得到了硫分子各种同素异形体的键长，同时研究表明：即使微孔炭的孔径尺寸非常小（0.5nm），但在其特殊的空间限制效应作用下，仍可使环状 S_8 分子（0.7nm）断裂，形成链状小分子硫，然后进入到微孔中，进而避免 S_8 到 S_4^{2-} 的转变，有效限制多硫化物的溶解［图 9.14（b)］。另外，Zhao 等[41]采用表面活性剂辅助水热氧化石墨烯和葡萄糖，制备了具有三明治结构的微孔炭-石墨烯复合材料［图 9.14（c)］。该材料初始放电比容量为 1350mA·h/g，经过 150 次循环后比容量仍然保持在 900mA·h/g，表现出良好的循环稳定性。

2）介孔炭

介孔炭的孔径为 2～50nm，与微孔炭相比，孔径分布较大，可以确保负载大量的硫，进而提高电池的能量密度；同时其较大的孔径更利于锂离子的传输，提高电池的倍率性能。利用介孔炭的高比表面积的特性还可更有效地吸附多硫化物，限制其溶解和向金属锂负极的扩散，进一步提高电池的库仑效率和循环寿命。Nazar 等[35]采用有序介孔炭 CMK-3（孔间距 6.5nm，孔径 3～4nm）作为导电基体，

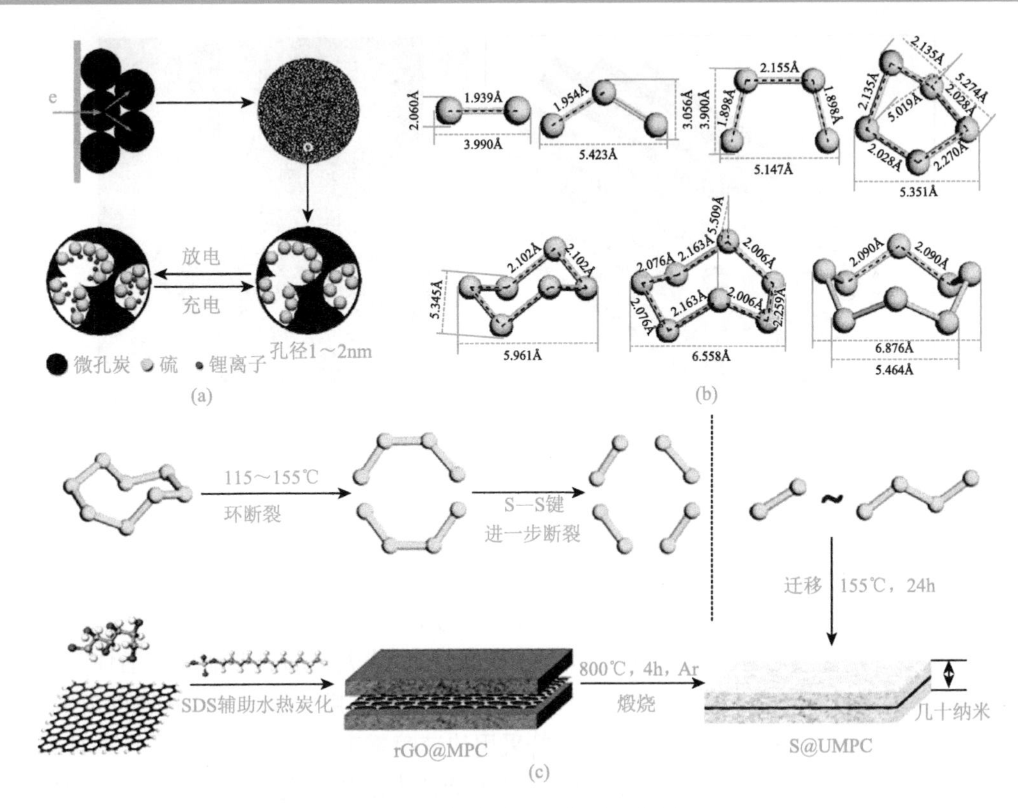

图 9.14　微孔炭对硫的限域作用

（a）硫在微孔炭球中的充放电示意图[38]；（b）硫的同素异形体（S_2～S_8）相应键长计算结果示意图[40]；（c）硫-超薄微孔炭复合材料合成过程示意图[41]

将加热熔融的硫渗入到介孔孔道中，得到硫含量为 70%（质量分数）的 CMK-3/S 复合材料［图 9.15（a）］，电池经过 20 圈可逆循环后，比容量为 800mA·h/g。Schuster 等[42]制备出具有双峰孔径分布（6nm 和 3.1nm）、粒径约 300nm 的有序介孔炭微球［图 9.15（b）］，比表面积高达 2445m^2/g，孔体积为 2.32cm^3/g。采用该有序介孔炭微球与硫复合作为锂-硫电池电极，表现出良好的循环稳定性和高放电比容量。

3）层次孔炭

虽然高比表面积的微孔炭对多硫化物有强的物理吸附性能，可以有效限制多硫化物溶解于电解液中，但是微孔炭的孔体积较小，硫的负载量较低，不利于提高锂-硫电池整体的能量密度。与微孔炭相比，介孔炭具有较大的孔径分布，能容纳更多的硫，提高硫的负载量，但因较大孔径的介孔不能很好地限制多硫化物的溶解，会造成硫活性物质损失和循环可逆容量的降低。显然，设计具有微孔-介孔-大孔的层次孔炭可以充分利用各种孔的优势，从而提高锂-硫电池的电化学性能。

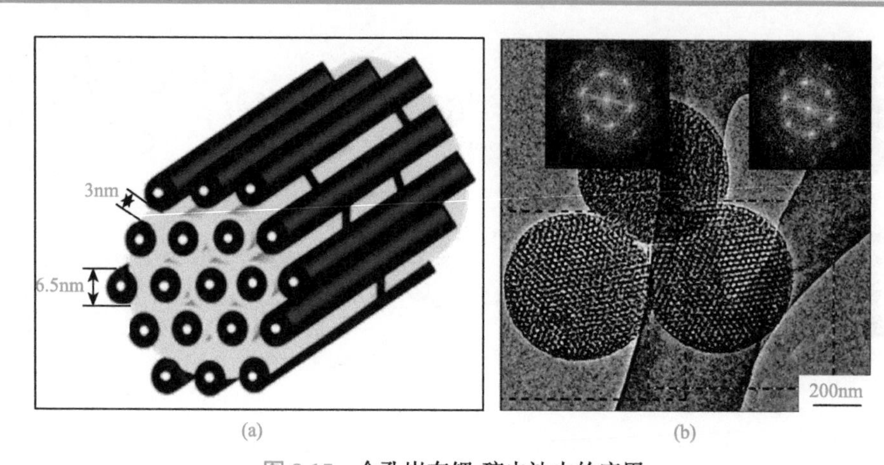

图 9.15 介孔炭在锂-硫电池中的应用

（a）CMK-3/S 复合材料结构示意图[35]；（b）有序双峰介孔炭微球的 TEM 图[42]

Li 等[43]在有序介孔炭 CMK-3 表面包覆一层薄的微孔炭制备了一种具有“核-壳”结构的层次孔（meso-microporous core-shell，MMCS）炭［图 9.16（a）］。其中，“核”是高度有序介孔炭 CMK-3，用以保证负载大量的硫并能保证活性物质高的利用率；而“壳”是微孔炭，可以起到物理栅栏作用，限制多硫化物的溶解，从而提高电池的循环稳定性。Jung 等[44]采用快速喷雾干燥的方法制备了一种具有层次孔结构的多孔炭球［图 9.16（b）］，其中球核内部是介孔和大孔结构，用于负载大量的硫，而在球壳外部分布大量的微孔，作为“路障”限制多硫化物的溶解，也可减少活性物质的损失并提高电池的电化学性能。

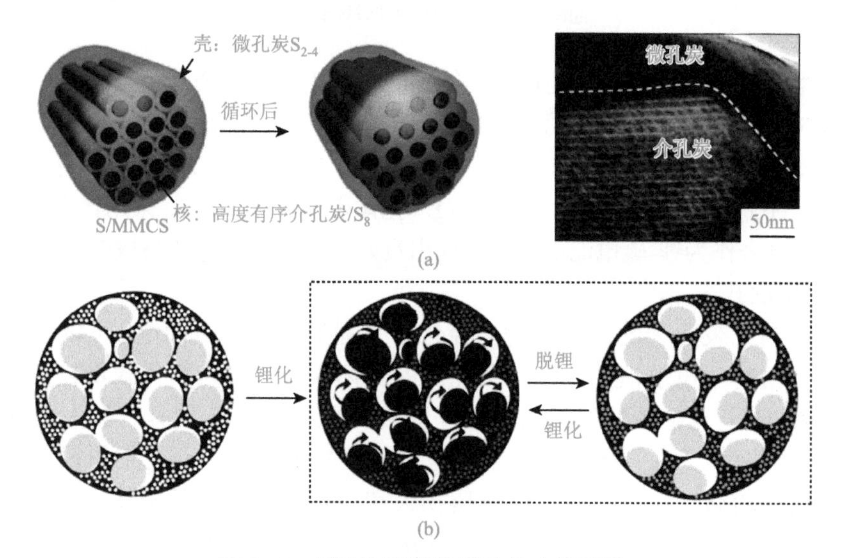

图 9.16 层次孔炭在锂-硫电池中的应用

（a）介孔炭/S_8-微孔炭/S_{2-4}核-壳结构及其 TEM 图[43]；（b）微孔-介孔-大孔炭球/硫复合材料电化学过程中的结构变化[44]

2. 一维纳米碳（碳纳米管、纳米碳纤维）/硫复合材料

一维纳米碳材料，如碳纳米管、多孔纳米碳纤维等，均具有优异的电导率、高的比表面积和良好的机械强度，既可提高活性物质的利用率，又能提供足够的比表面积“锚定”硫，有益于提高电池的电化学性能。

Qie 和 Manthiram[45]采用简单有效的层-层堆积方法将商用硫颗粒与多孔纳米碳纤维通过真空抽滤制备成膜，其中硫的单位面积负载量可以通过改变堆积的碳-硫层数进行调控［图 9.17（a)］。这种具有独特的自支撑-层层堆积结构不仅能够促进离子和电子的快速传输，而且能有效地捕捉溶解到电解液中的多硫化物。当采用六层碳/硫复合物作为电极时，电极的单位面积硫负载量高达 11.4mg，电池初始放电质量比容量为 995mA·h/g，对应的面积比容量可达 $11.3mA·h/cm^2$，为现有商用锂离子电池面积比容量的两倍。

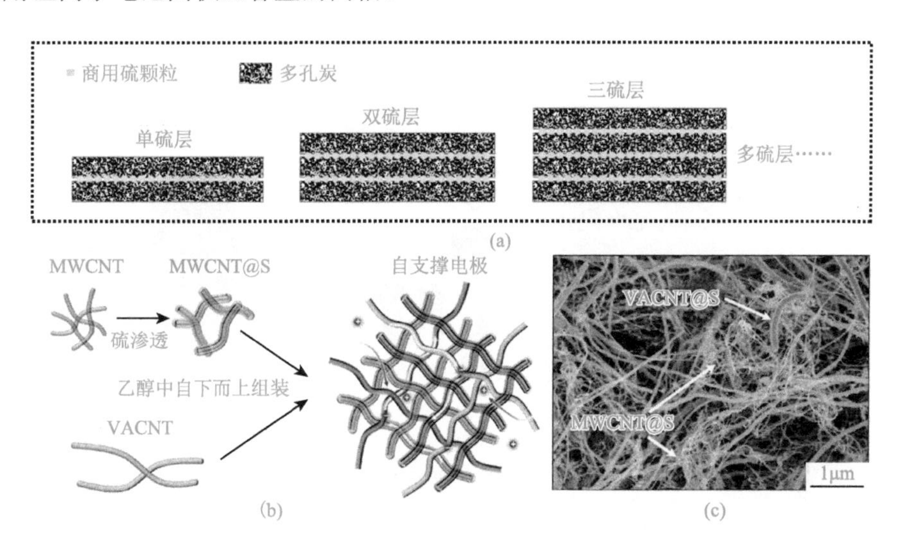

图 9.17　一维纳米高密度石墨烯/硫复合材料

（a）层叠式多孔纳米碳纤维/硫复合材料结构示意图[45]；（b）具有层次结构的自支撑碳纳米管/硫纸电极的制备过程示意图，VACNT 代表垂直排列的碳纳米管，红色和紫色的球体分别代表锂离子和电子[46]；（c）碳纳米管/硫纸电极的 SEM 图[46]

Yuan 等[46]成功制备出具有层次结构的自支撑碳纳米管/硫纸电极［图 9.17（b)、(c)］。这种电极拥有高的硫负载量（$6.3mg/cm^2$），在 0.05C 的放电电流密度下，电极初始放电比容量可达 $6.2mA·h/cm^2$（995mA·h/g），经过 150 圈循环后，容量每周损失率仅为 0.2%。这是由于三维层次结构可以容纳超高量的硫，长的碳纳米管能够保证高速有效的电子和离子的传输，同时多孔网络结构含有的自由空间也能容纳多硫化物并提供容纳放电产物的空间。

3. 二维石墨烯/硫复合材料

具有优异的电学性能和机械延展性的石墨烯，不仅能够提高电极整体的电导率，而且能承受充放电过程中发生在硫电极上的体积变化。另外，氧化石墨烯上丰富的含氧官能团能够与多硫化物形成化学键，起到固定多硫化物的作用。

1）高密度石墨烯/硫复合材料

杨全红课题组[47]研究发现，氧化石墨烯可以在通入硫化氢的条件下实现原位还原，并得到相应的石墨烯/硫复合材料。他们以硫化氢作为还原剂，在还原氧化石墨烯的同时进行硫的负载，实现了还原石墨烯-硫的自组装过程。反应结束后，经冷冻干燥获得低密度石墨烯/硫（low-density rGO/sulfur，LDGS）复合材料，而通过蒸发诱导干燥（evaporation-induced drying，EID）则可获得密度高达 1.53g/cm^3 的高密度石墨烯/硫（high-density rGO/sulfur，HDGS）复合材料（图 9.18）。以高密度石墨烯/硫复合材料作为电极，在 0.5C 电流密度下充放电时，电池的体积比容量可以达到 233mA·h/cm^3。

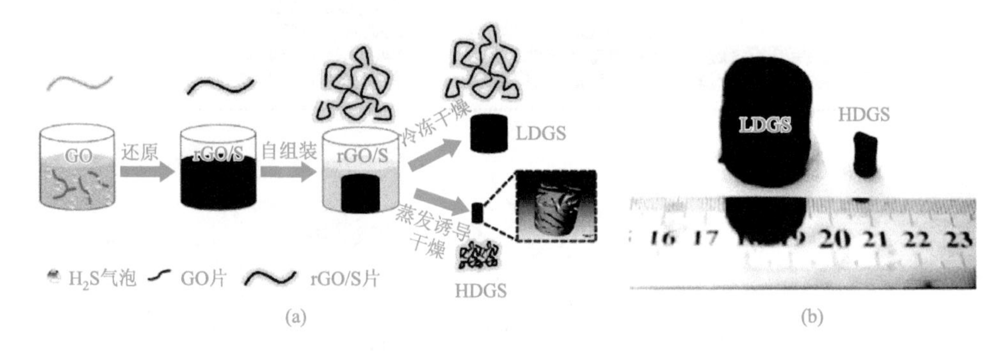

图 9.18 石墨烯在锂-硫电池中的应用

（a）HDGS 和 LDGS 的制备流程示意图；（b）HDGS 和 LDGS 的形貌[47]

2）石墨烯泡沫

自支撑石墨烯可以取代铝箔作为集流体，能够负载更多的硫，并能降低集流体、活性物质和电解液之间的接触电阻，提高锂-硫电池的性能。Zhou 等[48]使用石墨烯泡沫作为集流体，通过简单的浆料过滤方法制备出柔性锂-硫电池电极［图 9.19（a）］。将 PDMS 涂覆到石墨烯泡沫上确保其相互连通的网络结构，并保证正极具有足够的机械强度和可折叠性。相互连通的石墨烯泡沫提供了有效的电子传输通道，巨大的孔隙空间能够容纳大量的活性物质和电解液。制备出的柔性电极在 1500mA/g 下进行电化学循环，经过 1000 圈循环后仍然能够保持 448mA·h/g 的比容量，每圈的容量损失仅为 0.07%［图 9.19（b）］。

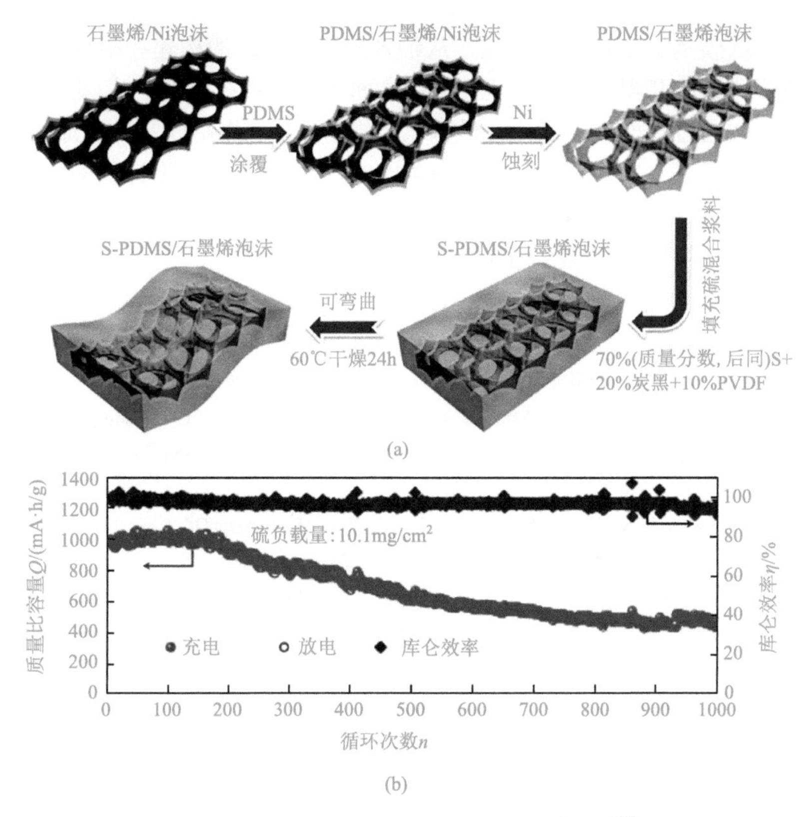

图 9.19 石墨烯泡沫在锂-硫电池中的应用[48]

(a) PDMS/石墨烯泡沫与 S-PDMS/石墨烯泡沫电极制备过程示意图；(b) 在 1500mA/g 电流密度下 S-PDMS/石墨烯泡沫电极的循环性能曲线

9.3.5 高性能锂-硫电池用碳/硫复合电极的设计

锂-硫电池作为一种高效的能源存储器件，具有能量密度高和环境友好等优点，是下一代高性能二次电池体系的典型代表。但因硫本身电导率低，加之多硫化物易溶于电解液造成活性物质损失等问题，在一定程度上影响着锂-硫电池的实用化。

碳基材料，包括多孔炭、碳纳米管和石墨烯，由于具有大的比表面积、丰富的孔结构和官能团、优异的导电性，与硫复合作为正极，可有效构建三维导电网络，锚定并分散硫元素，控制多硫化物的溶解，缓冲或限域硫在充放电过程中的体积变化，从而获得高性能电极材料。但是采用简单、有效的方法制备出既具有良好导电性、高比表面积，又能对硫及多硫化物有良好化学锚定作用，还能提供快速电子和锂离子传输通道的碳基材料，仍面临着巨大的挑战。

碳基材料与硫复合后能显著提高活性物质的利用率，并改善电池的电化学性能。然而，单独依靠碳基材料不同孔结构的物理限域作用并不能完全限制多硫化物的溶解。

因此，以碳基纳米材料为基础，从纳米碳导电网络的构建和限域效应出发，并从电池整体结构和器件角度考虑，进行高面密度和负载量的纳米碳/硫复合正极的设计[49]，如通过表面官能团化（羟基化、羧基化等）作用以及异质原子（氮[50]、硼[51]等）杂化处理，提高与硫及多硫化物的相互作用，进一步抑制多硫化物溶解于电解液中，从而提高硫电极的电化学性能，获得高能量密度、快速充放电性能及良好循环稳定性的碳/硫复合正极材料。

参考文献

[1] 孙克宁，王振华，孙旺. 现代化学电源[M]. 北京：化学工业出版社，2017.

[2] Markevich E，Salitra G，Chesneau F，Schmidt M，Aurbach D. Very stable lithium metal stripping-plating at a high rate and high areal capacity in fluoroethylene carbonate-based organic electrolyte solution[J]. ACS Energy Letters，2017，2（6）：1321-1326.

[3] Qian J F，Henderson W A，Xu W，Bhattacharya P，Engelhard M，Borodin O，Zhang J G. High rate and stable cycling of lithium metal anode[J]. Nature Communications，2015，6：6362.

[4] Wan C，Xu S C，Hu M Y，Cao R G，Qian J F，Qin Z H，Liu J，Mueller K T，Zhang J G，Hu J Z. Multinuclear NMR study of the solid electrolyte interface formed in lithium metal batteries[J]. ACS Applied Materials & Interfaces，2017，9（17）：14741-14748.

[5] Suo L M，Xue W J，Gobet M，Greenbaum S G，Wang C，Chen Y M，Yang W L，Li Y X，Li J. Fluorine-donating electrolytes enable highly reversible 5-V-class Li metal batteries[J]. Proceedings of the National Academy of Sciences of the United States of America，2018，115（6）：1156-1161.

[6] Zhang X Q，Cheng X B，Chen X，Yan C，Zhang Q. Fluoroethylene carbonate additives to render uniform Li deposits in lithium metal batteries[J]. Advanced Functional Materials，2017，27（10）：1605989.

[7] Cheng X B，Yan C，Chen X，Guan C，Huang J Q，Peng H J，Zhang R，Yang S T，Zhang Q. Implantable solid electrolyte interphase in lithium-metal batteries[J]. Chem，2017，2（2）：258-270.

[8] Tu Z Y，Choudhury S，Zachman M J，Wei S Y，Zhang K H，Kourkoutis L F，Archer L A. Fast ion transport at solid-solid interfaces in hybrid battery anodes[J]. Nature Energy，2018，3（4）：310-316.

[9] Kazyak E，Wood K N，Dasgupta N P. Improved cycle life and stability of lithium metal anodes through ultrathin atomic layer deposition surface treatments[J]. Chemistry of Materials，2015，27（18）：6457-6462.

[10] Zheng G Y，Lee S W，Liang Z，Lee H W，Yan K，Yao H B，Wang H T，Li W Y，Chu S，Cui Y. Interconnected hollow carbon nanospheres for stable lithium metal anodes[J]. Nature Nanotechnology，2014，9（8）：618-623.

[11] Yang C P，Yin Y X，Zhang S F，Li N W，Guo Y G. Accommodating lithium into 3D current collectors with a submicron skeleton towards long-life lithium metal anodes[J]. Nature Communications，2015，6：8058.

[12] Girishkumar G，McCloskey B，Luntz A C，Swanson S，Wilcke W. Lithium-air battery：Promise and challenges[J]. The Journal of Physical Chemistry Letters，2010，1（14）：2193-2203.

[13] Ferrese A，Albertus P，Christensen J，Newman J. Lithium redistribution in lithium-metal batteries[J]. Journal of the Electrochemical Society，2012，159（10）：A1615-A1623.

[14] Zheng J P，Liang R Y，Hendrickson M，Plichta E J. Theoretical energy density of Li-air batteries[J]. Journal of the Electrochemical Society，2008，155（6）：A432-A437.

[15] Abraham K M，Jiang Z. A polymer electrolyte-based rechargeable lithium/oxygen battery[J]. Journal of the

Electrochemical Society，1996，143（1）：1-5.

[16] Ogasawara T，Débart A，Holzapfel M，Novák P，Bruce P G. Rechargeable Li_2O_2 electrode for lithium batteries[J]. Journal of the American Chemical Society，2006，128（4）：1390-1393.

[17] He P，Wang Y G，Zhou H S. Titanium nitride catalyst cathode in a Li-air fuel cell with an acidic aqueous solution[J]. Chemical Communications，2011，47（38）：10701-10703.

[18] Kumar B，Kumar J. Cathodes for solid-state lithium-oxygen cells：Roles of Nasicon glass-ceramics[J]. Journal of the Electrochemical Society，2010，157（5）：A611-A616.

[19] Lu J，Li L，Park J B，Sun Y K，Wu F，Amine K. Aprotic and aqueous Li-O_2 batteries[J]. Chemical Reviews，2014，114（11）：5611-5640.

[20] Xiao J，Wang D H，Xu W，Wang D Y，Williford R E，Liu J，Zhang J G. Optimization of air electrode for Li/air batteries[J]. Journal of the Electrochemical Society，2010，157（4）：A487-A492.

[21] Zhang S S，Foster D，Read J. A high energy density lithium/sulfur-oxygen hybrid battery[J]. Journal of Power Sources，2010，195（11）：3684-3688.

[22] Xiao J，Mei D H，Li X L，Xu W，Wang D Y，Graff G L，Bennett W D，Nie Z M，Saraf L V，Aksay I A，Liu J，Zhang J G. Hierarchically porous graphene as a lithium-air battery electrode[J]. Nano Letters，2011，11(11)：5071-5078.

[23] Kuboki T，Okuyama T，Ohsaki T，Takami N. Lithium-air batteries using hydrophobic room temperature ionic liquid electrolyte[J]. Journal of Power Sources，2005，146（1-2）：766-769.

[24] Cheng H，Scott K. Selection of oxygen reduction catalysts for rechargeable lithium-air batteries-metal or oxide?[J]. Applied Catalysis B：Environmental，2011，108（1-2）：140-151.

[25] Black R，Adams B，Nazar L F. Non-aqueous and hybrid Li-O_2 batteries[J]. Advanced Energy Materials，2012，2（7）：801-815.

[26] Mitchell R R，Gallant B M，Thompson C V，Shao-Horn Y. All-carbon-nanofiber electrodes for high-energy rechargeable LiO_2 batteries[J]. Energy & Environmental Science，2011，4（8）：2952-2958.

[27] Qin Y，Lu J，Du P，Chen Z H，Ren Y，Wu T P，Miller J T，Wen J G，Miller D J，Zhang Z C，Amine K. *In situ* fabrication of porous-carbon-supported a-MnO_2 nanorods at room temperature：Application for rechargeable Li-O_2 batteries[J]. Energy & Environmental Science，2013，6（2）：519-531.

[28] Lei Y，Lu J，Luo X Y，Wu T P，Du P，Zhang X Y，Ren Y，Wen J G，Miller D J，Miller J T，Sun Y K，Elam J W，Amine K. Synthesis of porous carbon supported palladium nanoparticle catalysts by atomic layer deposition：Application for rechargeable lithium-O_2 battery[J]. Nano Letters，2013，13（9）：4182-4189.

[29] Zhang J G，Wang D Y，Xu W，Xiao J，Williford R E. Ambient operation of Li/air batteries[J]. Journal of Power Sources，2010，195（13）：4332-4337.

[30] Jung H G，Hassoun J，Park J B，Sun Y K，Scrosati B. An improved high-performance lithium-air battery[J]. Nature Chemistry，2012，4（7）：579-585.

[31] Park J B，Hassoun J，Jung H G，Kim H S，Yoon C S，Oh I H，Scrosati B，Sun Y K. Influence of temperature on lithium-oxygen battery behavior[J]. Nano Letters，2013，13（6）：2971-2975.

[32] Mitchell R R，Gallant B M，Shao-Horn Y，Thompson C V. Mechanisms of morphological evolution of Li_2O_2 particles during electrochemical growth[J]. Journal of Physical Chemistry Letters，2013，4（7）：1060-1064.

[33] Pope M A，Aksay I A. Structural design of cathodes for Li-S batteries [J]. Advanced Energy Materials，2015，5（16）：1500124.

[34] Rosenman A，Markevich E，Salitra G，Aurbach D，Garsuch A，Chesneau F F. Review on Li-sulfur battery systems：

An integral perspective[J]. Advanced Energy Materials，2015，5（16）：1500212.

[35] Ji X L，Lee K T，Nazar L F. A highly ordered nanostructured carbon-sulphur cathode for lithium-sulphur batteries[J]. Nature Materials，2009，8（6）：500-506.

[36] Liang J，Sun Z H，Li F，Cheng H M. Carbon materials for Li-S batteries：Functional evolution and performance improvement[J]. Energy Storage Materials，2016，2：76-106.

[37] Zheng G Y，Yang Y，Cha J J，Hong S S，Cui Y. Hollow carbon nanofiber-encapsulated sulfur cathodes for high specific capacity rechargeable lithium batteries[J]. Nano Letters，2011，11（10）：4462-4467.

[38] Zhang B，Qin X，Li G R，Gao X P. Enhancement of long stability of sulfur cathode by encapsulating sulfur into micropores of carbon spheres[J]. Energy & Environmental Science，2010，3（10）：1531-1537.

[39] Xin S，Gu L，Zhao N H，Yin Y X，Zhou L J，Guo Y G，Wan L J. Smaller sulfur molecules promise better lithium-sulfur batteries[J]. Journal of the American Chemical Society，2012，134（45）：18510-185433.

[40] Yin Y X，Xin S，Guo Y G，Wan L J. Lithium-sulfur batteries：Electrochemistry，materials，and prospects[J]. Angewandte Chemie-International Edition，2013，52（50）：13186-13200.

[41] Peng Z H，Fang W Y，Zhao H B，Fang J H，Cheng H W，Doan T N L，Xu J Q，Chen P. Graphene-based ultrathin microporous carbon with smaller sulfur molecules for excellent rate performance of lithium-sulfur cathode[J]. Journal of Power Sources，2015，282：70-78.

[42] Schuster J，He G，Mandlmeier B，Yim T，Lee K T，Bein T，Nazar L F. Spherical ordered mesoporous carbon nanoparticles with high porosity for lithium-sulfur batteries[J]. Angewandte Chemie-Inernationalt Edition，2012，51（15）：3591-35955.

[43] Li Z，Jiang Y，Yuan L X，Yi Z Q，Wu C，Liu Y，Strasser P，Huang Y H. A highly ordered meso@microporous carbon-supported sulfur@smaller sulfur core shell structured cathode for Li-S batteries[J]. ACS Nano，2014，8（9）：9295-9303.

[44] Jung D S，Hwang T H，Lee J H，Koo H Y，Shakoor R A，Kahraman R，Jo Y N，Park M S，Choi J W. Hierarchical porous carbon by ultrasonic spray pyrolysis yields stable cycling in lithium-sulfur battery[J]. Nano Letters，2014，14（8）：4418-4425.

[45] Qie L，Manthiram A. A facile layer-by-layer approach for high-areal-capacity sulfur cathodes[J]. Advanced Materials，2015，27（10）：1694-1700.

[46] Yuan Z，Peng H J，Huang J Q，Liu X Y，Wang D W，Cheng X B，Zhang Q. Hierarchical free-standing carbon-nanotube paper electrodes with ultrahigh sulfur-loading for lithium-sulfur batteries[J]. Advanced Functional Materials，2014，24（39）：6105-6112.

[47] Zhang C，Liu D H，Lv W，Wang D W，Wei W，Zhou G M，Wang S G，Li F，Li B H，Kang F Y，Yang Q H. A high-density graphene-sulfur assembly：A promising cathode for compact Li-S batteries[J]. Nanoscale，2015，7（13）：5592-5597.

[48] Zhou G M，Li L，Ma C Q，Wang S G，Shi Y，Koratkar N，Ren W C，Li F，Cheng H M. A graphene foam electrode with high sulfur loading for flexible and high energy Li-S batteries[J]. Nano Energy，2015，11：356-365.

[49] 李峰，方若翩，周光敏，刘畅，成会明. 高性能锂硫电池用碳硫复合电极设计[C]. 中国化学会第30届学术年会摘要集-第三十九分会：纳米碳材料. 中国辽宁大连，2016-07.

[50] Niu S Z，Lv W，Zhang C，Li F F，Tang L K，He Y B，Li B H，Yang Q H，Kang F Y. A carbon sandwich electrode with graphene filling coated by N-doped porous carbon layers for lithium-sulfur batteries[J]. Journal of Materials Chemistry A，2015，3（40）：20218-20224.

[51] Yang C P，Yin Y X，Ye H，Jiang K C，Zhang J，Guo Y G. Insight into the effect of boron doping on sulfur/carbon cathode in lithium-sulfur batteries[J]. ACS Applied Materials & Interfaces，2014，6（11）：8789-8795.

关键词索引